Reinhold
Elektronische Schaltungstechnik

Wolfgang Reinhold

Elektronische Schaltungstechnik

Grundlagen der Analogelektronik mit Aufgaben und Lösungen

3., aktualisierte Auflage

Autor:

Prof. Dr.-Ing. habil. Wolfgang Reinhold
Hochschule für Technik, Wirtschaft und Kultur Leipzig

Bibliografische Information der Deutschen Nationalbibliothek:
Die Deutsche Nationalbibliothek verzeichnet diese Publikation in der Deutschen Nationalbibliografie; detaillierte bibliografische Daten sind im Internet über http://dnb.d-nb.de abrufbar.

© 2020 Carl Hanser Verlag München
Internet: www.hanser-fachbuch.de

Lektorat: Frank Katzenmayer
Herstellung: Anne Kurth
Satz: Dr. Steffen Naake, Brand-Erbisdorf
Covergestaltung: Max Kostopoulos
Coverkonzept: Marc Müller-Bremer, www.rebranding.de, München
Druck und Bindung: Hubert & Co. GmbH & Co. KG BuchPartner, Göttingen
Printed in Germany

Print-ISBN   978-3-446-46319-6
E-Book-ISBN   978-3-446-46368-4

Vorwort

Das Fachgebiet elektronische Schaltungstechnik umfasst einen sehr umfangreichen Teil der Elektronik. Dieses Buch legt den Schwerpunkt auf die Schaltungsprinzipien zur Erzeugung und Verarbeitung analoger Signale. Durch diese Konzentration eröffnet sich die Möglichkeit, dem Studierenden die Einarbeitung in das Gesamtgebiet anhand einer durchgängigen Systematik zu erleichtern. Ziel der Darstellung ist die Herausarbeitung schaltungstechnischer Grundkonzepte zur Realisierung der wichtigen funktionellen Baugruppen elektronischer Systeme. Auf Basis geeigneter mathematischer Methoden zur Schaltungsberechnung werden die notwendigen Abstraktionen der Bauelemente- und Schaltungsmodellierung abgeleitet, um ein anschauliches Verständnis und das ingenieurtechnische Handwerkszeug zur Schaltungsanalyse und Schaltungssynthese zu vermitteln. Ausgehend von den klassischen Grundschaltungen für Signalverstärker und elektronische Schalter werden systematisch die wichtigsten Aspekte der analogen Signalverarbeitung aufgezeigt.

In einer Reihe von Beispielen erhält der Leser Anregungen zur Nutzung des Netzwerkanalysators PSpice, um auch komplexe Zusammenhänge bei der Schaltungsanalyse anschaulich darstellen zu können. Mein besonderer Dank gilt in diesem Zusammenhang Herrn Robert Heinemann. Mit der von ihm im Rahmen seines Buches „PSPICE – Einführung in die Elektroniksimulation" bereitgestellten PSpice-Demoversion konnten die Simulationen sehr komfortabel durchgeführt werden.

Die Internetseite www.fbeit.htwk-leipzig.de/~est/index.html ist als Ergänzung zum Lehrbuch gedacht. Auf ihr werden neben den Lösungen zu den Übungsaufgaben des Buches auch zusätzliche Informationen bereitgestellt. Diese umfassen u. a. ausführliche Herleitungen zu einigen sehr komplexen Gleichungen, auf die im Text explizit verwiesen wird, sowie Daten zu den vorgestellten PSpice-Simulationen.

Dieses Lehrbuch wendet sich hauptsächlich an Studenten der Elektrotechnik an Technischen Hochschulen und Fachhochschulen. Wegen seiner straffen und übersichtlichen Darstellung kann es aber auch als einführende Literatur für Universitätsstudenten empfohlen werden. Vorausgesetzt werden lediglich Grundkenntnisse der Elektrotechnik und Mathematik. Zahlreiche Beispiele und Übungsaufgaben mit ausführlichen Lösungen erleichtern die Einarbeitung in den Stoff und fördern die Selbstständigkeit.

Mein herzlicher Dank gilt den Kollegen der Fakultät Elektrotechnik und Informationstechnik der HTWK Leipzig für anregende Diskussionen sowie Frau Werner und Frau Kaufmann vom Carl Hanser Verlag für die Unterstützung bei der Gestaltung des Buches.

Leipzig, im Mai 2010   Wolfgang Reinhold

Vorwort zur 3. Auflage

Die bisherigen Auflagen dieses Buches haben durch ihre erfreulich hohe Resonanz das Konzept des Buches als Grundlage für die Ausbildung von Schaltungstechnikern an Hochschulen bestätigt. Durch die dankenswerten Hinweise der Leserschaft konnten noch einige kleine Fehler gefunden und korrigiert werden.

Die Lösungen zu Übungsaufgaben des Buches sowie weitere nützliche Materialien liegen nun auf dem Server des Hanser-Verlages und sind über den Hinweis auf der Rückseite des Buches zu finden.

Die im Vorwort zur ersten Auflage dieses Buches erwähnte sehr ausführliche und hilfreiche und von Robert Heinemann verfasste Einführung zur PSpice-Demoversion v16.0 basiert noch auf Windows 7. An neuere Windows-Versionen angepasste PSpice-Versionen findet der Leser bei der Firma OrCAD-Cadence.

Leipzig, im Oktober 2019 Wolfgang Reinhold

Inhalt

1 Physikalische Grundlagen der Halbleiterelektronik

Ziel dieses Kapitels ist es, aufzuzeigen, weshalb Halbleiter als Basismaterial elektronischer Bauelemente und damit der gesamten Mikroelektronik so hervorragend geeignet sind.

■ 1.1 Leitfähigkeit von Halbleitern

Für die Entwicklung neuartiger elektronischer Bauelemente mit ganz speziellen elektrischen Eigenschaften ist es wichtig, dass die Leitfähigkeit dieser Strukturen gezielt eingestellt werden kann und Möglichkeiten gefunden werden, diese auch während des Betriebs wunschgemäß zu steuern. Bei Metallen liegt diese Leitfähigkeit im Bereich $10^6 \ldots 10^8$ S/m. Sie ist jedoch kaum steuerbar. Silizium, heute der wichtigste Halbleiter, weist im reinen Kristallzustand eine Leitfähigkeit von ca. $3 \cdot 10^{-4}$ S/m auf, was einem guten Isolator entspricht und sich damit eigentlich nicht zur Realisierung elektronischer Bauelemente eignet. Sein Vorteil ist jedoch, dass es technische Möglichkeiten gibt, die Leitfähigkeit bis in den Bereich von $3 \cdot 10^5$ S/m gezielt zu verändern.

Die Leitfähigkeit eines Stoffes wird von der Dichte (Anzahl pro Volumeneinheit) seiner frei beweglichen Elektronen bestimmt.

Halbleiter unterscheiden sich von metallischen Leitern durch ihren kristallinen Aufbau, die Bindungsverhältnisse zwischen den Atomen, die Leitungsmechanismen und die Leitfähigkeit.

Kristalline Struktur. Halbleiter, wie Silizium und Germanium, besitzen eine stabile kristalline Struktur, in der jedes Atom vier gleich weit entfernte Nachbaratome besitzt (Diamantgitter). Die kovalente Bindung zwischen diesen Atomen bezieht alle Valenzelektronen dieser 4-wertigen Materialien ein. Für eine Doppelbindung zwischen zwei benachbarten Atomen liefert jeder Partner ein Valenzelektron. Dieser feste Bindungszustand existiert insbesondere bei der Temperatur von 0 K. Der Halbleiter verhält sich dann wie ein Isolator. Es existieren keine freien Elektronen, die einen Stromfluss bewirken könnten.

1.1.1 Eigenleitung

Mit dem Begriff Eigenleitung wird der unbeeinflusste Leitfähigkeitszustand eines reinen kristallinen Halbleiters bezeichnet.

Durch Wärmezufuhr geraten die Atome, und somit das gesamte Kristallgitter, in Schwingungen. Dies führt zum Aufbrechen einzelner Bindungen. Ein Elektron, das aus seiner Atombin-

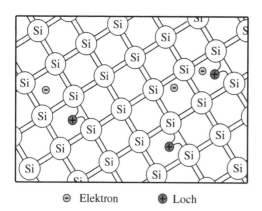

⊖ Elektron   ⊕ Loch

Bild 1.1 Schematische Darstellung der Atombindungen im Siliziumkristall bei Eigenleitung

dung herausgelöst wurde, kann sich im Kristallgitter frei bewegen. Da es negativ geladen ist, hinterlässt es eine positiv geladene ungesättigte Bindung, ein „Defektelektron" oder „Loch". Der Vorgang stellt die Generation eines Elektronen-Loch-Paares dar (Bild 1.1). Die ungesättigte Bindung ist in der Lage, freie Elektronen, die sich in unmittelbarer Nähe aufhalten, einzufangen. Durch diese Rekombination eines Elektrons mit einem Loch wird der neutrale Zustand der Bindung wiederhergestellt.

 Die Elektronendichte n_0 und die Löcherdichte p_0 in einem ungestörten Halbleiter sind immer gleich groß. Dieser Wert wird als Eigenleitungsdichte n_i bezeichnet.

$$n_i = n_0 = p_0 \tag{1.1}$$

Die Eigenleitungsdichte ist ein statistischer Mittelwert. Sie wird von der Kristalltemperatur und der materialbedingten Generationsenergie W_g zum Aufbrechen der Bindung bestimmt. Im technisch nutzbaren Temperaturbereich ist nur ein sehr geringer Teil der Valenzelektronen frei beweglich (siehe Tabelle 1.1).

Tabelle 1.1 Parameter wichtiger Halbleitermaterialien

	Si	**Ge**	**GaAs**
Atome je	$4{,}99 \cdot 10^{22}$	$4{,}42 \cdot 10^{22}$	$4{,}43 \cdot 10^{22}$
Volumeneinheit	cm^{-3}	cm^{-3}	cm^{-3}
Bandabstand W_g	$1{,}11\,\text{eV}$	$0{,}67\,\text{eV}$	$1{,}43\,\text{eV}$
Eigenleitungsdichte	$1{,}5 \cdot 10^{10}$	$2{,}3 \cdot 10^{13}$	$1{,}3 \cdot 10^{6}$
n_i bei 300 K	cm^{-3}	cm^{-3}	cm^{-3}

Die Temperaturabhängigkeit der Eigenleitungsdichte ergibt sich nach der Fermi-Dirac-Statistik zu

$$n_i^2 = n_{i0}^2 \left(\frac{T}{T_0}\right)^3 \exp\left(\frac{W_g(T - T_0)}{k\,T\,T_0}\right) \tag{1.2}$$

n_{i0} n_i bei der Bezugstemperatur T_0
k Boltzmann-Konstante ($k = 1{,}38 \cdot 10^{-23}$ Ws/K)

Der Exponentialterm bestimmt das Verhalten.

Ladungsträgerlebensdauer. Freie Ladungsträger besitzen zwischen Generation und Rekombination eine mittlere Lebensdauer τ von einigen Mikrosekunden. Dieser Wert wird entscheidend von der Qualität der kristallinen Struktur des Halbleiters und der Größenordnung möglicher Verunreinigungen des Materials beeinflusst.

Aufgrund der Braunschen Bewegung legen die Ladungsträger in dieser Zeit eine mittlere Wegstrecke L, die sogenannte Diffusionslänge zurück.

$$L = \sqrt{D \cdot \tau} \tag{1.3}$$

D Diffusionskonstante der Ladungsträger

Unter dem Einfluss eines elektrischen Feldes im Halbleiter kann diese ungerichtete Bewegung der Ladungsträger eine Vorzugsrichtung erhalten.

Bändermodell. Der energetische Zustand der Ladungsträger wird im Bändermodell grafisch verdeutlicht.

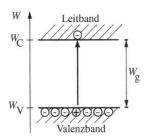

Bild 1.2 Bändermodell eines Eigenhalbleiters

Sind Valenzelektronen an der Atombindung beteiligt, besitzen sie eine feste Bindungsenergie $W = W_V$. Sie befinden sich im Valenzband des Bändermodells. Sind sie aus der Atombindung herausgelöst, befinden sie sich im Leitband. Sie besitzen dann eine Energie $W \geq W_C$. Für diesen Übergang vom Valenzband ins Leitband muss ihnen mindestens die Energie W_g zugeführt worden sein. Ein Elektron kann keinen energetischen Zustand in der *verbotenen Zone* zwischen Valenzband und Leitband einnehmen.

1.1.2 Halbleiter mit Störstellen

Das Einbringen von Fremdatomen in das Kristallgitter (Störstellen) ermöglicht die gezielte Erzeugung freier Elektronen und Löcher und somit die Beeinflussung der Leitfähigkeit des Halbleiters [1.1].

Donatoren (5-wertige Störstellen) führen zu einem Energieniveau W_D innerhalb der verbotenen Zone mit einem sehr geringen Abstand zur Leitbandkante W_C. Entsprechend reicht eine sehr geringe Energiezufuhr aus, um diese Störstelle zu ionisieren. Das Störatom gibt sein 5. Valenzelektron in das Leitband ab. Es entsteht ein frei bewegliches Elektron und eine ortsfeste positiv ionisierte Störstelle, aber kein Loch. Im Halbleiter herrscht Elektronenüberschuss. Man spricht von einem n-Halbleiter (siehe Bilder 1.3 und 1.5).

Akzeptoren (3-wertige Störstellen) bewirken ein Energieniveau W_A innerhalb der verbotenen Zone nahe der Valenzbandkante. Ein Valenzbandelektron braucht nur eine sehr kleine

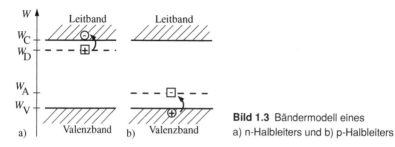

Bild 1.3 Bändermodell eines
a) n-Halbleiters und b) p-Halbleiters

Energiestufe zu überwinden, um dieses Energieniveau zu besetzen und die Störstelle negativ zu ionisieren. Es hinterlässt im Valenzband ein Loch. Die Elektronendichte im Leitband bleibt unverändert. Im Halbleiter entsteht ein Überschuss an frei beweglichen Löchern. Ein p-Halbleiter liegt vor.

Tabelle 1.2 Bandabstand ΔW der Energieniveaus wichtiger Störstellenmaterialien bei Silizium

Akzeptor		Donator	
$\Delta W = W_A - W_V$		$\Delta W = W_C - W_D$	
B	0,045 eV	P	0,044 eV
In	0,160 eV	As	0,049 eV
Al	0,057 eV	Sb	0,039 eV

Störstellenerschöpfung. Bei den gebräuchlichen Halbleitern sind im technisch relevanten Temperaturbereich alle vorhandenen Störstellen ionisiert. Es herrscht Störstellenerschöpfung. Da die Dichte der in einen Halbleiter eingebrachten Störstellen (Akzeptorendichte N_A, Donatorendichte N_D) genau festgelegt werden kann, besitzt die Dichte der ionisierten Störstellen (N_A^- bzw. N_D^+) und die Dichte der beweglichen Ladungsträger (p bzw. n) bei Störstellenerschöpfung einen definierten Wert. Es gilt im p-Halbleiter $p = N_A^- = N_A$ bzw. im n-Halbleiter $n = N_D^+ = N_D$.

Störstellenreserve. Bei Störstellenreserve sind nicht alle Störstellen ionisiert. Gewöhnlich ist das nur bei extrem niedrigen Temperaturen der Fall, bei phosphordotiertem Silizium z. B. bis ca. 70 K.

Wird ein Halbleiter mit Donatoren und Akzeptoren dotiert, so erfordert die Ladungsneutralität:

$$p + N_D^+ = n + N_A^-$$

Die Störstellenart mit der höheren Konzentration dominiert und bestimmt den Leitfähigkeitstyp. Bei $N_D > N_A$ liegt ein n-Halbleiter mit $n_n = N_D - N_A$ vor. Bei $N_A > N_D$ ergibt sich ein p-Halbleiter mit $p_p = N_A - N_D$.

Massenwirkungsgesetz. Nach dem Massenwirkungsgesetz ist in einem nach außen hin neutralen Halbleiter (Thermodynamisches Gleichgewicht), unabhängig von seiner Störstellendichte, das Produkt aus Elektronen- und Löcherdichte eine Materialkenngröße. Es gilt

im p-Halbleiter: $\qquad\qquad\qquad\qquad n_p \cdot p_p = n_i^2$ (1.4)

im n-Halbleiter: $\qquad\qquad\qquad\qquad n_n \cdot p_n = n_i^2$ (1.5)

Im n-Halbleiter überwiegen die Elektronen und stellen somit die *Majoritätsträger* dar. Die Löcher bilden hier die *Minoritätsträger*. Praktisch sinnvolle Störstellendichten beinhalten einen Unterschied zwischen Majoritäts- und Minoritätsträgerdichten von mehr als 10 Größenordnungen.

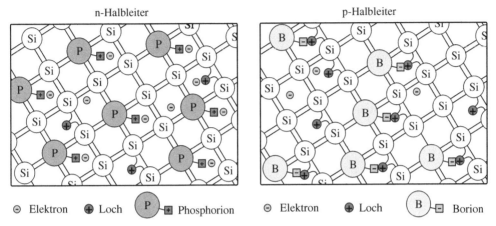

Bild 1.4 Schematische Darstellung der Ladungen im n-Halbleiter bzw. p-Halbleiter

Beispiel 1.1

Ein Si-Halbleiter ist mit einer Akzeptorendichte von $N_A = 3 \cdot 10^{16} \, \text{cm}^{-3}$ dotiert. Wie groß sind Löcher- und Elektronendichte bei Raumtemperatur und Störstellenerschöpfung?

Lösung:

Die Eigenleitungsdichte von Silizium beträgt bei Raumtemperatur (300 K) $n_i = 1{,}5 \cdot 10^{10} \, \text{cm}^{-3}$. Damit folgt

$$p_p = N_A = 3 \cdot 10^{16} \, \text{cm}^{-3} \quad \text{und}$$

$$n_p = \frac{n_i^2}{N_A} = 7{,}5 \cdot 10^3 \, \text{cm}^{-3}.$$

Beispiel 1.2

Bei welcher Temperatur erreicht die Eigenleitungsdichte eines Siliziumhalbleiters den Wert $n_i^2 = 10^{14} \, \text{cm}^{-3}$?

Lösung:

$$n_i^2 = n_{i0}^2 \left(\frac{T}{T_0} \right)^3 \cdot e^{\frac{W_g(T-T_0)}{kTT_0}}$$

Eine analytische Auflösung dieser nichtlinearen Gleichung nach T ist nicht möglich. Bei hohen Temperaturen dominiert der Exponentialterm diese Gleichung jedoch sehr stark, sodass bei 300 K die Näherung

$$n_i^2 \cong n_{i0}^2 \cdot e^{\frac{W_g(T-T_0)}{kTT_0}}$$

gerechtfertigt ist. Die Auflösung dieser Gleichung liefert:

$$T \cong \frac{T_0}{1 - \dfrac{kT_0}{W_g} \ln \dfrac{n_i^2}{n_{i0}^2}}$$

Mit den Werten $T_0 = 300$ K, $n_{i0} = 1{,}5 \cdot 10^{10}$ cm^{-3}, $W_g = 1{,}11$ eV und $k = 1{,}38 \cdot 10^{-23}$ Ws $\cdot$ K^{-1} ergibt sich $T = 509$ K.

■

Leitfähigkeit. Die spezifische elektrische Leitfähigkeit $\varkappa$ eines Halbleiters wird durch die frei beweglichen Ladungsträger beider Ladungsträgerarten bestimmt. Es gilt:

$$\varkappa = e\mu_n n + e\mu_p p \tag{1.6}$$

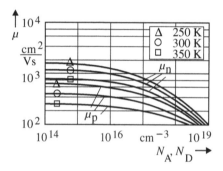

Bild 1.5 Beweglichkeit der Elektronen und Löcher im Silizium

Als Proportionalitätsfaktoren treten die Elementarladung eines Elektrons $e = 1{,}6 \cdot 10^{-19}$As und die Beweglichkeiten der Löcher μ_p und Elektronen μ_n auf. Die Beweglichkeiten sind Materialkenngrößen. Sie werden vom Abstand der Atome im Kristallgitter, von der Qualität der Kristallstruktur, der Dichte der Störstellen und der Stärke der temperaturabhängigen Gitterschwingungen beeinflusst. Bild 1.5 verdeutlicht zwei Einflüsse.

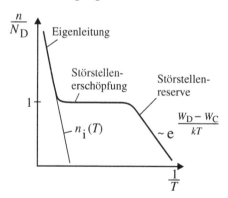

Bild 1.6 Temperaturabhängigkeit der Majoritätsträgerdichte im Halbleiter

Nutzbarer Temperaturbereich. Der sinnvolle Einsatz von Halbleiterbauelementen erfordert i. Allg. eine definierte Leitfähigkeit. Diese liegt nur bei Störstellenerschöpfung vor. Außerdem darf die Majoritätsträgerdichte nicht durch temperaturbedingt generierte Eigenleitungsladungsträger beeinflusst werden.

■ 1.2   Ladungsträgergeneration in Halbleitern

Die Generation von Elektronen-Loch-Paaren im Halbleiter ist auf drei Mechanismen zurückzuführen:

■ thermische Generation G_{th},
■ Fotogeneration G_{Ph},
■ Stoßionisation G_{Av}.

Bei thermischer Generation erfolgt die Energiezufuhr $\Delta W_{th} = W_g$ an das entstehende freie Elektron ausschließlich durch die thermische Energie des Halbleiters. Die Nettogenerationsrate G_{th} nach der Shockley-Reed-Beziehung (1.7) (häufig auch Nettorekombinationsrate R) ist nur dann verschieden von null, wenn die Ladungsträgerdichte von n_i abweicht. Ein Anstieg oder ein Sinken der Ladungsträgerdichte zum Gleichgewichtszustand hin ist damit verbunden.

$$G_{th} = -R = \frac{n_i^2 - np}{\tau_p(n+n_1) + \tau_n(p+p_1)} \tag{1.7}$$

τ_p, τ_n Löcher- bzw. Elektronenlebensdauer
n_1, p_1 Materialkenngrößen

Ein wichtiger Sonderfall liegt bei starker Verarmung von beweglichen Ladungsträgern vor $(n,p \ll n_i)$.

$$G_{th} = \frac{n_i}{\tau_s} \quad \text{mit} \tag{1.8}$$

$$\tau_s = \frac{\tau_p n_1 + \tau_n p_1}{n_i} \tag{1.9}$$

τ_s Ladungsträgerlebensdauer in einer Verarmungszone

Einfallendes Licht verursacht eine Generation, wenn die Frequenz f des Lichtes der Beziehung (1.10) genügt. Die Energie eines Lichtquants W_{Ph} muss größer als die Breite der verbotenen Zone sein.

$$W_{Ph} = h \cdot f \geqq W_g \tag{1.10}$$

h Plancksches Wirkungsquantum

Die Generationsrate in der Tiefe x des Halbleiters ist proportional zum Photonenstrom Φ_g, der in den Halbleiter eindringt.

$$G_{Ph} = \beta(\lambda)\Phi_g \cdot e^{-\beta(\lambda)x} \tag{1.11}$$

$\beta(\lambda)$ Absorptionskoeffizient des Halbleiters

Werden Ladungsträger durch ein elektrisches Feld im Halbleiter sehr stark beschleunigt, kann ihre kinetische Energie ausreichen, um bei einem Aufprall auf ein Gitteratom ein weiteres Elektronen-Loch-Paar zu erzeugen, d. h. eine bestehende Bindung aufzubrechen. Die Generationsrate bei dieser Stoßionisation wächst mit der Feldstärke und den Ladungsträgerdichten. Der Generationsvorgang kann zur lawinenartigen Ladungsträgervervielfachung führen. Die Leitfähigkeit des Halbleiters wird extrem groß. Meist führt ein unerwünschtes Auftreten dieser Stoßionisation zum Ausfall elektronischer Bauelemente.

Ladungsträgerkontinuität. In einem infinitesimalen Volumenelement des Halbleiters muss sowohl für Elektronen als auch für Löcher stets die Bilanzgleichung der Ladungsträgerkontinuität erfüllt sein. In eindimensionaler Form gilt für den Elektronenstrom $\vec{I}_n$ sowie den Löcherstrom $\vec{I}_p$ an jeder Stelle x:

$$\frac{d\,\vec{I}_p(x)}{dx} = -eA\left(\frac{dp(x)}{dt} - G\right) \tag{1.12}$$

$$\frac{d\,\vec{I}_n(x)}{dx} = eA\left(\frac{dn(x)}{dt} - G\right) \tag{1.13}$$

mit $G = G_{th} + G_{Ph} + G_{Av}$

Auf der Grundlage dieser Vorgänge und Gleichungen ist eine Berechnung der Leitfähigkeit eines Halbleiters möglich.

◼ 1.3 Ladungsträgertransport in Halbleitern

Der Transport von Ladungsträgern erfolgt im Halbleiter durch zwei Mechanismen.

- Aufgrund ihrer elektrischen Ladung werden Elektronen und Löcher durch ein elektrisches Feld beschleunigt. Es entsteht ein feldstärkeabhängiger Stromanteil (Feldstrom).
- Inhomogene Ladungsträgerdichteverteilungen verursachen einen Diffusionsstrom mit dem Ziel der Gleichverteilung der Ladungsträger im Halbleiter. Ursache hierfür ist die thermische Energie der Ladungsträger. Der Diffusionsstromanteil ist proportional zum Dichtegradienten.

Aus der Summe beider Anteile ergibt sich für den Elektronen- bzw. Löcherstrom in eindimensionaler Form:

$$\vec{I}_n = eA\left(n(x)\mu_n\vec{E}(x) + \frac{d\big(n(x)\cdot D_n\big)}{dx}\right) \tag{1.14}$$

$$\vec{I}_p = eA\left(p(x)\mu_p\vec{E}(x) - \frac{d\big(p(x)\cdot D_p\big)}{dx}\right) \tag{1.15}$$

D_n, D_p Diffusionskoeffizienten der Elektronen bzw. Löcher
A Querschnittsfläche des Halbleiters

Die Diffusionskoeffizienten sind proportional zu den Beweglichkeiten.

$$D_n = \mu_n U_T \quad D_p = \mu_p U_T \tag{1.16}$$

Proportionalitätsfaktor ist die Temperaturspannung:

$$U_T = \frac{kT}{e} \tag{1.17}$$

Ein Ladungsträgertransport ist im physikalischen Sinn eine Bewegung von frei beweglichen Elektronen. Diese entspricht einem Stromfluss an der entsprechenden Stelle des Halbleiters.

Eine Erweiterung der bereits im Abschnitt 1.1.1 eingeführten Modellvorstellung eines positiv geladenen Loches besteht darin, dieses Loch als bewegliche Ladung aufzufassen. Eine Berechtigung für diese Überlegung ergibt sich, wenn man davon ausgeht, dass im thermodynamischen Gleichgewichtszustand des Halbleiters bei einer mittleren Rekombinations-Generations-Rate R nach Shockley-Reed an einigen Orten Löcher „vernichtet" und an anderen Orten Löcher generiert werden, wobei deren Gesamtzahl (Löcherdichte) unverändert bleibt. Dies lässt sich als Löcherbewegung interpretieren. Diese Modellvorstellung erleichtert die späteren Betrachtungen erheblich. Physikalisch haben sich jedoch Elektronen bewegt, indem eine ungesättigte Bindung ein Elektron eingefangen hat und eine andere Bindung aufgebrochen wurde.

Aus diesen Gleichungen sind die Zusammenhänge zwischen Strom und Spannung an einem elektronischen Halbleiterbauelement berechenbar.

■ 1.4 Aufgaben

Aufgabe 1.1
Wie groß ist die Löcher- bzw. Elektronendichte in einem Siliziumhalbleiter bei $T = 250\,\text{K}$, $T = 300\,\text{K}$ und $T = 350\,\text{K}$, wenn Eigenleitung vorliegt?

Aufgabe 1.2
Wie groß ist die Leitfähigkeit eines Siliziumhalbleiters bei einer Donatorendichte von $N_D = 10^{18}\,\text{cm}^{-3}$ und im undotierten Halbleiter bei $T = 300\,\text{K}$?

Aufgabe 1.3
Bestimmen Sie die Diffusionslänge eines Elektrons in einem mit $N_D = 10^{18}\,\text{cm}^{-3}$ dotiertem Siliziumhalbleiter bei $T = 300\,\text{K}$, wenn die mittlere Ladungsträgerlebensdauer $0{,}2\,\mu\text{s}$ beträgt!

Aufgabe 1.4
Welche Frequenz und Wellenlänge benötigt einfallendes Licht, damit in einem Siliziumhalbleiter Fotogeneration eintritt?

Aufgabe 1.5
In einem mit Bor dotierten Halbleiter ($N_A = 10^{15}\,\text{cm}^{-3}$) wird Phosphor mit einer Konzentration von $N_D = 10^{17}\,\text{cm}^{-3}$ eingebracht. Welche Elektronen- und Löcherdichte besteht vor bzw. nach der Phosphordotierung?

2 Berechnungsmethoden elektronischer Schaltungen

Die in diesem Buch behandelten elektronischen Schaltungen umfassen ausschließlich Lösungen zur Verarbeitung kontinuierlicher Signale. Diese Signale sind i. Allg. Ströme und Spannungen, deren Informationsgehalt durch stetige Zeitfunktionen beschreibbar ist. Elektronische Schaltungen realisieren signalverarbeitende Funktionen durch Netzwerke aus elektronischen Bauelementen. Die wichtigsten Funktionseinheiten sind in Tabelle 2.1 zusammengestellt. Sie werden durch charakteristische Baugruppen realisiert. Durch Zusammenschalten solcher Funktionseinheiten lassen sich komplexe signalverarbeitende Systeme zusammensetzen.

Tabelle 2.1 Funktionseinheiten der Analogtechnik

Funktion	Schaltung
Signalverstärkung	Spannungsverstärker – Breitband-V. – Leistungs-V. – Instrumentations-V. – Isolations-V. – Hochfrequenz-V. – Operationsverstärker
Signalerzeugung	Oszillatoren: LC-, RC-, Quarz-Oszillatoren Signalgeneratoren: Sinus-, Rechteck-, Dreieck-, Sägezahn-G. Konstantstrom-, Konstantspannungs-, Referenzspannungsquellen Gesteuerte Quellen Gesteuerte Oszillatoren: Spannungsgesteuerte Oszillatoren (VCOs), digital gesteuerte Oszillatoren (DCOs)
Signalverknüpfung	Summierer, Multiplizierer, Dividierer, Modulator, Demodulator
Signalformung	Filter, Integrator, Differenzierer, Logarithmierer
Signalwandlung	A/D- und D/A-Wandler, U/I- und I/U-Wandler, Q/U-Wandler, U/f-Wandler
Signalaufnahme	Sensoren
Signalausgabe	Aktoren, Anzeigeelemente
Betriebsspannungsversorgung	Gleichrichter, Siebglied, Spannungsregler, Schaltnetzteile, DC/DC-Wandler

Für alle wichtigen Funktionseinheiten existieren zahlreiche schaltungstechnische Umsetzungen, bei denen sich die funktionelle Qualität und der Bauelementeaufwand proportional verhalten. In den meisten Fällen werden die Funktionsgruppen durch die Kombination von typischen analogen Grundschaltungen realisiert. Die Kenntnis dieser universell einsetzbaren Baublöcke gehört zum wichtigsten Handwerkszeug des Schaltungstechnikers. Zu ihnen gehören Verstärkerstufen, Differenzstufen, Stromspiegel, Referenzspannungsquellen, Stromquellen und Leistungsendstufen.

Schaltungssynthese. Für analoge Schaltungen ist eine automatische Schaltungssynthese zu einer vorgegebenen Systemfunktion mittels Software, wie sie für digitale Schaltungen existiert, wegen einer zu großen Lösungsvielfalt nicht möglich. Derzeit existieren lediglich für einige spezielle Schaltungen parametrisierbare Modulgeneratoren.

Eine manuelle Schaltungssynthese basiert auf der Verwendung bekannter Schaltungen und deren Anpassung an die konkreten Anforderungen und Gegebenheiten. Diese Vorgehensweise erfordert die Kenntnis einer großen Baublockbibliothek.

Bei der Verkettung von analogen Baublöcken haben deren Rückwirkungseigenschaften und ihre hohe Empfindlichkeit gegenüber Störungen oft spürbaren Einfluss auf die Gesamtfunktion. Eine Analyse dieser Rückwirkungseigenschaften elektronischer Schaltungen ist folglich ein Schwerpunkt bei der Schaltungssynthese.

Betrachtungsebenen der Schaltungsfunktion bei der Synthese. Bei der Entwicklung analoger Schaltungen sind zahlreiche verschiedene Gesichtspunkte zu berücksichtigen. Die übliche Vorgehensweise besteht darin, einzelne Eigenschaften der eingesetzten Bauelemente und deren Auswirkung auf das Gesamtverhalten der Schaltung getrennt zu untersuchen. Die folgenden Stichworte sollen einige der wichtigsten Gesichtspunkte benennen:

- Arbeitspunktanalyse
  - Einstellung des Arbeitspunktes der eingesetzten Bauelemente
  - Temperaturstabilität des Arbeitspunktes
- Signalübertragung mit linearisiertem Modell (Kleinsignalmodell)
- Großsignalanalyse: Analyse von Signalverzerrungen bei großen Signalamplituden
- Berücksichtigung der Grenzparameter bei der Bauelementeauswahl
  - maximale Spannung
  - maximaler Strom
  - maximale Signalfrequenz
- Toleranz der Bauelementeparameter und ihre Auswirkung auf die Schaltungseigenschaften
- parasitäre Effekte
- Verlustleistungsbilanz → Erwärmung der Schaltung → Wärmeabtransport
- Rauschanalyse

Durch die Verwendung zugeschnittener Modelle lassen sich geeignete analytische Methoden finden, um diese Einzelaspekte zu analysieren. Soll die Verkopplung mehrerer Eigenschaften untersucht werden, ist oft nur der Weg über eine numerische Bauelementemodellierung und Schaltungssimulation möglich.

■ 2.1 Analysemethoden und -werkzeuge zur Schaltungsberechnung

Für die Auswahl geeigneter Analysemethoden und -werkzeuge für analoge Schaltungen sind die zu übertragenden Signale ausschlaggebend. Diese liegen meist als Zeitfunktionen vor. Ihre Transformation in Frequenzfunktionen und eine anschließende Analyse der Schaltungen im Frequenzbereich führt häufig zu vereinfachten Analysemethoden und zusätzlich zu einer höheren Anschaulichkeit der Ergebnisse. In Tabelle 2.2 sind einige Signaltypen und an diese angepasste mathematische Methoden zusammengestellt. Die hier dargestellten Signale $X(t)$ können als Signalspannungen oder -ströme interpretiert werden.

Tabelle 2.2 Signaltypen und angepasste mathematische Methoden

Signale					Methode
determiniert	zeitkonti-nuierlich	perio-disch	harmonisch mit konstanter Amplitude		komplexe Rechnung
			harmonisch mit exponentieller Amplitude		erweiterte komplexe Rechnung
			allgemein mit konstanter Amplitude		Fourier-Reihe
		nicht peri-odisch	zweiseitig begrenzt		Fourier-Transformation
			einseitig begrenzt		Laplace-Transformation
	zeitdiskret	periodische Abtastsignale			diskrete Fourier-Transformation
		nicht periodische Abtastsignale			Z-Transformation
stochastisch					Wahrscheinlichkeitsrechnung
					Korrelationsfunktionen

2.1.1 Ersatzschaltbilder

Ersatzschaltbilder stellen eine elektrische Interpretation der Funktion eines elektronischen Bauelementes bzw. einer elektronischen Baugruppe in Form eines Netzwerkes (elektrisches Netzwerkmodell des realen Bauelementes) dar. Die komplexe Funktion des Bauelementes oder der Baugruppe wird in einem Ersatzschaltbild in einige wichtige Teilfunktionen zergliedert. Die Netzwerkelemente widerspiegeln einzelne Eigenschaften bzw. Teilfunktionen. Direkte Zusammenhänge bestehen zwischen messbaren Kennlinien eines Bauelementes, den Ersatzschaltbildelementen und den Kennliniengleichungen. Die Genauigkeit der Repräsentation des realen Verhaltens wird entsprechend den Notwendigkeiten gewählt. Auf der Basis der Ersatzschaltbilder wird eine überschaubare Netzwerkberechnung der Gesamtschaltung (Bauelement mit äußerer Beschaltung) möglich.

Wichtige Elemente von Ersatzschaltbildern sind Widerstände, Kondensatoren, Spulen, Konstantstrom- und Spannungsquellen sowie gesteuerte Quellen (stromgesteuerte Strom- und Spannungsquellen, spannungsgesteuerte Strom- und Spannungsquellen).

Gesteuerte Quellen. Die Ströme bzw. Spannungen dieser Quellen sind von anderen Zweigspannungen bzw. Zweigströmen der Ersatzschaltung abhängig. Ursache und Wirkung der Steuerung liegen an verschiedenen Stellen in der Ersatzschaltung (siehe Bild 2.1).

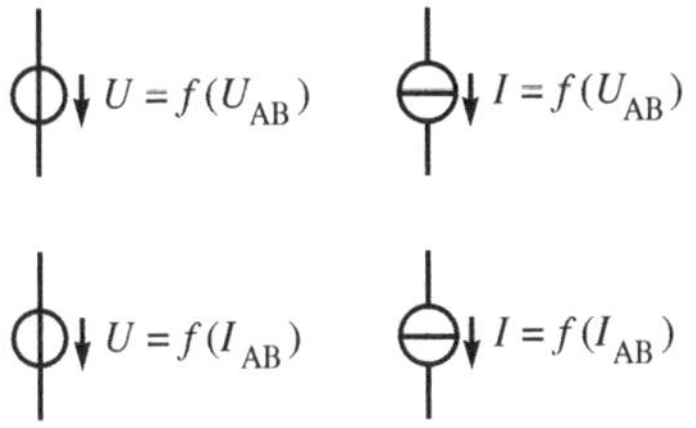

$$U = f(U_{AB}) \qquad I = f(U_{AB})$$

$$U = f(I_{AB}) \qquad I = f(I_{AB})$$

Bild 2.1 Gesteuerte Quellen, U_{AB} Spannung zwischen zwei Netzwerkknoten, I_{AB} Zweigstrom

Beispiel 2.1

Die reale exponentielle Kennlinie einer Diode ist durch eine stückweise lineare Näherung zu ersetzen und das entsprechende Ersatzschaltbild zu entwickeln.

Lösung:

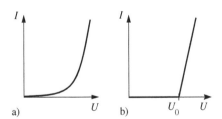

Bild 2.2 Diodenkennlinie
a) real, b) stückweise lineare Näherung

Die stückweise lineare Näherung der Diodenkennlinie lässt sich durch

$$I = \begin{cases} 0 & \text{für} \quad U \leqq U_0 \\ \dfrac{1}{R_i}(U - U_0) & \text{für} \quad U \geqq U_0 \end{cases}$$

beschreiben. Da keine geschlossene mathematische Beschreibung existiert, ergibt sich für beide Teilbereiche eine separate Ersatzschaltung.

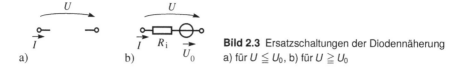

Bild 2.3 Ersatzschaltungen der Diodennäherung
a) für $U \leqq U_0$, b) für $U \geqq U_0$

■

2.1.2 Groß- und Kleinsignalanalyse

Großsignalanalyse. Halbleiterbauelemente haben i. Allg. ein nichtlineares Verhalten, d. h., die Zusammenhänge zwischen Ein- und Ausgangsgrößen (meist Strom und Spannung) sind nichtlinear. Die Auswirkungen dieser Nichtlinearitäten auf die Signalübertragung wachsen mit steigender Signalamplitude. Die Behandlung analoger Schaltungen mit den aus der Elektrotechnik bekannten Verfahren der Netzwerkanalyse führen zu komplizierten nichtlinearen Gleichungen bzw. Differenzialgleichungssystemen, deren Berechnung einige Schwierigkeiten bereitet. Alternative Lösungsmöglichkeiten ergeben sich durch grafische Methoden oder nummerische Verfahren.

Grafische Berechnungsverfahren für elektronische Netzwerke basieren auf der Zerlegung der Schaltung in nichtlineare Teile, i. Allg. die Halbleiterbauelemente selbst, und den restlichen linearen Teil. Sie sind auch anwendbar, wenn das Bauelementeverhalten nur messtechnisch bestimmbar ist und werden häufig für die *Arbeitspunktberechnung* benutzt (siehe Bild 2.4).

Zu den *nummerischen Berechnungsverfahren* zählt die Simulation der Schaltung mittels einer Netzwerkanalysesoftware (z. B. Spice [2.1]). Erst diese ermöglichen eine schnelle und genaue Bewertung des Einflusses von Nichtlinearitäten auf das zu übertragende Signal. Genannt sei hier die *Klirrfaktoranalyse*.

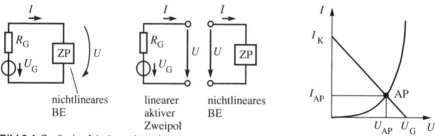

nichtlineares BE   linearer aktiver Zweipol   nichtlineares BE

Bild 2.4 Grafische Arbeitspunktanalyse

Die in der Netzwerksimulation verwendeten Großsignalmodelle der Bauelemente basieren für Bipolartransistoren auf dem Gummel-Poon-Modell (siehe Abschnitt 4.2) und für MOSFET auf den Gleichungen (6.6) bis (6.28) [2.2], [2.3], [2.4].

Arbeitspunkt. Durch stationäre Ströme und Spannungen gekennzeichneter Ruhezustand einer Schaltung bei fehlendem Eingangssignal.

Die Wahl der Lage des Arbeitspunktes auf der stationären Kennlinie eines Bauelementes ist entscheidend für dessen nutzbare Eigenschaften und damit auch die Eigenschaften der gesamten Schaltung bezüglich der gewünschten Signalübertragung.

Kleinsignalanalyse. Meist wird von analogen Schaltungen die lineare (unverzerrte) Übertragung eines Signals erwartet. Besitzt das Signal eine kleine Amplitude, dann werden die Ströme und Spannungen in der Schaltung nur geringfügig gegenüber ihren Arbeitspunktwerten U_0, I_0 verändert (siehe Bild 2.5). Die nichtlineare Kennlinie von Bauelement bzw. Schaltung $I_2 = f(U_1)$ kann dann durch deren Anstieg im Arbeitspunkt angenähert werden. Es gilt

$$\Delta I_2 = \left.\frac{\mathrm{d} I_2}{\mathrm{d} U_1}\right|_{U_{10}} \cdot \Delta U_1$$

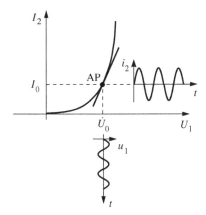

Bild 2.5 Linearisierung im Arbeitspunkt

Die Berechnung der Schaltung vereinfacht sich dadurch enorm, denn es entstehen nur noch lineare Übertragungsfunktionen. Für sinusförmige Eingangssignale ergeben sich dann unverzerrte rein sinusförmige Ausgangssignale. In komplexer Schreibweise ergibt sich

$$\underline{I}_2 = \left.\frac{\mathrm{d} I_2}{\mathrm{d} U_1}\right|_{U_{10}} \cdot \underline{U}_1$$

Der Proportionalitätsfaktor $\left.\dfrac{\mathrm{d} I_2}{\mathrm{d} U_1}\right|_{U_{10}}$ stellt den entsprechenden Kleinsignalübertragungsfaktor dar. Im Beispiel besitzt er die Dimension eines Leitwertes, dessen Zahlenwert von der Arbeitspunktlage abhängig ist.

Dieses lineare Übertragungsverhalten entspricht dem realen Verhalten der Schaltung umso besser, je kleiner die Amplitude des Signals ist. Man spricht auch vom Kleinsignalverhalten einer Schaltung.

2.1.3 Kleinsignalersatzschaltung

Auf der Basis der Kleinsignalmodelle aller Bauelemente einer Schaltung wird zur Berechnung des Kleinsignalübertragungsverhaltens ein Kleinsignalersatzschaltbild für die gesamte Schaltung gebildet. Dieses liefert einen linearen Zusammenhang zwischen den Ein- und Ausgangsgrößen und eignet sich ausschließlich zur Berechnung des Kleinsignalübertragungsverhaltens. Sinusförmige Eingangssignale führen dann zu rein sinusförmigen Ausgangssignalen.

Zur Gewinnung des Kleinsignalersatzschaltbildes einer Schaltung sind deren Gleichspannungsquellen durch Kurzschlüsse und die Konstantstromquellen durch Leerlauf zu ersetzen.

■ 2.2 Vierpoldarstellung

Ein Vierpol ist eine Schaltung mit vier äußeren Anschlüssen, von denen zwei den Eingang und zwei den Ausgang eines Zweitors bilden (siehe Bild 2.6).

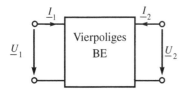

Bild 2.6 Vierpol mit Ein- und Ausgangsgrößen

Klassifizierung von Vierpolen. Nach der Vierpoltheorie können Vierpole durch folgende Merkmale klassifiziert werden.

Linearität: Vierpole mit linearem Zusammenhang zwischen Ein- und Ausgangsgrößen heißen linear, anderenfalls nichtlinear. Ein Maß für die Nichtlinearität der Signalübertragung ist der Klirrfaktor K des Ausgangssignals bei rein sinusförmigem Eingangssignal.

$$K = \frac{\sqrt{\sum\limits_{i=2}^{\infty} \tilde{U}_i^2}}{\sqrt{\sum\limits_{i=1}^{\infty} \tilde{U}_i^2}} \tag{2.1}$$

Der Quotient des Effektivwertes der Oberwellen bezogen auf den Gesamteffektivwert des Signals beschreibt den Verzerrungsgrad des Signals.

Leistungsbilanz: Aktive Vierpole enthalten Strom- oder Spannungsquellen, die auch von den Eingangsgrößen gesteuert sein können. Passive Vierpole enthalten keine Quellen. Die Leistungsbilanz aktiver Vierpole lautet:

$$P_{Sa} + P_V = P_{Se} + P_H \tag{2.2}$$

Die abgegebene Leistung setzt sich aus abgegebener Signalleistung P_{Sa} und im Vierpol umgesetzter Wärmeverlustleistung P_V zusammen. Zugeführt wird die Eingangssignalleistung P_{Se} und eine Hilfsleistung P_H aus der Stromversorgung.

Rückwirkungsfreiheit: Vierpole sind rückwirkungsfrei, wenn die Eingangsgrößen nicht durch die Ausgangsgrößen beeinflussbar sind. Eine Signalübertragung existiert nur in eine Richtung.

Symmetrie: Vierpole sind symmetrisch, wenn eine Vertauschung der Ein- und Ausgangsklemmen das elektrische Verhalten nicht beeinflusst.

Umkehrbarkeit: Umkehrbare Vierpole besitzen in beide Richtungen den gleichen Übertragungswiderstand bzw. Übertragungsleitwert. Es gilt

$$\underline{Z}_{12} = \underline{Z}_{21} \quad \text{und} \quad \underline{Y}_{12} = \underline{Y}_{21}$$

Die Vierpoldarstellung wird in der analogen Schaltungstechnik zur Beschreibung des Kleinsignalverhaltens elektronischer Schaltungen genutzt.

Vierpolgleichungen. Das Übertragungsverhalten linearer Vierpole wird durch ein lineares Gleichungssystem, die Vierpolgleichungen, vollständig beschrieben. Die Beziehungen der vier Klemmengrößen $\underline{U}_1, \underline{U}_2, \underline{I}_1, \underline{I}_2$ zueinander sind durch die Vierpolparameter (Proportionalitätsfaktoren) erfasst. Je nach Anordnung der Ströme und Spannungen in den Vierpolgleichungen ergeben sich verschiedene Beschreibungsformen. Für Transistorgrundschaltungen sind z. B. die Leitwertform und die Hybridform von besonderer Bedeutung.

Wichtige Formen der Vierpolgleichungen lauten in Matrizenschreibweise

Impedanzmatrix:

$$\begin{pmatrix} \underline{U}_1 \\ \underline{U}_2 \end{pmatrix} = \begin{pmatrix} \underline{z}_{11} & \underline{z}_{12} \\ \underline{z}_{21} & \underline{z}_{22} \end{pmatrix} \begin{pmatrix} \underline{I}_1 \\ \underline{I}_2 \end{pmatrix} \tag{2.3}$$

Admittanzmatrix:

$$\begin{pmatrix} \underline{I}_1 \\ \underline{I}_2 \end{pmatrix} = \begin{pmatrix} \underline{y}_{11} & \underline{y}_{12} \\ \underline{y}_{21} & \underline{y}_{22} \end{pmatrix} \begin{pmatrix} \underline{U}_1 \\ \underline{U}_2 \end{pmatrix} \tag{2.4}$$

Hybridmatrix:

$$\begin{pmatrix} \underline{U}_1 \\ \underline{I}_2 \end{pmatrix} = \begin{pmatrix} \underline{h}_{11} & \underline{h}_{12} \\ \underline{h}_{21} & \underline{h}_{22} \end{pmatrix} \begin{pmatrix} \underline{I}_1 \\ \underline{U}_2 \end{pmatrix} \tag{2.5}$$

Invershybridmatrix:

$$\begin{pmatrix} \underline{I}_1 \\ \underline{U}_2 \end{pmatrix} = \begin{pmatrix} \underline{g}_{11} & \underline{g}_{12} \\ \underline{g}_{21} & \underline{g}_{22} \end{pmatrix} \begin{pmatrix} \underline{U}_1 \\ \underline{I}_2 \end{pmatrix} \tag{2.6}$$

Kettenmatrix:

$$\begin{pmatrix} \underline{U}_1 \\ \underline{I}_1 \end{pmatrix} = \begin{pmatrix} \underline{a}_{11} & \underline{a}_{12} \\ \underline{a}_{21} & \underline{a}_{22} \end{pmatrix} \begin{pmatrix} \underline{U}_2 \\ -\underline{I}_2 \end{pmatrix} \tag{2.7}$$

Hinweis: Bei der Schreibweise der Kettenmatrix $\underline{A}$ wird entgegen der bisherigen Einführung der positiven Richtung des Ausgangsstroms $\underline{I}_2$ ein Bezug auf den auswärts fließenden Ausgangsstrom $-\underline{I}_2$ eingeführt. In der Literatur wird diese Variante bevorzugt, da dieser mit dem einwärts fließenden Eingangsstrom einer verketteten Folgeschaltung identisch ist (siehe Abschnitt 2.3).

Interpretation der Vierpolparameter. Die elektrische Interpretation der Vierpolparameter leitet sich aus den Vierpolgleichungen ab. Ihre Berechnung bzw. Messung erfolgt jeweils bei Kurzschluss oder Leerlauf an bestimmten Ein- bzw. Ausgängen des Vierpols. Eine Zusammenstellung liefert Tabelle 2.3.

Tabelle 2.3 Vierpolparameter

Gleichung	Bezeichnung	Gleichung	Bezeichnung
$\underline{z}_{11} = \dfrac{U_1}{I_1}\Big|_{I_2=0}$	Leerlauf-Eingangsimpedanz	$\underline{g}_{11} = \dfrac{I_1}{U_1}\Big|_{I_2=0}$	Leerlauf-Eingangsadmittanz
$\underline{z}_{12} = \dfrac{U_1}{I_2}\Big|_{I_1=0}$	Leerlauf-Transimpedanz (rückwärts)	$\underline{g}_{12} = \dfrac{I_1}{I_2}\Big|_{U_1=0}$	Kurzschluss-Stromrückwirkung
$\underline{z}_{21} = \dfrac{U_2}{I_1}\Big|_{I_2=0}$	Leerlauf-Transimpedanz (vorwärts)	$\underline{g}_{21} = \dfrac{U_2}{U_1}\Big|_{I_2=0}$	Leerlauf-Spannungsverstärkung
$\underline{z}_{22} = \dfrac{U_2}{I_2}\Big|_{I_1=0}$	Leerlauf-Ausgangsimpedanz	$\underline{g}_{22} = \dfrac{U_2}{I_2}\Big|_{U_1=0}$	Kurzschluss-Ausgangsimpedanz
$\underline{y}_{11} = \dfrac{I_1}{U_1}\Big|_{U_2=0}$	Kurzschluss-Eingangsadmittanz	$\underline{a}_{11} = \dfrac{U_1}{U_2}\Big|_{I_2=0}$	reziproke Leerlauf-Spannungsverstärkung
$\underline{y}_{12} = \dfrac{I_1}{U_2}\Big|_{U_1=0}$	Kurzschluss-Transadmittanz (rückwärts)	$\underline{a}_{12} = \dfrac{U_1}{-I_2}\Big|_{U_2=0}$	negative reziproke Kurzschluss-Transadmittanz
$\underline{y}_{21} = \dfrac{I_2}{U_1}\Big|_{U_2=0}$	Kurzschluss-Transadmittanz (vorwärts)	$\underline{a}_{21} = \dfrac{I_1}{U_2}\Big|_{I_2=0}$	reziproke Leerlauf-Transimpedanz
$\underline{y}_{22} = \dfrac{I_2}{U_2}\Big|_{U_1=0}$	Kurzschluss-Ausgangsadmittanz	$\underline{a}_{22} = \dfrac{I_1}{-I_2}\Big|_{U_2=0}$	negative reziproke Kurzschluss-Stromverstärkung
$\underline{h}_{11} = \dfrac{U_1}{I_1}\Big|_{U_2=0}$	Kurzschluss-Eingangsimpedanz		
$\underline{h}_{12} = \dfrac{U_1}{U_2}\Big|_{I_1=0}$	Leerlauf-Spannungsrückwirkung		
$\underline{h}_{21} = \dfrac{I_2}{I_1}\Big|_{U_2=0}$	Kurzschluss-Stromverstärkung		
$\underline{h}_{22} = \dfrac{I_2}{U_2}\Big|_{I_1=0}$	Leerlauf-Ausgangsadmittanz		

Beispiel 2.2

Es sind die Messschaltungen zur Bestimmung der h-Parameter eines Vierpols anzugeben.

Lösung:

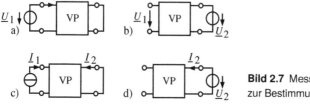

Bild 2.7 Messschaltungen zur Bestimmung der h-Parameter

Tabelle 2.4 Umrechnung der Vierpolparameter

	(z)	(y)	(h)	(g)	(a)
$(\underline{z})$	$\begin{pmatrix} \underline{z}_{11} & \underline{z}_{12} \\ \underline{z}_{21} & \underline{z}_{22} \end{pmatrix}$	$\begin{pmatrix} \dfrac{\underline{y}_{22}}{\Delta\underline{y}} & -\dfrac{\underline{y}_{12}}{\Delta\underline{y}} \\ -\dfrac{\underline{y}_{21}}{\Delta\underline{y}} & \dfrac{\underline{y}_{11}}{\Delta\underline{y}} \end{pmatrix}$	$\begin{pmatrix} \dfrac{\Delta\underline{h}}{\underline{h}_{22}} & \dfrac{\underline{h}_{12}}{\underline{h}_{22}} \\ -\dfrac{\underline{h}_{21}}{\underline{h}_{22}} & \dfrac{1}{\underline{h}_{22}} \end{pmatrix}$	$\begin{pmatrix} \dfrac{1}{\underline{g}_{11}} & -\dfrac{\underline{g}_{12}}{\underline{g}_{11}} \\ \dfrac{\underline{g}_{21}}{\underline{g}_{11}} & \dfrac{\Delta\underline{g}}{\underline{g}_{11}} \end{pmatrix}$	$\begin{pmatrix} \dfrac{\underline{a}_{11}}{\underline{a}_{21}} & \dfrac{\Delta\underline{a}}{\underline{a}_{21}} \\ \dfrac{1}{\underline{a}_{21}} & \dfrac{\underline{a}_{22}}{\underline{a}_{21}} \end{pmatrix}$
$(\underline{y})$	$\begin{pmatrix} \dfrac{\underline{z}_{22}}{\Delta\underline{z}} & -\dfrac{\underline{z}_{12}}{\Delta\underline{z}} \\ -\dfrac{\underline{z}_{21}}{\Delta\underline{z}} & \dfrac{\underline{z}_{11}}{\Delta\underline{z}} \end{pmatrix}$	$\begin{pmatrix} \underline{y}_{11} & \underline{y}_{12} \\ \underline{y}_{21} & \underline{y}_{22} \end{pmatrix}$	$\begin{pmatrix} \dfrac{1}{\underline{h}_{11}} & -\dfrac{\underline{h}_{12}}{\underline{h}_{11}} \\ \dfrac{\underline{h}_{21}}{\underline{h}_{11}} & \dfrac{\Delta\underline{h}}{\underline{h}_{11}} \end{pmatrix}$	$\begin{pmatrix} \dfrac{\Delta\underline{g}}{\underline{g}_{22}} & \dfrac{\underline{g}_{12}}{\underline{g}_{22}} \\ -\dfrac{\underline{g}_{21}}{\underline{g}_{22}} & \dfrac{1}{\underline{g}_{22}} \end{pmatrix}$	$\begin{pmatrix} \dfrac{\underline{a}_{22}}{\underline{a}_{12}} & -\dfrac{\Delta\underline{a}}{\underline{a}_{12}} \\ -\dfrac{1}{\underline{a}_{12}} & \dfrac{\underline{a}_{11}}{\underline{a}_{12}} \end{pmatrix}$
$(\underline{h})$	$\begin{pmatrix} \dfrac{\Delta\underline{z}}{\underline{z}_{22}} & \dfrac{\underline{z}_{12}}{\underline{z}_{22}} \\ -\dfrac{\underline{z}_{21}}{\underline{z}_{22}} & \dfrac{1}{\underline{z}_{22}} \end{pmatrix}$	$\begin{pmatrix} \dfrac{1}{\underline{y}_{11}} & -\dfrac{\underline{y}_{12}}{\underline{y}_{11}} \\ \dfrac{\underline{y}_{21}}{\underline{y}_{11}} & \dfrac{\Delta\underline{y}}{\underline{y}_{11}} \end{pmatrix}$	$\begin{pmatrix} \underline{h}_{11} & \underline{h}_{12} \\ \underline{h}_{21} & \underline{h}_{22} \end{pmatrix}$	$\begin{pmatrix} \dfrac{\underline{g}_{22}}{\Delta\underline{g}} & -\dfrac{\underline{g}_{12}}{\Delta\underline{g}} \\ -\dfrac{\underline{g}_{21}}{\Delta\underline{g}} & \dfrac{\underline{g}_{11}}{\Delta\underline{g}} \end{pmatrix}$	$\begin{pmatrix} \dfrac{\underline{a}_{12}}{\underline{a}_{22}} & \dfrac{\Delta\underline{a}}{\underline{a}_{22}} \\ -\dfrac{1}{\underline{a}_{22}} & \dfrac{\underline{a}_{21}}{\underline{a}_{22}} \end{pmatrix}$
$(\underline{g})$	$\begin{pmatrix} \dfrac{1}{\underline{z}_{11}} & -\dfrac{\underline{z}_{12}}{\underline{z}_{11}} \\ \dfrac{\underline{z}_{21}}{\underline{z}_{11}} & \dfrac{\Delta\underline{z}}{\underline{z}_{11}} \end{pmatrix}$	$\begin{pmatrix} \dfrac{\Delta\underline{y}}{\underline{y}_{22}} & \dfrac{\underline{y}_{12}}{\underline{y}_{22}} \\ -\dfrac{\underline{y}_{21}}{\underline{y}_{22}} & \dfrac{1}{\underline{y}_{22}} \end{pmatrix}$	$\begin{pmatrix} \dfrac{\underline{h}_{22}}{\Delta\underline{h}} & -\dfrac{\underline{h}_{12}}{\Delta\underline{h}} \\ -\dfrac{\underline{h}_{21}}{\Delta\underline{h}} & \dfrac{\underline{h}_{11}}{\Delta\underline{h}} \end{pmatrix}$	$\begin{pmatrix} \underline{g}_{11} & \underline{g}_{12} \\ \underline{g}_{21} & \underline{g}_{22} \end{pmatrix}$	$\begin{pmatrix} \dfrac{\underline{a}_{21}}{\underline{a}_{11}} & -\dfrac{\Delta\underline{a}}{\underline{a}_{11}} \\ \dfrac{1}{\underline{a}_{11}} & \dfrac{\underline{a}_{12}}{\underline{a}_{11}} \end{pmatrix}$
$(\underline{a})$	$\begin{pmatrix} \dfrac{\underline{z}_{11}}{\underline{z}_{21}} & \dfrac{\Delta\underline{z}}{\underline{z}_{21}} \\ \dfrac{1}{\underline{z}_{21}} & \dfrac{\underline{z}_{22}}{\underline{z}_{21}} \end{pmatrix}$	$\begin{pmatrix} -\dfrac{\underline{y}_{22}}{\underline{y}_{21}} & -\dfrac{1}{\underline{y}_{21}} \\ -\dfrac{\Delta\underline{y}}{\underline{y}_{21}} & -\dfrac{\underline{y}_{11}}{\underline{y}_{21}} \end{pmatrix}$	$\begin{pmatrix} -\dfrac{\Delta\underline{h}}{\underline{h}_{21}} & -\dfrac{\underline{h}_{11}}{\underline{h}_{21}} \\ -\dfrac{\underline{h}_{22}}{\underline{h}_{21}} & -\dfrac{1}{\underline{h}_{21}} \end{pmatrix}$	$\begin{pmatrix} \dfrac{1}{\underline{g}_{21}} & \dfrac{\underline{g}_{22}}{\underline{g}_{21}} \\ \dfrac{\underline{g}_{11}}{\underline{g}_{21}} & \dfrac{\Delta\underline{g}}{\underline{g}_{21}} \end{pmatrix}$	$\begin{pmatrix} \underline{a}_{11} & \underline{a}_{12} \\ \underline{a}_{21} & \underline{a}_{22} \end{pmatrix}$

Δ Determinante der Matrix: z. B. $\Delta\underline{h} = \underline{h}_{11}\underline{h}_{22} - \underline{h}_{12}\underline{h}_{21}$

Vierpolersatzschaltbilder. Die in den Vierpolgleichungen ausgedrückten Zusammenhänge zwischen Ein- und Ausgangsgrößen eines linearen Vierpols lassen sich durch ein Vierpolersatzschaltbild veranschaulichen. Die Verkopplungen zwischen den Anschlussklemmen werden durch Ersatzschaltbildelemente in Form von komplexen Widerständen bzw. Leitwerten und gesteuerten Quellen repräsentiert. Bild 2.8 zeigt die wichtigsten von ihnen.

Das π-Ersatzschaltbild ist insbesondere für die physikalisch orientierte Transistorbeschreibung von Bedeutung. Zwischen π- und y-Ersatzschaltbild besteht folgender Zusammenhang:

$$\underline{Y}_1 = \underline{y}_{11} + \underline{y}_{12} \tag{2.8}$$

$$\underline{Y}_2 = \underline{y}_{22} + \underline{y}_{12} \tag{2.9}$$

$$\underline{Y}_3 = -\underline{y}_{12} \tag{2.10}$$

$$\underline{S} = \underline{y}_{21} - \underline{y}_{12} \tag{2.11}$$

Umrechnung der Vierpolparameter. Die verschiedenen Vierpolbeschreibungen sind ineinander umrechenbar. Dies kann notwendig sein, um die Berechnung einer bestimmten Schaltung zu vereinfachen. Die Zusammenhänge enthält Tabelle 2.4.

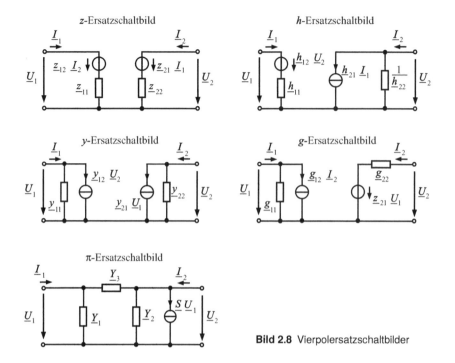

Bild 2.8 Vierpolersatzschaltbilder

■ 2.3 Zusammenschaltung von Vierpolen

Kettenschaltungen von Vierpolen. Die Gesamtübertragungseigenschaften zweier verketteter Vierpole ergeben sich entsprechend dem Produkt der Kettenmatrizen $\underline{A}$ der Teilschaltungen, wenn bei der Definition der Vierpolgleichungen für die Kettenmatrix ein Bezug auf den auswärts fließenden Ausgangsstrom $-\underline{I}_2$ eingeführt wird.

$$\begin{pmatrix} \underline{U}_{1,A} \\ \underline{I}_{1,A} \end{pmatrix} = \underline{A}_A \cdot \begin{pmatrix} \underline{U}_{2,A} \\ -\underline{I}_{2,A} \end{pmatrix} = \underline{A}_A \cdot \begin{pmatrix} \underline{U}_{1,B} \\ \underline{I}_{1,B} \end{pmatrix} = \underline{A}_A \cdot \underline{A}_B \cdot \begin{pmatrix} \underline{U}_{2,B} \\ -\underline{I}_{2,B} \end{pmatrix} \qquad (2.12)$$

$$\underline{A} = \underline{A}_A \cdot \underline{A}_B = \begin{pmatrix} \underline{a}_{11,A} & \underline{a}_{12,A} \\ \underline{a}_{21,A} & \underline{a}_{22,A} \end{pmatrix} \cdot \begin{pmatrix} \underline{a}_{11,B} & \underline{a}_{12,B} \\ \underline{a}_{21,B} & \underline{a}_{22,B} \end{pmatrix} \qquad (2.13)$$

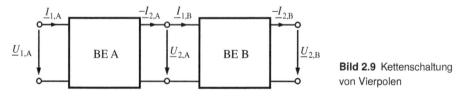

Bild 2.9 Kettenschaltung von Vierpolen

Reihen- und Parallelschaltung von Vierpolen. Für die Reihen- und Parallelschaltung von Vierpolen ergeben sich entsprechend der möglichen Kombinationen der Ein- bzw. Ausgangstore vier Schaltungsvarianten (siehe Bild 2.10).

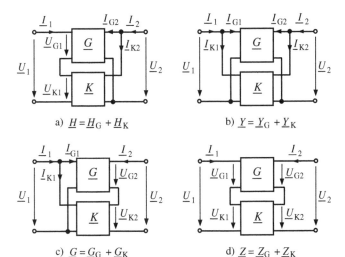

a) $\underline{H} = \underline{H}_G + \underline{H}_K$ b) $\underline{Y} = \underline{Y}_G + \underline{Y}_K$

c) $\underline{G} = \underline{G}_G + \underline{G}_K$ d) $\underline{Z} = \underline{Z}_G + \underline{Z}_K$

Bild 2.10 Reihen- und Parallelschaltung von Vierpolen

Bei der Reihenschaltung addieren sich die Torspannungen der Vierpole zur Gesamtspannung der Schaltung, bei der Parallelschaltung trifft dies für die Ströme zu. Folglich lässt sich das Gesamtübertragungsverhalten jeder der vier Schaltungsvarianten durch geeignete Verknüpfung von Vierpolparametern der Einzelschaltungen beschreiben. Diese sind in Bild 2.10 eingetragen.

■ 2.4 Vierpole mit äußerer Beschaltung

Für die Zusammenschaltung von Vierpolen und die Berechnung des Übertragungsverhaltens kompletter Schaltungen (Vierpol mit äußerer Beschaltung) sind die *Betriebsparameter* der Vierpole von großer Bedeutung. Aus der Sicht der Vierpole spricht man von einer Eingangsbeschaltung mit einem aktiven Zweipol (Generator aus Spannungsquelle $\underline{U}_G$ und Innenwiderstand $\underline{Z}_G$) und einer Ausgangsbeschaltung mit einem Lastelement $\underline{Z}_L$ (siehe Bild 2.11).

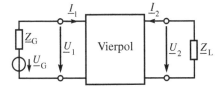

Bild 2.11 Vierpol mit Beschaltung

Die wichtigsten Betriebsparameter sind:

Eingangsimpedanz:

$$\underline{Z}_1 = \frac{\underline{U}_1}{\underline{I}_1} \qquad (2.14)$$

Ausgangsimpedanz:

$$\underline{Z}_2 = \frac{\underline{U}_2}{\underline{I}_2} \qquad (2.15)$$

Spannungsverstärkung:

$$\underline{V}_u = \frac{U_2}{\underline{U}_1} \qquad (2.16)$$

Stromverstärkung:

$$\underline{V}_i = \frac{I_2}{\underline{I}_1} \qquad (2.17)$$

Übertragungsimpedanz:

$$\underline{Z}_T = \frac{U_2}{\underline{I}_1} \qquad (2.18)$$

Übertragungsadmittanz:

$$\underline{Y}_T = \frac{I_2}{\underline{U}_1} \qquad (2.19)$$

Die Beziehungen zwischen den Betriebsparametern und den Vierpolparametern sind in Tabelle 2.5 zusammengestellt.

Tabelle 2.5 Beziehungen zwischen Betriebsparametern und Vierpolparametern

Betriebs-parameter	Z_1	Z_2	V_u	V_i	Z_T	Y_T
$(\underline{z})$	$\dfrac{\Delta \underline{z} + \underline{z}_{11}\underline{Z}_L}{\underline{z}_{22} + \underline{Z}_L}$	$\dfrac{\Delta \underline{z} + \underline{z}_{22}\underline{Z}_G}{\underline{z}_{11} + \underline{Z}_G}$	$\dfrac{\underline{z}_{21}\underline{Z}_L}{\Delta \underline{z} + \underline{z}_{11}\underline{Z}_L}$	$\dfrac{-\underline{z}_{21}}{\underline{z}_{22} + \underline{Z}_L}$	$\dfrac{\underline{z}_{21}\underline{Z}_L}{\underline{z}_{22} + \underline{Z}_L}$	$\dfrac{-\underline{z}_{21}}{\Delta \underline{z} + \underline{z}_{11}\underline{Z}_L}$
$(\underline{y})$	$\dfrac{1 + \underline{y}_{22}\underline{Z}_L}{\underline{y}_{11} + \Delta \underline{y}\underline{Z}_L}$	$\dfrac{1 + \underline{y}_{11}\underline{Z}_G}{\underline{y}_{22} + \Delta \underline{y}\underline{Z}_G}$	$\dfrac{-\underline{y}_{21}\underline{Z}_L}{1 + \underline{y}_{22}\underline{Z}_L}$	$\dfrac{\underline{y}_{21}}{\underline{y}_{11} + \Delta \underline{y}\underline{Z}_L}$	$\dfrac{-\underline{y}_{21}\underline{Z}_L}{\underline{y}_{11} + \Delta \underline{y}\underline{Z}_L}$	$\dfrac{\underline{y}_{21}}{1 + \underline{y}_{22}\underline{Z}_L}$
$(\underline{h})$	$\dfrac{\underline{h}_{11} - \Delta \underline{h}\underline{Z}_L}{1 + \underline{h}_{22}\underline{Z}_L}$	$\dfrac{\underline{h}_{11} + \underline{Z}_G}{\Delta \underline{h} + \underline{h}_{22}\underline{Z}_G}$	$\dfrac{-\underline{h}_{21}\underline{Z}_L}{\underline{h}_{11} + \Delta \underline{h}\underline{Z}_L}$	$\dfrac{\underline{h}_{21}}{1 + \underline{h}_{22}\underline{Z}_L}$	$\dfrac{-\underline{h}_{21}\underline{Z}_L}{1 + \underline{h}_{22}\underline{Z}_L}$	$\dfrac{\underline{h}_{21}}{\underline{h}_{11} + \Delta \underline{h}\underline{Z}_L}$
$(\underline{g})$	$\dfrac{\underline{g}_{22} + \underline{Z}_L}{\Delta \underline{g} + \underline{g}_{11}\underline{Z}_L}$	$\dfrac{\underline{g}_{22} + \Delta \underline{g}\underline{Z}_G}{1 + \underline{g}_{11}\underline{Z}_G}$	$\dfrac{\underline{g}_{21}\underline{Z}_L}{\underline{g}_{22} + \underline{Z}_L}$	$\dfrac{-\underline{g}_{21}}{\Delta \underline{g} + \underline{g}_{11}\underline{Z}_L}$	$\dfrac{\underline{g}_{21}\underline{Z}_L}{\Delta \underline{g} + \underline{g}_{11}\underline{Z}_L}$	$\dfrac{-\underline{g}_{21}}{\underline{g}_{22} + \underline{Z}_L}$
$(\underline{a})$	$\dfrac{\underline{a}_{12} + \underline{a}_{11}\underline{Z}_L}{\underline{a}_{22} + \underline{a}_{21}\underline{Z}_L}$	$\dfrac{\underline{a}_{12} + \underline{a}_{22}\underline{Z}_G}{\underline{a}_{11} + \underline{a}_{21}\underline{Z}_G}$	$\dfrac{\underline{Z}_L}{\underline{a}_{11}\underline{Z}_L + \underline{a}_{12}}$	$\dfrac{-1}{\underline{a}_{22} + \underline{a}_{21}\underline{Z}_L}$	$\dfrac{\underline{Z}_L}{\underline{a}_{22} + \underline{a}_{21}\underline{Z}_L}$	$\dfrac{-1}{\underline{a}_{12} + \underline{a}_{11}\underline{Z}_L}$

■ 2.5 Darstellung des Übertragungsverhaltens

Wichtige Formen zur Darstellung des Kleinsignalübertragungsverhaltens elektronischer Schaltungen bei harmonischen Eingangssignalen verschiedener Frequenzen sind:

- Übertragungsfunktion,
- Amplitudenfrequenzgang und Phasenfrequenzgang in Form des Bodediagramms,
- Ortskurven.

Die unabhängige Variable dieser Darstellungen ist die Frequenz f bzw. die Kreisfrequenz $\omega = 2\pi f$. Man spricht von einer Darstellung des Übertragungsverhaltens im Frequenzbereich.

Übertragungsfunktion

$$\underline{G}(j\omega) = \frac{\underline{X}_2(j\omega)}{\underline{X}_1(j\omega)} \qquad (2.20)$$

Sie beschreibt das Verhältnis von Ausgangssignalfunktion $\underline{X}_2(j\omega)$ zu Eingangssignalfunktion $\underline{X}_1(j\omega)$ und besitzt i. Allg. komplexe Werte, sodass sowohl die Amplitude als auch die Phase eines zu übertragenden Signals verändert werden. Für die grafische Darstellung der Übertragungsfunktion wird diese entweder in Betrag und Phase oder in Realteil und Imaginärteil zerlegt.

Amplitudenfrequenzgang

$$A(\omega) = 20 \cdot \lg |\underline{G}(j\omega)| \tag{2.21}$$

Der Amplitudenfrequenzgang ist die logarithmierte Darstellung des Betrages der Übertragungsfunktion. Zur Verdeutlichung dieses logarithmierten Verstärkungsmaßes wird die Einheit Dezibel (dB) angegeben.

Phasenfrequenzgang

$$\varphi(\omega) = \arctan \frac{\mathrm{Im}\{\underline{G}(j\omega)\}}{\mathrm{Re}\{\underline{G}(j\omega)\}} \tag{2.22}$$

Der Phasenfrequenzgang ist die Darstellung der Phase der Übertragungsfunktion.

Bodediagramm. Die gemeinsame Darstellung von Amplituden- und Phasenfrequenzgang einer Schaltung wird als Bodediagramm bezeichnet. Die Frequenzachse besitzt darin eine logarithmische Teilung.

Ortskurve. Die zusammenhängende Darstellung von Realteil und Imaginärteil der Übertragungsfunktion heißt Ortskurve.

Beispiel 2.3

Für den in Bild 2.12 gegebenen *RC*-Tiefpass ist die Übertragungsfunktion der Spannungsverstärkung zu bestimmen und diese in Form des Bodediagramms und der Ortskurve grafisch darzustellen.

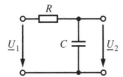

Bild 2.12 *RC*-Tiefpass

Lösung:

Aus dem Schaltbild ist die komplexe Übertragungsfunktion

$$G(j\omega) = \frac{\underline{U}_2}{\underline{U}_1} = \frac{\dfrac{1}{j\omega C}}{R + \dfrac{1}{j\omega C}} = \frac{1}{1 + j\omega CR} = \frac{1}{1 + j\dfrac{\omega}{\omega_{\mathrm{g}}}}$$

ablesbar. Für den Amplitudenfrequenzgang ergibt sich

$$A(\omega) = 20 \cdot \lg \frac{1}{\sqrt{1 + \left(\dfrac{\omega}{\omega_{\mathrm{g}}}\right)^2}} = -10 \cdot \lg \left[1 + \left(\dfrac{\omega}{\omega_{\mathrm{g}}}\right)^2\right]$$

Der Phasenfrequenzgang errechnet sich zu

$$\varphi(\omega) = -\arctan\left(\frac{\omega}{\omega_g}\right)$$

Die grafische Darstellung ist in Bild 2.13 zu sehen.

a) Bodediagramm

b) Ortskurve

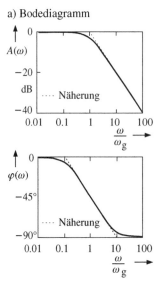

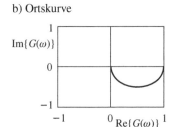

Bild 2.13 a) Bodediagramm,
b) Ortskurve eines *RC*-Tiefpass

◼ 2.6 Signalflussdarstellung

Zur Beschreibung und Berechnung des Signalflusses in großen Schaltungen werden diese in Teilschaltungen (Blöcke) untergliedert, wobei sich diese Blöcke i. Allg. durch eine rückwirkungsfreie Signalübertragung auszeichnen (siehe Bild 2.14). Diese kann eindeutig durch eine Übertragungsfunktion im Laplace-Bereich $G(p) = X_2(p)/X_1(p)$ beschrieben werden. Bei sinusförmigen Signalen gilt dann $p = j\omega$.

$$X_1(p) \longrightarrow \boxed{G(p)} \longrightarrow X_2(p)$$

Bild 2.14 Signalfluss-Blockschaltbild

Durch die Zusammenschaltung dieser Blöcke in Form eines Signalflussgraphen entsteht ein Blockschaltbild der Gesamtschaltung, in dem auch Signalverzweigungen und Signalverknüpfungen auftreten. Die wichtigsten Verknüpfungen sind Addition, Subtraktion und Multiplikation. Diese muss man sich als idealisierte Schaltungsblöcke vorstellen, die ebenfalls einer schaltungstechnischen Realisierung bedürfen.

Rechenregeln für Blockschaltbilder. Bei der Berechnung einer Übertragungsfunktion auf der Basis von Blockschaltbildern können die Grundregeln aus Bild 2.15 benutzt werden.

Reihenschaltung

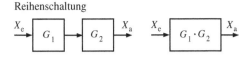

Zusammenfassung einer Rückkoppelschleife

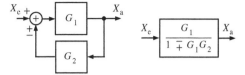

Parallelschaltung

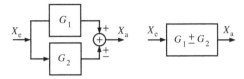

Verschieben einer Additionstelle

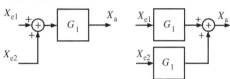

Bild 2.15 Rechenregeln für Blockschaltbilder [2.5]

■ 2.7 Computergestützte Netzwerkanalyse

Computergestützte Netzwerkanalyseprogramme ermöglichen dem Schaltungsentwickler eine schnelle und ausführliche Analyse seiner Schaltungen. Besonders für genaue Aussagen bei Großsignalaussteuerung sind sie heutzutage unerlässlich. Aber auch im Kleinsignalbereich ermöglichen sie es dem Schaltungsentwickler in kurzer Zeit den Einfluss einzelner Parameter auf das Schaltungsverhalten zu quantifizieren. Ihr Einsatz setzt jedoch ein gutes Verständnis der Schaltungsfunktion voraus, um nummerische Probleme der Simulation, wie z. B. ein sicheres Anschwingen bei Oszillatoren, zu beherrschen. Aus der Vielfalt der Analysemöglichkeiten, die diese Programme heute bieten, kann im Rahmen dieses Buches nur einiges angedeutet werden. Es sei dem Leser empfohlen, sich mit einem dieser Simulatoren, z. B. PSpice, ausführlich zu befassen, und einige der Beispiel- bzw. Übungsaufgaben durch Simulation nachzuvollziehen.

Der Netzwerksimulator **Spice** [2.1] ist in zahlreichen Versionen verfügbar. Die Firma Cadence stellt innerhalb des Gesamtpaketes Cadence OrCAD PCB Design Suite eine **Cadence OrCAD/PSpice-A/D Demoversion** zur Verfügung, die auf Windows-Betriebssystemen läuft und mit einer grafischen Schaltplaneingabe (Capture), einer grafischen Signalausgabe (Probe) und weiteren Programmen zur Stimuli-Erzeugung (Stimulus Editor), zur Schaltungsoptimierung (Optimizer) und zur Modelbildung für eigene Bauelemente (Model Editor) gekoppelt ist.

Die wichtigsten Analysearten, die PSpice ermöglicht, sind:

- Gleichstromanalyse (*DC Sweep . . .*),
- Ausführliche Arbeitspunktanalyse (*Bias Point Detail*),
- Frequenzganganalyse (*AC Sweep . . .*),
- Transientenanalyse (Berechnung des Zeitverhaltens),
- Fourier-Analyse,
- Klirrfaktoranalyse,
- Berechnung von Übertragungsfunktionen (*Transfer Function . . .*),

- Rauschanalyse (Noise ...),
- Empfindlichkeitsanalyse (*Sensitivity* ...),
- Statistische Analyse (Monte-Carlo- und Worst-Case-Analyse),
- Logikanalyse von digitalen Schaltungen,
- Mixed-Signal-Analyse von gemischten analogen und digitalen Schaltungen.

Um sich mit den vielfältigen Analysemöglichkeiten von OrCAD/PSpice vertraut zu machen, sei dem Leser [2.2] empfohlen. Damit steht eine sehr schöne und ausführliche Einführung in die Elektroniksimulation mit PSpice zur Verfügung. Mit ihr kann man sich anhand zahlreicher interessanter Beispiele sehr leicht in den Umgang mit diesem sehr komfortablen Netzwerksimulator einarbeiten. Dem Buch liegt auf CD auch die OrCAD/PSpice Demoversion bei. Darüber hinaus existieren im Internet unzählige hilfreiche Seiten für Anfänger und fortgeschrittene PSpice-Nutzer.

Bild 2.16 zeigt die oberste Auswahlebene des Analysemenüs von OrCAD/PSpice-v16. Nach Wahl einer der vier Hauptanalysearten (Transient-, DC-, AC- bzw. Bias Point Analysis) werden dazu passende Untermenüs angeboten.

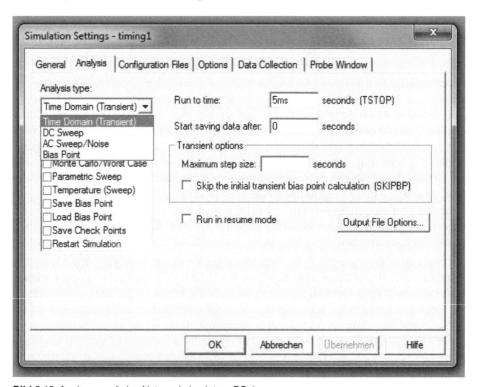

Bild 2.16 Analysemenü des Netzwerksimulators PSpice

Eine weitere ausführliche Anleitung zum Umgang mit PSpice ist [2.3]. Auch das Buch [2.4] enthält zahlreiche interessante Simulationsbeispiele zum Verständnis elektronischer Schaltungen.

Die im Simulator verwendeten Modelle mit ihren wichtigsten Parametern sind für Dioden in [2.6], den Bipolartransistor in [2.6], den MOSFET in [2.7], und den SFET in [2.8] beschrieben.

◾ 2.8 Aufgaben

Aufgabe 2.1
Das Strom-Spannungs-Verhalten eines elektronischen Bauelementes sei durch seine Ein- und Ausgangskennlinie beschrieben (Bild 2.17). Als Ergänzung zu diesem Kennlinienfeld sind die Stromübertragungskennlinie $I_2 = f(I_1)$ und die Transferkennlinie $I_2 = f(U_1)$ dieses Bauelementes für $U_2 = 6\,\text{V}$ zu konstruieren.

Aufgabe 2.2
Für das Bauelement aus Bild 2.17 sind die h-Parameter und die y-Parameter bei niedrigen Frequenzen im Arbeitspunkt $U_2 = 6\,\text{V}$ und $I_2 = 40\,\text{mA}$ zu bestimmen.

Aufgabe 2.3
Auf der Basis der Ergebnisse aus Aufgabe 2.2 sind für das Bauelement aus Bild 2.17 die Elemente des π-Ersatzschaltbildes zu berechnen und dieses zu zeichnen.

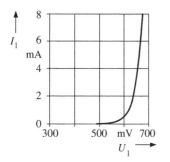
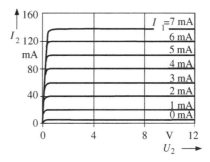

Bild 2.17 Kennlinienfeld eines elektronischen Bauelementes

Aufgabe 2.4
In Bild 2.18 sind vier wichtige Schaltungen in Vierpoldarstellung gegeben.

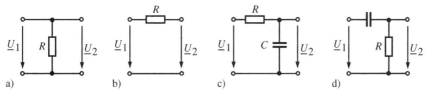

Bild 2.18 Elementare Vierpole

Leiten Sie die Gleichungen für die Elemente der Z-, Y- und A-Matrizen der Vierpole aus den Definitionsgleichungen her.

Aufgabe 2.5
In Bild 2.19 ist die Spannungsquellenersatzschaltung eines aktiven Zweipols gegeben. Sie besteht aus einer Konstantspannungsquelle U_q ohne Innenwiderstand und dem Widerstand R.

Zeichnen Sie das zu dieser Schaltung gehörende Kleinsignalersatzschaltbild und ermitteln Sie dessen Zweipolparameter durch Vergleich mit Aufgabe 2.4.

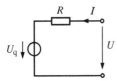

Bild 2.19 Aktiver Zweipol –
Spannungsquellenersatzschaltung

Aufgabe 2.6
Schaltungsanalyse im eingeschwungenen Zustand.

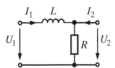

Bild 2.20 *LR*-Schaltung

In der *LR*-Schaltung von Bild 2.20 betragen die Bauelementewerte $R = 10\,\Omega$ und $L = 100\,\mu\text{H}$.

a) Berechnen Sie die Übertragungsfunktion $\underline{G}(j\omega)$ der gegebenen Schaltung.

b) Bestimmen Sie den Amplitudenfrequenzgang $A(j\omega)$ und den Phasenfrequenzgang $\varphi(j\omega)$ zur Übertragungsfunktion und skizzieren Sie diese in Form des Bodediagramms.

c) Berechnen Sie den Wert der charakteristischen Frequenz dieser Schaltung.

3 Halbleiterdioden

■ 3.1 pn-Übergang

Ein pn-Übergang ist der räumliche Bereich, in dem ein p-Halbleiter und ein n-Halbleiter aneinandergrenzen. In dieser Übergangszone beeinflussen sich beide Halbleitergebiete gegenseitig und bewirken dadurch ein charakteristisches elektronisches Verhalten.

> Der pn-Übergang ist das funktionsbestimmende Element der Halbleiterdiode. Darüber hinaus ist er wichtiger funktioneller Bestandteil zahlreicher weiterer Bauelemente.

Die wichtigsten Eigenschaften einer solchen Halbleiterdiode sind:

- Richtwirkung der Strom-Spannungs-Kennlinie (siehe Abschnitte 3.1.2 und 3.5.1) ermöglicht Nutzung als elektronischer Schalter,
- in Sperrrichtung nutzbare spannungsabhängige Kapazität (siehe Abschnitte 3.1.3 und 3.5.3),
- Nutzung der Fotogeneration zur Umwandlung von Licht in elektrische Energie (Fotodioden, Solarzellen, siehe Kapitel 9),
- Nutzung der Stoßionisation zur Realisierung einer Referenzspannungsquelle bzw. eines Spannungsstabilisators (siehe Abschnitt 3.5.2).

Die Herstellung eines pn-Übergangs erfolgt durch Umdotieren eines räumlich begrenzten Bereiches eines p- bzw. n-Halbleiters. Die dazu notwendigen Störstellen werden durch Legieren, Diffundieren oder Ionenimplantation eingebracht. Bild 3.1 zeigt den Querschnitt und den örtlichen Störstellenverlauf eines durch Diffusion erzeugten pn-Übergangs.

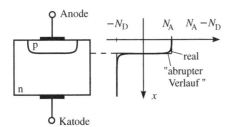

Bild 3.1 Durch Diffusion erzeugter pn-Übergang

3.1.1 Wirkprinzip

pn-Übergang ohne äußere Spannung. Die großen Konzentrationsgradienten der Löcher- und Elektronendichte an der Grenzschicht zwischen p- und n-Halbleiter bewirken eine Diffusion von Majoritätsträgern auf die gegenüberliegende Seite der Grenzschicht. Durch die

Abdiffusion von Ladungsträgern sinkt die Dichte der beweglichen Ladungsträger in einem räumlich begrenzten Bereich um mehrere Größenordnungen. Dies hat eine erhebliche Verringerung der Leitfähigkeit in diesem Bereich zur Folge. Es entsteht eine von beweglichen Ladungsträgern fast völlig verarmte Zone. Sie wird als *Verarmungszone* oder *Sperrschicht* bezeichnet.

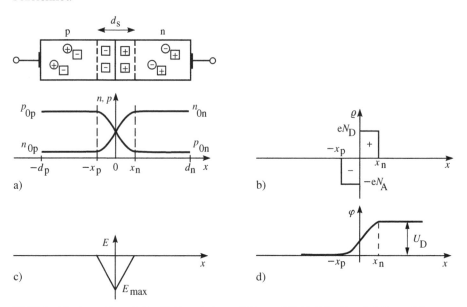

Bild 3.2 a) Ladungsträgerdichte, b) Raumladungsdichte ϱ, c) Feldstärke E und d) Potenzial φ am pn-Übergang

Die zurückbleibenden ortsfesten ionisierten Störstellen bilden in dieser Sperrschicht Raumladungen. Als Folge dieser Raumladungen entsteht ein inneres elektrisches Feld, das entsprechend der Transportgleichung (1.14), (1.15) einen Elektronen- und Löcherstrom entgegen der Diffusion erzeugt. Zwischen Diffusionsstrom und Feldstrom stellt sich innerhalb der Sperrschicht ein Gleichgewicht ein, mit dem eine definierte Raumladung und ein definierter Feldstärkeverlauf verbunden sind. Die sich ergebenden Verläufe für Löcher- und Elektronendichte p und n, Raumladungsdichte ϱ, Feldstärke E und Potenzial φ (siehe Bild 3.2) werden durch das Differenzialgleichungssystem aus Poisson-Gleichung (hier nur eindimensional)

$$\frac{\mathrm{d}\left(\varepsilon_\mathrm{H} \cdot \vec{E}\right)}{\mathrm{d}x} = \varrho = e\left(N_\mathrm{D}^+ - N_\mathrm{A}^- + p - n\right) \qquad (3.1)$$

ε_H Permittivität des Halbleiters

den Transportgleichungen (1.14), (1.15) und den Kontinuitätsgleichungen (1.12), (1.13) bestimmt.

Aus der Lösung des Differenzialgleichungssystems ergibt sich unter Beachtung der Neutralitätsbedingung in der Sperrschicht

$$N_\mathrm{A} \cdot x_\mathrm{p} = N_\mathrm{D} \cdot x_\mathrm{n} \qquad (3.2)$$

die Ausdehnung der Sperrschicht d_S zu:

$$d_S = \sqrt{\frac{2\varepsilon_H U_D (N_A + N_D)}{e N_A N_D}} \qquad (3.3)$$

Das Integral über dem Feldstärkeverlauf liefert eine über der Sperrschicht liegende Potenzialdifferenz, die Diffusionsspannung U_D des pn-Übergangs.

$$U_D = \frac{kT}{e} \ln\left(\frac{N_A N_D}{n_i^2}\right) \qquad (3.4)$$

Außerhalb der Sperrschicht bleiben die Halbleitergebiete neutral. Der äußere elektrische Anschluss eines pn-Übergangs kann nur über diese niederohmigen Bahngebiete realisiert werden. In den meisten Fällen, insbesondere bei ortsunabhängigen Dotierungsverläufen, ist ihr elektronischer Einfluss auf das Verhalten von Halbleiterdioden vernachlässigbar.

pn-Übergang mit äußerer Spannung. Eine äußere Spannung U über dem pn-Übergang wirkt sich fast ausschließlich auf die Sperrschicht aus. Sie überlagert sich der inneren Diffusionsspannung U_D. Die Potenzialdifferenz über der Sperrschicht ergibt sich zu $U_S = U_D - U$. Die Bahngebiete bleiben wegen ihrer Niederohmigkeit nahezu unbeeinflusst.

Durchlassrichtung:
Eine äußere positive Spannung $U > 0$ über dem pn-Übergang reduziert die innere Potenzialdifferenz und damit die Ausdehnung der Sperrschicht. Gleichzeitig baut sie das elektrische Feld in der Sperrschicht ab. Das Gleichgewicht der inneren Strombilanz wird zugunsten der Diffusion verletzt. Durch die verstärkte Diffusion entsteht eine deutliche Anhebung der Ladungsträgerdichten gegenüber dem Gleichgewichtszustand. Für das Produkt aus Löcher- und Elektronendichte gilt nun [3.1].

$$n \cdot p = n_i^2 \cdot e^{\frac{U}{U_T}} \qquad (3.5)$$

Die Temperaturspannung $U_T = kT/e$ besitzt bei Raumtemperatur (300 K) einen Wert von $U_T \approx 26$ mV.

Mit der Anhebung der Ladungsträgerdichten in der Sperrschicht verbessert sich deren Leitfähigkeit. Durch den pn-Übergang fließt ein Strom. Nähert sich die äußere Spannung dem Wert U_D, verschwindet die Sperrschicht, und es ergibt sich ein extrem starker Stromanstieg. Diese Ladungsträgerdichteanhebung setzt sich in den Bahngebieten bis hin zu den äußeren Kontakten fort, wie Bild 3.3 zeigt.

Zur Berechnung des Diffusionsstromes geht man von feldfreien Bahngebieten aus. Dem entspricht ein konstanter Verlauf der Majoritätsträgerdichte in den Bahngebieten. Der Gesamtstrom lässt sich dann als reiner Diffusionsstrom an den beiden Rändern der Sperrschicht berechnen. Aus den Kontinuitätsgleichungen und den Transportgleichungen ist mit den erhöhten Minoritätsträgerrandkonzentrationen $p_n(x_n)$, $n_p(-x_p)$ auch der Gradient dieser Verteilungen und daraus mit der Transportgleichung der Diffusionsstrom bestimmbar [3.1]. Es ergibt sich:

$$I = I_n(-x_p) + I_p(-x_n)$$

$$= I_s \cdot \left(e^{\frac{U}{U_T}} - 1\right) \qquad (3.6)$$

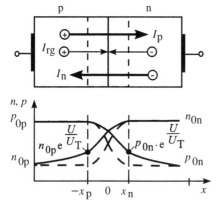

Bild 3.3 Ladungträgerdichteverteilung bei Durchlassspannung

Der Diodensättigungsstrom I_s wird von den Dotierungverhältnissen und den Strukturmaßen bestimmt. Er ist somit ein charakteristischer Bauelementeparameter des pn-Übergangs.

Zusätzlich muss als dritter Stromanteil in Gl. (3.6) die Rekombination von Elektronen-Loch-Paaren (I_{rg}) in der Sperrschicht berücksichtigt werden. Man erhält $I_S = I_s + I_{srg}$. Im Silizium-halbleiter beeinflusst er aber nur bei sehr geringen Spannungen $U < U_T$ den Gesamtstrom.

Sperrrichtung:
Eine äußere negative Spannung $U < 0$ am pn-Übergang führt nach Gl. (3.3) zu einer Vergrößerung der Sperrschichtweite auf

$$d_s(U) = \sqrt{\frac{2\varepsilon_H(N_A + N_D)(U_D - U)}{eN_A N_D}} \tag{3.7}$$

> [!] Die völlig von beweglichen Ladungsträgern verarmte Sperrschicht ist so hochohmig, dass kein Stromfluss möglich ist.

Durch die Sperrspannung sinken die Majoritätsträgerdichten in der Sperrschicht unter die Gleichgewichtsdichten ab. Anstelle der verletzten Gleichgewichtsbedingung gilt $n \cdot p < n_i^2$.

Sperrstrom. Ein kleiner, häufig vernachlässigbarer Strom ist am gesperrten pn-Übergang zu beobachten. Er wird durch die in der Sperrschicht thermisch generierten Ladungsträgerpaare verursacht. Das von außen verursachte elektrische Feld saugt diese ab, sodass sie nicht wieder rekombinieren können. Sie bilden den Sperrstrom, der stark temperaturabhängig ist (siehe Abschnitt 3.4). Zur Ausdehnung der Sperrschicht d_s ist er direkt proportional. Bei Siliziumdioden dominiert dieser Generationsanteil I_{srg} gegenüber I_s, bei Germaniumdioden ist es umgekehrt [3.1]. Mit Gl. (1.8) folgt bei Integration der Kontinuitätsgleichung über die Sperrschicht:

$$I_{rg} = -eA\frac{n_i}{\tau_s}d_s \tag{3.8}$$

3.1.2 Strom-Spannungs-Kennlinie

Die Aussagen des vorigen Abschnittes lassen sich in der folgenden allgemein gültigen Strom-Spannungs-Kennlinie eines pn-Übergangs zusammenfassen:

$$I = I_S \cdot \left(e^{\frac{U}{N \cdot U_T}} - 1 \right) \tag{3.9}$$

Theoretisch ergibt sich $N = 1$. Die seitlich an die eigentliche pn-Übergangsregion grenzenden p- bzw. n-leitenden Bahngebiete mit raumladungsfreier Ladungsträgerdichteverteilung besitzen ein annähernd ohmsches Leitungsverhalten. Um ihren Einfluss auf die Gesamtfunktion der vorliegenden Halbleiterstruktur durch ein einfaches Modell nachzubilden, wird der Parameter N entsprechend den praktischen Gegebenheiten der konkreten Bauelemente mit einem Wert im Bereich $1 \dots 2$ als Korrekturgröße eingefügt.

In Durchlassrichtung bewirkt die Exponentialfunktion im Bereich $U > U_{F0}$ einen deutlichen Anstieg des Diodenstromes. Die Flussspannung einer Siliziumdiode liegt bei ca. $U_{F0} = 0{,}7\,\text{V}$, die einer Germaniumdiode bei ca. $U_{F0} = 0{,}3\,\text{V}$. Der Diodensättigungsstrom wird in Durchlassrichtung vom Diffusionsstromanteil bestimmt, in Sperrrichtung vom Sperrstromanteil, wodurch sich die Werte zahlenmäßig unterscheiden.

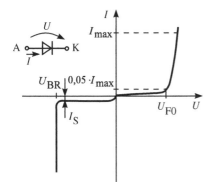

Bild 3.4 Strom-Spannungs-Kennlinie eines pn-Übergangs

Kennlinienparameter. Wichtige Parameter dieser stationären Kennlinie sind:

- die Flussspannung U_{F0},
- der maximal zulässige Durchlassstrom I_{max},
- der Sättigungsstrom I_S,
- die Durchbruchspannung U_{BR}.

Die Flussspannung ist eine relativ willkürlich eingeführte Definition, die sich aber ausgezeichnet für spätere Modellvereinfachungen eignet.

$$U_{F0} = U_F|_{I = 0{,}05\,I_{max}} \tag{3.10}$$

Den maximal zulässigen Durchlassstrom I_{max} eines pn-Übergangs begrenzt die zulässige Erwärmung des Bauelementes infolge der umgesetzten Verlustleistung.

$$I_{max} = \frac{P_{Vmax}}{U_F} \cong \frac{P_{Vmax}}{U_{F0}} \tag{3.11}$$

Die Durchbruchspannung U_{BR} stellt die maximale Sperrspannungsbelastbarkeit des pn-Übergangs dar. Bei diesem Wert erreicht das Feldstärkemaximum in der Sperrschicht den

Grenzwert, der zur lawinenartigen Ladungsträgergeneration führt. Ein extremer Anstieg des Sperrstroms ist die Folge. Man spricht deshalb vom *Lawinendurchbruch*.

Aus der stationären Strom-Spannungs-Kennlinie kann ein weiterer wichtiger Bauelementeparameter abgeleitet werden. In jedem Kennlinienpunkt weist der pn-Übergang einen Innenwiderstand auf. Für diesen *Gleichstromwiderstand* gilt im jeweiligen Arbeitspunkt AP

$$R_{\mathrm{D}} = \frac{U}{I}\bigg|_{\mathrm{AP}} \qquad (3.12)$$

Er liegt in Durchlassrichtung bei Werten $R_{\mathrm{D}} = R_{\mathrm{F}} = 5 \ldots 200 \, \Omega$ und in Sperrrichtung im Bereich von Mega- bis Gigaohm. Gemessen werden kann allerdings nur der Gesamtwiderstand der Diode, der sich aus dem Gleichstromwiderstand des pn-Übergangs und dem Bahnwiderstand zusammensetzt.

Eine leichte Spannungsabhängigkeit der Sperrkennlinie resultiert aus der Spannungsabhängigkeit der Sperrschichtweite und des dort entstehenden Generationstromes (Gln. (3.8) und (3.7)).

Nutzbarer Betriebsbereich. Der nutzbare Betriebsbereich eines pn-Übergangs ist in Durchlassrichtung durch den maximalen Durchlassstrom I_{max} und in Sperrrichtung durch die Durchbruchspannung U_{BR} begrenzt. Außerdem darf die maximale Verlustleistung P_{Vmax} nicht überschritten werden. Die sonst entstehende zu starke Erwärmung würde zunächst die charakteristischen Bauelementeparameter verändern und als sekundäre Folge im Extremfall das Bauelement zerstören.

3.1.3 Ladungsspeicherung

Sperrschichtkapazität. Am gesperrten pn-Übergang bewirkt die Änderung der Sperrspannung eine entsprechende Änderung der Raumladung. Eine durch Spannungsänderung $\mathrm{d}U$ bedingte Ladungsänderung $\mathrm{d}Q_{\mathrm{S}}$ entspricht einem kapazitiven Verhalten. Die Kapazität der Sperrschicht ergibt sich zu:

$$C_{\mathrm{S}} = \left|\frac{\mathrm{d}Q_{\mathrm{S}}}{\mathrm{d}U}\right| \qquad (3.13)$$

Mit $Q_{\mathrm{S}} = eAN_{\mathrm{D}}x_{\mathrm{n}} = -eAN_{\mathrm{A}}x_{\mathrm{p}}$ und $d_{\mathrm{s}} = x_{\mathrm{n}} + x_{\mathrm{p}}$ folgt für einen abrupten pn-Übergang

$$C_{\mathrm{S}} = A\sqrt{\frac{e\varepsilon_{\mathrm{H}}N_{\mathrm{A}}N_{\mathrm{D}}}{2(N_{\mathrm{A}} + N_{\mathrm{D}})(U_{\mathrm{D}} - U)}} \qquad (3.14)$$

bzw.

$$C_{\mathrm{S}} = \frac{\varepsilon_{\mathrm{H}}A}{d_{\mathrm{s}}} \qquad (3.15)$$

Diffusionskapazität. Befindet sich der pn-Übergang in Durchlassrichtung, sind die Minoritätsträgerdichten in den Bahngebieten deutlich gegenüber den Gleichgewichtsdichten angehoben (Bild 3.5). Diese Anhebung stellt eine Ladungsspeicherung dar, die wegen der Spannungsabhängigkeit der Minoritätsträgerdichte am Rand der Sperrschicht ebenfalls exponentiell spannungsabhängig ist. Somit weist sie eine Proportionalität zum Diffusionsstrom auf.

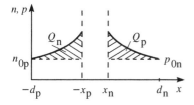

Bild 3.5 Ladungsspeicherung in den Bahngebieten

Diese Ladungsspeicherung lässt sich als arbeitspunktabhängige Diffusionskapazität C_D interpretieren. Mit der Kontinuitätsgleichung der Diode

$$\tau_D \frac{dI}{dt} = C_D \cdot \frac{dU}{dt} \tag{3.16}$$

folgt

$$C_D = \frac{d(Q_n + Q_p)}{dU} \cong \tau_D \frac{I}{U_T} \tag{3.17}$$

Der Parameter τ_D stellt eine Zeitkonstante für die Auf- und Abbaugeschwindigkeit der Diffusionsladung dar. Sie entspricht der Laufzeit der Ladungsträger durch die Bahngebiete.

■ 3.2 Kleinsignalverhalten

Ein wichtiges Anwendungsgebiet elektronischer Bauelemente ist die Verarbeitung kleiner sinusförmiger Signale (Kleinsignale). Diese sind in der Regel einem stationären Signal (Arbeitspunktspannung, Arbeitspunktstrom) überlagert. Die Kleinsignale bewirken nur eine geringe Auslenkung des stationären Arbeitspunktes. Ist die Amplitude der Signale hinreichend klein, kann die durch sie bewirkte Arbeitspunktverschiebung mittels einer linearen Näherung der Kennlinien berechnet werden. Diese lineare Kennliniennäherung wird als Kleinsignalmodell des Bauelementes bezeichnet. Das Verhalten des Bauelementes lässt sich dann durch die additive Überlagerung von stationärem und Kleinsignalverhalten beschreiben (siehe Bild 3.6).

Die Verwendung komplexer Größen zur Darstellung der Kleinsignalströme und -spannungen beruht auf der Theorie der Wechselstromkreise und vereinfacht die Berechnung von Kleinsignalschaltungen erheblich. Eine komplexe Größe der Form

$$\underline{I} = \hat{I} \cdot e^{j(\omega t + \varphi)}$$

ist auch als

$$\underline{I} = \hat{I} \cdot \cos(\omega t + \varphi) + j \cdot \hat{I} \cdot \sin(\omega t + \varphi)$$

beschreibbar, wodurch der Bezug zur Beschreibungsmöglichkeit für sinusförmige Signale augenscheinlich wird.

Großsignalmodell

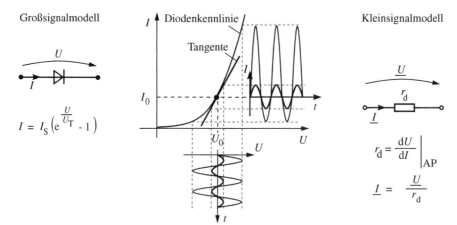

Kleinsignalmodell

$$I = I_S \left(e^{\frac{U}{U_T}} - 1 \right)$$

$$r_d = \frac{dU}{dI} \bigg|_{AP}$$

$$\underline{I} = \frac{\underline{U}}{r_d}$$

Bild 3.6 NF-Kleinsignalmodell der Diode

 Die Analyse des Kleinsignalverhaltens erfolgt auf der Basis von Zwei- und Vierpolparametern. Zu deren Verdeutlichung und schaltungstechnischer Darstellung dienen Ersatzschaltbilder.

Das Kleinsignalersatzschaltbild des pn-Übergangs erfasst alle dynamischen Reaktionen dieser Halbleiterstruktur. Es sind dies die Ladungsänderungen, die sich als Ersatzkapazitäten interpretieren lassen, sowie der differenzielle Innenwiderstand r_d des pn-Übergangs.

Der differenzielle Widerstand r_d stellt den Anstieg der stationären Strom-Spannungs-Kennlinie (Gl. (3.9)) im Arbeitspunkt dar. Er ergibt sich nach (3.18) aus dem Arbeitspunktstrom I_0.

$$\frac{1}{r_d} = \frac{dI}{dU}\bigg|_{AP} = \frac{I_0}{U_T} \tag{3.18}$$

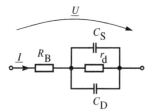

Bild 3.7 Vollständiges Kleinsignalersatzschaltbild der Diode

Der Bahnwiderstand R_B beinhaltet den Zuleitungswiderstand der Bahngebiete zum elektronisch wirksamen pn-Übergang. Er beeinflusst besonders bei hohen Frequenzen das Diodenverhalten. Bei niedrigen Frequenzen (NF-Verhalten) können die Kapazitäten vernachlässigt werden.

Die Diffusionskapazität C_D wirkt nur bei positiver Diodenspannung, die Sperrschichtkapazität C_S nur bei negativer Diodenspannung.

Gültigkeit des Kleinsignalmodells: Eine ausreichende Genauigkeit ist nur bei sehr kleinen Signalamplituden der Wechselsignale gegeben. Die Übertragung eines sinusförmigen Signals an der Exponentialkennlinie führt bei größeren Signalamplituden zur Signalverzerrung.

Ein Maß für Signalverzerrung ist der Einfluss von Oberschwingungen auf die Signalform, der im Klirrfaktor k eines Signals ausgedrückt wird.

$$k = \sqrt{\frac{\hat{I}_{2\omega}^2 + \hat{I}_{3\omega}^2 + \dots}{\hat{I}_{\omega}^2 + \hat{I}_{2\omega}^2 + \hat{I}_{3\omega}^2 + \dots}} \tag{3.19}$$

Die $\hat{I}_{n\omega}$ stellen die Amplituden der Oberschwingungen des verzerrten Signalstroms dar.

Bereits bei Diodenspannungen mit $\hat{U} = 4U_\mathrm{T}$ beträgt der Klirrfaktor 5 %. Die Temperaturspannung U_T besitzt bei Raumtemperatur (300 K) den Wert 26 mV.

Beispiel 3.1

Bestimmen Sie für die in Bild 3.8 gegebene Diode die Parameter I_S, R_D und r_d im Arbeitspunkt $U_0 = 0{,}7$ V.

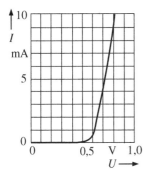

Bild 3.8 Strom-Spannung-Kennlinie einer Diode

Lösung:

Aus dem im Arbeitspunkt ablesbaren Strom I_0 folgt mit der Kennliniengleichung (3.9)

$$I_\mathrm{S} = \frac{I_0}{e^{\frac{U_0}{U_\mathrm{T}}} - 1} = \frac{4{,}2 \text{ mA}}{e^{\frac{0{,}7}{0{,}026}} - 1} = 8{,}5 \cdot 10^{-15} \text{ A},$$

mit Gl. (3.12)

$$R_\mathrm{D} = \frac{U_0}{I_0} = \frac{0{,}7 \text{ V}}{4{,}2 \text{ mA}} = 167 \ \Omega,$$

und mit Gl. (3.18)

$$r_\mathrm{d} = \frac{U_\mathrm{T}}{I_0} = \frac{26 \text{ mV}}{4{,}2 \text{ mA}} = 6{,}2 \ \Omega$$

■

Beispiel 3.2

Berechnen Sie den Strom einer Diode, wenn diese mit einer niederfrequenten sinusförmigen Spannung $u(t) = U_0 + \hat{u} \sin \omega t$ angesteuert wird, mithilfe des Ersatzschaltbildes. Gegeben sind $U_0 = 0{,}6$ V, $I_\mathrm{S} = 8{,}5$ fA, $U_\mathrm{T} = 26$ mV, $\hat{u} = 0{,}5$ mV und $R_\mathrm{B} = 0$.

Lösung:

Mit der Kennliniengleichung (3.9) lässt sich der Arbeitspunktstrom I_0 und nach Gl. (3.18) der differenzielle Widerstand r_d der Diode im Arbeitspunkt ermitteln.

$$I_0 = I_\mathrm{S} \cdot \left(\mathrm{e}^{\frac{U_0}{U_\mathrm{T}}} - 1 \right) = 89{,}5\ \mu\mathrm{A}$$

$$r_\mathrm{d} = \frac{U_\mathrm{T}}{I_0} = 291\ \Omega$$

Im Falle eines niederfrequenten Signals haben die kapazitiven Elemente keinen Einfluss auf das Bauelementeverhalten. Vom Ersatzschaltbild bleibt nur der differenzielle Widerstand. Für den Diodenstrom folgt aus der Überlagerung von stationärem und Kleinsignalverhalten:

$$I(t) = I_0 + \hat{i} \sin \omega\, t = I_0 + \frac{\hat{u}}{r_\mathrm{d}} \sin \omega\, t$$

$$= 89{,}5\ \mu\mathrm{A} + 1{,}72\ \mu\mathrm{A} \cdot \sin \omega\, t$$

■

■ 3.3 Schaltverhalten

Wegen seiner Richtwirkung wird der pn-Übergang häufig als Schaltelement genutzt. Das stationäre Verhalten kann dann durch eine Schalterkennlinie angenähert werden.

Im Idealfall besitzt der pn-Übergang zwei Schaltzustände:

- In Durchlassrichtung fällt die Spannung U_F0 über dem pn-Übergang ab. Der Strom wird nur durch den Innenwiderstand R_i und durch die äußere Beschaltung (i. Allg. ein Vorwiderstand) begrenzt.
- Für alle $U < U_\mathrm{F0}$ liegt der pn-Übergang in Sperrrichtung. Der sehr kleine Sperrstrom $I_\mathrm{SP} = -I_\mathrm{S}$ kann meist vernachlässigt werden.

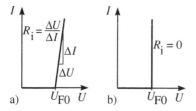

Bild 3.9 Schalterkennlinie eines pn-Übergangs
a) mit Innenwiderstand R_i, b) ohne Innenwiderstand

Beim Umschalten zwischen den beiden stationären Zuständen bewirken die Sperrschicht- und die Diffusionskapazität zeitliche Verzögerungen. Zur genauen Analyse des Schaltverhaltens ist eine vollständige Großsignalersatzschaltung entsprechend Bild 3.10 nötig.

Die Stromquelle I_cd im Ersatzschaltbild ist nach Gl. (3.16) der Diffusionskapazität äquivalent.

$$I_\mathrm{cd} = \tau_\mathrm{D} \frac{\mathrm{d}\,I_\mathrm{D}}{\mathrm{d}\,t} \tag{3.20}$$

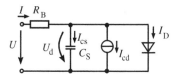

Bild 3.10 Großsignalersatzschaltung eines pn-Übergangs [3.2]

Für den stationären Diodenstrom I_D gilt

$$I_D = I_S \left(e^{\frac{U_d}{U_T}} - 1 \right) \tag{3.21}$$

Zur Analyse des Schaltverhaltens wird die Diode durch eine Spannungsquelle U_G mit dem Innenwiderstand R_V angesteuert. Die entstehenden Zeitverläufe von Strom und Spannung zeigt Bild 3.11

Zur Berechnung der einzelnen Zeitabschnitte kann die Ersatzschaltung auf die gerade aktiven Ersatzelemente reduziert werden. Die folgenden Ergebnisse sind einer ausführlichen Ableitung in [3.2] entnommen.

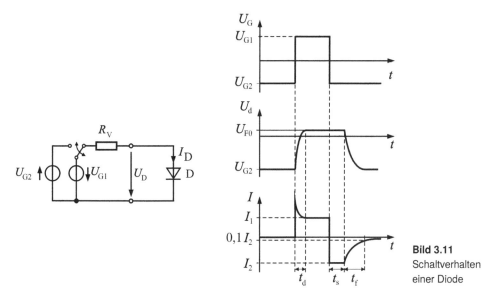

Bild 3.11 Schaltverhalten einer Diode

Einschaltverhalten. Beim Umschalten von Sperr- in Durchlassrichtung wird zunächst die Sperrspannung über dem pn-Übergang abgebaut. Durch die Entladung der Sperrschichtkapazität und die sich anschließende Aufladung der Diffusionskapazität entsteht eine Spitze im Diodenstrom. Nach der Zeit t_d hat sich der stationäre Durchlassstrom I_1 eingestellt.

$$I_1 = \frac{U_{G1} - U_{F0}}{R_V + R_B} \tag{3.22}$$

Die Zeit t_d spielt meist eine untergeordnete Rolle.

Ausschaltverhalten

Speicherzeit t_S
Nach dem Umschalten der Quelle muss die in der Diffusionskapazität gespeicherte Ladung

abgebaut werden. Erst danach kann der pn-Übergang in den Sperrzustand übergehen. Der Abbau der Diffusionsladung erfolgt mit einem konstanten negativen Strom I_2, da während dieser Zeit über der Diode noch die Flussspannung U_{F0} liegt. Es ergibt sich eine Speicherzeit von

$$t_S = \tau_D \ln\left(1 - \frac{I_1}{I_2}\right) \tag{3.23}$$

mit

$$I_2 = -\frac{U_{F0} - U_{G2}}{R_V + R_B} \tag{3.24}$$

Abfallzeit t_f
Nachdem der pn-Übergang gesperrt ist, wird die Sperrschichtkapazität auf die von der Quelle gelieferte Sperrspannung aufgeladen. Diese Umladung bewirkt eine exponentielle Annäherung des Diodenstromes an den stationären Sperrstrom I_{SP}. Die Analyse liefert

$$t_f = \overline{C_S}(R_V + R_B)\ln 10 \tag{3.25}$$

$\overline{C_S}$ Mittelwert der Sperrschichtkapazität

■ 3.4 Temperaturverhalten

Die Temperaturabhängigkeit des Diodenstromes resultiert aus der Temperaturabhängigkeit der Eigenleitungsdichte. Die mit der Temperatur wachsende Ladungsträgerdichte im Halbleiter erhöht die Leitfähigkeit der Sperrschicht und damit den Diodensättigungsstrom I_S. Dies wirkt sich sowohl auf den Sperrstrom als auch auf den Durchlassstrom exponentiell aus.

Sperrstrom:

$$I_{SP}(T) = I_{SP}(T_0) \cdot e^{C_R(T-T_0)} \tag{3.26}$$

Für Silizium ergibt sich der Temperaturbeiwert C_R bei Raumtemperatur ($T_0 = 300$ K) nach [3.3] zu:

$$C_{RSi} = \frac{W_g}{2kT_0^2} = 0{,}07\ \text{K}^{-1} \tag{3.27}$$

Durchlassstrom bei konstanter Diodenspannung:

$$I_F(T) = I_F(T_0) \cdot e^{C_F(T-T_0)} \tag{3.28}$$

Der Temperaturbeiwert C_F ist zusätzlich von der Arbeitspunktspannung abhängig. Bei Silizium gilt:

$$C_{FSi} = \frac{W_g - eU}{kT_0^2} = 0{,}05\ \text{K}^{-1} \tag{3.29}$$

Wird der Arbeitspunktstrom durch die äußere Beschaltung konstant gehalten, so bewirkt der Temperatureinfluss eine Änderung der Durchlassspannung entsprechend:

$$U_D(T) = U_D(T_0) + D_T \cdot (T - T_0) \tag{3.30}$$

Der Temperaturdurchgriff $D_T = \mathrm{d}\,U_D/\mathrm{d}\,T|_{I_{AP}}$ liegt im Bereich $D_T = -1 \ldots -3\,\mathrm{mV/K}$.

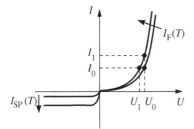

Bild 3.12 Temperaturverhalten der Diode

Beispiel 3.3

Welcher Temperaturzuwachs ist zur Verzehnfachung des Diodenstroms bei einer gegebenen Arbeitspunktspannung nötig? Es gilt $U_1 = -3\,\mathrm{V}$, $C_R = 0{,}07\,\mathrm{K}^{-1}$.

Lösung:

Die Diode befindet sich in Sperrrichtung. Nach Gl. (3.26) ergibt sich

$$\begin{aligned}
T - T_0 &= \frac{1}{C_R}\ln\frac{I_{SP}(T)}{I_{SP}(T_0)} = \frac{1}{0{,}07\,\mathrm{K}^{-1}}\ln 10 \\
&= 33\,\mathrm{K}
\end{aligned}$$

Bereits eine Temperaturerhöhung von 33 K verzehnfacht den Sperrstrom der gegebenen Diode.

3.5 Spezielle Dioden und ihre Anwendungen

3.5.1 Gleichrichterdiode

Die Richtwirkung der Strom-Spannungs-Kennlinie des pn-Übergangs macht die Halbleiterdiode zum geeigneten Bauelement für die Gleichrichtung von Wechselströmen. Anwendungen im niederfrequenten Bereich betreffen hauptsächlich die Netzgleichrichtung. Bild 3.13 zeigt die einfachste Variante, eine Einweggleichrichterschaltung.

Alle Betrachtungen können mit der vereinfachten Schalterkennlinie der Diode nach Bild 3.9b) durchgeführt werden. Ist die Eingangsspannung $u_\sim > U_{F0}$, ergibt sich ein Stromfluss

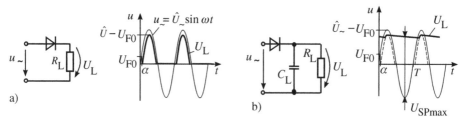

Bild 3.13 Einweggleichrichterschaltung, a) ohne bzw. b) mit Glättungskondensator

durch die Diode und damit ein Spannungsabfall über dem Lastwiderstand R_L. Die Ausgangsspannung U_L ist um die Flussspannung der Diode U_{F0} gegenüber der Eingangsspannung reduziert. Der Phasenwinkel α ergibt sich nach

$$\alpha = \arcsin\left(\frac{U_{F0}}{\hat{U}_{\sim}}\right) \tag{3.31}$$

Bei Erweiterung der Schaltung um einen Ladekondensator erfolgt eine Glättung der pulsierenden Gleichspannung U_L. Während der positiven Halbwelle, wenn $u_{\sim} > U_L - U_{F0}$ gilt, wird der Kondensator über den Innenwiderstand der Diode schnell nachgeladen. In der restlichen Zeit erfolgt seine Entladung über den Lastwiderstand R_L. Bei ausreichend großer Zeitkonstante $\tau = R_L C_L \gg T$ sinkt die Ausgangsspannung nur wenig. Es ergibt sich eine gute Glättung der Gleichspannung.

Die Graetz-Schaltung ist eine Gleichrichterschaltung mit vier Dioden. Sie ermöglicht ein Nachladen des Glättungskondensators C_L in beiden Halbperioden der Wechselspannung. Während der positiven Halbwelle fließt der Nachladestrom über die Dioden D1 und D2, während der negativen Halbwelle über D3 und D4.

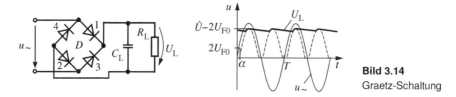

Bild 3.14
Graetz-Schaltung

In Bild 3.13b) ist die maximale Sperrspannung über der Gleichrichterdiode zu erkennen. Bei einem 220 V-Netz beträgt dieser Wert $U_{SPmax} = 2\sqrt{2} \cdot 230\,\text{V} - U_{F0} \cong 650\,\text{V}$. Der notwendige extrem hohe Wert der Spannungsfestigkeit erfordert einen speziellen Aufbau der Gleichrichterdiode, die pin-Diode.

 Eine pin-Diode besitzt zwischen den beiden hochdotierten Halbleitergebieten (p^+-HL, n^+-HL) eine eigenleitende Halbleiterzone, die Intrinsic-Zone (i-HL). Diese ist extrem hochohmig.

Im Eigenleitungsgebiet befinden sich keine ionisierbaren Störstellen, sodass es raumladungsfrei ist. Der dortige Feldstärkeverlauf ist folglich konstant, wie aus Bild 3.15 ersichtlich.

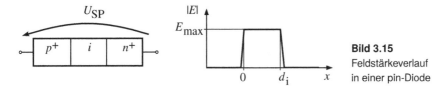

Bild 3.15
Feldstärkeverlauf
in einer pin-Diode

Aus dem Integral über diesen Feldstärkeverlauf ergibt sich der Zusammenhang zwischen Feldstärke im i-Gebiet und der anliegenden Sperrspannung.

$$U_{BR} \approx \int_0^{d_i} E(x) \cdot dx \qquad (3.32)$$

Mit der für Lawinendurchbruch gültigen kritischen Feldstärke E_{krit} wird die Durchbruchspannung einer pin-Diode von der Dicke des Eigenleitungsgebietes d_i bestimmt.

$$U_{BR} = E_{krit} d_i \qquad (3.33)$$

Durch diesen konstruktiven Parameter ist somit die Steuerung der Sperrspannungsfestigkeit einer pin-Diode in weiten Grenzen möglich. Werte größer 1 000 V sind erreichbar. In Durchlassrichtung überschwemmen die Ladungsträger aus dem p^+- und n^+-Gebiet die Intrinsic-Zone infolge der starken Diffusion. Die pin-Diode wird ähnlich niederohmig wie eine normale pn-Diode.

Schaltdiode. Gleichrichterdioden für hochfrequente Spannungen und Ströme werden insbesondere bei digitalen Anwendungen als Schaltdioden bezeichnet. Bei ihnen ist ein schnelles Umschalten von Durchlass- in Sperrrichtung gefordert, weniger eine hohe Spannungsfestigkeit. Schaltdioden sind als pn-Dioden mit besonders kleinen Kapazitäten (C_S, C_D) ausgeführt.

Entkopplung von Stromkreisen. Die Schaltung in Bild 3.16 verdeutlicht die Anwendung von Schaltdioden zur Entkopplung von zwei Stromkreisen. Bei Vorhandensein der externen Versorgungsspannung $U_E > U_q$ wird die Lampe L aus U_E gespeist und gleichzeitig die Diode D2 gesperrt. Die Spannungsquelle U_q ist abgeschaltet. Im anderen Fall sperrt die Diode D1, und die Lampe L wird aus der Spannungsquelle U_q versorgt.

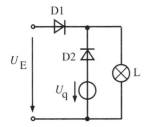

Bild 3.16 Diodengesteuerter Umschalter

Freilaufdiode. In Bild 3.17 dient die Diode der Vermeidung eines Abschaltfunkens über den Relaiskontakten. Bei geschlossenem Schalter S liegt die Diode in Sperrrichtung.

Im Moment des Öffnens des Schalters S entsteht in der Induktivität der Relaisspule eine hohe Induktionsspannung. Deren Ursache ist die im Magnetfeld gespeicherte Energie. Sie erlaubt keine sprunghafte Stromänderung in der Spule. Für diese Induktionsspannung liegt die Diode in Durchlassrichtung. Der mögliche Diodenstrom baut die gespeicherte Energie ab.

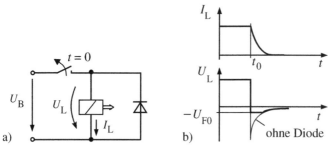

Bild 3.17 a) Relais mit Freilaufdiode, b) Strom- und Spannungsverlauf im Abschaltmoment

3.5.2 Z-Diode

Bei Z-Dioden wird ausschließlich der steile Anstieg der Durchbruchkennlinie genutzt. Die Einsatzgebiete sind Spannungsbegrenzer und Spannungsstabilisierungsschaltungen.

Die besonders steile Durchbruchkennlinie wird mittels spezieller Dotierungsverläufe im pn-Übergang erreicht. Sie ermöglichen es auch, die Durchbruchspannung U_{Z0} fast beliebig zu verschieben. Ursache für den Durchbruch ist meist der Lawineneffekt. Die Z-Spannung U_{Z0} besitzt dann einen positiven Temperaturkoeffizienten:

$$\alpha_Z = \frac{\mathrm{d}\,U_{Z0}}{\mathrm{d}\,T}\,\frac{1}{U_{Z0}} > 0$$

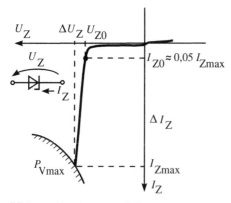

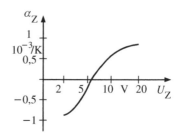

Bild 3.18 Kennlinie einer Z-Diode   **Bild 3.19** Temperaturkoeffizient der Z-Spannung

Tritt der Durchbruch bei Z-Spannungen kleiner 5 V auf, so ist der Zener-Effekt die Ursache. Dieser von Carl Zener entdeckte feldstärkeabhängige Übergang von Elektronen durch die verbotene Zone in das Leitband wird heute mit dem Begriff Tunneleffekt bezeichnet (siehe Abschnitt 3.5.4). Ursache ist hierbei die sperrspannungsbedingte Bänderüberlappung. Der Temperaturkoeffizient α_Z der Z-Spannung ist dann negativ.

Der Durchbruch ist für Z-Dioden unschädlich, solange die maximale Verlustleistung P_{Vmax} nicht überschritten wird.

Die wichtigsten Parameter einer Z-Diode sind:

- Z-Spannung U_{Z0},
- Temperaturkoeffizient α_Z,
- Innenwiderstand im Durchbruchbereich
  $r_Z = \Delta U_Z / \Delta I_Z$,
- maximale Verlustleistung P_{Vmax}.

Spannungsstabilisierungsschaltung mit Z-Diode

Die Schaltung in Bild 3.20 stellt die einfachste Variante einer Spannungsstabilisierungsschaltung dar. Sie liefert eine stabilisierte Ausgangsspannung U_A. Diese ist in weiten Grenzen unabhängig von Laststrom- und Eingangsspannungsschwankungen. Die stabilisierte Spannung wird direkt über der Z-Diode abgegriffen. Eine Eingangsspannungsschwankung ΔU_E verschiebt die durch U_E und R_V bestimmte Widerstandsgerade. Der Arbeitspunkt wandert um einen Wert ΔU_A. Gleichzeitig ändert sich der Strom durch die Z-Diode. Die Konstanz der Ausgangsspannung wird durch den Stabilisierungsfaktor S ausgedrückt:

$$S = \frac{\Delta U_E}{\Delta U_A} = \frac{r_Z + R_V}{r_Z} \tag{3.34}$$

Die Stabilisierungswirkung entsteht nur, solange der Arbeitspunkt auf dem Durchbruchast der Kennlinie im Bereich $I_{Zmin} < I_Z < I_{Zmax}$ liegt. Typische Werte des Z-Widerstandes der Diode liegen bei $r_Z = 2 \ldots 20\,\Omega$.

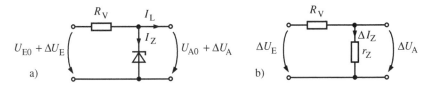

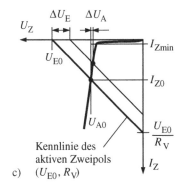

Kennlinie des
aktiven Zweipols
c) (U_{E0}, R_V)

Bild 3.20 Stabilisierungsschaltung mit Z-Diode

Die PSpice-Simulation einer Stabilisierungsschaltung mit der Z-Diode 1N750 mit den Parametern $U_Z = 4{,}7\,\text{V}$ und $r_Z = 2{,}6\,\Omega$ bei 20 mA zeigt Bild 3.21.

Amplitudenbegrenzung mit Z-Dioden. In vielen Schaltungen ist eine Amplitudenbegrenzung von Signalen notwendig. Bild 3.22 zeigt die Wirkungsweise einer einfachen Schaltungsvariante.

Z-Diode als Referenzelement. Aufgrund der sehr guten Stabilität der Z-Spannung U_{Z0} eignet sich die Z-Diode als Spannungsreferenz. Zur Erzielung einer hohen Temperaturkonstanz

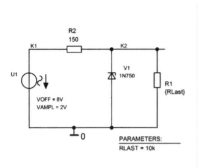
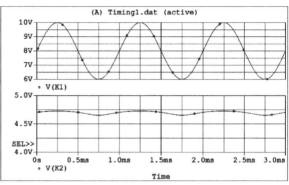

Bild 3.21 Timing-Analyse einer Stabilisierungsschaltung mit Z-Diode

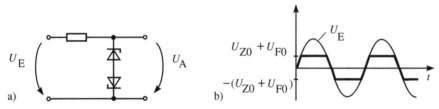

a)   b)

Bild 3.22 Amplitudenbegrenzung mit Z-Dioden

der Referenzspannung wird entweder eine Z-Spannung im Bereich von 5 V oder die Reihenschaltung von zwei oder mehreren Z-Dioden mit sich gegenseitig kompensierenden Temperaturkoeffizienten gewählt. Für letztere Variante ist eine enge thermische Verkopplung der Z-Dioden nötig, wie sie z. B. bei integrierten Realisierungen leicht möglich ist.

3.5.3 Kapazitätsdiode

 Kapazitätsdioden werden in Sperrrichtung betrieben. Durch die Nutzung der Sperrschichtkapazität stellen sie einen spannungsabhängigen Kondensator für die Kleinsignalverarbeitung dar.

Die Verallgemeinerung der Gl. (3.14) liefert eine Spannungsabhängigkeit entsprechend

$$C_S = C_{S0} \left(1 + \frac{U_{SP}}{U_D} \right)^{-q} \tag{3.35}$$

Der konkrete Anstieg der Kapazitätskennlinie ist durch die Steilheit des Dotierungsverlaufs am pn-Übergang variierbar.

Für den Exponenten q lassen sich durch das Herstellungsverfahren Werte im Bereich 0,33 ... > 0,5 erreichen [3.3].

- linearer pn-Übergang: $q = 0,33$,
- abrupter pn-Übergang: $q = 0,5$,
- hyperabrupter pn-Übergang: $q > 0,5$.

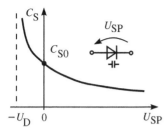

Bild 3.23 Spannungsabhängigkeit einer Kapazitätsdiode

Hauptanwendungsgebiet sind elektronisch abstimmbare Schwingkreise. Durch Veränderung der Arbeitspunktspannung über der Kapazitätsdiode lässt sich deren Kapazitätswert und damit die Resonanzfrequenz eines Schwingkreises, der diese Kapazitätsdiode enthält, variieren.

$$\omega_r = \frac{1}{\sqrt{L_2 C_{ges}}} \quad \text{mit} \quad C_{ges} = C_2 + \left(\frac{C_{S1} \cdot C_{S2}}{C_{S1} + C_{S2}} \right)$$

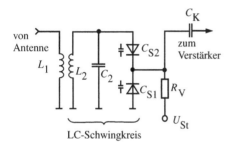

Bild 3.24 Abstimmbares Eingangsfilter eines Tuners

Bild 3.25 zeigt das Ergebnis der PSpice-Simulation einer Nachbildung des abstimmbaren Eingangsfilters aus Bild 3.24. Dargestellt ist der Amplitudenfrequenzgang der Ausgangsspannung bei drei verschiedenen Steuerspannungen U_{St} für die Kapazitätsdioden ($U_{St} = 0\,V$, $2\,V$ $20\,V$ von links nach rechts). Mit steigender Steuerspannung verschiebt sich Durchlassfrequenz des LC-Filters zu höheren Werten.

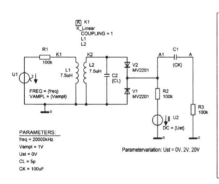
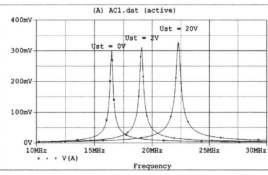

Bild 3.25 Abstimmbares Eingangsfilter eines Tuners

3.5.4 Tunneldiode

Tunneldioden sind pn-Übergänge mit sehr hohen Störstellenkonzentrationen und sehr steilem Dotierungsverlauf im Übergangsbereich. Entsprechend Gl. (3.7) bewirkt dies eine sehr geringe Sperrschichtweite ($< 10\,$nm). Es entsteht ein veränderter Kennlinienverlauf.

Tunneleffekt. Die hohen Dotierungen verursachen eine energetische Überlappung von Valenz- und Leitband mit sehr geringem räumlichen Abstand d_s. Bereits bei kleinen positiven und negativen Spannungen über dem pn-Übergang setzt infolge der Feldstärke ein quantenmechanisches Tunneln von Elektronen durch die verbotene Zone (W_g) im Bereich der Sperrschicht ein. Die Sperrschicht wird in beiden Richtungen stromdurchlässig. Bei höheren positiven Spannungen wird die Bänderüberlappung durch die Potenzialverschiebung abgebaut. Der Tunnelstrom sinkt. Die Strom-Spannungs-Kennlinie erreicht das Tal bei U_V. Mit weiter wachsender Spannung setzt der normale Diodenstrom ein.

Hauptanwendung findet der fallende Kennlinienteil im Bereich $U_P < U < U_V$. Dort liegt ein negativer differenzieller Widerstand der Tunneldiode vor. Dieser wird zur Entdämpfung von Schwingkreisen, insbesondere in Oszillatoren und Verstärkern genutzt.

Typische Kennwerte von Tunneldioden sind $U_P = 50 \ldots 150\,$mV, $U_V = 300 \ldots 500\,$mV, $I_P/I_V = 5 \ldots 20$.

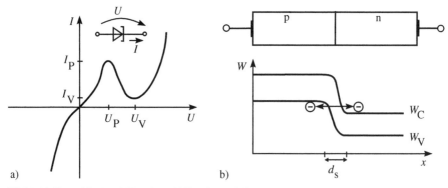

Bild 3.26 Tunneldiode, a) Kennlinie, b) Bändermodell

3.5.5 Schottky-Diode

 Eine Schottky-Diode entsteht an der Grenzfläche zwischen einem Halbleiter und einem Metall unter bestimmten Dotierungsbedingungen.

Infolge unterschiedlicher Austrittsarbeiten der Elektronen des Halbleiters und des Metalls entsteht an der Halbleiteroberfläche eine Raumladungszone (Verarmungszone) [3.3]. Gegenüber an der Metalloberfläche bildet sich eine entsprechende große Flächenladung.

Bei positiver Diodenspannung wird die Raumladungszone reduziert, und Elektronen können aus dem Halbleiter in das Metall fließen. Ein spürbarer Stromanstieg setzt bereits bei der

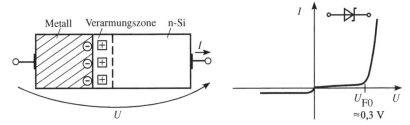

Bild 3.27 Schottky-Diode

relativ kleinen Flussspannung $U_{F0} \approx 0{,}3\,\text{V}$ ein. Eine negative Spannung führt zur Vergrößerung der Raumladungszone. Die Schottky-Diode bleibt gesperrt. Der Stromfluss in Durchlassrichtung wird von Elektronen (Majoritätsträger im n-Halbleiter und im Metall) getragen. Vom Metall diffundieren keine Löcher in den Halbleiter. Im Bahngebiet des Halbleiters findet keine Anhebung der Minoritätsträgerkonzentration statt. Somit besitzt die Schottky-Diode keine Diffusionskapazität, und die störende Speicherzeit im Schalterbetrieb entfällt. Ein extrem schnelles Schaltverhalten ist die Folge. In bipolaren TTL-Schaltkreisen werden Schottky-Dioden deshalb zur Reduzierung der Speicherzeiten von Bipolartransistoren eingesetzt (siehe Schottky-Transistor).

◼ 3.6 Mikrowellendioden

Das Anwendungsgebiet von Mikrowellendioden ist die Höchstfrequenztechnik. Sie sind zur Erzeugung und Verstärkung von Signalfrequenzen bis 300 GHz geeignet.

3.6.1 IMPATT-Diode

Die Abkürzung IMPATT steht für Impact Ionisation by Avalanche and Transit Time. Infolge gezielt herbeigeführter Lawinenvervielfachung erzeugte Ladungsträgeranhäufungen wandern mit einer definierten Laufzeit durch die Halbleiterstruktur. Ihre Ankunft an den äußeren Kontakten verursacht einen Stromimpuls. Dieser ist um die Laufzeit gegenüber dem, die Lawinenvervielfachung auslösenden Spannungsimpuls verschoben. Beträgt die Phasenverschiebung zwischen Strom- und Spannungsspitze gerade 180°, so hat dies einen negativen Kleinsignalwiderstand der IMPATT-Diode zur Folge [3.4]. Dieser eignet sich zur Entdämpfung von Schwingkreisen und damit zum Aufbau von Oszillatoren.

Lawinenvervielfachung setzt in der dargestellten IMPATT-Diode (Bild 3.28) an der Stelle $x = 0$ ein, wenn E_{max} den nötigen kritischen Wert E_{krit} infolge der anliegenden Sperrspannung U überschreitet. Wird Geschwindigkeitssättigung erreicht, bewegen sich die Ladungsträger (hier die Löcher) im gesamten p- und i-Gebiet mit der maximalen Driftgeschwindigkeit v_g. Dazu muss E_i einen Grenzwert E_g überschreiten. Die Laufzeit als bestimmende Zeitkonstante ergibt sich dann aus der Länge des p- und des i-Gebietes zu

$$T_L = \frac{x_i}{v_g} \tag{3.36}$$

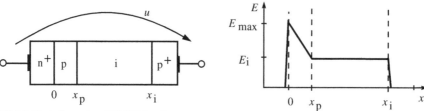

Bild 3.28 Aufbau einer IMPATT-Diode

Das Resonanzverhalten der IMPATT-Diode lässt sich im Arbeitspunkt durch ein entsprechendes Kleinsignalersatzschaltbild erfassen.

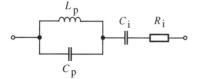

Bild 3.29 Kleinsignalersatzschaltbild der IMPATT-Diode

Die Ersatzschaltbildparameter können einzelnen geometrischen Teilbereichen der Halbleiterstruktur zugeordnet werden [1.1].

IMPATT-Dioden sind für relativ hohe Leistungen (10 mW ... 50 W) einsetzbar. Durch die Lawinenvervielfachung weisen diese Bauelemente ein hohes Rauschen auf.

3.6.2 Gunn-Diode

Gunn-Effekt. Das Funktionsprinzip von Gunn-Dioden beruht auf dem Gunn-Effekt. Dieser wurde zuerst bei GaAs entdeckt.

Elektronen in einem GaAs-Kristall können durch Energiezufuhr auf ein energetisch höher gelegenes Niveau gehoben werden, ein Nebenminimum der Bandstruktur [3.1], in dem sie stärkeren Bindungskräften des Kristalls unterliegen. Dies bedeutet eine Verringerung ihrer Beweglichkeit μ. Die Driftgeschwindigkeit v_D solcher Elektronen sinkt dann trotz steigender Feldstärke in einem bestimmten Bereich. In diesem Übergangsbereich $E_K < E < E_2$ ergibt sich eine negative differenzielle Beweglichkeit der Elektronen (Bild 3.30).

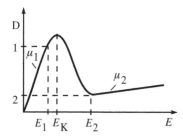

Bild 3.30 Driftgeschwindigkeitskennlinie von GaAs

Funktionsprinzip. Wird in einem homogenen Halbleitergebiet die charakteristische Feldstärke E_k überschritten, so führt dies zu einer örtlich begrenzten Ladungsträgeranhäufung,

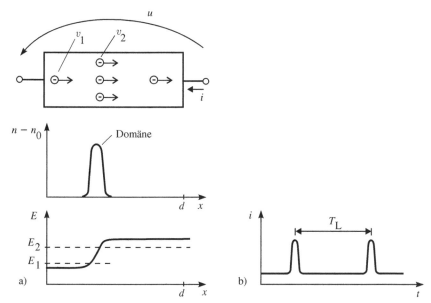

Bild 3.31 Gunn-Diode, a) Domänenbildung, b) Stromverlauf

einer Ladungsdomäne. Mit höherer Geschwindigkeit v_1 nachdrängende Ladungsträger werden im Bereich der Domäne auf deren Geschwindigkeit v_2 abgebremst. Sie führen zu einer Vergrößerung der Domäne. Die wachsende Domäne wandert durch den gesamten Halbleiter und wird erst am Kontakt abgebaut. Dadurch entsteht ein Stromimpuls an den Klemmen. Mit dem Abbau der Domäne steigt die Feldstärke im Halbleiter wieder. Eine neue Domäne kann gebildet werden.

Die Domänen wandern mit der typischen Driftgeschwindigkeit v_2. Ihre Laufzeit T_L und damit die Resonanzfrequenz der Gunn-Diode resultieren aus der Länge des Halbleitergebietes. Dieser Effekt ist zur Erzeugung von Stromschwingungen im GHz-Bereich nutzbar.

Betriebsarten. Die Frequenz der Stromschwingung ist leicht variierbar, wenn durch Überlagerung von Steuerimpulsen zur Arbeitspunktspannung der Gunn-Diode der Domänenaufbau gezielt beeinflusst wird. Die möglichen Varianten sind Domänenverzögerung, Domänentriggerung und Domänenlöschung. Eine zweite Betriebsart von Gunn-Dioden ist der LSA-Modus (Limited Space Charge Region) [3.3], [3.4]. Es liegt ein Betrieb mit begrenztem Raumladungsaufbau vor. Die Domänenausbildung wird dabei durch geringe Feldstärken vollständig verhindert. Genutzt wird lediglich der negative differenzielle Widerstand, der durch die negative differenzielle Beweglichkeit entsteht. Er eignet sich zur Entdämpfung von Schwingkreisen. Gunn-Dioden besitzen ein geringeres Rauschen als IMPATT-Dioden. Bezüglich ihrer Leistung reichen sie jedoch nicht an diese heran.

■ 3.7 Aufgaben

Aufgabe 3.1
Gegeben ist eine Logikschaltung mit Dioden ($U_{F0} = 0,7$ V). Welche Ausgangsspannungen ergeben sich für die möglichen Eingangskombinationen, wenn der High-Pegel der Eingänge

$U_{EH} = 12\,$V und der Low-Pegel $U_{EL} = 0\,$V beträgt? Welche logische Funktion wird durch die Schaltung realisiert?

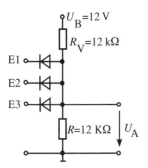

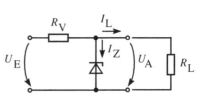

Bild 3.32 Logikschaltung mit Dioden   **Bild 3.33** Stabilisierungsschaltung

Aufgabe 3.2

Berechnen Sie den normierten Stabilisierungsfaktor $S' = \dfrac{\Delta U_E}{\Delta U_A}\dfrac{U_A}{U_E}$ der im Bild 3.33 angegebenen Schaltung unter Berücksichtigung des Lastwiderstandes R_L.

Gegeben ist: $r_Z = 10\,\Omega$, $R_V = 500\,\Omega$, $R_L = 700\,\Omega$, $U_{Z0} = 5{,}6\,$V, $U_E = 10\,$V.

Aufgabe 3.3

In einer gegebenen Stabilisierungsschaltung (Bild 3.33) wird eine Z-Diode mit $U_Z = 6\,$V und $r_Z = 4\,\Omega$ genutzt.

a) Wie groß muss der Vorwiderstand R_V sein, damit bei Leerlauf ($R_L \rightarrow \infty$) ein Stabilisierungsfaktor von $S = 30$ erreicht wird?

b) Für welche maximale Verlustleistung muss die Z-Diode ausgewählt werden, wenn die Eingangsspannung $U_E = 18\,$V $\pm 2\,$V beträgt?

c) Welcher minimale Lastwiderstand R_{Lmin} ist in dieser Schaltung erlaubt, wenn $I_{zmin} = 0{,}05 \cdot I_{zmax}$ gilt?

Aufgabe 3.4

Welche Ausgangsspannungsverläufe entstehen an den drei dargestellten Diodenbegrenzerschaltungen (Bild 3.34)? Für die Dioden ist die ideale Schalterkennlinie anzunehmen.

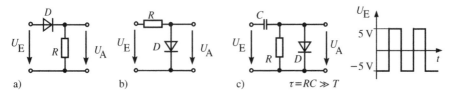

a)   b)   c) $\tau = RC \gg T$

Bild 3.34 Diodenbegrenzerschaltungen

Aufgabe 3.5

Es ist das dynamische Schaltverhalten ($U_A(t)$, $I_D(t)$) der Begrenzerschaltung aus Bild 3.34b) zu skizzieren. Die Speicherzeit und die Abfallzeit sind zu berechnen, wenn für Schaltung und Diode folgende Parameter gelten: $R = 1\,$kΩ, $U_{F0} = 0{,}7\,$V, $t_D = 6\,$ns, $C_S = 2{,}5\,$pF, $R_B = 0$.

4 Bipolartransistoren

Bipolare Transistoren, meist nur als Transistoren bezeichnet, sind dreipolige Bauelemente (vgl. Bild 4.1). In den üblichen Schaltungsanwendungen dient der Emitter als Bezugspunkt, die Basis als Eingang und der Kollektor als Ausgang. Charakteristisch für ihren Einsatz ist, dass der Strom am Kollektor I_C durch den Strom an der Basis I_B gesteuert werden kann. Durch geeignete Ansteuerung der Basis kann der Kollektorstrom über weite Bereiche variiert werden. Dies bildet die Grundlage für den Einsatz des Transistors als elektronischer Schalter. Unter bestimmten Betriebsbedingungen besteht zwischen beiden Strömen eine direkte Proportionalität, was einen Einsatz als Verstärker ermöglicht.

■ 4.1 Wirkprinzip

Bipolartransistoren werden aus zwei eng benachbarten pn-Übergängen gebildet. Voraussetzung für das Funktionsprinzip ist die gegenseitige Beeinflussung beider pn-Übergänge, die nur bei sehr geringer Basisweite möglich wird. Die Schichtfolge der drei beteiligten Halbleitergebiete bestimmt den Typ der Transistoren: npn oder pnp.

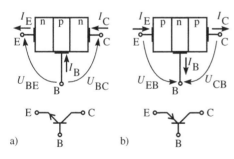

Bild 4.1 Grundaufbau und Schaltsymbol eines a) npn-Transistors, b) pnp-Transistors mit positiven Strom- und Spannungsrichtungen, E Emitter, C Kollektor, B Basis

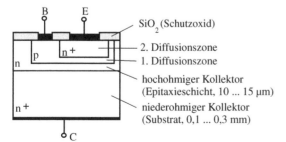

Bild 4.2 Technologischer Aufbau des Epitaxie-Planar-Transistors

Die heute verbreitetsten Bauformen beruhen auf dem Epitaxie-Planar-Transistor. Bedingt durch das Doppeldiffusionsverfahren, ist die Dotierung im Emitter am höchsten und im elektrisch wirksamen Kollektor am niedrigsten [4.1]. Diese Verhältnisse bewirken auch die Vorzugsrichtung für den Funktionsmechanismus (normale Betriebsrichtung). In umgekehrter Richtung (Inversbetrieb) sind die elektrischen Eigenschaften deutlich schlechter.

Steuerprinzip am npn-Transistor. Bei positiv vorgespannter Basis-Emitter-Diode ($U_{BE} > 0$) werden Elektronen (Majoritätsträger) vom Emitter in die Basis getrieben (injiziert).

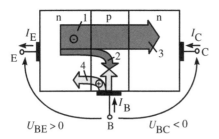

Bild 4.3 Stromanteile im npn-Transistor

Im Bild 4.3 ist dies der Anteil (1). Nur ein geringer Teil dieses Emitterinjektionsstromes kann in der sehr kurzen Basis rekombinieren (2). Die dazu benötigten Löcher werden durch den Basisstrom I_B nachgeliefert. Der größte Teil des Emitterinjektionsstromes gelangt bis zum Rand der gesperrten Basis-Kollektor-Diode ($U_{BC} < 0$). Durch die hohe Feldstärke am gesperrten pn-Übergang werden die ankommenden Elektronen zum Kollektor hin abgesaugt. Dieser Transferstrom (3) bildet den Kollektorstrom I_C. Einen zweiten Anteil am Basisstrom bilden die von der Basis-Emitter-Diode in den Emitter injizierten Löcher. Dieser Rückinjektionsstrom (4) ist nicht mit dem Kollektorstrom verknüpft. Er sinkt mit wachsendem Dotierungsunterschied von Emitter und Basis. Emitterinjektionsstrom und Rückinjektionsstrom bilden gemeinsam den Emitterstrom I_E.

Als Strombilanz folgt:

$$I_E = I_B + I_C \tag{4.1}$$

Aus ihr lassen sich die **Stromverstärkungsfaktoren** des Transistors in Basisschaltung A_N, Emitterschaltung B_N und Kollektorschaltung C_N ableiten:

$$A_N = \frac{I_C}{I_E}, \quad B_N = \frac{I_C}{I_B} = \frac{A_N}{1 - A_N} \quad \text{und} \quad C_N = \frac{I_E}{I_B} = \frac{1}{1 - A_N} \tag{4.2}$$

Der Index N steht für den aktiv normalen Betriebszustand ($U_{BE} > 0$, $U_{BC} < 0$) des Transistors.

Bild 4.4 veranschaulicht die Namensgebung für die Grundschaltungen des Bipolartransistors. Der Anschluss des Transistors, der aus Sicht der Signalübertragung gleichzeitig dem Eingang und dem Ausgang zugeordnet ist, kennzeichnet die Schaltungsart.

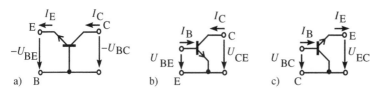

Bild 4.4 npn-Transistor in a) Basisschaltung, b) Emitterschaltung, c) Kollektorschaltung

Ziel des konstruktiven Aufbaus ist ein Wert A_N möglichst nahe 1 und somit Werte für B_N bzw. C_N größer 100.

Erreichbar ist dies durch geringe Rekombination in der Basis und eine geringe Rückinjektion aus der Basis in den Emitter. Dies erfordert eine geringe Basisweite und eine hohe Emitterdotierung.

Betriebszustände des npn-Transistors. Entsprechend der Polarität der beiden Diodenspannungen unterscheidet man die vier in der Tabelle 4.1 genannten Betriebszustände des Bipolartransistors.

Tabelle 4.1 Betriebszustände des npn-Transistors

U_{BE}	U_{BC}	Betriebszustand	Einsatzgebiete	
> 0	< 0	aktiv normal	Verstärker	
< 0	> 0	aktiv invers	—	
< 0	< 0	gesperrt	Schaltzustand AUS	Schalter
> 0	> 0	übersteuert	Schaltzustand EIN	

Im Inversbetrieb ($U_{BE} < 0$, $U_{BC} > 0$) wird der Transistor entgegen der Vorzugsrichtung seines optimierten Aufbaus betrieben. Die entstehenden Stromverstärkungsfaktoren (A_I, B_I und C_I) sind dann erheblich schlechter. So liegt A_I typisch zwischen 0,3 und 0,8. Beim pnp-Transistor sind alle Spannungs- und Stromrichtungen umzukehren. Alle weiteren Betrachtungen erfolgen am npn-Typ.

■ 4.2 Strom-Spannungs-Kennlinie

Die Ströme der beiden pn-Übergänge des Transistors werden durch deren eigene Diodenkennlinie und durch den Transferanteil der benachbarten Diode bestimmt. In Analogie zum einfachen pn-Übergang gilt für die Strom-Spannungs-Kennlinie der Basis-Emitter-Diode:

$$I_{ED} = I_{ES} \left(e^{\frac{U_{BE}}{U_T}} - 1 \right) \tag{4.3}$$

I_{ES} Sättigungsstrom der Emitter-Basis-Diode

Mit dem Stromverstärkungsfaktor A_N ergibt sich der am Kollektor ankommende Transferanteil zu:

$$I_{CT} = A_N I_{ED} = A_N I_{ES} \left(e^{\frac{U_{BE}}{U_T}} - 1 \right) \tag{4.4}$$

Für den Diodenstrom der Basis-Kollektor-Diode ergibt sich eine Abhängigkeit von der Steuerspannung U_{BC}:

$$I_{CD} = I_{CS} \left(e^{\frac{U_{BC}}{U_T}} - 1 \right) \tag{4.5}$$

I_{CS} Sättigungsstrom der Kollektor-Basis-Diode

Der am Emitter ankommende Transferanteil dieses Kollektordiodenstromes ergibt sich mit dem Stromverstärkungsfaktor A_I zu:

$$I_\text{ET} = A_\text{I}I_\text{CD} = A_\text{I}I_\text{CS}\left(\mathrm{e}^{\frac{U_\text{BC}}{U_\text{T}}} - 1\right) \tag{4.6}$$

Die Diodensättigungsströme I_ES und I_CS sowie die Stromverstärkungsfaktoren A_N und A_I stellen charakteristische Bauelementeparameter dar.

Ebers-Moll-Modell. Im Ebers-Moll-Modell wird das stationäre Strom-Spannungs-Verhalten des Bipolartransistors zusammengefasst. Es beschreibt alle Betriebszustände. Die Ersatzschaltbildelemente repräsentieren die einzelnen Stromanteile nach den Gln. (4.3) bis (4.6). Die Transferstromquellen werden jeweils durch die Spannungen des anderen pn-Übergangs gesteuert.

Für die Klemmenströme lassen sich die Grundgleichungen des Transistors ablesen:

$$I_\text{C} = A_\text{N}I_\text{ES}\left(\mathrm{e}^{\frac{U_\text{BE}}{U_\text{T}}} - 1\right) - I_\text{CS}\left(\mathrm{e}^{\frac{U_\text{BC}}{U_\text{T}}} - 1\right) \tag{4.7}$$

$$I_\text{E} = I_\text{ES}\left(\mathrm{e}^{\frac{U_\text{BE}}{U_\text{T}}} - 1\right) - A_\text{I}I_\text{CS}\left(\mathrm{e}^{\frac{U_\text{BC}}{U_\text{T}}} - 1\right) \tag{4.8}$$

$$I_\text{B} = I_\text{E} - I_\text{C} \tag{4.9}$$

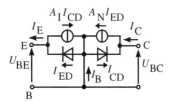

Bild 4.5 Ebers-Moll-Modell des Bipolartransistors

Das **Ebers-Moll-Ersatzschaltbild** dient einerseits zur Verdeutlichung des Bauelementeverhaltens und kann andererseits zur Berechnung des stationären Zusammenwirkens des Transistors mit einer externen Schaltung benutzt werden.

Kennlinienfeld in Emitterschaltung. Die anschauliche Darstellung des stationären Bauelementeverhaltens erfolgt in Form eines Kennlinienfeldes. Dieses umfasst vier Quadranten mit den typischen Kennlinien.

I   Ausgangskennlinie:

$$I_\text{C} = \mathrm{f}\left(U_\text{CE}\right)\big|_{U_\text{BE}, I_\text{B}}$$

II   Stromübertragungskennlinie:

$$I_\text{C} = \mathrm{f}\left(I_\text{B}\right)\big|_{U_\text{CE}}$$

III   Eingangskennlinie:

$$I_\text{B} = \mathrm{f}\left(U_\text{BE}\right)\big|_{U_\text{CE}}$$

IV   Spannungsrückwirkungskennlinie

$$U_\text{BE} = \mathrm{f}\left(U_\text{CE}\right)\big|_{I_\text{B}}$$

Die Darstellung der Kennlinien erfolgt in der Regel für den wichtigsten Betriebszustand des Transistors, den aktiv normalen Zustand, in dem der Transistor als Verstärker genutzt wird. Nur im ersten Quadranten des Kennlinienfeldes wird auch der Übersteuerungsbereich mit eingezeichnet. Dadurch wird die Abgrenzung der Betriebszustände für den Verstärker- und den Schalterbetrieb deutlich.

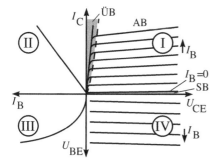

Bild 4.6 Kennlinienfeld in Emitterschaltung, AB aktiver Bereich, SB Sperrbereich, ÜB Übersteuerung

Für den **aktiv normalen Betriebszustand** ist es üblich, die allgemeinen Transistorgleichungen aus dem Ebers-Moll-Modell zu vereinfachen und somit eine leicht überschaubare Verhaltensbeschreibung zu gewinnen. Auf Basis der Ansteuerbedingungen $U_{BE} \gg U_T$ und $U_{BC} \ll -U_T$ ergibt sich der folgende Gleichungssatz:

$$I_B \cong (1 - A_N)I_{ES}\, e^{\frac{U_{BE}}{U_T}} = I_{BS}\, e^{\frac{U_{BE}}{U_T}} \tag{4.10}$$

$$I_C = \frac{A_N}{1 - A_N} I_B + \frac{A_N(1 - A_I)}{1 - A_N} I_{CS} = B_N I_B + I_{CE0} \tag{4.11}$$

$$I_E = I_B + I_C \tag{4.12}$$

mit $I_{BS} = (1 - A_N)\, I_{ES}$, $I_{CE0} = \dfrac{A_N\,(1 - A_I)}{1 - A_N}\, I_{CS}$ und $B_N = \dfrac{A_N}{1 - A_N}$

Der Basisstrom weist eine exponentielle Abhängigkeit von der Basis-Emitter-Spannung auf. Die spiegelt sich in einer exponentiell verlaufenden Eingangskennlinie wieder, die einer Diodenkennlinie entspricht. Es ist die Kennlinie der Basis-Emitter-Diode.

Der Kollektorstrom ergibt sich als verstärkter Basisstrom. Der Stromverstärkungsfaktor B_N beschreibt die direkte Proportionalität zwischen den beiden Strömen. Dadurch weist die Stromübertragungskennlinie einen linearen Verlauf auf. Der additive Term I_{CE0} repräsentiert den Reststrom der Kollektor-Emitter-Strecke bei offener Basis ($I_B = 0$ und $U_{CE} > 0$). Er ist jedoch in den meisten Fällen vernachlässigbar klein. Aus der verbleibenden Kernaussage $I_C = B_N \cdot I_B$ leitet sich der Einsatz des Transistors als Verstärkerbauelement ab. Die Einhaltung der oben vorausgesetzten Bedingung $U_{BE} \gg U_T$ und $U_{BC} \ll -U_T$ bzw. der daraus abgeleiteten Bedingung $U_{CE} > U_{BE}$ ist dafür unbedingt notwendig.

Der Emitterstrom ergibt sich als Summe aus Basis- und Kollektorstrom.

Die Gleichung (4.11) beschreibt gleichzeitig den Verlauf der Ausgangskennlinien, für die man nach den vorgenommenen Näherungen bei konstantem Basisstrom I_B einen horizontalen Verlauf im aktiv normalen Betriebszustand erwarten muss. Gemessene Verläufe zeigen jedoch einen leichten, annähernd linearen Anstieg. Deshalb wird nachfolgend eine nachträgliche Verbesserung des vereinfachten Transistormodells um den Early-Effekt vorgestellt.

Aus der Ausgangskennlinie ist auch erkennbar, dass der Transistor die niedrigste Kollektor-Emitter-Spannung U_{CE} aufweist, wenn er sich im Übersteuerungszustand befindet. Von Bedeutung ist eine kleine Kollektor-Emitter-Spannung für den Einsatz als elektronischer Schalter im Schaltzustand EIN, in dem ein möglichst großer Stromfluss durch die Kollektor-Emitter-Strecke bei kleinem Spannungsabfall erwartet wird (vgl. Abschnitt 4.7).

Im **Übersteuerungszustand** gilt $U_{BE} \gg U_T$ und $U_{BC} \gg U_T$, d. h., beide pn-Übergänge weisen Durchlassspannung auf. Folglich gelten die oben angegebenen Näherungsbeziehungen nicht mehr. Das Verhalten muss aus dem vollständigen Ebers-Moll-Modell abgeleitet werden. Für die Anwendung als elektronischer Schalter kann jedoch auf eine genaue Modellierung der Kennlinie verzichtet werden. Es genügt eine sehr vereinfachte Beschreibung des Zusammenhangs zwischen Basis- und Kollektorstrom.

In der Regel wird die Übersteuerung dadurch erreicht bzw. erzwungen, dass trotz einer Erhöhung des Basisstromes der Kollektorstrom nicht ansteigen kann, weil es die äußere Beschaltung des Transistors nicht zulässt. Man definiert folglich den an dieser Übersteuerungsgrenze fließenden Basistrom $I_{Bü}$ mit

$$I_{Bü} = \frac{I_C}{B_N}$$

und führt bei einem darüber hinaus erhöhten Basistrom $I_B > I_{Bü}$ den Begriff des Übersteuerungsgrades m ein.

$$m = \frac{I_B}{I_{Bü}} = \frac{I_B}{\frac{I_C}{B_N}}$$

Der **Sperrzustand** des Transistors lässt sich aus der Stromübertragungskennlinie, Gleichung (4.11), ableiten. Wird der Basistrom auf $I_B = 0$ reduziert, dann kann auch kein Kollektorstrom mehr fließen, sieht man einmal vom sehr kleinen Sperrstrom I_{CE0} ab. Gleichzeitig verdeutlicht die Eingangskennlinie (Gl. (4.10)), dass der Basistrom I_B durch die angelegte Basis-Emitter-Spannung U_{BE} gesteuert werden kann. Ein sicheres Sperren des Transistors ($I_B = 0$ und $I_C = 0$) kann durch $U_{BE} \leq 0$ erreicht werden.

Early-Effekt. Der im Kennlinienfeld sichtbare leichte Anstieg der Ausgangskennlinien beruht auf der als Early-Effekt bekannten Veränderung der elektronischen Basisweite infolge Spannungsabhängigkeit der Sperrschichtweite der Basis-Kollektor-Diode [3.4]. Er wird in der Kennliniengleichung durch Erweiterung um einen linearen Multiplikanten berücksichtigt. Die Ausgangskennlinie lautet somit endgültig:

$$I_C = \left(B_N I_B + I_{CE0} \right) \left(1 + \frac{U_{CE}}{U_{EA}} \right) \qquad (4.13)$$

Die Early-Spannung U_{EA} steht als Repräsentant für den Kennlinienanstieg.

Die Spannungsrückwirkung wird ebenfalls durch den Early-Effekt verursacht und linear in folgender Form approximiert:

$$U_{BE} = \eta \cdot U_{CE} \qquad (4.14)$$

Der Zahlenwert für η liegt üblicherweise bei ca. 10^{-3} und ist in vielen Fällen vernachlässigbar.

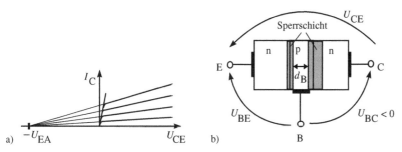

Bild 4.7 Veranschaulichung der Early-Spannung
a) Ausgangskennlinie, b) Darstellung der elektronischen Basisweite d_B

Restströme. Je nach Schaltungsart ergeben sich bei offenem Steuereingang des Transistors verschiedene Restströme an seinem dann gesperrten Ausgang. Diese resultieren aus den Sperrströmen der pn-Übergänge. In Bild 4.8 sind die beiden wichtigsten veranschaulicht.

Aus den Kennliniengleichungen lassen sich folgende Beziehungen ableiten:

$$I_{CB0} = I_{CS} \, (1 - A_N A_I) \tag{4.15}$$

$$I_{CE0} = \frac{I_{CB0}}{1 - A_N} \approx B_N I_{CB0} \tag{4.16}$$

Die hohe Stromverstärkung der Emitterschaltung bewirkt einen hohen Reststrom in dieser Schaltungsvariante $I_{CE0} \gg I_{CB0}$.

Basisschaltung   Emitterschaltung

Bild 4.8 Transistorreststörme in Basis- und Emitterschaltung

Beispiel 4.1

An einem npn-Transistor werden die in Bild 4.9 dargestellten zwei Messungen ausgeführt. Daraus sind der Sättigungsstrom I_{ES} sowie die Stromverstärkungsfaktoren A_N und B_N des Transistors zu bestimmen.

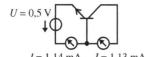

$I = 1{,}14\,\text{mA}$ $I = 1{,}13\,\text{mA}$ **Bild 4.9** Messschaltung für Transistorparameter

Lösung:

Nach den Gln. (4.7) und (4.8) sowie mit den Messbedingungen $U_{BE} = 0{,}5\,\text{V}$ und $U_{BC} = 0\,\text{V}$ ergibt sich $I_{ES} = I_E = 1{,}14\,\text{mA}$ und $A_N I_{ES} = I_C = 1{,}13\,\text{mA}$ und damit für die Stromverstärkungsfaktoren $A_N = 0{,}991$ und $B_N = 113$.

■ 4.3   Nutzbarer Betriebsbereich

Sicherer Arbeitsbereich. Im ersten Quadranten des Kennlinienfeldes begrenzen drei Kurven den sicheren Arbeitsbereich (SOAR) des Transistors. Es sind dies:

- der maximale Kollektorstrom I_{Cmax},
- die maximale Kollektor-Emitter-Spannung U_{CEmax} und
- die maximale Verlustleistung P_{vmax}.

 Der Arbeitspunkt eines Transistors, d. h. das Wertepaar aus aktuellem Kollektorstrom I_{C0} und aktueller Kollektor-Emitter-Spannung U_{CE0}, muss innerhalb des begrenzten Bereiches liegen.

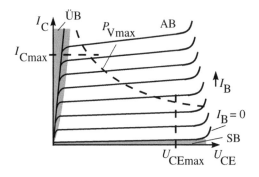

Bild 4.10 Sicherer Arbeitsbereich eines Transistors

Diese drei Parameter sind deshalb auch ein wichtiger Bestandteil des in Transistorvergleichslisten [4.2] angegebenen Parametersatzes eines Bipolartransistors.

Ein Überschreiten des I_{Cmax} führt nicht unmittelbar zum Funktionsausfall. Es hat aber einen starken Anstieg der Spannungsabfälle in den Bahnwiderständen von Basis und Kollektor zur Folge und verschlechtert somit die elektronischen Transistorparameter.

Spannungsfestigkeit. U_{CEmax} resultiert aus der Spannungsfestigkeit des gesperrten Kollektor-Basis-Übergangs. Die Dotierungsverhältnisse und die Basisweite bestimmen den Feldstärkeverlauf im Kollektor-Basis-Übergang. Ein Überschreiten des U_{CEmax} führt entweder zum Lawinendurchbruch des gesperrten pn-Übergangs oder zum Durchgreifen der Raumladungszone durch die Basis (Punch Through). Die elektronische Basisweite d_B geht dann gegen null. Beides bewirkt einen steilen Anstieg des Kollektorstromes (Durchbruch) und bedeutet den Verlust der Steuerbarkeit des Transistors. Fehlt eine äußere Strombegrenzung, kann auch eine thermische Zerstörung eintreten. Für die Durchbruchspannungen in Basis- bzw. Emitterschaltung gilt $U_{BR,CE0} < U_{BR,CB0}$.

Thermischer Widerstand. Die Hyperbel der maximalen Verlustleistung wird durch die vom Bauelement an die Umgebung abführbare Wärmeleistung festgelegt. Mit dem thermischen Widerstand R_{th} des Bauelementes, der maximal zulässigen inneren Temperatur des Transistors T_{max} und der Umgebungstemperatur T_U ergibt sich

$$P_{Vmax} = \frac{T_{max} - T_U}{R_{th}}$$

$T_{\max}$ beträgt bei Si-Bauelementen ca. 200 °C. Der thermische Widerstand beinhaltet die Wärmeleitung vom inneren Transistor bis an die Gehäuseoberfläche und die Wärmeabgabe durch Konvektion. Durch zusätzliche Kühlkörper kann letztere verbessert werden. Dies vergrößert $P_{V\max}$. Insbesondere bei Leistungstransistoren ist diese Maßnahme notwendig. Ein Überschreiten von $P_{V\max}$ bedeutet zunächst eine Veränderung der elektronischen Kennwerte des Transistors, kann aber im Extremfall auch eine thermische Zerstörung bewirken.

Arbeitspunkteinstellung. Die Einstellung des Arbeitspunktes erfolgt in der Emitterschaltung häufig durch Einspeisung eines definierten Basisstromes.

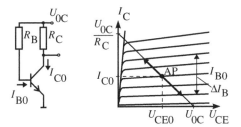

Bild 4.11 Emitterschaltung mit Basisstromeinspeisung

Die Lage des Arbeitspunktes resultiert aus der Zusammenschaltung des Transistors mit dem aktiven Zweipol bestehend aus Betriebsspannung U_{0C} und Basiswiderstand R_B eingangs- und Betriebsspannung U_{0C} und Arbeitswiderstand R_C ausgangsseitig. Es gilt:

$$I_{C0} = B_N I_{B0} = B_N \frac{U_{0C} - U_{BE0}}{R_B}$$

$$U_{CE0} = U_{0C} - I_{C0} R_C$$

In der Nähe von $U_{BE} = 0{,}65$ V kann durch eine nur geringe Änderung ΔU_{BE} ein sehr großer Kollektorstrombereich durchlaufen werden. Ursache ist der exponentielle Kennlinienverlauf. Zur Berechnung des Arbeitspunktes reicht deshalb in vielen Fällen eine Schalterkennlinie für den Basis-Emitter-Übergang mit der für Siliziumtransistoren im aktiv normalen Betriebszustand typischen Spannung $U_{BE0} = U_{BEF} = 0{,}65$ V aus. Zur Festlegung des Arbeitspunktes kann aus den Gln. (4.10) und (4.11) das vereinfachte Ersatzschaltbild in Bild 4.12 entwickelt werden. Diese Vereinfachung ermöglicht eine leichte Dimensionierung des R_B. Meist wird der Innenwiderstand der Basis-Emitter-Diode bei dieser Betrachtung mit null angenähert.

Bild 4.12 Ersatzschaltbild zur Arbeitspunkteinstellung

Die Größe der Signalausgangsspannung $U_a = \Delta U_{CE}$ wird vom Verlauf der Transistorkennlinien und vom Anstieg der Arbeitsgeraden $1/R_C$ bestimmt. Der Arbeitspunkt darf auch bei Aussteuerung den sicheren Arbeitsbereich des Transistors nicht verlassen.

Proportionale Übertragungseigenschaften, ausgedrückt durch

$\Delta U_{CE}/\Delta I_B = $ konstant,

besitzt der Transistor nur im aktiven Betriebsbereich.

In Bild 4.11 ist dies zu erkennen.

Beispiel 4.2

Ein Transistor wird in Emitterschaltung mit Basisstromeinspeisung betrieben. Er besitzt die Bauelementeparameter $B_N = 150$, $U_{BEF} = 0{,}65$ V, $U_{EA} = 60$ V. Es sind R_C und R_B so zu bestimmen, dass der Arbeitspunkt bei $U_{CE0} = U_{0C}/2 = 6$ V und $I_{C0} = 12$ mA liegt.

Lösung:

$$R_C = \frac{U_{0C} - U_{CE0}}{I_{C0}} = 500\ \Omega$$

$$R_B = \frac{U_{0C} - U_{BEF}}{I_{B0}} = \frac{B_N}{I_{C0}}\left(U_{0C} - U_{BEF}\right)$$

$$= 142\ \text{k}\Omega$$

■ 4.4 Bipolartransistor als Verstärker

Zur Verdeutlichung der Verstärkeranwendung des Bipolartransistors eignet sich die einfache Emitterschaltung am besten (Bild 4.13). In ihr erfolgt die Einstellung eines geeigneten Arbeitspunktes (I_{B0}, U_{BE0}, I_{C0}, U_{CE0}) durch Einspeisung eines definierten Basisstromes I_{B0} entsprechend Abschnitt 4.3.

Der sich ergebenden Basis-Emitter-Spannung U_{BE0} wird das meist sinusförmige Eingangssignal $U_e(t) = \hat{U} \cdot \sin \omega t$ additiv überlagert. Zu diesem Zweck wird es über einen Koppelkondensator C_K dem Verstärker zugeführt. Die Basis-Emitter-Spannung ergibt sich dann zu $U_{BE}(t) = U_{BE0} + U_e(t)$. Nach Gleichung (4.10) ergibt sich ein Basisstrom $I_B(t)$, dessen zeitlicher Verlauf sich auf grafischem Weg durch die Verschiebung des Arbeitspunktes auf der Eingangskennlinie finden lässt.

Unter Verwendung von Gleichung (4.11) folgt für den Kollektrostrom dann $I_C(t) = B_N \cdot I_B(t)$. Da jedoch zwischen der Basis-Emitter-Spannung und dem Basisstrom ein exponentieller Zusammenhang besteht, werden sowohl der Basisstrom als auch der Kollektorstrom keinen exakt sinusförmigen Verlauf aufweisen, auch wenn dieser qualitativ einem solchen ähnlich sieht (vgl. Bild 4.13).

Der zeitliche Verlauf der Ausgangsspannung des Verstärkers, d. h. der Kollektor-Emitter-Spannung des Transistors, ergibt sich infolge des Spannungsabfalls, den der Kollektorstrom am Arbeitswiderstand R_C verursacht. Es gilt $U_a(t) = U_{CE}(t) = U_{0C} - I_C(t) \cdot R_C$. Die Ausgangsspannung weist betragsmäßig einen proportionalen Verlauf zum Kollektorstrom auf, wobei

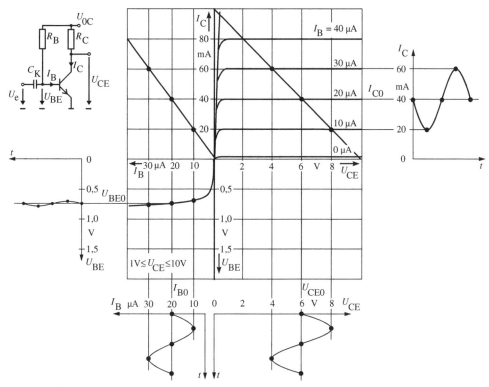

Bild 4.13 Übertragungsverhalten der Emitterschaltung

das Verhältnis von der Größe des Arbeitswiderstandes R_C bestimmt wird. Durch das negative Vorzeichen ergibt sich jedoch ein gegenphasiger Verlauf. Eine wachsende Eingangsspannung U_e bewirkt eine sinkende Ausgangsspannung U_a. In der grafischen Darstellung des Kennlinienfeldes entspricht diese Übertragung einer Arbeitspunktverschiebung auf der Widerstandsgeraden von R_C.

4.4.1 Kleinsignalmodell des Bipolartransistors

Die Problematik der analytischen Berechnung dieser Zusammenhänge besteht in der Nichtlinearität der einzelnen Übertragungsschritte, insbesondere der Eingangskennlinie $I_B = f(U_{BE})$ bzw. der sogenannten Transferkennlinie $I_C = f(U_{BE})$. Dies erschwert den Rechenweg erheblich. Für viele Anwendungsfälle liefert jedoch eine lineare Näherung ausreichend genaue Ergebnisse und reduziert gleichzeitig den Berechnungsaufwand erheblich. Dies gilt vornehmlich bei der Übertragung von Signalen mit sehr kleiner Amplitude. Zu diesem Zweck ist es üblich, ein vereinfachtes Modell des Transistors zu schaffen, in dem das nichtlineare Verhalten durch eine lineare Näherung ersetzt wird: das Kleinsignalmodell des Bipolartransistors.

Vierpolparameter. Die Vierpolparameter beschreiben das linearisierte Strom-Spannungs-Verhalten des Bauelementes im Arbeitspunkt. Je nach Anwendungsfall werden die Vierpolparameter in der Widerstandsform, der Leitwertform, der Hybridform oder weiteren Varianten benutzt. Diese Formen lassen sich ineinander umrechnen.

Niederfrequenz-Kleinsignalmodell. Bei niederfrequenten (NF) Signalen werden die Vierpolparameter in der Hybridform verwendet. Die Strom-Spannungs-Beziehungen für sinusförmige Signale lauten dann in der Emitterschaltung in komplexer Schreibweise

$$\underline{U}_{BE} = \underline{h}_{11e}\underline{I}_B + \underline{h}_{12e}\underline{U}_{CE} \tag{4.17}$$

$$\underline{I}_C = \underline{h}_{21e}\underline{I}_B + \underline{h}_{22e}\underline{U}_{CE} \tag{4.18}$$

Im NF-Bereich nehmen die Vierpolparameter des Transistors reelle Werte an. In Bild 4.14 sind diese am Kennlinienfeld veranschaulicht.

Die Vierpolparameter der Hybridform können interpretiert werden als:

Eingangswiderstand r_{BE}

$$\underline{h}_{11e} = \frac{U_{BE}}{I_B}\bigg|_{\underline{U}_{CE}=0} = \frac{\Delta U_{BE}}{\Delta I_B}\bigg|_{U_{CE0}} = r_{BE}$$

Spannungsrückwirkung η

$$\underline{h}_{12e} = \frac{U_{BE}}{U_{CE}}\bigg|_{\underline{I}_B=0} = \frac{\Delta U_{BE}}{\Delta U_{CE}}\bigg|_{I_{B0}} = \eta$$

Stromverstärkung b

$$\underline{h}_{21e} = \frac{I_C}{I_B}\bigg|_{\underline{U}_{CE}=0} = \frac{\Delta I_C}{\Delta I_B}\bigg|_{U_{CE0}} = b$$

Ausgangswiderstand r_{CE}

$$\underline{h}_{22e} = \frac{I_C}{U_{CE}}\bigg|_{\underline{I}_B=0} = \frac{\Delta I_C}{\Delta U_{CE}}\bigg|_{I_{B0}} = \frac{1}{r_{CE}}$$

Dieses Vierpolgleichungssystem lässt sich in Form eines Ersatzschaltbildes darstellen. Die Vierpolparameter werden durch entsprechende Ersatzschaltbildelemente repräsentiert.

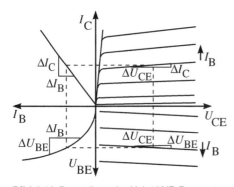

Bild 4.14 Darstellung der Hybrid-VP-Parameter

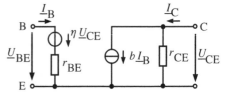

Bild 4.15 Ersatzschaltbild für das NF-Kleinsignalverhalten

Die Abhängigkeit der Vierpolparameter von der Lage des Arbeitspunktes gewinnt man durch Differenziation der Kennliniengleichungen im aktiven Bereich. Für das Verstärkerverhalten ist nur der aktive Bereich von Bedeutung. Aus den Gln. (4.10) und (4.13) erhält man leicht:

$$r_{BE} = \frac{\mathrm{d}U_{BE}}{\mathrm{d}I_B}\bigg|_{U_{CE0}} = \frac{U_T}{I_{B0}}$$

$$\eta = \frac{\mathrm{d}\,U_{BE}}{\mathrm{d}\,U_{CE}}\bigg|_{I_{B0}} \approx 0$$

$$b = \frac{\mathrm{d}\,I_C}{\mathrm{d}\,I_B}\bigg|_{U_{CE0}} = B_N\left(1 + \frac{U_{CE0}}{U_{EA}}\right) \approx B_N$$

$$r_{CE} = \frac{\mathrm{d}\,U_{CE}}{\mathrm{d}\,I_C}\bigg|_{I_{B0}} \cong \frac{U_{EA}}{I_{C0}}$$

Deutlich wird die starke Arbeitspunktabhängigkeit von r_{BE} und r_{CE}. Die Ableitung der Spannungsrückwirkung ist etwas komplizierter. Praktische Ergebnisse liegen im Bereich 10^{-3} und sind in vielen Fällen vernachlässigbar.

Spannungssteuerung. Neben der bisher betrachteten Steuerung des Transistors durch den Basisstrom I_B ist häufig eine Interpretation des Verhaltens als spannungsgesteuertes Element von Nutzen. Der Zusammenhang zwischen beiden Betrachtungen ist durch die Eingangskennlinie $I_B = f(U_{BE})$ gegeben. Das zugehörige Ersatzschaltbild für den rückwirkungsfreien Transistor ist in Bild 4.16 dargestellt.

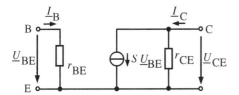

Bild 4.16 Ersatzschaltbild des spannungsgesteuerten Transistors

Für den Parameter Steilheit S folgt

$$S = \frac{I_C}{U_{BE}}\bigg|_{U_{CE}=0} = \frac{I_B \cdot I_C}{U_{BE} I_B}\bigg|_{U_{CE}=0} = \frac{b}{r_{BE}} \tag{4.19}$$

Mit dem vorliegenden NF-Kleinsignalmodell vereinfacht sich die Berechnung des Übertragungsverhaltens der Emitterschaltung aus Bild 4.13 zu einem linearen Gleichungssystem.

Beispiel 4.3

Für die Emitterschaltung aus Bild 4.13 ist die NF-Kleinsignal-Spannungsverstärkung zu berechnen.

Lösung:

Das NF-Kleinsignalersatzschaltbild der Verstärkerschaltung erhält man, wenn alle Bauelemente der Schaltung durch ihr NF-Kleinsignalersatzschaltbild ersetzt werden.

Transistor: Das Kleinsignalersatzschaltbild eines rückwirkungsfreien Transistors leitet sich aus Bild 4.15 mit $\eta = 0$ ab, wodurch die Spannungsquelle im Eingangskreis entfällt.

Widerstand: Bei einem ohmschen Widerstand entspricht der differenzielle Widerstand dem stationären Widerstand.

Konstantspannungsquelle: Der differenzielle Innenwiderstand einer Konstantspannungsquelle ist null.

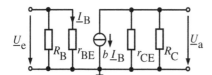

Bild 4.17 Kleinsignalersatzschaltbild der Emitterschaltung

Aus dem Kleinsignalersatzschaltbild der Emitterschaltung ist ableitbar:

$$\underline{U}_a = -b\underline{I}_B\left(R_C\|r_{CE}\right), \quad \underline{I}_B = \frac{\underline{U}_e}{r_{BE}} \quad \text{und damit} \quad V_U = \frac{\underline{U}_a}{\underline{U}_e} = -\frac{b}{r_{BE}}\left(R_C\|r_{CE}\right)$$

■

Beispiel 4.4

Für den Transistor aus Beispiel 4.2 sind im dort gegebenen Arbeitspunkt die Kleinsignal-parameter r_{BE}, b, r_{CE} und S bei Raumtemperatur (300 K) zu berechnen.

Lösung:

Arbeitspunkt: $I_{C0} = 12$ mA, $U_{CE0} = 6$ V

$$r_{BE} = \frac{U_T}{I_{B0}} = \frac{U_T B_N}{I_{C0}} = 325\,\Omega$$

$$b = B_N\left(1 + \frac{U_{CE0}}{U_{EA}}\right) = 165$$

$$r_{CE} = \frac{U_{EA}}{I_{C0}} = 5\,\text{k}\Omega$$

$$S = \frac{b}{r_{BE}} = 508\,\text{mS}$$

■

4.4.2 Frequenzabhängigkeit des Übertragungsverhaltens des Bipolartransistors

Hochfrequenz-Kleinsignalmodell. Wird der Transistor bei hohen Frequenzen (HF) betrieben, treten Phasenverschiebungen zwischen den Kleinsignalströmen und -spannungen auf. Verursacht werden diese Verzögerungseffekte durch Umladen der Sperrschichtkapazitäten und durch Ladungsspeicherung insbesondere in der Basis. Am anschaulichsten lassen sich

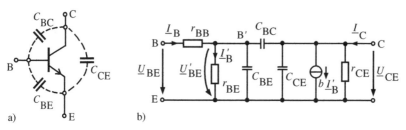

Bild 4.18 HF-Ersatzschaltbild des Bipolartransistors; a) Schaltsymbolik, b) π-Ersatzschaltbild

diese Effekte mit einem π-Ersatzschaltbild erfassen, das auf Leitwertparameter zurückführbar ist (siehe Bild 4.18). Die einzelnen Leitwertparameter besitzen komplexen Charakter und sind in Ersatzwiderstände und Ersatzkapazitäten zerlegbar. Diese können leicht den verursachenden Phänomenen zugeordnet werden.

Berücksichtigung findet die Basis-Emitter-Kapazität C_{BE}, die sich aus der Emitter-Sperrschichtkapazität C_{SE} und der Emitter-Diffusionskapazität C_{DE} zusammensetzt, die Basis-Kollektor-Sperrschichtkapazität C_{BC} und die Kollektor-Emitter-Kapazität C_{CE}, die hauptsächlich aus parasitären Streukapazitäten bestehen. Zusätzlich wird der Basisbahnwiderstand r_{BB} berücksichtigt. Er kommt insbesondere bei hohen Frequenzen zur Wirkung.

Beispiel 4.5

Aus dem HF-Ersatzschaltbild des Bipolartransistors ist die Ortskurve der Kurzschlusskleinsignalstromverstärkung in Emitterschaltung $\underline{h}_{21e}(\omega)$ abzuleiten.

Lösung:

Bei wechselspannungsmäßigem Kurzschluss am Ausgang ist aus dem HF-Ersatzschaltbild ablesbar:

$$\underline{I}_C = b \cdot \underline{I}'_B - \mathrm{j}\,\omega\,C_{BC}\underline{U}'_{BE}, \quad \underline{I}'_B = \frac{\underline{U}'_{BE}}{r_{BE}}$$

$$\underline{I}_B = \frac{\underline{U}'_{BE}}{r_{BE}} + \mathrm{j}\omega\left(C_{BC} + C_{BE}\right)\underline{U}'_{BE}$$

Für die Stromverstärkung ergibt sich die Frequenzfunktion

$$\underline{h}_{21e}(\omega) = \frac{\underline{I}_C}{\underline{I}_B}\bigg|_{\underline{U}_{CE}=0} = \frac{b - \mathrm{j}\omega\,r_{BE}C_{BC}}{1 + \mathrm{j}\omega\,r_{BE}\left(C_{BC} + C_{BE}\right)}$$

In den meisten Anwendungsfällen ist die Näherung $b \gg \omega\,r_{BE}C_{BC}$ gut erfüllt und damit

$$\underline{h}_{21e}(\omega) \approx \frac{b}{1 + \mathrm{j}\,\omega\,r_{BE}\left(C_{BC} + C_{BE}\right)} \tag{4.20}$$

Die entstehende Ortskurve ist der in Bild 4.19 dargestellte Halbkreis mit der charakteristischen 45°-Frequenz ω_β.

$$\omega_\beta = \frac{1}{r_{BE}\left(C_{BC} + C_{BE}\right)} \tag{4.21}$$

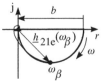

Bild 4.19 Ortskurve für $\underline{h}_{21e}(\omega)$

Das Bild enthält auch den exakten Verlauf der Ortskurve.

Grenzfrequenzen des Transistors. Auf der Basis der Grenzfrequenzen ist der Übergang vom NF- zum HF-Bereich quantitativ spezifizierbar. Da der Bipolartransistor ein stromgesteuertes Bauelement ist, lassen sich aus der Frequenzabhängigkeit des Stromverstärkungsfaktors $\underline{h}_{21e}$ die entscheidenden Grenzfrequenzen ableiten. Mit Gl. (4.20) ist eine ausreichende Näherung für die Stromverstärkung bekannt. Bei der in Bild 4.19 dargestellten $45°$-Frequenz ω_β ist der Betrag der Stromverstärkung gerade auf das $1/\sqrt{2}$-fache des NF-Wertes $|\underline{h}_{21e}(0)| = b$ gesunken.

$$|\underline{h}_{21e}(\omega_\beta)| = \frac{b}{\sqrt{2}}$$

Für Frequenzen größer als ω_β sinkt die Stromverstärkung mit $-20\,\text{dB}/\text{Dekade}$. Der Transistor verliert rasch seine entscheidende elektronische Eigenschaft, wie Bild 4.20 zeigt. ω_β stellt somit die charakteristische Grenzfrequenz des Transistors in Emitterschaltung dar.

Ein weiterer charakteristischer Punkt ist die Frequenz ω_1, bei der die Stromverstärkung $|\underline{h}_{21e}|$ auf den Wert 1 abgesunken ist.

$$|\underline{h}_{21e}(\omega_1)| = 1$$

Mit Gl. (4.20) gilt:

$$\omega_1 = \omega_\beta \sqrt{b^2 - 1} \tag{4.22}$$

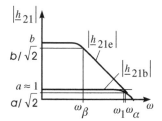

Bild 4.20 Grenzfrequenzen des Bipolartransistors

In Datenblättern [4.2] wird häufig die Transitfrequenz ω_T verwendet. Für sie gilt

$$\omega_T = b \cdot \omega_\beta \tag{4.23}$$

womit sie in etwa der ω_1-Frequenz entspricht.

Im NF-Bereich ist die Stromverstärkung des Transistors, wie auch seine anderen Vierpolparameter, frequenzunabhängig. Dieser Bereich wird durch ω_β begrenzt. Im HF-Bereich sind die Vierpolparameter frequenzabhängig. Oberhalb der Transitfrequenz ω_T besitzt der Transistor keine Stromverstärkung mehr.

Eine analoge Betrachtung des Transistors in Basisschaltung liefert der in Bild 4.20 dargestellte Verlauf für $|\underline{h}_{21b}(\omega)|$ mit der charakteristischen Grenzfrequenz ω_α der Basisschaltung.

$$|\underline{h}_{21b}(\omega_\alpha)| = \frac{a}{\sqrt{2}} \text{ mit } a = |\underline{h}_{21b}(0)| \approx A_N$$

Ein Vergleich mit der Emitterschaltung ergibt:

$$\omega_\alpha \approx b\omega_\beta = \omega_T$$

Man erkennt den entscheidenden Vorteil der Basisschaltung. Die Stromverstärkung bleibt bis zur Transitfrequenz unverändert. Dies begründet die Anwendungsvorteile der Basisschaltung bei hohen Frequenzen.

Vierpolersatzschaltung des HF-Transistors. Die gebräuchlichste Form der Darstellung der Hochfrequenzeigenschaften des Bipolartransistors sind die y-Parameter. Sie beschreiben das Bauelement über die Vierpolgleichungen in Leitwertform als verallgemeinerte Leitwertmatrix.

$$\underline{I}_B = \underline{y}_{11e}\underline{U}_{BE} + \underline{y}_{12e}\underline{U}_{CE} \tag{4.24}$$

$$\underline{I}_C = \underline{y}_{21e}\underline{U}_{BE} + \underline{y}_{22e}\underline{U}_{CE} \tag{4.25}$$

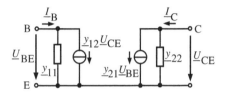

Bild 4.21 y-Ersatzschaltung des Transistors

Diese komplexen y-Parameter lassen sich durch Umrechnung aus dem physikalisch begründeten π-Ersatzschaltbild ableiten. Mit der Näherung $r_{BB} \to 0$ ergibt sich

$$\underline{y}_{11e} = \frac{\underline{I}_B}{\underline{U}_{BE}}\bigg|_{\underline{U}_{CE}=0} = \frac{1}{r_{BE}} + j\omega\left(C_{BE} + C_{BC}\right)$$

$$\underline{y}_{12e} = \frac{\underline{I}_B}{\underline{U}_{CE}}\bigg|_{\underline{U}_{BE}=0} = -j\omega C_{BC}$$

$$\underline{y}_{21e} = \frac{\underline{I}_C}{\underline{U}_{BE}}\bigg|_{\underline{U}_{CE}=0} = \frac{b}{r_{BE}} - j\omega C_{BC}$$

$$\underline{y}_{22e} = \frac{\underline{I}_C}{\underline{U}_{CE}}\bigg|_{\underline{U}_{BE}=0} = \frac{1}{r_{CE}} + j\omega\left(C_{CE} + C_{BC}\right)$$

Frequenzgang des Transistorverstärkers. Betrachtet man den Transistorverstärker aus Bild 4.13 aus der Sicht der übertragenen Signale, dann kann man von einem Spannungsverstärker sprechen. Wichtigster Kennwert dieser Schaltung ist deren Spannungsverstärkung V_u. Diese sollte über einen möglichst großen Frequenzbereich konstant sein. Den typischen Verlauf der Spannungsverstärkung einer Emitterschaltung zeigt Bild 4.22. Der Bereich konstanter Spannungsverstärkung V_{uo} wird einerseits durch die untere Grenzfrequenz f_{gu} und andererseits durch die obere Grenzfrequenz f_{go} eingeschränkt. Der Frequenzbereich zwischen f_{gu} und f_{go} wird i. Allg. für den Verstärkerbetrieb genutzt.

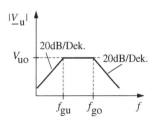

Bild 4.22 Frequenzgang der Spannungsverstärkung der Emitterschaltung

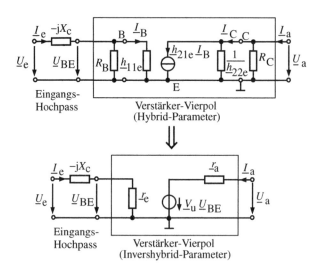

Bild 4.23 Vierpoldarstellung eines Verstärkers in Emitterschaltung

Eine Analyse dieses Frequenzgangs ist auf der Basis der Kleinsignalersatzschaltung des Verstärkers möglich. Diese findet man, indem alle Bauelemente der Schaltung durch ihr Kleinsignalersatzelement ersetzt werden. Dabei ist es sinnvoll, den Verstärker, bestehend aus dem Transistor und den zur Arbeitspunkteinstellung benötigten Widerständen R_B und R_C, durch seinen Kleinsignalverstärker-Vierpol in Invershybrid-Beschreibung zu ersetzen.

Die benötigten Ersatzelemente der Invershybrid-Beschreibung des Verstärker-Vierpols $\underline{V}_u$, r_e und r_a sind für den NF-Bereich aus der Hybrid-Beschreibung entsprechend Bild 4.23 bestimmbar und eignen sich zur Berechnung der unteren Grenzfrequenz.

$$\underline{V}_u = -\frac{b(R_C \| r_{CE})}{r_{BE}}$$

$$\underline{r}_a = R_C \| r_{CE}$$

$$\underline{r}_e = R_B \| r_{BE}$$

Zur Berechnung der oberen Grenzfrequenz wird die HF-Eigenschaft des Transistors benötigt, wie sie oben abgeleitet wurde. Setzt man das Ergebnis in die Gleichung für die Spannungsverstärkung $\underline{V}_u$ ein, so erhält man eine ausreichend genaue Näherung zur Berechnung der oberen Grenzfrequenz.

$$\underline{V}_{u,HF} = \frac{-\underline{h}_{21e}(r_{CE} \| R_C)}{r_{BE}}$$

Mit diesen Beziehungen und der Ersatzschaltung ergeben sich die Grenzfrequenzen zu

$$f_{go} = f_\beta = \frac{1}{2\pi}\omega_\beta \quad \text{und} \quad f_{gu} = \frac{1}{2\pi C_K r_e}$$

Die untere Grenzfrequenz f_{gu} resultiert aus dem Hochpass, den die Kombination des Koppelkondensators C_K mit dem Eingangswiderstand r_e des Verstärkers ergibt. Eine geeignete Wahl des Koppelkondensators C_K erlaubt die Verschiebung von f_{gu} zu möglichst kleinen Werten.

Die obere Grenzfrequenz resultiert direkt aus der Grenzfrequenz f_β des Transistors.

Eine ausführliche Ableitung findet der Leser auf der Internetseite zum Buch.

4.5 Temperaturverhalten von Bipolartransistoren

 Die Temperaturabhängigkeit der Kennwerte des Transistors wird hauptsächlich von der Temperaturabhängigkeit der pn-Übergänge bestimmt.

Eine Übertragung des von der Diode bekannten Temperaturverhaltens in der Nähe einer Bezugstemperatur T_0 zeigt Auswirkungen auf den Kollektor-Basis-Sperrstrom I_{CB0}, der im Sperrbereich dominiert, und auf den Flussstrom der Basis-Emitter-Diode I_E, der im aktiven Bereich dominiert.

$$I_{CB0}(T) = I_{CB0}(T_0) \cdot e^{C_R(T-T_0)} \tag{4.26}$$

$$I_E(T) = I_E(T_0) \cdot e^{C_F(T-T_0)} \tag{4.27}$$

Die Temperaturbeiwerte C_R und C_F entsprechen denen aus den Gln. (3.26) und (3.28). Befindet sich der Transistor in einem Betriebszustand, in dem schaltungsbedingt der Basisstrom konstant gehalten wird, dann lässt sich die Temperaturabhängigkeit des Kollektorstromes über einen temperaturabhängigen Stromverstärkungsfaktor interpretieren.

$$B_N(T) = B_N(T_0) \cdot e^{C_b(T-T_0)} \tag{4.28}$$

Aus Messungen kann die Größe seines Temperaturbeiwertes zu $C_b \approx 0{,}6\,\% \cdot K^{-1}$ ermittelt werden.

Auswirkung der Temperaturabhängigkeit. Eine Erwärmung des Transistors führt bei konstant gehaltenen Basisstrom I_{B0} zum Anstieg des Kollektorstroms I_{C0} und damit zur Verschiebung des Arbeitspunktes, wie in Bild 4.24 dargestellt.

Eine vergleichbare Wirkung auf die Arbeitspunktverschiebung einer Schaltung hat der Austausch des Transistors gegen einen anderen mit größerer Stromverstärkung B_N.

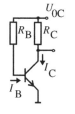 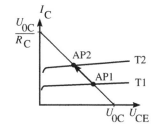

Bild 4.24 Temperaturbedingte AP-Verschiebung

Arbeitspunktstabilisierung. In den meisten Schaltungen ist es notwendig, spezielle Maßnahmen vorzusehen, um den Einfluss der Temperaturabhängigkeit des Transistors und gleichzeitig den Einfluss von Exemplarstreuungen der Transistorparameter, z. B. von B_N, zu kompensieren. Vertiefende Ausführungen dazu finden sich im Abschnitt 10.2.1.

Temperaturdurchgriff. Wird schaltungsbedingt, trotz Temperaturänderung, der Kollektorstrom des Transistors konstant gehalten, dann ist eine temperaturbedingte Änderung der

Basis-Emitter-Spannung um den Wert ΔU_{BE} zu beobachten. In der Nähe des Arbeitspunktes kann die Größe aus dem Temperaturdurchgriff D_T berechnet werden.

$$\Delta U_{BE} = D_T \cdot \Delta T \tag{4.29}$$

Für den Temperaturdurchgriff D_T gilt:

$$D_T = \frac{d\,U_{BE}}{d\,T}\bigg|_{I_{C0}} = -1 \ldots -3\,\text{mV} \cdot \text{K}^{-1}$$

Die temperaturabhängige Drift der Basis-Emitter-Spannung ΔU_{BE} wird durch eine Ersatzquelle im Basiszweig des Transistors repräsentiert. Dabei stellt U_{BE0} in Bild 4.25 die Basis-Emitter-Spannung bei der Bezugstemperatur dar. Wird dieses Modell für große Temperaturbereiche genutzt, muss mit einem mittleren Wert für den Temperaturdurchgriff gerechnet werden.

Bild 4.25 Transistor mit temperaturabhängiger Driftquelle

Beispiel 4.6

Für die Schaltung aus Beispiel 4.2 ist die zu erwartende Driftverstärkung $v_d = \Delta U_{CE0}/\Delta U_{BE}$ bei einer Erwärmung um 20 K gegenüber Raumtemperatur (300 K) zu berechnen, wenn der Transistor einen Temperaturdurchgriff $D_T = -2\,\text{mV} \cdot \text{K}^{-1}$ und ein $C_b = 0{,}6\,\% \cdot \text{K}^{-1}$ aufweist.

Lösung:

Die Kollektorstromänderung des Transistors berechnet sich nach

$$\Delta I_C = \frac{d\,I_C}{d\,B_N}\Delta B_N + \frac{d\,I_C}{d\,I_B}\Delta I_B$$

Ein Bezug auf I_C liefert

$$\frac{\Delta I_C}{I_C} = \frac{d\,I_C}{d\,B_N}\frac{\Delta B_N}{B_N I_B} + \frac{d\,I_C}{d\,I_B}\frac{\Delta I_B}{B_N I_B}$$

Die relative Kollektorstromänderung $\Delta I_C/I_C$ lässt sich auf die Überlagerung der relativen Änderung der Stromverstärkung $\Delta B_N/B_N$ und des Basisstromes $\Delta I_B/I_B$ zurückführen. In der gegebenen Schaltung wird die relative Änderung des Basisstroms durch die relative Änderung der Basis-Emitter-Spannung $\Delta U_{BE}/U_{BE}$ bestimmt.

$$\frac{\Delta I_B}{I_B} = \frac{-\Delta U_{BE}}{R_B I_B}$$

Die beiden Einflussgrößen ΔB_N und ΔU_{BE} können aber nur unter den Grenzbedingungen $I_B = \text{konst.}$ bzw. $I_C = \text{konst.}$ angegeben werden. Somit lässt sich nur der ungünstigste Grenzwert aus der Überlagerung beider Einflüsse bestimmen. Mit den gegebenen Größen folgt

$$\frac{\Delta B_N}{B_N} = C_b \cdot \Delta T = 12\,\% \text{ und}$$

$$\frac{\Delta I_{\mathrm{B}}}{I_{\mathrm{B}}} = \frac{-\Delta U_{\mathrm{BE}}}{R_{\mathrm{B}} I_{\mathrm{B0}}} \cong \frac{-D_{\mathrm{T}} \cdot \Delta T}{U_{0\mathrm{C}}} = 0{,}3\,\%$$

Die Driftverstärkung ergibt sich im Arbeitspunkt $I_{\mathrm{C}} = U_{0\mathrm{C}}/(2R_{\mathrm{C}})$ zu

$$v_{\mathrm{d}} = \frac{\Delta U_{\mathrm{CE0}}}{\Delta U_{\mathrm{BE}}} = \frac{-\Delta I_{\mathrm{C}} R_{\mathrm{C}}}{D_{\mathrm{T}} \Delta T} = \frac{-C_{\mathrm{b}} I_{\mathrm{C}} R_{\mathrm{C}}}{D_{\mathrm{T}}} + \frac{I_{\mathrm{C}} R_{\mathrm{C}}}{U_{0\mathrm{C}}}$$

$$= \frac{-C_{\mathrm{b}} U_{0\mathrm{C}}}{2 D_{\mathrm{T}}} + \frac{1}{2} = 18{,}5$$

■ 4.6 Arbeitspunktabhängigkeit der Stromverstärkung

Über die bisherigen Betrachtungen hinaus ist die Stromverstärkung vom Arbeitspunktstrom I_{C0} abhängig. Bei kleinen Strömen gewinnt der bisher vernachlässigte Rekombinations-Generationsstrom des Basis-Emitter-Übergangs an Bedeutung. Emitter- und Basisstrom steigen, ohne den Kollektorstrom zu beeinflussen. Die Stromverstärkung nimmt ab. Bei sehr hohen Strömen tritt infolge der starken Ladungsträgerinjektion eine Leitfähigkeitserhöhung in der Basis auf. Dies vergrößert die Rückinjektion. Gleichzeitig wird durch die hohen Ladungsträgerdichten die Kollektor-Basis-Sperrschicht in den Kollektor zurückgedrängt. Diese als Kirk-Effekt [3.1] bekannte Auswirkung vergrößert die elektronische Basisweite d_{B}. Beide Einflüsse reduzieren die Stromverstärkung.

> **[!]** Der Verlauf der Stromverstärkung weist bei mittleren Kollektorströmen ein Maximum auf. In diesem Bereich sollte der Transistor betrieben werden.

Die konkrete Lage des Maximums ist konstruktionsbedingt.

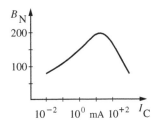

Bild 4.26 AP-Abhängigkeit der Stromverstärkung

■ 4.7 Bipolartransistor als elektronischer Schalter

4.7.1 Schaltung eines Transistorschalters

Aufgrund seines geringen Sperrstromes und des kleinen Steuerstromes ist der Transistor hervorragend als elektronischer Schalter geeignet. Eine solche Nutzung erfolgt hauptsächlich in digitalen Schaltungen. Den Standardaufbau eines Transistorschalters zeigt Bild 4.27.

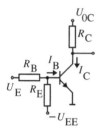

Bild 4.27 Transistorschalter   **Bild 4.28** Stationäre Arbeitspunkte des Transistorschalters

Statische Kenngrößen. Der Transistorschalter besitzt zwei stationäre Arbeitspunkte (siehe Bild 4.28).

Bei hoher Eingangsspannung $U_E = U_{E1} = U_{0C}$ befindet sich der Transistor im Arbeitspunkt AP1. Der zugehörige Basisstrom I_{B1} resultiert aus der Basisbeschaltung. Seine Größe ist so zu wählen, dass der Transistor sicher übersteuert wird. Der aktive Zweipol (U_{0C}, R_C) bestimmt durch die Begrenzung des Kollektorstromes den Übersteuerungsgrad m.

$$m = \frac{B_N I_{B1}}{I_{C1}}$$ (4.30)

$$\text{mit}\quad I_{C1} = \frac{U_{0C} - U_{CE1}}{R_C}$$

Die am Ausgang entstehende Sättigungsspannung $U_{CE1} = U_{CES}$ liegt bei ca. 0,1 V und somit nahe dem Idealwert null.

Bei niedriger Eingangsspannung $U_E = U_{E2} = 0$ V muss der Transistor gesperrt sein. In diesem Arbeitspunkt AP2 wird wegen $I_{B2} = 0$ die Ausgangsspannung durch die Betriebsspannung zu $U_{CE2} \approx U_{0C}$ bestimmt. Der Reststrom durch den Transistor ergibt sich wegen $U_{BE} \ll -U_T$ und $U_{BC} \ll -U_T$ nach dem Ebers-Moll-Modell zu $I_{Crest} = A_N I_{ES} - I_{CS}$ und kann in den meisten Fällen vernachlässigt werden.

Der Widerstand R_E bewirkt im Verbund mit der negativen Hilfsspannung $-U_{EE}$ im AP2 eine negative Basis-Emitter-Spannung U_{BE2}. Diese garantiert ein sicheres Sperren des Transistors, auch wenn der Eingangsspannung U_{E2} kleine Störungen überlagert sein sollten.

4.7.2 Stationäres Schaltermodell des Bipolartransistors

Fasst man die Überlegungen des vorherigen Abschnittes zur Lage der Arbeitspunkte EIN bzw. AUS eines Transistorschalters zusammen, so resultiert daraus ein sehr einfaches Modell zur Beschreibung des stationären Schaltverhaltens eines Transistors. Mit diesem Schaltermodell sind die Lage der beiden Arbeitspunkte und die zu ihrer Festlegung erforderliche externe Beschaltung des Transistors mit ausreichender Genauigkeit berechenbar.

Die Eingangskennlinie des Transistors wird in diesem Modell durch zwei Geradenstücke beschrieben. Sie erfassen den Sperrzustand und den leitenden Zustand in folgender Form:

Sperrzustand:

$$I_\mathrm{B} = 0 \quad \text{für} \quad U_\mathrm{BE} < U_\mathrm{BEF}$$

Leitender Zustand:

$$U_\mathrm{BE} = U_\mathrm{BEF} \quad \text{für} \quad I_\mathrm{B} \neq 0$$

Die Ausgangskennlinie des Transistors ist ebenfalls nur durch zwei Geradenstücke charakterisiert:

Sperrzustand:

$$I_\mathrm{C} = 0 \quad \text{für} \quad U_\mathrm{BE} < U_\mathrm{BEF}$$

Leitender Zustand:

$$U_\mathrm{CE} = U_\mathrm{CES} \quad \text{für} \quad I_\mathrm{C} \neq 0$$

Der leitende Zustand entspricht der Übersteuerung des Transistors. Die Qualität der Übersteuerung des Transistors ergibt sich aus dem Zusammenhang zwischen Basis- und Kollektorstrom nach Gleichung (4.30).

Durch die Wahl des Übersteuerungsgrades m ist eine ausreichende Störsicherheit der Lage des Arbeitspunktes AUS zu sichern. Störeinkopplungen auf die Eingangsspannung des Schalters und Exemplarstreuungen des Stromverstärkungsfaktors B_N können zur Folge haben, dass der beabsichtigte Übersteuerungsgrad einer Schaltung kleiner als 2 wird. Der leitende Transistor im Arbeitspunkt EIN arbeitet dann möglicherweise nicht mehr in der Übersteuerung, sondern vielleicht nur noch im aktiv normalen Betriebszustand, sodass die Ausgangsspannung Werte deutlich größer als U_CES annimmt.

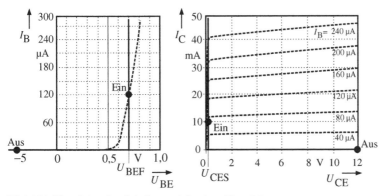

Bild 4.29 Kennlinien des Schaltermodells eines Transistors

Typische Werte für einen sicheren Übersteuerungsgrad liegen im Bereich $m = 4 \ldots 10$.

Beispiel 4.7

Für den Transistorschalter in Bild 4.27 sind bei einer Betriebsspannung von $U_{0C} = 10\,\text{V}$ sowie $U_{E1} = U_{0C} = 10\,\text{V}$ und $U_{E2} = 0\,\text{V}$ die Widerstände R_B, R_E, R_C so zu bestimmen, dass folgende Kennwerte erfüllt sind:

$$U_{BE2} = -2\,\text{V}, \quad I_{C1} = 5\,\text{mA}, \quad m = 4{,}55.$$

Gegeben ist:

$$B_N = 175, \quad I_{CE0} = 0, \quad U_{CES} = 0{,}1\,\text{V},$$
$$U_{BEF} = 0{,}7\,\text{V},$$
$$U_{EE} = 5\,\text{V}.$$

Lösung:

Arbeitspunkt AP2:

$$U_{E2} = 0, \quad I_{B2} = 0, \quad I_{C2} = 0,$$
$$U_{CE2} = U_{0C} = 10\,\text{V},$$
$$U_{BE2} = -U_{EE}\frac{R_B}{R_B + R_E} = -2\,\text{V} \tag{4.31}$$

Arbeitspunkt AP1:

$$R_C = \frac{U_{0C} - U_{CES}}{I_{C1}} = 1{,}98\,\text{k}\Omega$$
$$I_{B1} = \frac{R_E(U_{E1} - U_{BEF}) - R_B(U_{BEF} + U_{EE})}{R_E R_B} \tag{4.32}$$
$$I_{B1} = \frac{m I_{C1}}{B_N} = 0{,}13\,\text{mA}$$

Die Lösung der Gln. (4.31) und (4.32) liefert für R_B und R_E:

$$R_E = \frac{U_{EE}(U_{E1} - U_{BEF} + U_{BE2}) + U_{E1} U_{BE2}}{-U_{BE2} I_{B1}}$$
$$R_E = 63{,}4\,\text{k}\Omega$$
$$R_B = R_E\frac{-U_{BE2}}{U_{EE} + U_{BE2}} = 42{,}3\,\text{k}\Omega$$

∎

4.7.3 Dynamisches Verhalten eines Transistorschalters

Zur schaltungstechnischen Analyse des dynamischen Verhaltens ist das Gummel-Poon-Modell (siehe Internetseite zum Buch) geeignet. Die entstehenden Zeitverläufe von Kollektorstrom, Basisstrom und Basis-Emitter-Spannung im Schalterbetrieb zeigt Bild 4.30.

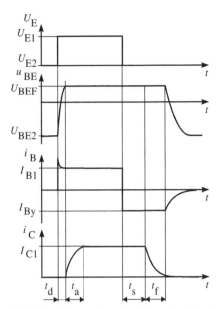

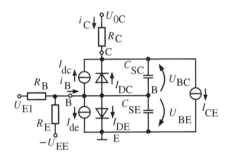

Bild 4.30 Dynamisches Verhalten des Transistorschalters

Bild 4.31 Ersatzschaltbild des Transistorschalters auf Basis des Gummel-Poon-Modells

Die charakteristischen Zeitabschnitte des Kollektorstromverlaufes werden meist auf die 10-%- bzw. 90-%-Werte des Signalhubes bezogen. Zur Berechnung der Zeitabschnitte wird jeweils eine angepasste Vereinfachung der Ersatzschaltung aus Bild 4.31 genutzt, in dem nur die gerade aktiven Elemente auftreten und die Dioden durch Schalterkennlinien ersetzt werden. Die entstehende Lösung für den jeweiligen Zeitabschnitt wird nachfolgend angegeben. Eine ausführliche Ableitung der Ergebnisse ist in [3.2] zu finden. Hier sollen nur die Ergebnisse interpretiert werden.

Die Analyse liefert:

a) Einschaltmoment:

Einschaltverzögerung t_d:
Beim Übergang des Transistors vom Sperrzustand in den aktiven Bereich werden die Sperrspannungen über C_{SC} und C_{SE} abgebaut, bis $U_{BE1} = U_{BEF}$ erreicht ist. Während dieser Phase bleibt der Kollektorstrom annähernd null. Der Basisstrom weist eine Umladespitze auf.

Vom Ersatzschaltbild des Transistors wirken nur die Kapazitäten C_{SC} und C_{SE}. Es entfallen I_{DE}, I_{DC}, I_{de}, I_{dc}. Für die Einschaltverzögerung ergibt sich:

$$t_d = R_{ers}(C_{SE} + C_{SC})\ln\frac{U_{ers1} - U_{ers2}}{U_{ers1} - U_{BEF}} \tag{4.33}$$

Dabei wurde die Basisbeschaltung in einen Ersatzzweipol mit $R_{ers} = R_B \| R_E$ und

$$U_{ers\,1} = -U_{EE} + (U_{E1} + U_{EE})\frac{R_E}{R_E + R_B}$$

bzw.

$$U_{ers\,2} = -U_{EE} + (U_{E2} + U_{EE})\frac{R_E}{R_E + R_B}$$

umgerechnet. Meist ist die Einschaltverzögerung vernachlässigbar klein gegenüber den anderen Zeiten.

Anstiegszeit t_a:
Der Aufbau der durch U_{BEF} bedingten Basisladung (Diffusionsladung) und die Umladung der Kollektor-Basis-Sperrschichtkapazität C_{SC} erfolgen über den konstanten Basisstrom I_{B1}. Durch den Anstieg des Kollektorstromes I_C wird über R_C ein Absinken der Kollektor-Basis-Spannung erzwungen. Die Basis-Emitter-Diode ist durch ihre Schalterkennlinie ersetzt. Im Ersatzschaltbild entfallen I_{DC}, I_{dc} und C_{SE}. Für die Anstiegszeit folgt:

$$t_a = \tau_a \cdot \ln \frac{m}{m-1} \tag{4.34}$$

mit der Zeitkonstante $\tau_a = B_n(\tau_{BN} + C_{SC}R_C)$

Der Übersteuerung entsprechend baut sich anschließend eine zusätzliche Speicherladung (Übersteuerungsladung) Q_S in der Basis auf.

$$Q_S = \tau_S \left(I_{B1} - \frac{I_{C1}}{B_N} \right)$$

Ist ihr Aufbau abgeschlossen, befindet sich der Transistor im stationären Zustand des AP1.

 Die Speicherzeitkonstante τ_S ist ein konstruktionsbedingter Bauelementeparameter und ergibt sich bei üblichen Transistoren zu $\tau_S \approx \tau_{BL} \cdot B_I$ [3.1].

Die Laufzeiten der Ladungsträger durch die Basis im Normalbetrieb τ_{BN} bzw. im Inversbetrieb τ_{BI} sind konstruktionsbedingte Parameter [3.3].

b) Ausschaltmoment:

Speicherzeit t_s:
Nach dem Umschalten der Quelle muss erst die Speicherladung Q_S abgebaut werden, ehe der Transistor die Übersteuerung verlassen kann. Während dieses Abbaus durch den negativen Basisstrom I_{By} bleiben der Kollektorstrom und die Basis-Emitter-Spannung unverändert. Beide Dioden sind durch Schalterkennlinien zu ersetzen. Im Ersatzschaltbild entfallen C_{SE} und C_{SC}.

$$I_{By} = \frac{U_{E2} - U_{BEF}}{R_B} - \frac{U_{BEF} + U_{EE}}{R_E} \tag{4.35}$$

Als Speicherzeit ergibt sich:

$$t_s = \tau_S \ln \frac{k+m}{k+1} \tag{4.36}$$

Für den Ausschaltfaktor k gilt:

$$k = \frac{-I_{By}B_N}{I_{C1}} \tag{4.37}$$

Ein großer Ausschaltfaktor beschleunigt die Entladung und verkürzt somit die Speicherzeit.

Abfallzeit t_f:
Der Übergang in den Sperrbereich erfolgt durch den Abbau der Diffusionsladung in der Basis und des mit ihr verbundenen Kollektorstromes. Es gilt die gleiche Ersatzschaltung wie während der Anstiegszeit, allerdings mit veränderter Steuerspannung U_{E2}. Die Abfallzeit ergibt sich zu:

$$t_f = \tau_a \ln \frac{k+1}{k} \tag{4.38}$$

Besonders nachteilig ist die Speicherzeit t_s. Sie stellt eine echte Verzögerung des Ausschaltvorgangs dar. Ihre Reduzierung durch verminderte Übersteuerung gefährdet aber die Stabilität des statischen Arbeitspunktes AP1 und die notwendige geringe Ausgangsspannung U_{CE1}.

Schottky-Transistor. Eine nahezu vollständige Vermeidung der Speicherzeit ermöglicht der Schottky-Transistor. Er weist eine Klammerung des Basis-Kollektor-Übergangs durch eine Schottky-Diode auf.

Diese Schottky-Diode besitzt eine Flussspannung von ca. 0,3 V und begrenzt somit die Spannung über der Kollektor-Basis-Strecke im Übersteuerungsfall. Dies reduziert die interne Übersteuerung des Transistors und damit Speicherladung Q_S und Speicherzeit t_s, ohne die statische Stabilität der Schaltung zu gefährden. Die Schottky-Diode selbst besitzt keine Speicherzeit.

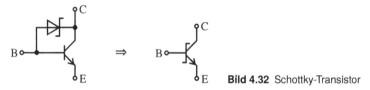

Bild 4.32 Schottky-Transistor

Beispiel 4.8

Für den Transistorschalter in Beispiel 4.7 ist mit $\tau_S = 200$ ns die Speicherzeit t_s zu berechnen.

Lösung:

Aus Beispiel 4.7 ist m = 4,55 gegeben. Mit Gl. (4.35) und den bekannten Größen für R_B, R_E, U_{E2}, U_{BEF} und U_{EE} folgt $I_{By} = -0,1$ mA. Der Ausschaltfaktor ergibt sich mit Gl. (4.37) zu $k = 3,5$. Damit folgt nach Gl. (4.36) $t_s = 116$ ns.

■

■ 4.8 Aufgaben

Aufgabe 4.1
Gegeben sind Eingangs- und Ausgangskennlinienfeld eines Transistors in Bild 4.33. Zu konstruieren ist $I_C = f(I_B)$ und $I_C = f(U_{BE})$ bei $U_{CE} = 5$ V. Für eine Emitterschaltung nach Bild 4.11 mit $U_{0C} = 10$ V, $R_C = 5$ kΩ, $R_B = 1,5$ MΩ ist die Lage des Arbeitspunktes einzuzeichnen. Im Arbeitspunkt sind grafisch B_N, S, r_{BE} und r_{CE} zu bestimmen.

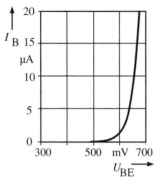 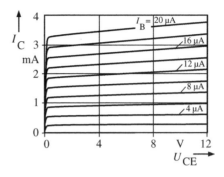

Bild 4.33 Kennlinien eines Transistors

Aufgabe 4.2

Wie groß ist der maximale prozentuale Fehler, wenn der Basisstrom des Transistors nach Gl. (4.10) anstelle des vollständigen Ebers-Moll-Modells unter folgenden Betriebsbedingungen berechnet wird? $U_{BE} \geq 0{,}5$ V, $U_{BC} \leq -0{,}5$ V. Transistorparameter bei Raumtemperatur (300 K): $I_{ES} = 5$ pA, $I_{CS} = 7$ pA, $A_N = 0{,}995$, $A_I = 0{,}6$.

Aufgabe 4.3

Für den Transistor aus Aufgabe 4.2 wurden in der Schaltung nach Bild 4.34 folgende Kollektorströme gemessen: $I_{C1} = 1{,}43$ mA bei $U_{0C} = 2$ V und $I_{C2} = 1{,}83$ mA bei $U_{0C} = 22$ V. Allgemein und zahlenmäßig sind die Werte U_{EA} und B_N zu bestimmen.

Aufgabe 4.4

Es ist die Arbeitspunktabhängigkeit der Steilheit eines Transistors in der Form $S/I_C = f(I_C)$ grafisch darzustellen und das Ergebnis mit Aufgabe 6.3 zu vergleichen.

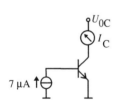 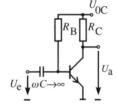

Bild 4.34 Messschaltung   **Bild 4.35** Emitterschaltung mit Basisstromeinspeisung

Aufgabe 4.5

Gegeben ist die Schaltung eines Transistorverstärkers in Bild 4.35. Es gelten die Transistorparameter $B_N = 200$, $U_{BE0} = 0{,}6$ V, $U_{EA} = 75$ V sowie $U_{0C} = 12$V, $R_C = 470\ \Omega$.

a) R_B ist so zu bestimmen, dass sich $U_{CE0} = 2$ V ergibt.

b) Das vollständige Kleinsignalersatzschaltbild der Schaltung ist zu zeichnen.

c) Aus b) ist die Kleinsignalspannungsverstärkung $v_u = \underline{U}_a/\underline{U}_e$ abzuleiten.

Die Berechnung ist für $U_{CE0} = 8$ V zu wiederholen.

Aufgabe 4.6

Mittels NF-Ersatzschaltbild ist der Kleinsignaleingangswiderstand $r_e = \underline{U}_e/\underline{I}_e$ eines Transistors in Emitter- und Basisschaltung bei $r_{CE} \to \infty$ und $\underline{U}_a = 0$ zu bestimmen.

Aufgabe 4.7

Für die Verstärkerschaltung in Bild 4.36 sind die Widerstände R_1, R_2, R_E, R_C so zu dimensionieren, dass folgender Arbeitspunkt erfüllt wird: $I_C = 2$ mA, $U_{CE} = 6$ V, $U_E = 1$ V.

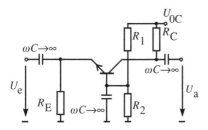

Bild 4.36 Verstärker in Basisschaltung

Aus dem vollständigen NF-Ersatzschaltbild ist die Spannungsverstärkung $v_u = \underline{U}_a/\underline{U}_e$ abzuleiten. Gegeben sind die Werte: $U_{0C} = 12$ V, $B_N = 175$, $U_{BE0} = 0{,}6$ V, $r_{CE} \to \infty$.

Aufgabe 4.8

Für die Verstärkerschaltung in Bild 4.37 ist die Spannungsverstärkung $v_u = \underline{U}_a/\underline{U}_e$ und der Eingangswiderstand $r_e = \underline{U}_e/\underline{I}_e$ unter Benutzung des NF-Ersatzschaltbildes zu bestimmen.

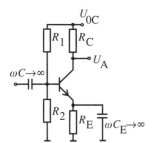

Bild 4.37 Emitterschaltung
mit Gleichstromgegenkopplung

Aufgabe 4.9

Der Arbeitspunkt des Transistors in Bild 4.38 wird durch eine Spannungsquelle $U_Q = 0{,}6$ V eingestellt. Es ist die zu erwartende Arbeitspunktverschiebung $\Delta U_{CE0}/U_{CE0}$ zu berechnen, wenn der Transistor gegenüber Raumtemperatur (300 K) um 2 K erwärmt wird. Wie groß ist die Driftverstärkung $v_d = \Delta U_{CE0}/\Delta U_{BE}$ dieser Schaltung? Das Ergebnis ist mit Beispiel 4.6 zu vergleichen.

Gegeben sind $B_N = 150$, $D_T = -2$ mV $\cdot$ K^{-1}, $U_{0C} = 12$ V, $R_C = 500\,\Omega$, $I_{C0}(300\text{ K}) = 12$ mA, $r_{CE} \to \infty$.

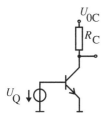

Bild 4.38 AP-Einstellung
durch Basisspannungsspeisung

Hinweis: Die Temperaturänderung ist als niederfrequente Signalquelle ΔU_{BE} zu betrachten und ihre Wirkung auf die Schaltung über das Kleinsignalersatzschaltbild zu berechnen.

Aufgabe 4.10

Es ist der Sperrstrom des Transistors in Bild 4.39 bei Raumtemperatur (300 K) zu berechnen. Zu benutzen sind das Ebers-Moll-Modell und die Transistorparameter aus Aufgabe 4.2. Um welchen Faktor vergrößert sich der Sperrstrom, wenn die Bauelementetemperatur um 30 K steigt? Der Temperaturbeiwert der Sättigungsströme beträgt $C_R = 0{,}12\ \mathrm{K^{-1}}$.

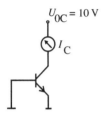

Bild 4.39 Sperrstrommessung

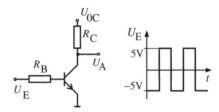

Bild 4.40 Transistorschalter

Aufgabe 4.11

Für den Transistorschalter in Bild 4.40 sind die Ströme und Spannungen in den beiden Schaltzuständen zu berechnen.

Gegeben sind $U_{0C} = 5\,\mathrm{V}$, $R_B = 40\,\mathrm{k\Omega}$, $R_C = 2\,\mathrm{k\Omega}$ und die Transistorparameter $B_N = 175$, $U_{BEF} = 0{,}7\,\mathrm{V}$, $U_{CES} = 0{,}1\,\mathrm{V}$, $I_{CE0} = 0$.

Wie stark wird der Transistor übersteuert?

Aufgabe 4.12

Welche Störspannung kann den beiden Eingangsspannungspegeln $\{-5\,\mathrm{V}, 5\,\mathrm{V}\}$ des Transistorschalters aus Aufgabe 4.11 überlagert werden, ohne dass der Transistor die Schaltzustände AUS (gesperrt) bzw. EIN (übersteuert) verlässt?

Aufgabe 4.13

Für den Transistorschalter Bild 4.40 ist das dynamische Verhalten mit den Schaltzeiten t_d, t_a, t_s, t_f zu berechnen und der zeitliche Verlauf von I_B, I_C und U_A zu skizzieren.

Gegeben sind $U_{0C} = 5\,\mathrm{V}$, $R_B = 40\,\mathrm{k\Omega}$, $R_C = 2\,\mathrm{k\Omega}$ und die Transistorparameter $B_N = 175$, $U_{BEF} = 0{,}7\,\mathrm{V}$, $U_{CES} = 0{,}1\,\mathrm{V}$, $I_{CE0} = 0$, $\tau_S = 80\,\mathrm{ns}$, $\tau_{BN} = 1\,\mathrm{ns}$, $C_{SE} = 3 \cdot 10^{-14}\,\mathrm{F}$, $C_{SC} = 1 \cdot 10^{-13}\,\mathrm{F}$.

Aufgabe 4.14

Es ist die Einschaltschwelle U_{ES} des Transistorschalters aus Beispiel 4.7 zu bestimmen.

5 Thyristoren

■ 5.1 Aufbau und Wirkungsweise

> **!** Thyristoren sind Mehrschichthalbleiterbauelemente. Sie bestehen aus mehr als zwei sich gegenseitig beeinflussenden pn-Übergängen. Charakteristisch ist ihr Schaltverhalten.

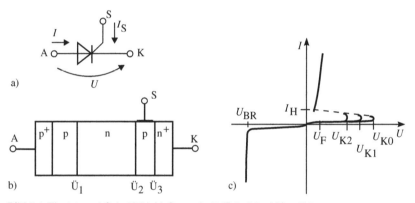

Bild 5.1 Thyristor; a) Schaltbild, b) Querschnitt (Prinzip), c) Kennlinie

Der Grundaufbau eines Thyristors ist in Bild 5.1 dargestellt. Er besitzt drei Anschlüsse: Anode (A), Katode (K) und Steuerelektrode (S).

Die Strom-Spannungs-Kennlinie zeigt für negative Spannungen das typische Verhalten eines gesperrten pn-Übergangs. Es wird durch die beiden in Sperrrichtung liegenden pn-Übergänge $Ü_1$ und $Ü_3$ verursacht. Bei positiver Spannung liegt der pn-Übergang $Ü_2$ in Sperrrichtung und bedingt zunächst ebenfalls eine Sperrkennlinie. Mit Überschreiten einer charakteristischen Kippspannung U_K geht der Thyristor plötzlich in einen niederohmigen Zustand. Der Spannungsabfall über der Gesamtstruktur bricht auf einen kleinen Wert U_F zusammen. Es kann ein sehr großer Strom fließen. Dieses Kippen des Thyristors in den Einschaltzustand wird als *Zünden* bezeichnet. Durch die Größe des Steuerstromes I_S lässt sich die Kippspannung U_K (Zündspannung) variieren. Bild 5.2 verdeutlicht den Zusammenhang.

Ein Rückschalten in den hochohmigen Zustand ist nur möglich, wenn der Thyristorstrom auf Werte kleiner als der Haltestrom I_H reduziert wird. Dieses *Löschen* bedarf einer durch die äußere Beschaltung herbeigeführten Stromreduzierung bzw. tritt bei Wechselspannungsbetrieb im Moment des Nulldurchgangs selbständig ein.

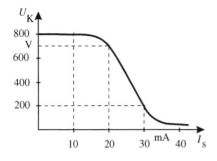

Bild 5.2 Zündspannungskennlinie eines Thyristors

Modell des Schaltverhaltens. Der Aufbau des Thyristors entspricht der Zusammenschaltung von zwei Transistoren, einem pnp- und einem npn-Transistor, entsprechend Bild 5.3. Dieses Modell eignet sich zur einfachen Interpretation des Zündverhaltens.

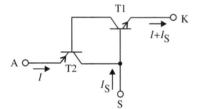

Bild 5.3 Thyristormodell

Im Sperrzustand des Thyristors sind beide Transistoren gesperrt. Es fließen nur die Restströme, die gleichzeitig Basisströme des anderen Transistors sind.

Bei positiver Spannung zwischen Anode und Katode liegen die Basis-Emitter-Dioden beider Transistoren in Flussrichtung. Die beiden parallelen Basis-Kollektor-Dioden liegen in Sperrrichtung. Über ihnen fällt zunächst nahezu die gesamte äußere Spannung ab. Ohne Steuerstrom I_S sind die Spannungen über den Basis-Emitter-Dioden so klein, dass die Transistoren gesperrt bleiben.

Die mit wachsender Thyristorspannung steigende Sperrspannung der Basis-Kollektor-Dioden führt bei Erreichen einer kritischen Feldstärke innerhalb dieser Sperrschicht zur lawinenartigen Ladungsträgervervielfachung. Der Sperrstrom steigt stark an. Als Basisstrom der beiden Transistoren führt er infolge ihrer Stromverstärkung zur weiteren Vergrößerung der Kollektorströme. Dieser Vorgang verstärkt sich wechselseitig zwischen beiden Transistoren. Sie schalten sich dann gegenseitig in den niederohmigen Zustand. Als Folge dieses starken Stromanstiegs wird die mittlere Sperrschicht mit Ladungsträgern überschwemmt. Ihre Sperrwirkung geht verloren. Im mittleren n- und p-Gebiet dominieren Eigenleitungsverhältnisse infolge der hohen Überschwemmungsladung. Der Thyristor gleicht in seinem Verhalten einer pin-Struktur in Durchlassrichtung. Die Spannung zwischen Anode und Katode bricht auf die Flussspannung einer pin-Diode zusammen. Diese liegt im Bereich $U_F = 0{,}7 \ldots 1{,}4\,\mathrm{V}$.

Die Einspeisung eines Steuerstromes I_S erhöht den Basisstrom des npn-Transistors und führt somit ein zeitigeres Einschalten herbei. Beim Löschen des Thyristors muss die Ladungsüberschwemmung beseitigt werden. Dadurch gewinnt der mittlere pn-Übergang seine Sperrwirkung zurück. Eine mathematische Analyse des Kippvorgangs ist in [3.4] zu finden.

Wichtige Kennwerte von Thyristoren.

- Steuerstromabhängigkeit der Zündspannung $U_K = f(I_G)$
- Durchbruchspannung $U_{BR} = 50 \ldots 2000\,\text{V}$
- Haltestrom $I_H < 100\,\text{mA}$
- Flussspannung $U_F = 0{,}7 \ldots 1{,}4\,\text{V}$
- Zündzeit: einige Millisekunden
- Freiwerdezeit: µs … ms
- maximaler Thyristorstrom: $10 \ldots 100\,\text{A}$
- Steuerstrom: einige Milliampere

Der Thyristor wird aufgrund obiger Kennwerte insbesondere als Leistungsschalter eingesetzt.

■ 5.2 Thyristorvarianten

Durch die unterschiedlichen Anschlussmöglichkeiten der Mehrschichtstruktur sind mehrere funktionelle Varianten realisierbar.

Rückwärtssperrender Thyristor. Dieser entspricht dem oben beschriebenen normalen Thyristor.

Thyristordiode. Auf einen Steueranschluss wird verzichtet. Es ergibt sich die Thyristorkennlinie von $I_S = 0$. Das Bauelement besitzt keine praktische Bedeutung.

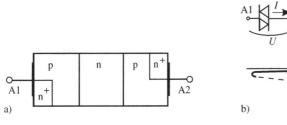 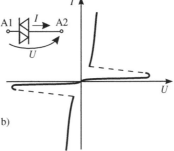

Bild 5.4 Schematischer Aufbau und Kennlinie eines Diac

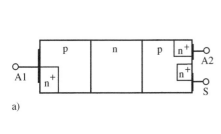 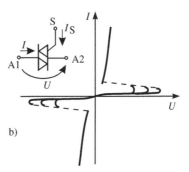

Bild 5.5 Schematischer Aufbau und Kennlinie eines Triac

Diac. Durch Antiparallelschaltung zweier Thyristordioden entsteht eine 5-Zonen-Struktur, die über eine symmetrische Strom-Spannungs-Kennlinie verfügt.

Triac. Die Erweiterung der 5-Zonen-Struktur des Diac um eine Steuerelektrode liefert ein Bauelement mit steuerbarer symmetrischer Kennlinie. Ein Zünden des Triac ist in jeder Richtung mit Steuerströmen beider Polaritäten möglich.

GTO-Thyristor. Die Bezeichnung GTO (Gate Turn Off) wurde für Thyristoren gewählt, die sich auch durch einen großen negativen Steuerstromimpuls (ca. 30 % des Ladestromes) löschen lassen [5.1]. Durch einen speziellen Aufbau der Dotierungsgebiete gelingt es, die Ladungsüberschwemmung der mittleren Sperrschicht über die Steuerelektrode abzubauen.

■ 5.3 Anwendungen von Thyristoren

Thyristoren erlauben verschiedene Steuerprinzipien. Ein Zünden kann entweder durch Überschreiten der mittels Steuerstrom eingestellten Zündspannung U_K erfolgen oder durch Einspeisen eines ausreichend hohen Steuerstromimpulses jederzeit ausgelöst werden. Man spricht von *Spannungszündung* bzw. *Impulszündung*. Da das Schalten sehr großer Ströme mittels kleiner Steuerströme erfolgt und der Thyristor für sehr hohe Sperrspannungen geeignet ist, wird er ausschließlich als Leistungsschalter eingesetzt.

Wechselstromschalter. Ziel der Anwendung des Thyristors ist i. Allg. die Steuerung der einem Verbraucher zugeführten Leistung. Im Falle einer Wechselspannungsversorgung ist dies auf zwei Arten möglich:
- Phasenanschnittsteuerung,
- Schwingungspaketsteuerung.

 Bei *Phasenanschnittsteuerung* wird dem Verbraucher nur während eines Teils der Periodendauer der Wechselspannung ein Strom geliefert. Der Zündzeitpunkt des Thyristors steuert den Stromflusswinkel Θ.

Eine einfache Schaltung für diese Steuerung ist in Bild 5.6 dargestellt.

Die Größe des regelbaren Widerstandes R bestimmt den Zündzeitpunkt. Es gilt

$$R = \frac{\hat{u}_1 \sin \alpha - U_D - U_S - I_S R_L}{I_S} \tag{5.1}$$

Der Steuerstrom I_S legt den geforderten Wert der Zündspannung $U_K = \hat{u}_1 \sin \alpha$ fest. Die Spannung U_S zwischen Steuerelektrode und Katode besitzt vor dem Zünden in Durchlassrichtung einen Wert von ca. 0,7 V. Er wird vom pn-Übergang Ü$_3$ bestimmt. Über der Diode liegt eine Spannung $U_D = 0{,}7$ V.

Im Nulldurchgang der Thyristorspannung erfolgt ein selbständiges Löschen des Thyristors. Ein entsprechender Stromflusswinkel Θ während der negativen Halbwelle der Wechselspannung ist nur bei Verwendung eines Triacs zu erreichen. Die Diode ist dann zu entfernen.

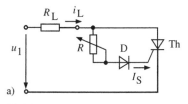 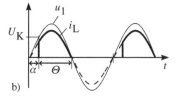

Bild 5.6 Phasenanschnittsteuerung

Ein Stromflusswinkel $\Theta < 90°$ wird möglich, wenn der Thyristor bzw. der Triac durch einen separat erzeugten Steuerimpuls gezündet wird. Mögliche Schaltungen werden in [9.3] vorgestellt. Auf diese Weise ist eine kontinuierliche Leistungssteuerung bis $P_V = 0$ möglich, wie sie bei elektronischen Dimmern für Glühlampen benötigt wird.

Beispiel 5.1

In der Thyristorschaltung nach Bild 5.6 wird ein Verbraucher $R_L = 50\,\Omega$ mit einer Netzwechselspannung von 230 V versorgt. Der Zündzeitpunkt soll durch einen stellbaren Widerstand R auf einen Phasenwinkel α von 10° bis 40° einstellbar sein. Es ist R unter Zuhilfenahme des Diagramms aus Bild 5.2 zu berechnen.

Lösung:

Zur Berechnung dient Gl. (5.1). Der Spannungsabfall U_D über der Diode ist mit typischen 0,7 V anzusetzen, ebenso die Spannungsdifferenz zwischen Steuerelektrode und Katode des Thyristors. Die Amplitude der Netzwechselspannung beträgt

$$\hat{u}_B = \sqrt{2} \cdot 230\,\text{V} = 325\,\text{V}.$$

Aus der Kippspannungskennlinie sind folgende Werte ablesbar:

α	$\hat{u}_B \sin \alpha$	I_S
10°	56,5 V	35 mA
40°	209 V	30 mA

Der Widerstand R muss sich im Bereich $1,57 \ldots 6,92\,\text{k}\Omega$ variieren lassen.

■

 Bei *Schwingungspaketsteuerung* erfolgt die Leistungszufuhr periodisch für eine bestimmte Anzahl ganzer Schwingungsperioden (siehe Bild 5.7). Die im Verbraucher umgesetzte Durchschnittsleistung wird vom Einschaltverhältnis $K_E = t_E/T_S$ bestimmt, das dem Quotienten aus Einschaltzeit t_E und Periodendauer des Schaltvorgangs T_S entspricht.

Dieses Verfahren ist ausschließlich zur Steuerung von Vorgängen mit großen Zeitkonstanten, z. B. Heizungen, geeignet.

Um ein Zünden des Thyristors im Nulldurchgang zu ermöglichen bzw. ein unerwünschtes Löschen an diesen Stellen zu vermeiden, muss während der Einschaltphase t_E für eine entsprechend geringe Zündspannung U_K gesorgt werden. Zur Bereitstellung des nötigen Steuerstromes gibt es spezielle integrierte Schaltkreise mit Zeitgeber und Nullspannungsschalter.

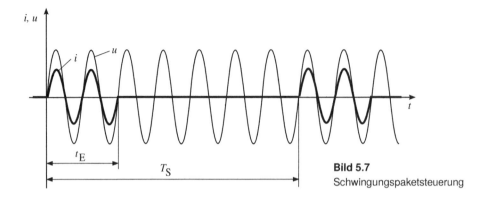

Bild 5.7
Schwingungspaketsteuerung

Beispiel 5.2

Ein Verbraucher $R_L = 150\,\Omega$ wird in Schwingungspaketsteuerung nach der Schaltung aus Bild 5.8 mit einer Netzspannung von 50 Hz betrieben. Die Schaltzykluszeit T_S ist so zu bestimmen, dass die Leistung des Verbrauchers bis zu einem Minimalwert von $0{,}02 \cdot P_{\max}$ variiert werden kann und gleichzeitig eine Mindesteinschaltzeit von 20 Schwingungsperioden eingehalten wird.

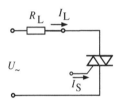

Bild 5.8 Thyristorschaltung
zur Schwingungspaketsteuerung

Lösung:

Die Leistung des Verbrauchers berechnet sich nach

$$P = K_E P_{\max} = \frac{t_E}{T_S} P_{\max}.$$

Da die Periodendauer einer Schwingung 20 ms beträgt, folgt

$$T_S = \frac{t_E}{K_E} = \frac{0{,}4\,\mathrm{s}}{0{,}02} = 20\,\mathrm{s}.$$

Gleichstromschalter. Bei Gleichstrom ist keine Selbstlöschung des Thyristors möglich. Der Einsatz eines zusätzlichen Löschthyristors, bietet einen Ausweg. Dieser sorgt für ein kurzzeitiges Absenken der Spannung des Schaltthyristors auf null, sodass dessen Haltestrom unterschritten wird. Bild 5.9 zeigt eine mögliche Schaltungsvariante.

Das Zünden des Löschthyristors ThL erfolgt durch einen Stromimpuls $I_{Lö}$. Beim erneuten Zünden des Schaltthyristors ThS durch einen Stromimpuls I_{Sch} wird gleichzeitig der Löschthyristor gesperrt. Die Schaltabstände müssen größer als die Zeitkonstanten $\tau_1 = C R_L$ und $\tau_2 = C R_1$ sein. Die Kapazität C muss ausreichen, um den Haltestrom für den Zeitraum der Freiwerdezeit des Thyristors zu unterschreiten.

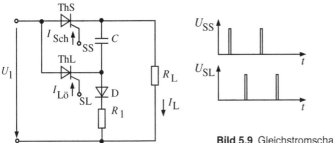

Bild 5.9 Gleichstromschalter mit Löschthyristor

Schutzbeschaltung des Thyristors. Das Zünden eines Thyristors erfolgt zunächst auf einem kleinen Teil des geometrischen Querschnitts in der Nähe der Steuerelektrode. Die Ausbreitung des Zündvorgangs auf den gesamten Querschnitt dauert einige Millisekunden. Damit der Maximalstrom erst nach der Zündausbreitungszeit fließt und eine Überhitzung des anfänglichen Zündkanals verhindert wird, ist bei leistungsstarken Thyristoren eine maximale Stromanstiegsgeschwindigkeit $\mathrm{d}\,i(t)/\mathrm{d}\,t$ einzuhalten. Dies ist durch eine zusätzliche Reiheninduktivität erreichbar.

■ 5.4 Aufgaben

Aufgabe 5.1
Wie groß müssen die Durchbruchspannung U_{BR} und die Zündspannung U_{K0} des Thyristors in Beispiel 5.1 mindestens sein?

Aufgabe 5.2
Welche mittlere Leistung erhält der Verbraucher R_L aus Beispiel 5.1 bei den beiden Grenzwerten des Zündzeitpunktes $\alpha = 10°$ und $\alpha = 40°$?

Aufgabe 5.3
Es ist der Potenzialverlauf an den Katoden von Schaltthyristor ThS und Löschthyristor ThL in Bild 5.9 während der Umschaltphasen zu skizzieren. Für welche Durchbruchspannung müssen die beiden Thyristoren ausgelegt sein?

6 Feldeffekttransistoren

Feldeffekttransistoren (FET) sind, wie der Name schon sagt, ebenfalls Transistoren und ähneln in ihrem Verhalten sehr stark den Bipolartransistoren. Sie lassen sich in vergleichbarer Weise als Verstärkerbauelemente und als elektronischer Schalter einsetzen. Sie unterscheiden sich jedoch in ihrem innerelektronischen Verhalten, d. h. der konkreten Art und Weise der Wirkung der Eingangssteuerspannung auf den Ausgangsstrom, von Bipolartransistoren. Die Kennlinienverläufe ähneln sich qualitativ, die konkreten Gleichungen haben jedoch ein stark abweichendes Aussehen. Damit verbunden sind einerseits Vorteile gegenüber den Bipolartransistoren, z. B. geringere Nichtlinearitäten, geringere Temperaturabhängigkeit, bessere Intergrierbarkeit, aber andererseits auch Nachteile wie z. B. geringere Übertragungssteilheit und geringere Treiberleistung.

Die Funktion von Feldeffekttransistoren (FET) beruht auf der Steuerung der Leitfähigkeit oder des Querschnitts eines elektrischen Kanals an der Halbleiteroberfläche. Beide Steuerungen erfordern ein elektrisches Feld, das senkrecht zur Oberfläche wirkt und von einer Steuerelektrode (Gate) erzeugt wird. Der gesteuerte Kanal bestimmt den Strom, der durch den FET (zwischen den beiden Anschlüssen Source und Drain) fließt. Der Kanal wirkt als steuerbarer nichtlinearer Widerstand.

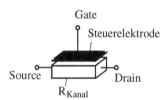

Bild 6.1 Symbolische Darstellung eines FET als gesteuerter Widerstand

Die Steuerelektrode ist gegenüber dem Kanal isoliert. Dafür sind zwei Varianten verbreitet:

- dielektrische Isolation: **MOSFET, MISFET, IGFET**,
- Isolation durch gesperrten pn-Übergang bzw. Schottky-Übergang: **Sperrschicht-FET, JFET, MESFET**.

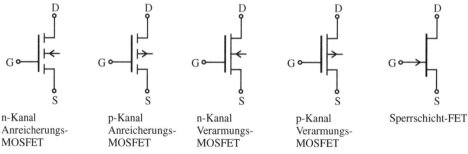

Bild 6.2 Schaltsymbole verschiedener FET-Typen

Je nach der Art der Steuerung variieren auch die Schaltsymbole der Feldeffekttranssistoren sowie ihr spezifischer Name.

Andere Bezeichnungen für den MOSFET lauten MISFET (Metal Insulator Semiconductor FET) und IGFET (Insulated Gate FET). Der SFET wird im englischen Sprachraum als JFET (Junction FET) bezeichnet.

■ 6.1 MOSFET

6.1.1 Wirkprinzipien verschiedener MOSFET-Typen

Der MOSFET (Metall Oxide Semiconductor FET) besitzt eine metallische Steuerelektrode (Gate), die den gesamten Kanalbereich zwischen den Kanalanschlüssen Quelle (Source) und Senke (Drain) überdeckt. Sie ist gegen den Kanal durch ein Dielektrikum (meist SiO_2) isoliert [3.4].

Aus der Art des Kanals entsteht die Typenbezeichnung des MOSFET. Besteht ein leitfähiger Kanal gleichen Typs wie Source und Drain zwischen beiden Anschlüssen bereits technologisch bedingt, ermöglicht das einen Stromfluss durch diesen Kanal auch ohne Steuerspannung U_{GS}. Es liegt dann ein *selbstleitender MOSFET*, ein Verarmungs- oder Depletion-Typ, vor. Muss der leitfähige Kanal erst durch eine Steuerspannung U_{GS} erzeugt werden, so handelt es sich um einen *selbstsperrenden MOSFET*, einen Anreicherungs- oder Enhancement-Typ. Der Kanal und entsprechend auch Source und Drain können sowohl n-leitend als auch p-leitend ausgeführt sein.

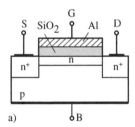 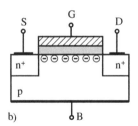

Bild 6.3 Prinzipaufbau eines MOSFET; a) Depletion-Typ, b) Enhancement-Typ

Zwischen dem Substratanschluss (Bulk) sowie Kanal, Source und Drain liegt stets ein gesperrter pn-Übergang, der das Bauelement gegen das umgebende Halbleitergebiet isoliert.

Die Steuerung des n-Kanal-Verarmungstyps erfolgt durch eine Verringerung der Kanalleitfähigkeit mittels einer negativen Steuerspannung U_{GS}. Bei Erreichen eines charakteristischen Wertes $U_{GS} \leqq U_{tD}$ geht die Kanalleitfähigkeit und damit der Strom gegen null. U_{tD} wird als Schwellspannung des Depletion-MOSFET bezeichnet.

Der leitfähige Kanal eines n-Kanal-Anreicherungstyps entsteht erst durch eine positive Steuerspannung $U_{GS} \geqq U_{tE}$. U_{tE} ist die Schwellspannung des Enhancement-MOSFET.

Bei den p-Kanal-Typen kehrt sich die Polarität aller Spannungen, auch der Schwellspannung, und des Stromes um. In Bild 6.4 sind charakteristische Steuerkennlinien der vier MOSFET-Typen dargestellt.

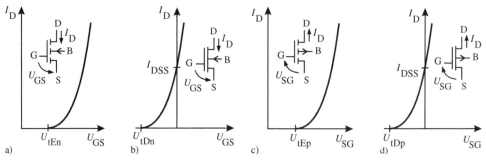

Bild 6.4 Steuerkennlinien von MOSFET; a) n/E-Typ, b) n/D-Typ, c) p/E-Typ, d) p/D-Typ

6.1.2   Strom-Spannungs-Kennlinie eines MOSFET

Eine analytische Berechnung der Strom-Spannungs-Kennlinie eines n-Kanal-Anreiche-rungs-MOSFET erfordert die Berechnung der Leitfähigkeit im Kanal, Basis dafür ist die La-dungsträgerverteilung im Kanal und deren Beeinflussung durch das elektrische Feld zwi-schen Gate und Kanal (siehe Abschnitt 6.1.3).

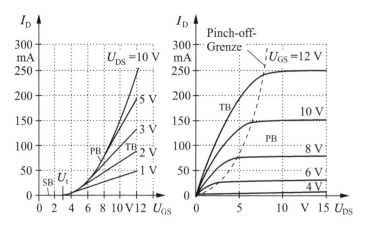

Bild 6.5
Kennlinien des MOSFET
a) Transferkennlinie,
b) Ausgangskennlinie

Das Ergebnis ist:

$$I_D = \begin{cases} 0 & \text{für } U_{GS} \leqq U_t \\ \text{Sperrbereich} & \\[4pt] \beta \left(U_{GS} - U_t\right)^2 \left(1 + \lambda U_{DS}\right) & \text{für } 0 \leqq U_{GS} - U_t \leqq U_{DS} \\ \text{Pentodenbereich} & \\[4pt] \beta \left(2 \left(U_{GS} - U_t\right) U_{DS} - U_{DS}^2\right) & \text{für } 0 \leqq U_{GS} - U_t \geqq U_{DS} \\ \text{Triodenbereich} & \end{cases}$$ (6.1)

mit

$$\beta = \frac{\mu_n \varepsilon_{ox}}{2 d_{ox}} \frac{b}{L}$$ (6.2)

Der Kennlinienverlauf ist durch drei Kennwerte des FET charakterisiert:

- U_t – Schwellspannung,
- β – Steilheitsparameter,
- λ – Pinch-off-Konstante.

Da über das Gate kein stationärer Strom fließt, beschreiben die beiden Kennlinien in Bild 6.5 das gesamte Kennliniendiagramm.

Sperrbereich. Für Steuerspannungen $U_{GS} \leqq U_t$ ist kein Kanal ausgebildet. Der MOSFET befindet sich im Sperrbereich. Der Drainstrom ist null. Deshalb ist für die Differenz $U_{GS} - U_t$ der Begriff effektive Steuerspannung U_{GSE} sinnvoll.

Pentodenbereich. Für Steuerspannungen $U_{GS} - U_t \leqq U_{DS}$ ist der Kanal ausgebildet. Aufgrund der negativen Gate-Drain-Spannung ($U_{GD} = U_{GS} - U_{DS}$) ist er jedoch am drainseitigen Ende abgeschnürt (Kanalabschnürung – Pinch off, vgl. Bild 6.6). Der Kanalstrom ist in diesem Betriebszustand kaum noch durch die Drain-Source-Spannung steuerbar. Die Ausgangskennlinien zeigen nach dem Pinch-off-Punkt für $U_{DS} > U_{GSE}$ einen nahezu konstanten Drainstromverlauf. Von der Gate-Source-Spannung U_{GS} hängt der Drainstrom quadratisch ab.

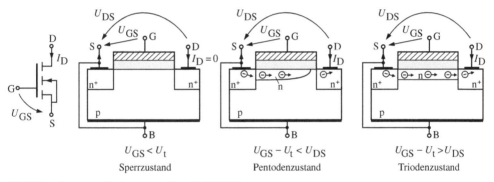

Bild 6.6 Leitungszustände eines n-Kanal-MOSFET

Da die Pinch-off-Konstante λ sehr klein ist, genügt es häufig, für den Pentodenbereich die vereinfachte Gleichung $I_D = \beta(U_{GS} - U_t)^2$ zu benutzen.

Triodenbereich. Für Steuerspannungen $U_{GSE} = U_{GS} - U_t \geqq U_{DS}$ ist der Kanal vollständig ausgebildet. Die Drain-Source-Spannung nimmt quadratisch Einfluss auf den Drainstrom. Die Wirkung der Gate-Source-Spannung U_{GS} auf den Drainstrom ist linear.

Der Feldeffekttransistor ist bezüglich Source und Drain ein völlig symmetrisches Bauelement. Er funktioniert in beide Drainstromrichtungen gleich. Ausschlaggebend ist stets die Drain-Source-Spannung. Folglich ist es nur eine Definitionsfrage, welcher Anschluss als Source bzw. Drain bezeichnet wird. Durch die Ableitung der Gleichungen ergibt sich jedoch die Notwendigkeit, dass beim n-Kanal-FET die Elektrode mit dem positiveren Potenzial das Drain ist. Beim p-Kanal-FET sind die Verhältnisse gerade umgekehrt.

Betrachtet man die Ausgangskennlinie des MOSFET, so sind qualitative Ähnlichkeiten zum Bipolartransistor augenscheinlich. Im Pentodenbereich ergeben sich vergleichbare Anwendungen dieses Bauelementes als Verstärker und elektronischer Schalter. Eine Steuerung ist jedoch nur mittels der Eingangsspannung U_{GS} möglich und nicht durch einen Eingangsstrom. Dies ist kein Nachteil, sondern kann eher als Vorteil gewertet werden. Das Produkt aus

Eingangsspannung und Eingangsstrom ist null. Dies entspricht einer leistungslosen Steuerung des MOSFET.

Beispiel 6.1

Die Gl. (6.1) ist so umzuwandeln, dass der Strom eines Depletion-MOSFET im Pentodenbereich durch den Bezugswert $I_{DSS} = I_{DS}(U_{GS} = 0)$ ausgedrückt wird. Es gelte $\lambda = 0$.

Lösung:

Mit $I_{DSS} = I_{DS}(U_{GS} = 0) = \beta(-U_{tD})^2$ folgt:

$$I_D = \beta(U_{GS} - U_{tD})^2 \frac{(-U_{tD})^2}{(-U_{tD})^2}$$

$$I_D = I_{DSS} \frac{(U_{GS} - U_{tD})^2}{(-U_{tD})^2}$$

$$I_D = I_{DSS} \left(1 - \frac{U_{GS}}{U_{tD}}\right)^2 \tag{6.3}$$

■

Beispiel 6.2

Der Kanal eines Feldeffekttransistors stellt einen durch die Gate-Source-Spannung steuerbaren Widerstand dar. Es ist die Gleichung dieses Widerstandes zwischen Source und Drain für einen n-Kanal Enhancement-FET im Triodenbereich zu bestimmen.

Lösung:

Triodenbereich: $U_{GS} - U_{tE} > U_{DS}$

$$R_{DS} = \frac{U_{DS}}{I_{DS}} = \frac{U_{DS}}{\beta\left(2(U_{GS} - U_{tE})U_{DS} - U_{DS}^2\right)}$$

$$R_{DS} = \frac{1}{\beta\left(2(U_{GS} - U_{tE}) - U_{DS}\right)} \tag{6.4}$$

Für kleine Drain-Source-Spannungen $U_{DS} \ll U_{GS} - U_{tE}$ nähert sich R_{DS} einem von U_{DS} unabhängigen Wert.

$$R_{DS} = \frac{1}{2\beta(U_{GS} - U_{tE})} \tag{6.5}$$

■

Nutzbarer Betriebsbereich. Die Belastbarkeit eines MOSFET ist durch zwei mögliche Spannungsdurchbruchsmechanismen U_{BR}, einen maximalen Drainstrom I_{Dmax} sowie die Verlustleistungshyperbel P_{Vmax} begrenzt.

Gatedurchbruch. Übersteigt die Feldstärke E_{ox} im Gateisolator, infolge einer zu hohen Gate-Source-Spannung U_{GS}, einen kritischen Wert ($E_{krit} = 5 \cdot 10^6$ V/cm bei SiO_2), erfolgt ein elektrischer Durchschlag der Isolatorschicht, wodurch das Bauelement zerstört wird. Dieser Durchbruch kann bereits durch elektrostatische Aufladung verursacht werden.

Draindurchbruch. Mit wachsender Spannung U_{DS} entsteht in der Pinch-off-Zone des Kanals eine ausreichend hohe Längsfeldstärke, um Lawinenvervielfachung von Ladungsträgern zu erzeugen. Die Folge ist ein starker Stromanstieg. Die Durchbruchspannung U_{BR} sinkt mit steigendem U_{GS}. Gleichzeitig wird der Übergang flacher.

Fließt im FET ein zu großer Drain-Strom $I_D > I_{Dmax}$, treten zusätzliche Spannungsabfälle auf den Zuleitungen auf, die negativen Einfluss auf die Kennlinienverläufe ausüben.

Ein Überschreiten der maximal zulässigen Verlustleistung P_{Vmax} kann zu starker Erwärmung und in der Folge zur Zerstörung des Bauelementes führen.

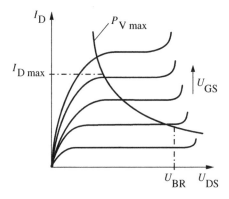

Bild 6.7 Durchbruchkennlinien

Beispiel 6.3

Ein Silizium-MOSFET besitzt folgende technologische Parameter:
Gatefläche: Breite: $B = 50\,\mu m$,
Länge: $L = 3\,\mu m$
Gateoxiddicke: $d_{ox} = 25\,nm$
Gateisolator: SiO_2: $E_{krit} = 5 \cdot 10^6$ V/cm,
$\varepsilon_{ox} = 0{,}33 \cdot 10^{-12}$ A $\cdot$ s/V $\cdot$ cm.

a) Welche elektrostatische Ladung auf dem Gate führt zum dielektrischen Durchbruch des Gateisolators?

b) Welche Spannung liegt dabei über dem Isolator?

Lösung:

a) Bei homogenem Feld im Isolator ist die Gateladung gleich dem Produkt aus Verschiebungsflussdichte im Isolator und Gatefläche.

$$Q_G = \varepsilon_{ox} E_{krit} \cdot A_G$$
$$Q_G = 2{,}5 \cdot 10^{-12}\,As$$

Diese Ladung entspricht $1{,}5 \cdot 10^7$ Elektronen.

b) $U_{ox} = E_{krit} d_{ox} = 12{,}5\,V$. Zur Vermeidung eines dielektrischen Gatedurchbruchs werden die Gates der Eingangstransistoren von integrierten MOS-Schaltungen durch Parallelschaltung von Z-Dioden geschützt.

6.1.3 Ableitung der Strom-Spannungs-Kennlinie eines MOSFET

Die Betrachtungen zur Ableitung der Strom-Spannungs-Kennlinie erfolgen am n-Kanal-Enhancement-Typ (Bild 6.8).

Unterhalb der isolierten Gateelektrode befindet sich p-leitendes Halbleitersubstrat. Bereits bei $U_{GB} = 0$ liegt wegen der Differenz der Austrittsarbeiten von Gate und Halbleitersubstrat W_K ein elektrisches Feld E_{ox} über dem Gateisolator. Die Materialkombination wird so gewählt, dass dieses Feld zur Verarmung eines dünnen Oberflächenbereichs der Ausdehnung x_S von beweglichen Ladungsträgern (Löchern) führt. Die Feldlinien enden auf den verbleibenden ortsfesten ionisierten Störstellen. Die Lösung der Poisson-Gleichung (3.1) für diesen Raum liefert den über dieser Verarmungszone liegenden Spannungsabfall U_H.

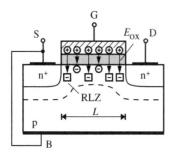

Bild 6.8 Ladungen im
n-Kanal-Enhancement-MOSFET

Bei positiver Steuerspannung U_{GS} steigt die Feldstärke E_{ox} (Bild 6.8).

Kanalladung. Der Zusammenhang zur Gateladung Q_G und zur Raumladung der Verarmungszone Q_B ist gegeben durch

$$U_{ox} = \frac{Q_G}{C_{ox}} = \frac{d_{ox}}{\varepsilon_{ox}} \frac{Q_G}{bL} \tag{6.6}$$

$$U_H = \frac{x_S^2 e N_A}{2\varepsilon_H} = \frac{1}{2e\varepsilon_H N_A} \left(\frac{Q_B}{bL} \right)^2 \tag{6.7}$$

ε_{ox} Permittivität des Gateisolators
ε_H Permittivität des Halbleitersubstrats
d_{ox} Dicke des Gateisolators
b Kanalbreite
L Kanallänge

Eine Berechnung der beiden Spannungen sowie der Elektronenladung im Kanal Q_n wird über die vertikale Spannungsbilanz und die vertikale Ladungsbilanz an der Struktur möglich (Bild 6.9).

$$U_{GB} = U_{ox} + U_H + \frac{W_K}{e} \tag{6.8}$$

$$Q_G + Q_{Z0} + Q_n + Q_B = 0 \tag{6.9}$$

Gleichung (6.9) enthält eine technologisch bedingte Oberflächenladung Q_{Z0}, die an der Grenzfläche von Halbleiter und Isolator entsteht.

Die Kanalladung Q_n repräsentiert eine Ansammlung von Minoritätsträgern an der Halbleiteroberfläche, dem positivsten Punkt der Potenzialverteilung im Halbleiter. Diese Inversionsladung entsteht, wenn die Bandverbiegung U_H einen Grenzwert von $2\varphi_F \approx 0,7\,\text{V}$ erreicht [1.1]. Sie verhindert gleichzeitig ein weiteres Anwachsen der Bandverbiegung.

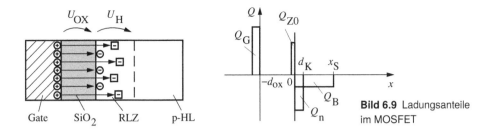

Bild 6.9 Ladungsanteile im MOSFET

Als Lösung des obigen Gleichungssystems ergibt sich die Größe der Kanalladung Q_n zu

$$-Q_n = C_{ox} \left(U_{GS} - U_t \right) \tag{6.10}$$

Schwellspannung. Die Schwellspannung U_t ist ein wichtiger Bauelementeparameter des MOSFET. Sie wird von Materialparametern, aber auch von der Source-Bulk-Spannung U_{SB} bestimmt und ist in der Form

$$U_t = U_{t0} + \gamma \left(\sqrt{U_{SB} + 2\varphi_F} - \sqrt{2\varphi_F} \right) \tag{6.11}$$

φ_F Fermipotenzial des Halbleiters

darstellbar. Der Bezugswert der Schwellspannung U_{t0} und der Body-Faktor γ ergeben sich aus konstruktiven und Materialparametern.

Eine Kanalladung entsteht erst, wenn die Steuerspannung U_{GS} größer als die Schwellspannung ist.

Kanalstrom. Der entstandene Elektronenkanal stellt eine leitfähige Verbindung zwischen Source und Drain dar. Ein Stromfluss wird bei positiver Drain-Source-Spannung U_{DS} möglich. Im Kanal entsteht dann ein Spannungsabfall $U(y)$ in Stromflussrichtung, der eine ortsabhängige Kanalladung $Q(y)$ verursacht.

$$-Q_n(y) = C_{ox} \left(U_{GS} - U_t - U(y) \right) \tag{6.12}$$

In diesem niederohmigen Kanal kann der Strom entsprechend der Transportgleichung (1.14) als reiner Feldstrom betrachtet werden. Der Diffusionsanteil ist vernachlässigbar klein. Es gilt:

$$I_D(y) = I_K(y) = b\mu_n \left(\frac{-Q_n}{bL} \right) \frac{dU(y)}{dy} \tag{6.13}$$

Die flächenbezogene Kanalladung $-Q_n/bL$ ergibt sich durch Integration der Elektronendichte n über die Kanaltiefe d_K.

$$\frac{-Q_n}{bL} = e \int_0^{d_K} n \cdot dx \tag{6.14}$$

Eine Integration der Gl. (6.13) entlang des gesamten Kanals mit den Randwerten $U(y{=}0){=}0$ bzw. $U(y = L) = U_{DS}$ liefert die Strom-Spannungs-Beziehung des MOSFET im Gültigkeitsbereich $U_{GS} - U_t \geqq U_{DS} > 0$.

$$I_D = \frac{\mu_n \varepsilon_{ox}}{d_{ox}} \int_0^{U_{DS}} \left(U_{GS} - U_t - U(y) \right) dU \tag{6.15}$$

$$I_D = \frac{\mu_n \varepsilon_{ox}}{2d_{ox}} \frac{b}{L} \left(2\left(U_{GS} - U_t\right)U_{DS} - U_{DS}^2 \right) \tag{6.16}$$

Dieser Gültigkeitsbereich wird aufgrund der linearen Steuerwirkung von U_{GS} als linearer Betriebsbereich oder Triodenbereich (TB) bezeichnet (vgl. Abschnitt 6.1.2).

6.1.4 MOSFET als Verstärker

Zur Verdeutlichung der Verstärkeranwendung des MOSFET eignet sich die einfache Sourceschaltung nach Bild 6.10 am besten. In ihr erfolgt die Einstellung eines geeigneten Arbeitspunktes (U_{GS0}, I_{D0}, U_{DS0}) durch einen Gatespannungsteiler aus R_1 und R_2. Mittels der gewählten Gate-Source-Spannung U_{GS0} muss ein Arbeitspunkt im Pentodenbereich erzielt werden.

Die eingespeiste Eingangsspannung wird über einen Koppelkondensator C_K der Arbeitspunktspannung U_{GS0} des MOSFET überlagert und bestimmt nach der nichtlinearen Übertragungsfunktion $I_D(t) = f(U_{GS}(t))$ den Drainstrom. Der zeitliche Verlauf der Ausgangsspannung des Verstärkers, d. h. der Drain-Source-Spannung des MOSFET, ergibt sich infolge des Spannungsabfalls, den der Drainstrom am Arbeitswiderstand verursacht. Es gilt $U_a(t) = U_{DS}(t) = U_B - I_D(t) \cdot R_D$.

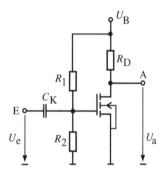

Bild 6.10 Sourceschaltung eines MOSFET

Bei kleinen Eingangssignalen ist es üblich, ein vereinfachtes Modell des MOSFET zu schaffen, in dem das nichtlineare Verhalten durch eine lineare Näherung ersetzt wird: das Kleinsignalmodell des MOSFET.

6.1.4.1 Kleinsignalmodell des MOSFET

Die Beschreibung des Kleinsignalverhaltens erfolgt über die Leitwertparameter und das π-Ersatzschaltbild. Für das Verstärkungsverhalten werden die Vierpolparameter nur im Pentodenbereich benötigt.

Das π-Ersatzschaltbild beschreibt in seiner allgemeinen Form sowohl den Niederfrequenz- als auch den Hochfrequenzbereich. Das NF-Verhalten wird durch das Vorwärtsübertragungsverhalten in Form der Stromquelle $g_m U_{GS}$ und des stationären Ausgangsleitwertes g_d repräsentiert.

Entsprechend Abschnitt 6.1.2 kann der Feldeffekttransistor als rückwirkungsfrei betrachtet werden. Da kein stationärer Eingangsstrom fließt, ist der stationäre Eingangsleitwert null.

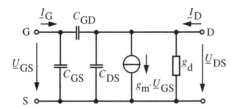

Bild 6.11 π-Ersatzschaltbild

Das HF-Verhalten resultiert aus der zusätzlichen Berücksichtigung der Kapazitäten zwischen allen Anschlüssen C_{GS}, C_{GD}, C_{DS}.

Niederfrequenzverhalten. Zur Beschreibung des NF-Verhaltens spielen die kapazitiven Effekte im FET eine vernachlässigbare Rolle. Somit können die Vierpolparameter aus der Differenziation der Kennliniengleichung im Arbeitspunkt gewonnen werden. Sie nehmen folglich reelle Werte an. Die Vierpolgleichungen lauten dann:

$$\underline{I}_G = 0 \tag{6.17}$$

$$\underline{I}_D = y_{21}\underline{U}_{GS} + y_{22}\underline{U}_{DS} \tag{6.18}$$

mit den Vierpolparametern

Steilheit

$$y_{21} = \frac{d\,I_D}{d\,U_{GS}}\bigg|_{U_{DS0}} = g_m = 2\beta(U_{GS} - U_t)$$

$$y_{21} = \frac{2I_{D0}}{U_{GS} - U_t} \tag{6.19}$$

Ausgangsleitwert

$$y_{22} = \frac{d\,I_D}{d\,U_{DS}}\bigg|_{U_{GS0}} = g_d = \beta\lambda(U_{GS} - U_t)^2$$

$$y_{22} = \lambda I_{D0} \tag{6.20}$$

Der Ausgangsleitwert ist nicht direkt aus der idealisierten Kennliniengleichung zu gewinnen. Der Faktor λ beschreibt den realen Anstieg der Ausgangskennlinien infolge drainspannungsabhängiger Veränderung der Breite der Pinch-off-Zone, der sogenannten Kanallängenverkürzung [6.1]. Dieser Effekt wirkt ähnlich wie der Early-Effekt beim Bipolartransistor. Er kann auch in der Gleichung des Pinch-off-Bereichs ähnlich berücksichtigt werden.

$$I_D = \beta(U_{GS} - U_t)^2(1 + \lambda U_{DS}) \tag{6.21}$$

Im NF-Bereich sind kapazitive Effekte vernachlässigbar. Im Ersatzschaltbild Bild 6.11 entfallen alle Kapazitäten.

Beispiel 6.4

Gegeben ist das Kennlinienfeld eines MOSFET (Bild 6.12). Es sind die Steilheit g_m und der Ausgangsleitwert g_d im Arbeitspunkt $U_{GS0} = 10\,\text{V}$ und $I_{D0} = 150\,\text{mA}$ zu bestimmen.

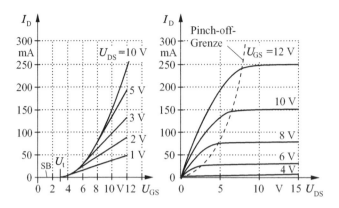

Bild 6.12 Kennlinienfeld eines n-Kanal-Enhancement-MOSFET

Lösung:

Aus der Transferkennlinie ist $U_{tE} = 3\,\text{V}$ ablesbar. Der durch den Arbeitspunkt verlaufende Ast der Ausgangskennlinie liefert einen Ausgangsleitwert

$$g_d = \frac{\Delta I_{DS}}{\Delta U_{DS}} = \frac{10\,\text{mA}}{15\,\text{V}} = 0{,}66\,\text{mS}$$

Die Steilheit ergibt sich zu:

$$g_m = \frac{2 I_{D0}}{U_{GS} - U_{tE}} = \frac{300\,\text{mA}}{7\,\text{V}} = 42{,}8\,\text{mS}$$

■

Hochfrequenzverhalten. Bei hochfrequenten Signalen ist die kapazitive Wirkung des Gateisolators nicht mehr vernachlässigbar. Diese tritt zwischen Gate und Kanal auf. Durch die elektrische Verbindung des Kanals zu Source und Drain wirkt die Isolatorkapazität C_{ox} vom Gate sowohl zum Source als auch zum Drain. Bei voll ausgebildetem Kanal (Triodenbereich) teilt sich die Isolatorkapazität zu gleichen Teilen auf Source und Drain auf. Es gilt

$$C_{GS} = C_{GD} = 0{,}5 \cdot C_{ox} \tag{6.22}$$

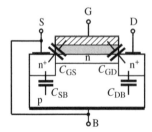

Bild 6.13 Kapazitäten am MOSFET

Bei abgeschnürtem Kanal (Pentodenbereich) ist an Transistoren mit kurzem Kanal die folgende Aufteilung messbar.

$$C_{GS} = \frac{2}{3} C_{OX}, \qquad C_{GD} = 0$$

Das restliche Drittel wirkt als C_{GB} gegen das Substrat (Bulk).

Bei Kurzschluss zwischen Source und Bulk $U_{SB} = 0$ liegt C_{GB} parallel zu C_{GS}. Weiterhin wirkt die Sperrschichtkapazität des Drain-Bulk-Übergangs C_{DB} zwischen Drain und Source als zusätzlicher Anteil der Drain-Source-Kapazität C_{DS}. Die Source-Bulk-Kapazität C_{SB} ist dann unwirksam. Das Ersatzschaltbild zeigt Bild 6.11.

Unter Berücksichtigung der Überlappungskapazitäten von Gate zu Source C_{GS0} bzw. Gate zu Drain C_{GD0}ergeben sich die effektiven Kapazitätswerte im Pentodenbereich zu

$$C_{GSeff} = C_{GS0} + C_{OX}, \qquad C_{GD} = C_{GD0}, \qquad C_{DS} = C_{pn,Drain}$$

6.1.4.2 Frequenzabhängigkeit des Übertragungsverhaltens

Grenzfrequenzen. Die Grenzfrequenz zur Beschreibung des Übergangs vom NF- zum HF-Bereich eines MOSFET in Sourceschaltung wird aus dem Spannungsverstärkungsverhalten der konkreten Verstärkerschaltung abgeleitet. Sie bildet somit gleichzeitig die obere Grenzfrequenz f_{go} des Verstärkers. Am Beispiel der einfachen Sourceschaltung aus Bild 6.10 ergibt sich entsprechend Aufgabe 6.6 unter Berücksichtigung einer Lastkapazität C_L, die der Eingangskapazität einer Folgestufe entspricht.

$$v_u = \frac{\underline{U}_a}{\underline{U}_e} = \frac{-(g_m R_D - j\omega C_{GD} R_D)}{1 + j\omega R_D (C_{GD} + C_{DS}^*)} \tag{6.23}$$

mit $C_{DS}^* = C_{DS} + C_L$

Der Betrag dieser Gleichung ist in Bild 6.14 dargestellt.

Für $j\omega C_{GD} \ll g_m$ ergibt sich die Ortskurve in guter Näherung zu einem Halbkreis mit der 45°-Frequenz

$$\omega_g = \frac{1}{R_D(C_{GD} + C_{DS}^*)} \tag{6.24}$$

und dem NF-Wert der Verstärkung

$$v_u(0) = -g_m R_D \tag{6.25}$$

Die Grenzfrequenz eines MOSFET-Verstärkers wird über R_D und C_L durch die äußere Beschaltung bestimmt. Die Angabe eines Zahlenwerts für den einzelnen MOSFET hat wenig Sinn.

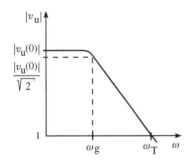

Bild 6.14 Spannungsverstärkung eines MOSFET in Sourceschaltung

Die untere Grenzfrequenz f_{gu} des Verstärkers ergibt sich in Analogie zur Emitterschaltung (vgl. Abschnitt 4.4) aus dem Zusammenwirken des Koppelkondensators C_K mit dem Eingangswiderstand r_e des Verstärkers. Der MOSFET besitzt im NF-Bereich einen unendlich hohen Eingangswiderstand ($r_{GS} \to \infty$), sodass der Eingangswiderstand des Verstärkers durch den Gatespannungsteiler bestimmt wird $r_e = R_1 \parallel R_2$.

6.1.4.3   Effekte bei integriertem MOSFET

Body-Effekt. Bei integriertem MOSFET tritt die Source-Bulk-Spannung U_{SB} als unabhängige Variable auf. Der wichtigste von ihr beeinflusste Parameter ist die Schwellspannung. Deren Abhängigkeit von U_{SB} wird als Body-Effekt bezeichnet. Es ergibt sich entsprechend Gl. (6.11) der typische Verlauf von Bild 6.15.

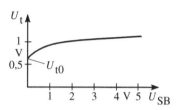

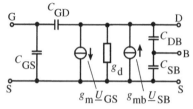

Bild 6.15 Body-Effekt der Schwellspannung   **Bild 6.16** Vierpoliges Ersatzschaltbild des MOSFET

Transistoren, deren Source-Bulk-Spannung nicht null ist, erfahren durch die veränderte Schwellspannung eine reduzierte effektive Steuerspannung U_{GSE} und folglich auch eine veränderte Kleinsignalsteilheit. Bei Aussteuerung des Sourcepotenzials durch ein Signal muss dieser Effekt im Kleinsignalersatzschaltbild durch eine zweite Steuerstromquelle, deren Übertragungsleitwert Backgatesteilheit g_{mb} heißt, berücksichtigt werden. Der MOSFET ist dann als vierpoliges Bauelement zu betrachten.

$$g_{mb} = -\frac{d I_D}{d U_{SB}}\bigg|_{U_{GS0}} = \gamma\beta\,\frac{U_{GS0} - U_t}{\sqrt{U_{SB} + 2\varphi_F}}$$

$$g_{mb} = \gamma_B \cdot g_m \qquad \text{mit} \tag{6.26}$$

$$\gamma_B = \frac{\gamma}{2\sqrt{U_{SB} + 2\varphi_F}} \tag{6.27}$$

Beispiel 6.5

Gegeben ist eine integrierte Sourcefolgerschaltung entsprechend Bild 6.17.

Der MOSFET besitzt die Parameter $U_{t0} = 1\,\text{V}$, $\gamma = 0{,}4 \cdot \sqrt{\text{V}}$ und $\varphi_F = 0{,}35\,\text{V}$. Es ist die Schwellspannung infolge Body-Effekt im Arbeitspunkt $U_A = 3\,\text{V}$ zu bestimmen.

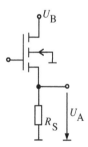

Bild 6.17 Sourcefolgerschaltung

Lösung:

$$U_t = U_{t0} + \gamma\left(\sqrt{U_{SB} + 2\varphi_F} - \sqrt{2\varphi_F}\right)$$

$$U_t = 1\,\text{V} + 0{,}4\left(\sqrt{3{,}7} - \sqrt{0{,}7}\right) = 1{,}43\,\text{V}$$

Weak-Inversion-Strom. Eine genaue Analyse des Drainstromes zeigt abweichend vom einfachen Modell einen kleinen Strom auch für Steuerspannungen $0 < U_{GS} < U_t$. Er ist auf eine schwache Kanalinversion (weak inversion) zurückzuführen und weist eine exponentielle Abhängigkeit von der Gate-Source-Spannung auf. Entsprechend [1.1] ergibt sich

$$I_{DW} = I_{D0} \cdot e^{\frac{U_{GS}-U_t}{NU_T}} \left(1 - e^{-\frac{U_{DS}}{U_T}}\right) \tag{6.28}$$

U_T Temperaturspannung
N Bulkfaktor

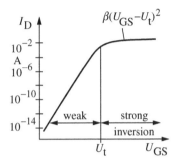

Bild 6.18 Weak-Inversion-Strom eines MOSFET

6.1.5 MOSFET als elektronischer Schalter

Für den MOSFET gibt es zwei wichtige Einsatzgebiete als elektronischer Schalter:

- Schalter in der digitalen Schaltungstechnik,
- Leistungsschalter.

Wird der MOSFET als Schalter in der digitalen Schaltungstechnik eingesetzt, so sind die Verzögerungen in seinem Inneren vernachlässigbar klein. Die innerelektronischen Auf- und Abbauvorgänge der Kanalladung gehen wesentlich schneller vor sich als die Umladung der externen Knotenkapazitäten (Lastkapazität). Begründet ist dies in der Tatsache, dass der Kanalladungsausgleich bei Potenzialänderungen aus dem großen Majoritätsträgerreservoir von Source und Drain erfolgt. Zur Berechnung von Schaltvorgängen sind folglich nur die stationären Strom-Spannungs-Beziehung und die bereits erwähnten Gate- und Subtratkapazitäten zu berücksichtigen.

Hier erfolgt deshalb eine Beschränkung auf stationäre Betrachtungen.

Typische Schalteranordungen von Feldeffekttransistoren sind im Bild 6.19 gezeigt. Sie werden auch als Inverter bezeichnet, da dies ihrer logischen Funktion entspricht, wenn man sie als Spannungsschalter betrachtet. Der übliche Anwendungsfall basiert auf einem n-Kanal-Anreicherungstyp (Enhancement) als Schalter-FET (TS). Der **ER-Inverter** entspricht dem typischen Bipolartransistor-Schalter mit einem ohmschen Widerstand R als Lastelement. In den drei anderen Varianten bildet das Lastelement (TL) einen Feldeffekttransistor. Da dieser sich leichter integrieren lässt als ein Widerstand, kommen diese Varianten in integrierten Schaltungen zum Einsatz:

- ER-Inverter: Das Last-Element ist ein Widerstand.
- EE-Inverter: Der Last-FET ist ein Anreicherungstyp (Enhancement).

- ED-Inverter: Der Last-FET ist ein Verarmungstyp (Depletion).
- CMOS-Inverter: Der Last-FET ist ein p-Kanal-Anreicherungstyp (komplementär zum n-Kanal-FET – complementary).

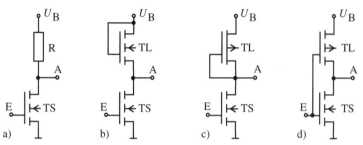

Bild 6.19 Verschiedene Typen von MOSFET-Invertern
a) ER-Typ, b) EE-Typ, c) ED-Typ, d) CMOS-Typ

Konstruktion der stationären Arbeitspunkte eines CMOS-Inverters. Die beiden Schaltzustände des Inverters werden durch die beiden Eingangsspannungen $U_{E1} = U_B$ und $U_{E2} = 0\,V$ bewirkt.

Die Konstruktion der beiden Arbeitspunkte eines elektronischen Schalters, die die beiden Schaltzustände charakterisieren, erfolgt in drei Schritten:

1. Zeichnen der Ausgangskennlinie des Schalttransistors TS (hier n-Kanal-Enhancement-MOSFET);
2. Zeichnen der Kennlinie des aktiven Lastzweipols, bestehend aus Betriebsspannungsquelle und Lastelement TL (hier p-Kanal-Enhancement-MOSFET) in das gleiche Kennlinienfeld;
3. Bestimmung der gültigen Schnittpunkte beider Kennlinien für den Fall der möglichen Eingangsspannungen (meist $U_{E1} = U_B$ hier 12 V und $U_{E2} = 0\,V$).

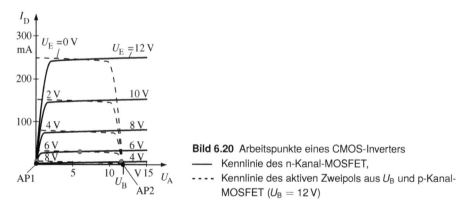

Bild 6.20 Arbeitspunkte eines CMOS-Inverters
—— Kennlinie des n-Kanal-MOSFET,
- - - - Kennlinie des aktiven Zweipols aus U_B und p-Kanal-MOSFET ($U_B = 12\,V$)

Aus Bild 6.20 sind folgende Arbeitspunkte ablesbar:

$$U_E = U_{E1} \Rightarrow AP1: \quad U_A = 0, \quad I_D = 0$$
$$U_E = U_{E2} \Rightarrow AP2: \quad U_A = U_B, \quad I_D = 0$$

Beide Arbeitspunkte besitzen eine ideale Lage. Der aus der Betriebsspannungsquelle entnommene Strom ist in beiden Arbeitspunkten null, und somit ist auch die stationäre Verlustleistung null. High-Pegel und Low-Pegel der Ausgangsspannung des Schalters sind ideal gleich der Betriebsspannung bzw. null.

Übertragungskennlinie des CMOS-Inverters. Die grafische Konstruktion der Übertragungskennlinie des CMOS-Inverters basiert auf der Übernahme der Arbeitspunkte für alle Eingangsspannungen zwischen U_{E1} und U_{E2} aus dem obigen Kennlinienfeld.

Falls wie im angegebenen Beispiel die Kennwerte beider FET (β, U_t) des Schalters vom Betrag her identisch sind, liegt der Umschaltpunkt der Übertragungskennlinie genau bei der halben Betriebsspannung des Schalters.

Die Übertragungskennlinie macht deutlich, dass die Ausgangsspannung U_{A1} bzw. U_{A2} bei störbedingten Abweichungen der Eingangsspannungen von den Idealwerten U_{E1} und U_{E2} keine spürbaren Veränderungen erfährt. Die Größe dieser Störungen kann fast die halbe Betriebsspannung betragen.

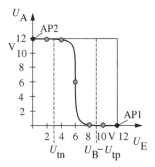

Bild 6.21 Übertragungskennlinie eines CMOS-Inverters

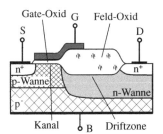

Bild 6.22 Aufbau eines DMOS-FET

Als Leistungsschalter muss der MOSFET vor allem sehr große Ströme schalten können und hohe Sperrspannungen vertragen. Die Schaltfrequenzen sind dabei sehr niedrig. Dazu ist es erforderlich, spezielle Bauformen zu entwickeln, bei denen im Sperrzustand eine hohe Sperrspannung auf einen speziell gestalteten Kanal verteilt werden kann. Dazu wird dieser um eine schwach dotierte Zone (Driftzone) erweitert. Diese wird in ihrer Ausdehnung an die gewünschte Sperrspannungsfestigkeit angepasst, sodass ein Durchbruch infolge Stoßionisation vermieden wird. Bild 6.22 zeigt einen für hohe Spannungen geeigneten DMOS-FET.

6.1.6   Thermisches Verhalten des MOSFET

Der Stromfluss in einem MOSFET wird durch einen reinen Majoritätsträgerstrom getragen. Seine Temperaturabhängigkeit wird im Wesentlichen durch die Beweglichkeit der Ladungsträger und die Schwellspannung bestimmt. Über die Beweglichkeit entsteht eine umgekehrt proportionale Temperaturabhängigkeit.

Der Temperaturgradient der Schwellspannung liegt bei $\dfrac{\mathrm{d}\,U_t}{\mathrm{d}\,T} \approx -1\,\dfrac{\mathrm{mV}}{\mathrm{K}}$, was zu einer direkten Proportionalität von Strom und Temperatur führt.

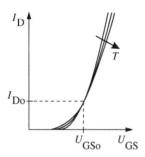

Bild 6.23 Temperaturabhängigkeit der Transferkennlinie eines MOSFET

Eine geschickte Wahl der Steuerspannung U_{GS} ermöglicht eine Kompensation beider Einflüsse. Bild 6.23 zeigt die typische Temperaturabhängigkeit der Transferkennlinie eines MOSFET. Es gibt einen optimalen Arbeitspunkt (I_{Do}, U_{GSo}), in dem der MOSFET temperaturunabhängig ist. Auch bei Abweichung von diesem idealen Arbeitspunkt ist die Temperaturabhängigkeit eines MOSFET viel kleiner als die eines Bipolartransistors.

Weiterhin fällt auf, dass bei großen Strömen die Eigenerwärmung eine Stromreduzierung zur Folge hat. Damit ist die Gefahr einer durch Eigenerwärmung bedingten unbegrenzten Drift des Arbeitspunktes gebannt.

■ 6.2 Sperrschicht-FET

Bei den Sperrschicht-Feldeffekttransistoren (SFET) erfolgt die Isolation der Steuerelektrode durch einen gesperrten pn-Übergang oder eine gesperrte Schottky-Diode (Metall-Halbleiter-Übergang – MESFET). In beiden Fällen steuert die spannungsabhängige Sperrschichtweite der unter dem Gate-Anschluss entstehenden Raumladungszone (Bild 6.24) den Querschnitt eines vorhandenen Kanals.

Bei genügend großer Sperrspannung $U_{SG} = -U_{GS}$ über der Raumladungszone beginnt eine Abschnürung des Kanals am drainseitigen Ende. Erst wenn der Kanal auf seiner ganzen Länge abgeschnürt ist, wird der Drainstrom bei vorhandener Drain-Source-Spannung null. Um den SFET zu sperren, muss die Steuerspannung U_{SG} einen bauelementetypischen Schwellwert $-U_t$ überschreiten. Vom Funktionstyp her sind SFET Depletion-Transistoren. SFET werden hauptsächlich als Verstärkerbauelemente genutzt, sodass insbesondere der Abschnürbereich von Bedeutung ist.

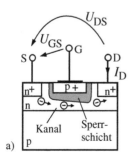

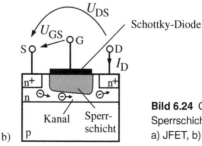

Bild 6.24 Querschnitt von Sperrschicht-FETs
a) JFET, b) MESFET

6.2.1 Strom-Spannungs-Kennlinie eines SFET

Eine Ableitung der Strom-Spannungs-Kennlinie erfolgt über die Analyse des steuerspannungsabhängigen Kanalquerschnitts [6.2], [3.4]. Mit einigen Näherungen ergibt sich unter Einhaltung der Abschnürbedingung $U_{DS} > U_{DSS} = -(U_{SG} + U_t)$ eine quadratische Steuerkennlinie, die sich mit einigen Näherungen in Form einer MOSFET-Kennliniengleichung darstellen lässt. Die Schwellspannung U_t hat einen negativen Wert.

$$I_D = \beta \left(U_{GS} - U_t\right)^2 \left(1 + \lambda U_{DS}\right)$$

Die Gate-Source-Spannung U_{GS} muss stets negativ sein, um die Sperrschicht unter dem Gate mit einer Sperrspannung zu versorgen.

In der Praxis wird jedoch eine modifizierte Schreibweise dieser Gleichung bevorzugt:

$$I_D = I_{DSS} \left(1 + \frac{U_{SG}}{U_t}\right)^2 = I'_{DSS} \left(1 + \lambda U_{DS}\right) \left(1 + \frac{U_{SG}}{U_t}\right)^2 \tag{6.29}$$

Die benutzte Source-Gate-Spannung ist dann positiv. Der in Gleichung (6.29) enthaltene Drainstrom I_{DSS} bei der Betriebsbedingung $U_{SG} = 0$ ergibt sich zu

$$I_{DSS} = I_D \left(U_{SG} = 0\right) = \beta \left(-U_t\right)^2 \left(1 + \lambda U_{DS}\right)$$

Der Sättigungsstrom $I_{DSS} = I_{DS} \left(U_{SG} = 0\right)$ und die Schwellspannung U_t sind die charakteristischen stationären Bauelementeparameter des SFET. Das Kennlinienfeld (Bild 6.25) ist qualitativ mit dem des MOSFET vergleichbar.

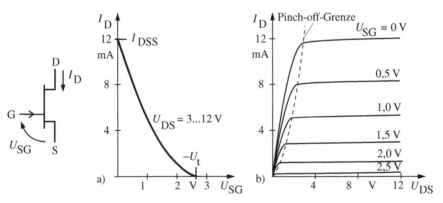

Bild 6.25 Kennlinien eines n-Kanal SFET; a) Transferkennlinie, b) Ausgangskennlinie

Bei einer ausreichend großen Drain-Source-Spannung $U_{DS} > U_{DSS}$ verlässt die Transferkennlinie den Abschnürbereich nicht. Sie besteht dann nur aus einem Kennlinienast.

6.2.2 Kleinsignalverhalten eines SFET

Da das Steuerprinzip des SFET Ähnlichkeiten zum MOSFET aufweist, ergibt sich auch ein vergleichbares Kleinsignalverhalten mit einem Ersatzschaltbild entsprechend Bild 6.26.

Die Steilheit g_m folgt aus der stationären Kennliniengleichung zu:

$$g_m = \frac{\mathrm{d}I_D}{\mathrm{d}U_{SG}}\bigg|_{U_{DS0}} = \frac{2I'_{DSS}}{U_t}\left(1 + \frac{U_{SG0}}{U_t}\right)(1 + \lambda U_{DS0}) = \frac{2I_{DSS}}{U_t}\left(1 + \frac{U_{SG0}}{U_t}\right)$$

$$g_m = \frac{\mathrm{d}I_D}{\mathrm{d}U_{SG}}\bigg|_{U_{DS0}} = \frac{2I_{D0}}{U_t + U_{SG0}} \tag{6.30}$$

Für den Ausgangsleitwert g_d erhält man:

$$g_d = \frac{\mathrm{d}I_D}{\mathrm{d}U_{DS}}\bigg|_{U_{SG0}} = \frac{\mathrm{d}I_D}{\mathrm{d}I_{DSS}}\bigg|_{U_{SG0}} \cdot \frac{\mathrm{d}I_{DSS}}{\mathrm{d}U_{DS}}\bigg|_{U_{SG0}} = \left(1 + \frac{U_{SG}}{U_t}\right)^2 \cdot \beta\lambda U_t^2$$

$$g_d \cong \lambda I_{D0} \tag{6.31}$$

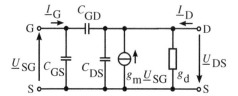

Bild 6.26 Kleinsignalersatzschaltbild eines SFET

■ 6.3   SFET als Verstärker

Das Prinzip des Einsatzes eines SFET als Verstärker entspricht dem bei MOSFETs. Die Besonderheit besteht in der Einstellung eines geeigneten Arbeitspunktes. Der SFET benötigt eine negative Gate-Source-Spannung U_{GS0}. Diese kann nicht auf einfachem Weg aus der Betriebsspannung erzeugt werden. Stark verbreitet ist deshalb die Source-Schaltung nach Bild 6.27.

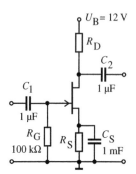

Bild 6.27 Source-Schaltung eines SFET

Der Source-Widerstand R_S ermöglicht die Einstellung einer negativen Gate-Source-Spannung ohne eine zusätzliche Hilfsspannungsquelle mit negativem Spannungswert. Durch den Gate-Widerstand R_G wird das Potenzial der Gate-Elektrode auf Masse gezogen. Durch den Gate-Widerstand R_G fließt dabei kein stationärer Strom, da die Gate-Elektrode des SFET gegenüber Source und Drain isoliert ist. Folglich gibt es auch keinen stationären Spannungsabfall über R_G, der deshalb sehr hochohmig gewählt werden kann.

Durch die Wahl von R_S kann die Gate-Source-Spannung frei eingestellt werden. Der parallel zu R_S geschaltete Kondensator C_S hebt eine Gegenkopplungswirkung des R_S für die Signalfrequenzen auf (vgl. Abschnitt 11.4.2), da er bei geeigneter Dimensionierung einen Wechselspannungskurzschluss für die Signalfrequenzen bildet.

Beispiel 6.6

SFET-Verstärker in Source-Schaltung

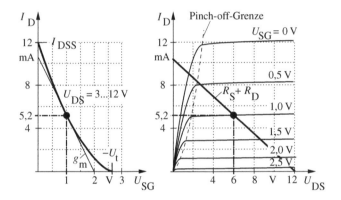

Bild 6.28 Arbeitspunktanalyse an der SFET-Source-Schaltung

a) Für die Source-Schaltung in Bild 6.27 mit einem SFET entsprechend Bild 6.25 sind die Widerstände R_D und R_S so zu bestimmen, dass sich ein Arbeitspunkt bei $U_{SG0} = 1{,}0\,\text{V}$ und $U_{DS0} = 6\,\text{V}$ einstellt.

b) Es ist die NF-Wechselspannungsverstärkung V_u der Schaltung zu berechnen.

c) Wie groß ist die maximale Ausgangsspannungsamplitude?

Lösung:

a) Aus der Transferkennlinie lässt sich bei U_{SG0} ein Drainstrom $I_{D0} = 5{,}2\,\text{mA}$ ablesen. Damit ergibt sich

$$R_S = \frac{U_{SG0}}{I_{D0}} = \frac{1\,\text{V}}{5{,}2\,\text{mA}} \approx 192\,\Omega \quad \text{und} \quad R_D = \frac{U_B - U_{DS0}}{I_{D0}} - R_S \approx 962\,\Omega$$

b) Für die Signalfrequenzen muss der Kondensator C_S als Wechselspannungskurzschluss wirken, wodurch R_S seinen Einfluss auf die Wechselspannungsverstärkung verliert.

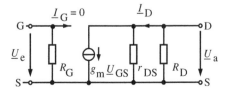

Bild 6.29 Kleinsignalersatzschaltbild der SFET-Source-Schaltung

Die Ausgangswechselspannung $\underline{U}_a$ ergibt sich zu

$$\underline{U}_a = -g_m \underline{U}_{GS} \cdot (R_D \| r_{DS})$$

Die Gate-Source-Spannung $\underline{U}_{GS}$ entspricht der Eingangswechselspannung $\underline{U}_e$, wodurch man als NF-Wechselspannungsverstärkung

$$V_U = \frac{\underline{U}_a}{\underline{U}_e} = -g_m \cdot (R_D \| r_{DS}) \approx -g_m \cdot R_D \quad \text{für} \quad R_D \ll r_{DS}$$

erhält. In den meisten Fällen ist $R_D \ll r_{DS}$ erfüllt.

Die Steilheit des SFET im Arbeitspunkt kann grafisch aus der Transferkennlinie ermittelt werden.

$$g_m = \frac{\Delta I_D}{\Delta U_{GS}}\bigg|_{U_{GS0}} = \frac{10{,}5\,\text{mA}}{2\,\text{V}} = 5{,}25\,\text{mS}$$

Es ergibt sich eine NF-Wechselspannungsverstärkung $V_U \cong -5$.

Das negative Vorzeichen beschreibt die Phasenverschiebung von $180°$ zwischen Ausgangs- und Eingangsspannung.

■ 6.4 Aufgaben

Aufgabe 6.1
Es ist die passende Transferkennlinie zu der in Bild 6.30 dargestellten Ausgangskennlinie eines n-Kanal-Depletion-MOSFET bei $U_{DS} = 8\,\text{V}$ zu konstruieren.

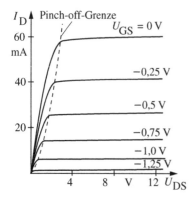

Bild 6.30 Ausgangskennlinie eines Depletion-FET

Aufgabe 6.2
Für den MOSFET aus Beispiel 6.4 sind die Parameter β und λ zu bestimmen.

Aufgabe 6.3

Stellen Sie die Steilheit eines MOSFET in der Form g_m/I_D im Weak-Inversion- und im Strong-Inversion-Bereich grafisch als Funktion der Steuerspannung U_{GS} dar. Für das Verstärkungsverhalten ist im Strong-Inversion-Bereich nur der Pinch-off von Bedeutung.

Welcher Verlauf ergibt sich für den realen MOSFET in Abweichung zum verwendeten Modell in der Übergangszone zwischen Weak-Inversion- und Strong-Inversion-Bereich, wenn man die reale Strom-Spannungs-Kennlinie aus Bild 6.18 betrachtet? Das Ergebnis ist mit Aufgabe 4.4 zu vergleichen.

Aufgabe 6.4

Der integrierte Sourcefolger aus Beispiel 6.5 wird im Arbeitspunkt $U_A = 3\,\mathrm{V}$ betrieben. Um wie viel Prozent verschlechtert sich die Spannungsverstärkung der Schaltung infolge des Backgate-Einflusses?
Für den MOSFET gelte $g_m \gg g_d + 1/R_S$.

Aufgabe 6.5

Welche Gate-Bulk-Spannung ist für den MOSFET in Beispiel 6.3 nötig, um den Gateoxiddurchbruch herbeizuführen? Es kann davon ausgegangen werden, dass die maximale Bandverbiegung im Kanalbereich bereits erreicht ist. Für die Differenz der Austrittsarbeiten zwischen Gate und Substrat gilt $W_K/e = 0{,}95\,\mathrm{V}$.

Aufgabe 6.6

Berechnen Sie die frequenzabhängige Spannungsverstärkung $v_u(\omega)$ der Sourceschaltung aus Bild 6.10 unter Zuhilfenahme der Kleinsignalersatzschaltung.

Aufgabe 6.7

Gegeben sind zwei MOSFET-Inverter vom EE-Typ bzw. ED-Typ entsprechend Bild 6.19. Wie groß sind die High-Pegel am Ausgang?

Aufgabe 6.8

Mittels eines SFET ist eine einfache Konstantstromquelle mit sehr geringem Aufwand realisierbar (Bild 6.31). Auf Grundlage des Kennlinienfeldes (Bild 6.25) ist R_S so zu dimensionieren, dass ein Laststrom $I_L = 2\ldots 8\,\mathrm{mA}$ eingestellt werden kann.

In welchem Betriebsbereich arbeitet der SFET?

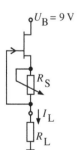

Bild 6.31 Konstantstromquelle

Aufgabe 6.9

a) Es ist der Zeitverlauf der Ausgangsspannung $U_A(t)$ eines Enhancement-Enhancement-Inverters (EE-Inverter) nach Bild 6.19b, dessen Ausgang mit einem Kondensator C_L belastet ist, im Moment des Sperrens des Schalttransistors TS zu berechnen.

b) Ergänzend zu Aufgabenteil a) ist der Zeitverlauf der Ausgangsspannung $U_A(t)$ im Moment des Einschaltens des Schalttransistors TS zu berechnen.

Annahme: Der Stromanteil des Lasttransistors (TL) ist während des Umladevorgangs zu vernachlässigen.

Aufgabe 6.10
Für den Inverter in Beispiel 7.1 ist das Verhältnis der Transistorkonstanten von Schalt- und Lasttransistor β_S/β_L so zu bestimmen, dass der Low-Pegel der Ausgangsspannung $U_A(L) = 0{,}5 \cdot U_t$ bzw. $U_A(L) = 0{,}25 \cdot U_t$ beträgt. Gegeben ist $U_{0D} = 5\,\text{V}$, $U_t = 0{,}7\,\text{V}$, $U_E(H) = U_{0D}$.

Aufgabe 6.11
Berechnen und skizzieren Sie den Verlauf des Widerstandes eines CMOS-Transfergates entsprechend Bild 6.32 in Abhängigkeit von der Ausgangsspannung U_A im Bereich $0 \leqq U_A \leqq 5\,\text{V}$. Es liege stets eine Drain-Source-Spannung von $U_{DS} = 0{,}1\,\text{V}$ über den MOSFETs.

MOSFET-Parameter:
$\beta_N = 3\,\text{mA/V}^2$, $U_{tN} = 0{,}8\,\text{V}$,
$\beta_P = 1{,}5\,\text{mA/V}^2$, $U_{tP} = -0{,}8\,\text{V}$.

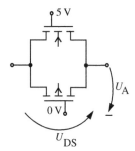

Bild 6.32 CMOS-Transfergate

7 Rauschen elektronischer Bauelemente

Der Strom in einem elektronischen Bauelement wird durch die Bewegung von einzelnen Ladungen getragen. Er stellt stets einen statistischen Mittelwert dar. Die Einzelvorgänge unterliegen zufälligen Störungen, deren Ursachen aus dem jeweiligen Leitungsmechanismus resultieren. Es entstehen stochastische Strom- und Spannungsschwankungen um den Mittelwert. Diese werden als Rauschen bezeichnet [7.1].

■ 7.1 Widerstandsrauschen

Ursache für die statistischen Stromschwankungen an den Enden eines Leiters ist die unregelmäßige thermische Bewegung der Ladungsträger, die einer zielgerichteten Driftbewegung überlagert ist. Charakteristisch für dieses thermische Rauschen des Stromes an einem Widerstand R ist die spektrale Gleichverteilung der Rauschleistungsdichte $S_{iR}(f)$ über das gesamte Frequenzband.

$$S_{iR}(f) = \frac{4kT}{R} \tag{7.1}$$

k Boltzmann-Konstante
T absolute Temperatur

Das Widerstandsrauschen wird deshalb als *weißes Rauschen* bezeichnet. Zur Modellierung des Rauschverhaltens wird der Effektivwert des stochastischen Rauschprozesses genutzt. An einem Widerstand kann aus der Rauschleistungsdichte $S_{iR}(f)$ ein Rauschstrom I_{rR} in einem schmalen Frequenzbereich Δf abgeleitet werden.

$$I_{rR} = I_{reff} = \sqrt{\overline{i^2(t)}} = \sqrt{\int_{\Delta f} S_{iR}(f)\mathrm{d}f} \tag{7.2}$$

$$I_{rR} = I_{rR}(f) = \sqrt{\frac{4kT\Delta f}{R}} \tag{7.3}$$

Analog lässt sich über dem Widerstand eine Rauschspannung U_{rR} ermitteln.

$$U_{rR} = \sqrt{\overline{u^2(t)}} = \sqrt{4kTR\Delta f} \tag{7.4}$$

Diese Rauschspannung entsteht auch ohne Stromfluss am Widerstand. Die Rauschersatzschaltung eines Widerstandes kann in einer Stromquellen- oder Spannungsquellenersatzschaltung dargestellt werden. Gerechnet wird mit ihr ähnlich wie mit deterministischen Quellen.

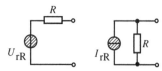

Bild 7.1 Rauschersatzschaltungen eines Widerstandes

Treten in einer Schaltung mehrere unkorrellierte Rauschquellen auf, so überlagern sich die von ihnen bewirkten Rauschleistungen am Ausgang linear. Für die entstehenden Rauschspannungen bzw. Rauschströme gilt folglich eine quadratische Überlagerung.

Beispiel 7.1

Wie groß ist die Ausgangsrauschspannung an dem in Bild 7.2a) dargestellten Spannungsteiler? Die Eingangsspannung sei rauschfrei und habe keinen Innenwiderstand.

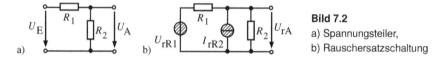

Bild 7.2

a) Spannungsteiler,

b) Rauschersatzschaltung

Lösung:

Bild 7.2b) zeigt eine mögliche Ersatzschaltung. Die Verwendung der Stromquellen- bzw. Spannungsquellenersatzschaltung ist beliebig. Da beide Rauschspannungen unkorrelliert sind, überlagern sich die von ihnen am Ausgang (über R_2) erzeugten Rauschspannungen quadratisch.

$$U_{\mathrm{rA}} = \sqrt{U_{\mathrm{r1}}^2 + U_{\mathrm{r2}}^2}$$

Die Einzelwirkungen beider Rauschquellen auf den Ausgang lauten:

$$U_{\mathrm{r1}} = \frac{R_2}{R_1 + R_2} U_{\mathrm{rR1}} = \frac{R_1 R_2}{R_1 + R_2} I_{\mathrm{rR1}}$$

$$U_{\mathrm{r2}} = (R_1 \| R_2) I_{\mathrm{rR2}} = \frac{R_1 R_2}{R_1 + R_2} I_{\mathrm{rR2}}$$

Es folgt:

$$U_{\mathrm{rA}} = \frac{R_1 R_2}{R_1 + R_2} \sqrt{I_{\mathrm{rR2}}^2 + I_{\mathrm{rR2}}^2}$$

$$= \frac{R_1 R_2}{R_1 + R_2} \sqrt{4kT\Delta f \left(\frac{1}{R_1} + \frac{1}{R_2} \right)}$$

■ 7.2 Diodenrauschen

Als wichtigste Ursachen des Diodenrauschens gelten:
- Schrotrauschen,
- Funkelrauschen,
- thermisches Rauschen der Bahnwiderstände.

Schrotrauschen. Schrotrauschen entsteht, wenn Ladungsträger in statistischer Weise Grenzflächen (Potenzialbarrieren) überschreiten, wie das am pn-Übergang und an der Schottky-Diode der Fall ist [7.2]. Für diese Vorgänge gilt ebenfalls eine frequenzunabhängige spektrale Verteilung der Rauschleistungsdichte des Stromes S_{iDS}. Ihr Betrag ist proportional zum Mittelwert des Arbeitspunktstromes I.

$$S_{iDS}(f) = 2eI \tag{7.5}$$

In einem schmalen Frequenzbereich ergibt sich ein Effektivwert des zugehörigen Rauschstromes von

$$I_{rDS}(f) = \sqrt{2eI\Delta f} \tag{7.6}$$

Funkelrauschen. Ursache des Funkelrauschens sind Generations- und Rekombinationsprozesse von Ladungsträgern, sowohl im Halbleiterinneren als auch an Oberflächen und Grenzschichten. Das Funkelrauschen dominiert insbesondere bei niedrigen Frequenzen. Die spektrale Rauschleistungsdichte S_{iDF} weist eine $1/f$-Abhängigkeit auf [7.3].

$$S_{iDF}(f) = \frac{K_F I^{AF}}{f^b} \tag{7.7}$$

Der entsprechende Rauschstrom ergibt sich dann zu

$$I_{rDF}(f) = \sqrt{\frac{K_F I^{AF}}{f^b} \Delta f} \tag{7.8}$$

Die Parameter K_F, AF und b dienen der Anpassung des Rauschmodells an eine konkrete Diode. Sie werden aus Vergleichen mit Messergebnissen ermittelt. Das Funkelrauschen wird wegen seiner Frequenzabhängigkeit auch als $1/f$-*Rauschen* bezeichnet. Bei Lawinenvervielfachung tritt ein besonders starker Anstieg dieses Funkelrauschens auf.

An der Diode überlagern sich die Effektivwerte beider Rauschstromanteile mit dem Effektivwert des thermischen Rauschstromes an den Bahnwiderständen in quadratischer Form zu einem Gesamtrauschstrom:

$$I_{rD}(f) = \sqrt{I_{rDF}^2(f) + I_{rDS}^2 + I_{rDR}^2} \tag{7.9}$$

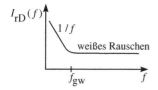

Bild 7.3 Rauschspektrum einer Diode

Der Verlauf dieses Diodenrauschens (Bild 7.3) weist eine Eckfrequenz f_{gw} auf, oberhalb der weißes Rauschen dominiert.

Rauschersatzschaltung. In der Rauschersatzschaltung wird der thermische Rauschanteil meist als separate Quelle dem Bahnwiderstand R_{B} zugeordnet und durch eine Rauschspannungsquelle dargestellt.

$$U_{\mathrm{rRB}} = \sqrt{4kTR_{\mathrm{B}}\Delta f} \tag{7.10}$$

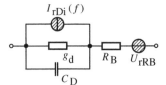

Bild 7.4 Rauschersatzschaltung einer Diode [7.4]

Dem inneren pn-Übergang ist dann nur noch das Schrotrauschen und das $1/f$-Rauschen zugeordnet.

$$I_{\mathrm{rDi}}(f) = \sqrt{I_{\mathrm{rDF}}^2(f) + I_{\mathrm{rDS}}^2} \tag{7.11}$$

■ 7.3 Transistorrauschen

Bipolartransistor. Am Bipolartransistor wirken die gleichen Rauschursachen, wie bei der Diode. Für den Basisstrom I_{B} ergibt sich im aktiv normalen Betriebszustand der Rauschanteil I_{rB} aus Schrot- und Funkelrauschen der Basis-Emitter-Diode. Dieser fließt B_{N}-fach verstärkt am Kollektor.

$$I_{\mathrm{rB}}(f) = \sqrt{2eI_{\mathrm{B}}\Delta f + \frac{K_{\mathrm{F}}I_{\mathrm{B}}^{AF}}{f^b}\Delta f} \tag{7.12}$$

Eine zusätzliche Rauschquelle am gesperrten Basis-Kollektor-Übergang resultiert aus dessen Sperrstromanteil. Sie wird analog beschrieben und liefert einen Kollektorrauschstrom I_{rC} der Form:

$$I_{\mathrm{rC}}(f) = \sqrt{2eI_{\mathrm{C}}\Delta f + \frac{K_{\mathrm{F}}I_{\mathrm{C}}^{AF}}{f^b}\Delta f} \tag{7.13}$$

Die Rauschersatzschaltung des Transistors zeigt Bild 7.5. Das Rauschen der Bahnwiderstände wird meist in externe Serienwiderstände verlagert und über das Gesamtmodell des Transistors mit der äußeren Beschaltung berücksichtigt.

Feldeffekttransistor. Der Kanalstrom der Feldeffekttransistoren besitzt drei Rauschquellen:
- $1/f$-Rauschen,
- thermisches Kanalrauschen,
- Schrotrauschen der Drain-Bulk- bzw. Source-Bulk-Übergänge.

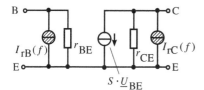

Bild 7.5 Rauschersatzschaltung eines Bipolartransistors

Das $1/f$-Rauschen entsteht durch Generations-Rekombinationsvorgänge in der Raumladungszone unter dem Kanal sowie durch Tunneln von Ladungsträgern zwischen Kanal und Oberflächenzuständen im Gateisolator. Es wird in der Form

$$I_{\text{rKF}}(f) = \sqrt{\frac{K_F I_D^{AF}}{C_{\text{ox}} f^b} \Delta f} \tag{7.14}$$

modelliert. In Gl. (7.14) ist zu erkennen, dass eine Vergrößerung der Gatefläche $A_G = b \cdot L$ bei gleichem Arbeitspunkt durch die Vergrößerung der Gateoxidkapazität einen geringeren Rauschanteil zur Folge hat. Der Kanalstrom eines Sperrschicht-FET fließt im Unterschied zum MOSFET weit entfernt von der Halbleiteroberfläche. Dadurch besitzt er ein viel geringeres $1/f$-Rauschen. Der Sperrstrom am Gate ist in der Regel vernachlässigbar und bewirkt auch keinen Rauschanteil.

Mit dem Kanalwiderstand im Pentodenbereich

$$R_K = \frac{3}{2} \frac{1}{g_m} \tag{7.15}$$

folgt für den thermischen Rauschstrom des Kanals I_{rKt} nach [7.4]

$$I_{\text{rKt}}(f) = \sqrt{\frac{8}{3} k T g_m \Delta f} \tag{7.16}$$

Das Schrotrauschen der Drain-Bulk- bzw. Source-Bulk-Übergänge spielt eine untergeordnete Rolle.

Als Gesamtrauschstrom des Kanals ergibt sich durch Überlagerung der Effektivwerte

$$I_{\text{rK}}(f) = \sqrt{I_{\text{rKt}}^2(f) + I_{\text{rKF}}^2(f)} \tag{7.17}$$

Bild 7.6 zeigt die zugehörige Rauschersatzschaltung.

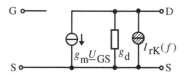

Bild 7.6 Rauschersatzschaltung eines Feldeffekttransistors

7.4 Rauschspannung

Die in den Bauelementen entstehenden Rauschströme ergänzen als Rauschstromquellen das Kleinsignalersatzschaltbild. Sie bewirken am Ausgangswiderstand des Bauelements eine Rauschspannung. Dabei überlagern sich alle Rauschkomponenten.

Häufig wird die entstehende *Ausgangsrauschspannung* unter Nutzung der frequenzabhängigen Übertragungsfunktion in eine *Eingangsrauschspannung* $U_{rE}(f)$ bzw. einen *Eingangsrauschstrom* $I_{rE}(f)$ umgerechnet und das Bauelement dann als rauschfreier Vierpol mit diesen Eingangsrauschquellen benutzt.

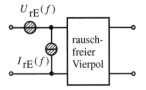

Bild 7.7 Allgemeine Rauschersatzschaltung

■ 7.5 Rauschfaktor

Signal-Rausch-Abstand. Das entstehende Rauschen wird einem vom Bauelement zu übertragenden Signal überlagert. Dadurch ergibt sich eine Reduzierung des *Signal-Rausch-Abstands SNR* der Signalübertragung, der als Quotient von Signalleistung P_S und Rauschleistung P_r definiert ist.

$$SNR = \frac{P_S}{P_r} \tag{7.18}$$

Rauschfaktor. Als Rauschfaktor F oder Rauschzahl gilt das Verhältnis der Signal-Rausch-Abstände von Eingang und Ausgang.

$$F = \frac{SNR_E}{SNR_A} \tag{7.19}$$

Rauschmaß. Der logarithmierte Wert dieser Größe ist das Rauschmaß F_{dB}.

$$F_{dB} = 10 \cdot \lg(F) \tag{7.20}$$

Bild 7.8 zeigt den typischen Verlauf des Rauschmaßes eines Bipolartransistors. Der Anstieg bei $f > f_g$ resultiert aus der Grenzfrequenz der Stromverstärkung $h_{21e}(f)$.

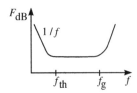

Bild 7.8 Frequenzgang des Rauschmaßes eines Bipolartransistors

Beispiel 7.2

In einem FET-Verstärker nach Bild 7.9 ist der Rauschstrom $I_{rK}(f)$ bekannt. Welchen Rauschfaktor besitzt die Schaltung im NF-Bereich, wenn alle anderen Bauelemente rauschfrei sind? In der Ersatzschaltung ist die Signalquelle mit einer Rauschleistung $P_{rE} = 4kTR_G\Delta f$ und dem Innenwiderstand R_G einzusetzen.

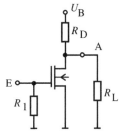

Bild 7.9 FET-Verstärker

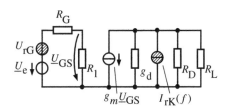

Bild 7.10 Ersatzschaltung

Lösung:

Die Eingangssignalleistung P_{SE} und die Eingangsrauschleistung P_{rE} erscheinen verstärkt um den Wert $v_p = v_u v_i$ am Ausgang und überlagern sich linear zu der vom Feldeffekttransistor (FET) am Ausgang bewirkten Rauschleistung P_{rF}. Damit ist der Rauschfaktor umformbar in:

$$F = \frac{SNR_E}{SNR_A} = \frac{P_{SE}}{P_{rE}}\frac{P_{rA}}{P_{SA}} = \frac{P_{SE}}{P_{rE}}\frac{v_p P_{rE} + P_{rF}}{v_p P_{SE}}$$

$$F = 1 + \frac{P_{rF}}{v_p P_{rE}}$$

Man erhält

Signalspannungsverstärkung:

$$v_u = \frac{U_a}{U_e} = -\frac{R_1}{R_1 + R_G} g_m \left(g_d + \frac{1}{R_D} + \frac{1}{R_L} \right)$$

Signalstromverstärkung:

$$v_i = \frac{I_a}{I_e} = -\frac{R_1}{R_L} g_m \left(g_d + \frac{1}{R_D} + \frac{1}{R_L} \right)$$

vom FET verursachte Ausgangsrauschleistung:

$$P_{rF} = \frac{U_{rF}^2}{R_L} = \frac{1}{R_L} \left(g_d + \frac{1}{R_D} + \frac{1}{R_L} \right)^2 I_{rK}^2(f)$$

und damit den Rauschfaktor:

$$F = 1 + \frac{R_1 + R_G}{R_1^2 g_m} \cdot \frac{I_{rK}^2(f)}{P_{rE}}$$

$$F = 1 + \frac{R_1 + R_G}{R_1^2 g_m} \cdot \frac{I_{rK}^2(f)}{4kTR_G\Delta f}$$

Bei sehr großem R_G erreicht das Rauschmaß dieser Schaltung ein Minimum. Gleichzeitig ist es von der Signalfrequenz f abhängig. Die optimale Wahl des Generatorwiderstandes wird als *Rauschanpassung* bezeichnet.

■ 7.6 Aufgabe

Aufgabe 7.1

Gegeben ist ein Transistorverstärker nach Bild 7.11. Zu berechnen sind die Rauschspannung am Widerstand R_L und der Signal-Rausch-Abstand am Ausgang. Die Eingangsspannung und alle Widerstände seien rauschfrei.

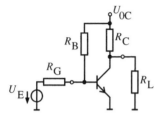

Bild 7.11 Transistorverstärker

8 Operationsverstärker

Betrachtet man den Operationsverstärker (OPV) aus systemtheoretischer Sicht, so stellt er eine spannungsgesteuerte Spannungsquelle dar. Seine wichtigste Systemeigenschaft ist die Spannungsverstärkung. Sie soll einen möglichst großen Wert aufweisen.

Aus schaltungstechnischer Sicht sind Operationsverstärker mehrstufige monolithisch integrierte Gleichspannungsverstärker. Aufgrund ihrer schaltungstechnischen Realisierung besitzen sie solch ideale Eigenschaften, dass ihre Wirkung in einer Schaltung überwiegend durch die äußere Gegenkopplungsbeschaltung bestimmt wird.

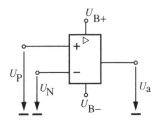

Bild 8.1 Schaltsymbol eines Operationsverstärkers

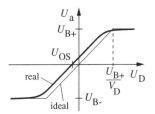

Bild 8.2 Übertragungskennlinie eines Operationsverstärkers

Wie das Schaltsymbol (Bild 8.1) zeigt, verfügt ein Operationsverstärker über zwei Eingänge, einen nicht invertierend $(+)$ und einen invertierend $(-)$ auf den Ausgang wirkenden. Das zwischen beiden liegende Differenzsignal $U_D = U_P - U_N$ wird zur Ausgangsspannung U_a verstärkt. Bei niedrigen Frequenzen besitzen U_a und U_P die gleiche Phasenlage, U_a und U_N sind gegenphasig. In der Regel erfolgt eine Versorgung durch zwei symmetrisch zum Massepotenzial wirkende Betriebsspannungen U_{B+} und U_{B-}. Dies ermöglicht die Aussteuerung des Ausgangs zu positiven und negativen Spannungen. Im Schaltplan werden die beiden Betriebsspannungsanschlüsse der besseren Übersichtlichkeit wegen weggelassen. Die prinzipielle Übertragungskennlinie eines Operationsverstärkers zeigt Bild 8.2. Idealerweise müsste sie durch den Koordinatenursprung verlaufen, d. h., bei Ansteuerung des Operationsverstärkers mit $U_D = 0$ sollte auch die Ausgangsspannung null sein. In der Realität führen jedoch innere Unsymmetrien der Schaltung zu einer abweichenden Ausgangsspannung.

■ 8.1 Der ideale Operationsverstärker

Das ideale Verhalten eines Operationsverstärkers ist durch folgende Eigenschaften gekennzeichnet:

- ausschließliche Differenzverstärkung v_D:
  $U_a = v_D \cdot U_D$ mit $v_D \rightarrow \infty$

- keine Eingangsströme: $I_P = I_N = 0$
- unendlich hoher Eingangswiderstand:
  $r_e \rightarrow \infty$
- vernachlässigbarer Ausgangswiderstand:
  $r_a = 0$
- spiegelsymmetrische Übertragungskennlinie
- kein Offset: $U_a(U_D = 0) = 0$
- frequenzunabhängiges Übertragungsverhalten

In Bild 8.3 ist das Ersatzschaltbild eines idealen Operationsverstärkers dargestellt.

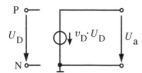

Bild 8.3 Ersatzschaltbild eines idealen OPV

Die Annahme einer unendlich hohen Differenzverstärkung $v_D \rightarrow \infty$ ist für die vereinfachte Schaltungsanalyse mit idealem Operationsverstärker von großer Bedeutung.

■ 8.2 Aufbau eines Operationsverstärkers

Die Innenschaltung eines Operationsverstärkers lässt sich in drei funktionelle Teile untergliedern (Bild 8.4).

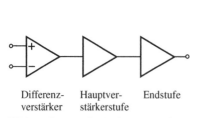

Differenz-   Hauptver-   Endstufe
verstärker   stärkerstufe

Bild 8.4 Prinzipieller Aufbau eines Operationsverstärkers

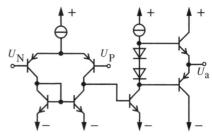

Bild 8.5 Prinzipielle Innenschaltung eines Operationsverstärkers

Die Eingangsstufe wird durch einen Differenzverstärker gebildet. Hauptaufgabe dieser Stufe ist die Erzielung einer hohen Gleichtaktunterdrückung, sodass nur Spannungsdifferenzen zwischen beiden Eingängen verstärkt werden. Zusätzlich muss sie ein annähernd ideales Eingangsverhalten sichern. Die von einem Operationsverstärker geforderte sehr hohe Verstärkung wird insbesondere in der zweiten Stufe erzeugt. Als Schaltungsprinzip kommt meist eine Emitterschaltung mit Stromquellenlast zum Einsatz. Die Anpassung der Potenzialpegel an den Differenzverstärker und die Endstufe, meist durch Emitterfolger realisiert, ist die zweite Aufgabe dieser Stufe. Die Endstufe sorgt für einen niedrigen Ausgangswiderstand und die möglichst lineare und spiegelsymmetrische Übertragungskennlinie. Dazu bieten sich Gegentakttreiber im AB-Betrieb an.

■ 8.3 Statische Kenngrößen realer Operationsverstärker

In der Praxis gibt es keinen idealen Operationsverstärker. Zur Bewertung der Qualität eines OPV werden deshalb verschiedene Kenngrößen angegeben.

Differenzverstärkung. Die Differenzverstärkung v_D entspricht der Leerlaufspannungsverstärkung ohne Gegenkopplung.

$$v_D = \frac{U_a}{U_D} = \frac{U_a}{U_P - U_N} \tag{8.1}$$

Die in den Datenblättern angegebene NF-Spannungsverstärkung v_{u0} beschreibt den maximalen Anstieg der Übertragungskennlinie und stimmt bei Aussteuerung innerhalb des linearen Bereichs mit v_D überein.

Gleichtaktunterdrückung. Eine reine Differenzaussteuerung des OPV liegt nur vor, wenn $U_P = -U_N$ gilt. Im allgemeinen Fall lässt sich ein Eingangssignal immer in einen Differenzanteil $U_D = U_P - U_N$ und einen Gleichanteil $U_{Gl} = 0{,}5(U_P + U_N)$ zerlegen. Dieser Gleichtaktanteil bewirkt an einem realen Differenzverstärker eine Ausgangsspannung, d. h., es existiert eine *Gleichtaktverstärkung* v_{Gl}.

$$v_{Gl} = \frac{U_a}{U_{Gl}} \tag{8.2}$$

Die Abweichung vom idealen Verhalten wird durch die Gleichtaktunterdrückung CMRR (Common Mode Rejection Ratio) beschrieben.

$$CMRR = \frac{v_D}{v_{Gl}} \tag{8.3}$$

Das prinzipielle Gleichtaktverstärkungsverhalten ist in Bild 8.6 dargestellt.

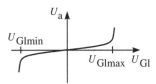

Bild 8.6 Gleichtaktverstärkung eines OPV

Gleichtaktaussteuerbereich. Eine relativ geringe Gleichtaktverstärkung besitzt der OPV nur in einem begrenzten Bereich, dem Gleichtaktaussteuerbereich $U_{Glmin} < U_{Gl} < U_{Glmax}$ (siehe Bild 8.6). An seinen Grenzen tritt eine steiler Anstieg auf. Der OPV ist nur innerhalb dieser i. Allg. unsymmetrischen Grenzen nutzbar.

Ausgangsaussteuerbereich. Als Ausgangsaussteuerbereich gilt der lineare Bereich der Übertragungskennlinie (Bild 8.2). Seine Grenzen resultieren aus den Eigenschaften der Endstufe.

Eingangswiderstände. Es ist in einen Differenzeingangswiderstand R_D und einen Gleichtakteingangswiderstand R_{Gl} zu unterscheiden. Beide werden von der Eingangsstufe bestimmt und sind im Kleinsignalersatzschaltbild (Bild 8.7) dargestellt. Sie werden üblicherweise als NF-Werte angegeben.

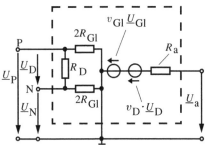

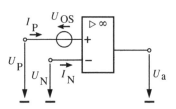

Bild 8.7 Kleinsignalersatzschaltbild eines OPV   **Bild 8.8** Definition der Offsetgrößen

Offsetspannung. Bereits ohne Eingangsspannung U_D produziert der Operationsverstärker eine Ausgangsspannung $U_a = v_D U_{OS}$. Dabei entspricht die Offsetspannung U_{OS}, genauer als Eingangsoffsetspannung bezeichnet, derjenigen Eingangsspannung U_D, die erforderlich ist, damit die Ausgangsspannung des OPV null wird. Im Modell des idealen OPV kann sie in einer zusätzlichen Spannungsquelle am OPV-Eingang Berücksichtigung finden (Bild 8.8). Dabei handelt es sich um den konkreten Wert U_{OS} des betrachteten Operationsverstärkers, der positiv oder negativ sein kann. Im Datenblatt steht allerdings ein vom Hersteller garantierter Grenzwert, der als Betragswert aufzufassen ist.

Eingangsströme. Bei Verwendung von Bipolartransistoren im Eingangsdifferenzverstärker wirken deren Basisströme als Eingangsströme I_P bzw. I_N des OPV. Die Differenz zwischen beiden wird als *Offsetstrom* $I_{OS} = I_P - I_N$ bezeichnet. Die Auswirkung dieser Eingangsströme ist von der Beschaltung des OPV abhängig.

Einen Überblick über die wichtigsten OPV-Kennwerte enthält Tabelle 8.1.

Tabelle 8.1 Kennwerte von Operationsverstärkern

Kenngröße	typische Werte	ideal
Differenzverstärkung V_D	$10^4 \dots 10^6$	∞
Gleichtaktunterdrückung G	$10^3 \dots 10^6$	∞
Differenzeingangswiderstand R_D	$10^5 \dots 10^7\,\Omega$	∞
Gleichtakteingangswiderstand R_{Gl}	$> 100 R_D$	∞
Ausgangswiderstand R_a	$70\,\Omega \dots 1\,\mathrm{k}\Omega$	0
Offsetspannung U_{OS}	$0,5 \dots 5\,\mathrm{mV}$	0
Offsetstrom I_{OS}	$< I_E$	0
Eingangsruhestrom $I_E = 0,5(I_P + I_N)$	$20 \dots 200\,\mathrm{nA}$	0
Gleichtaktaussteuerbereich U_{Glmax}	$> 0,8 U_B$	U_B
Ausgangsaussteuerbereich U_{amax}	$> 0,8 U_B$	U_B
Slewrate S_R	$0,5 \dots 50\,\mathrm{V/\mu s}$	∞
Transitfrequenz f_T	$1 \dots 10\,\mathrm{MHz}$	∞

Beispiel 8.1

Die Spannungsverstärkung $v_u = U_a/U_e$ der Schaltung in Bild 8.9 mit idealem OPV ist zu berechnen. Welche Funktion erfüllt die Schaltung?

Lösung:

Für den idealen OPV gilt $v_D \to \infty$, $I_N = I_P = 0$. Wegen der unendlich hohen Differenz-verstärkung muss bei endlicher Ausgangsspannung U_a einer linearen Verstärkerschaltung die Differenzspannung U_D am OPV-Eingang gegen null gehen. Daraus leitet sich der Berechnungsansatz $U_D = 0$ ab. Wegen $I_N = 0$ ergibt sich U_N nach dem Spannungs-teiler über R_1 und R_2

$$U_e = U_{R2} = \frac{R_2}{R_1 + R_2} U_a$$

und es folgt mit $U_e = U_D + U_N$:

$$v_u = \frac{U_a}{U_e} = 1 + \frac{R_1}{R_2}$$

Es liegt ein nicht invertierender frequenzunabhängiger Spannungsverstärker vor.

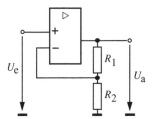

Bild 8.9 OPV-Schaltung

■

 Die Nutzung eines OPV in linearen Verstärkerschaltungen erfordert wegen der un-endlich hohen Differenzverstärkung eine Gegenkopplungsbeschaltung, d. h. eine Rückführung eines Teils des Ausgangssignals.

 Bei Anwendung eines OPV als Komparator für die beiden Eingangsspannungen U_P und U_N ohne Gegenkopplungsbeschaltung kann das Ausgangssignal nur die Werte U_{B+} und U_{B-} annehmen.

Beispiel 8.2

In der Verstärkerschaltung nach Bild 8.10 ist der Einfluss einer Offsetspannung bzw. der Einfluss von Eingangsruheströmen des Operationsverstärkers auf die Ausgangsspan-nung zu berechnen.

Lösung:

Da sowohl die Übertragungseigenschaft des Operationsverstärkers als auch die Eigen-schaft der Widerstände als linear vorausgesetzt werden können, ist es möglich, die ge-suchten Einflüsse getrennt zu berechnen und die Auswirkung auf die Ausgangsspannung unter Nutzung des Überlagerungssatzes zu berechnen.

Einfluss der Offsetspannung des OPV bei $I_P = I_N = 0$ und $v_D \to \infty$:

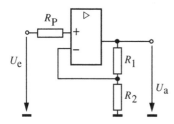

Bild 8.10 Spannungsverstärker
mit Kompensationswiderstand R_P

Wegen $I_P = 0$ spielt der Widerstand R_P keine Rolle. Unter Berücksichtigung des Offset-modells nach Bild 8.8 lässt sich folgender Ansatz formulieren:

$$U_{RP} = 0$$

$$U_P = U_e + U_{OS}$$

$$U_N = U_a \frac{R_2}{R_1 + R_2}$$

$$U_N = U_P \quad \text{da} \quad U_D \to 0$$

Aus diesen Gleichungen gewinnt man:

$$U_a = \left(1 + \frac{R_1}{R_2}\right) U_e + \left(1 + \frac{R_1}{R_2}\right) U_{OS}$$

Aus Beispiel 8.1 ist bekannt, dass der Klammerausdruck die Spannungsverstärkung v_u der Schaltung darstellt. Die Offsetspannung U_{OS} des Operationsverstärkers erscheint um die Spannungsverstärkung v_u vergrößert als Anteil der Ausgangsspannung $U_{a,OS}$.

$$U_{a,OS} = \left(1 + \frac{R_1}{R_2}\right) U_{OS}$$

Einfluss der Ruheströme des OPV bei $U_{OS} = 0$ und $v_D \to \infty$:

Der Lösungsansatz lautet in diesem Fall:

$$U_P = U_e - I_P R_P$$

$$U_N = U_P \quad \text{da} \quad U_D \to 0$$

$$I_{R1} = I_N + I_{R2}$$

$$I_{R1} = \frac{U_a - U_N}{R_1}$$

$$I_{R2} = \frac{U_N}{R_2}$$

Nach Auflösung der Gleichungen ergibt sich:

$$U_a = \left(1 + \frac{R_1}{R_2}\right) U_e - I_P R_P \left(1 + \frac{R_1}{R_2}\right) + I_N R_1$$

Die Ruheströme I_P und I_N wirken mit entgegengesetztem Vorzeichen auf die Ausgangs-spannung des Verstärkers.

$$U_{a,IR} = -I_P R_P \left(1 + \frac{R_1}{R_2}\right) + I_N R_1$$

Eine Kompensation beider Anteile ist möglich, wenn

$$I_P R_P \left(1 + \frac{R_1}{R_2}\right) = I_N R_1$$

gewählt wird. Der Kompensationswiderstand R_P muss dazu den Wert besitzen:

$$R_P = \frac{R_1 R_2}{R_1 + R_2} \frac{I_N}{I_P} = (R_1 \parallel R_2) \frac{I_N}{I_P}$$

Beide Einflüsse überlagern sich additiv auf die Ausgangsspannung.

$$U_a = \left(1 + \frac{R_1}{R_2}\right) U_e + U_{a,\,OS} + U_{a,\,IR}$$

Aus dieser Beziehung wird deutlich, dass durch geeignete Wahl von R_P beide Einflüsse kompensiert werden können.

■ 8.4 Dynamische Kenngrößen realer Operationsverstärker

Frequenzgang. Der innere Aufbau eines Operationsverstärkers aus mehreren direkt gekoppelten Verstärkerstufen bewirkt ein frequenzabhängiges Übertragungsverhalten, das von mehreren Polen und Nullstellen bestimmt wird. Meist liegen nur ein oder zwei Pole im nutzbaren Frequenzbereich. Die Verstärkung ist dann in der Form

$$v_D = \frac{v_{D0}}{\left(1 + j\dfrac{f}{f_1}\right)\left(1 + j\dfrac{f}{f_2}\right)} \tag{8.4}$$

darstellbar. Bild 8.11 zeigt das zugehörige Bodediagramm. Die erste Eckfrequenz f_1 bestimmt die Bandbreite der NF-Verstärkung v_{D0}.

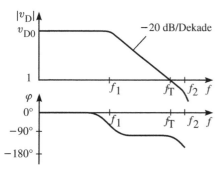

Bild 8.11 Bodediagramm der Differenzverstärkung eines OPV

Oberhalb f_1 sinkt die Verstärkung mit 20 dB/Dekade. Für Signale mit einer Frequenz größer als f_1 bedeutet dieser Frequenzgang, dass die Verstärkung der Signalamplitude absinkt und gleichzeitig eine Phasenverschiebung des Ausgangssignals gegenüber dem Eingangssignal zu erwarten ist. Die zweite Eckfrequenz f_2 eines Operationsverstärkers liegt in der Regel bei einem Wert, bei dem der Betrag der Differenzverstärkung des OPV bereits deutlich kleiner als 1 ist.

Transitfrequenz. Im Datenblatt eines OPV steht die Transitfrequenz f_T. Sie bezeichnet die Frequenz, bei der die Differenzverstärkung v_D des OPV auf den Wert 1 gesunken ist.

Definition:

$$v_D\left(f_T\right) = 1 \qquad (8.5)$$

Unter der Voraussetzung $f_2 \gg f_T$ (Gültigkeit einer Einpolnäherung) lässt sich eine Beziehung zwischen Transitfrequenz, Differenzverstärkung und Bandbreite f_1 des unbeschalteten OPV gewinnen.

$$f_1 = \frac{f_T}{|v_{D0}|} \qquad (8.6)$$

Deshalb wird f_T auch als *Verstärkungs-Bandbreite-Produkt* bezeichnet. Zur Sicherung der Einpolnäherung werden Operationsverstärker intern oder extern frequenzgangkompensiert.

Slewrate. Die Ausgangsspannung eines OPV kann sich auch bei einem Eingangsspannungssprung nur mit endlicher Geschwindigkeit ändern. Ursache dafür sind die Umladevorgänge im Inneren der Schaltung.

Die maximale Änderungsgeschwindigkeit der Ausgangsspannung wird als Slewrate bezeichnet. Gemessen wird sie bei maximaler Gegenkopplung des OPV, d. h. in Spannungsfolgerschaltung mit $v_U = 1$ (vgl. Bild 8.12).

$$S_R = \frac{\mathrm{d}\,U_a}{\mathrm{d}\,t}\bigg|_{\max} \qquad (8.7)$$

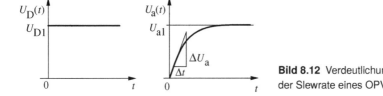

Bild 8.12 Verdeutlichung der Slewrate eines OPV

Bei Großsignalaussteuerung kann dadurch eine Signalverzerrung entstehen (Abschnitt 8.6).

■ 8.5 Verstärkerschaltungen mit Operationsverstärker

Beim Einsatz als Verstärker muss ein Operationsverstärker durch eine externe Beschaltung gegengekoppelt betrieben werden. Dazu wird ein Teil des Ausgangssignals auf den negativen Eingang des OPV zurückgeführt. Durch die Größe des rückgekoppelten Signals wird die konkrete Signalverstärkung eingestellt.

8.5.1 Grundschaltungen eines Spannungsverstärkers

Zur Realisierung eines Spannungsverstärkers gibt es zwei prinzipielle Varianten.

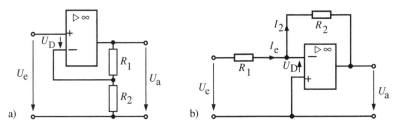

Bild 8.13 Spannungsverstärker; a) nicht invertierender Verstärker, b) invertierender Verstärker

Beim *nicht invertierenden Verstärker* (Bild 8.13a) wird das Signal dem positiven Eingang des OPV zugeführt. Ein Teil der Ausgangsspannung wird über einen Spannungsteiler (R_1, R_2) auf den negativen OPV-Eingang rückgekoppelt. Verstärkt wird nur die Differenz aus Eingangsspannung U_e und der rückgekoppelten Spannung.

Unter Vernachlässigung der Eingangsruheströme des Operationsverstärkers $I_N = I_P = 0$ ergibt sich ein vereinfachter Berechnungsansatz für den nicht invertierenden Verstärker. Es werden die Maschengleichung am Eingang des Verstärkers

$$U_e - U_D = U_{R2}$$

die Spannungsteilerregel am Ausgang

$$\frac{U_{R2}}{U_a} = \frac{R_2}{R_1 + R_2}$$

und die Verstärkergleichung des Operationsverstärkers

$$U_D = \frac{U_a}{v_D}$$

benötigt. Nach Eliminierung von U_D und U_{R2} ergibt sich die Spannungsverstärkung V_u der Schaltung zu

$$V_u = \frac{U_a}{U_e} = \frac{1 + \dfrac{R_1}{R_2}}{1 + \dfrac{1}{v_D}\left(1 + \dfrac{R_1}{R_2}\right)}$$

Für einen idealen Operationsverstärker mit $v_D \to \infty$ erhält man einen Näherungswert der Spannungsverstärkung, der nur durch die Widerstände des Rückkoppelnetzwerkes bestimmt wird.

$$V_u = \frac{U_a}{U_e} = 1 + \frac{R_1}{R_2}$$

Als Berechnungsansatz für den *invertierenden Verstärker* (Bild 8.13b) dienen die Knotengleichung des Eingangsknotens $I_e = I_2$ und das Ohmsche Gesetz für die beiden Widerstände. Es folgt

$$\frac{U_e + U_D}{R_1} = \frac{-U_D - U_a}{R_2}$$

mit

$$U_\mathrm{D} = \frac{U_\mathrm{a}}{v_\mathrm{D}}$$

Nach Eliminierung von U_D ergibt sich die Spannungsverstärkung zu

$$V_\mathrm{u} = \frac{U_\mathrm{a}}{U_\mathrm{e}} = \frac{-\dfrac{R_2}{R_1}}{1 + \dfrac{1}{V_\mathrm{D}}\left(1 + \dfrac{R_2}{R_1}\right)}$$

Mit $v_\mathrm{D} \to \infty$ ergibt sich wiederum eine Näherung, deren Wert nur von der externen Beschaltung des Operationsverstärkers bestimmt ist

$$V_\mathrm{u} = \frac{U_\mathrm{a}}{U_\mathrm{e}} = -\frac{R_2}{R_1}$$

Wenn die Differenzverstärkung v_D eines OPV um mindestens drei Größenordnungen über der angestrebten Spannungsverstärkung V_u der Schaltung liegt, kann problemlos mit den Näherungsbeziehungen gearbeitet werden.

8.5.2 Kompensation von Offsetspannung und Offsetstrom des Operationsverstärkers

Ein Spannungsoffset U_OS des Operationsverstärkers führt in beiden Verstärkeranwendungen zu einer fehlerhaften Ausgangsspannung. Eine Schaltungsberechnung kann mit dem OPV-Modell aus Bild 8.8 erfolgen.

Mit $I_\mathrm{N} = I_\mathrm{P} = 0$ und $v_\mathrm{D} \to \infty$ lässt sich für einen nicht invertierenden Verstärker nach Bild 8.13a) die folgende Beziehung gewinnen.

$$U_\mathrm{a} = \left(1 + \frac{R_1}{R_2}\right)U_\mathrm{e} + \left(1 + \frac{R_1}{R_2}\right)U_\mathrm{OS}$$

Der zweite Summand beschreibt den entstehenden Ausgangsspannungsfehler.

Eine ähnliche Wirkung haben die Eingangsruheströme des OPV bzw. deren Offset auf die Ausgangsspannung.

Durch eine einfache Erweiterung der Schaltung des Spannungsverstärkers um einen zusätzlichen Widerstand R_P am P-Eingang des OPV ist eine Kompensation beider Fehlereinflüsse möglich (Bild 8.14).

Berechnung des nicht invertierenden Verstärkers:

Ansatz:

$$U_\mathrm{D} = \frac{U_\mathrm{a}}{v_\mathrm{D}} = 0, \quad U_\mathrm{OS} \neq 0, \quad I_\mathrm{N} \neq 0, \quad I_\mathrm{P} \neq 0, \quad v_\mathrm{D} \to \infty$$

Masche am Eingang: $U_\mathrm{e} = I_\mathrm{P}R_\mathrm{P} - U_\mathrm{OS} + U_\mathrm{D} + U_\mathrm{R2}$

Knoten am Ausgang: $I_\mathrm{R1} = I_\mathrm{N} + I_\mathrm{R2} \Rightarrow \dfrac{U_\mathrm{a} - U_\mathrm{R2}}{R_1} = I_\mathrm{N} + \dfrac{U_\mathrm{R2}}{R_2}$

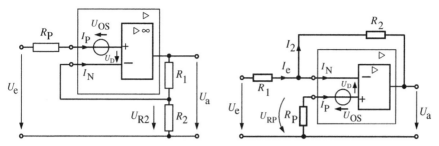

Bild 8.14 Offsetkompensierte Spannungsverstärker (nicht invertierend bzw. invertierend)

Daraus leitet sich die Ausgangsspannung der Schaltung in folgender Form ab:

$$U_a = \left(1 + \frac{R_1}{R_2}\right) U_e + \left(1 + \frac{R_1}{R_2}\right)(U_{OS} - I_P R_P) + I_N R_1$$

Eine geeignete Wahl von R_P zur Kompensation aller Offset-Einflüsse lautet:

$$R_P = \frac{I_N}{I_P} \frac{R_1 R_2}{R_1 + R_2} + \frac{U_{OS}}{I_P}$$

Interessant ist, dass sich beim invertierenden Verstärker der gleiche Wert für R_P ergibt.

Der konkrete Zahlenwert für R_P resultiert allerdings aus den ganz konkreten Offset- und Ruhestromwerten des eingesetzten Operationsverstärkers. Diese müssen messtechnisch bestimmt werden, um R_P ausrechnen zu können. Alternativ lässt sich auch ein einstellbarer Widerstand für R_P verwenden, für den dann ein entsprechender Abgleich vorgenommen werden kann, sodass sich die Offset- und Ruhestromeinflüsse gerade kompensieren lassen.

■ 8.6 Dynamisches Verhalten von Operationsverstärkerschaltungen

Einfluss des Frequenzgangs. Der Frequenzgang eines Operationsverstärkers bestimmt auch die Eigenschaften einer Verstärkerschaltung. Hier soll dies am Beispiel eines nicht invertierenden Verstärkers nach Bild 8.13a dargestellt werden.

Unter Annahme einer Einpolnäherung für den Frequenzgang der Differenzverstärkung

$$v_D(f) = \frac{v_{D0}}{1 + j\dfrac{f}{f_1}} \quad \text{mit} \quad f_1 = \frac{f_T}{V_{D0}}$$

kann die Spannungsverstärkung der Schaltung in der folgenden Form aufgeschrieben werden:

$$V_u(f) = \frac{1 + \dfrac{R_1}{R_2}}{1 + \dfrac{1}{V_D(f)}\left(1 + \dfrac{R_1}{R_2}\right)} = \frac{1 + \dfrac{R_1}{R_2}}{1 + \dfrac{1}{V_{D0}}\left(1 + \dfrac{R_1}{R_2}\right) + j\dfrac{f}{f_B}}$$

mit

$$f_B = f_1 \frac{V_{D0}}{1 + \dfrac{R_1}{R_2}}$$

Für $v_{D0} \to \infty$ folgt als Näherung

$$v_u(f) = \frac{1 + \dfrac{R_1}{R_2}}{1 + \mathrm{j}\dfrac{f}{f_B}} = \frac{v_{u0}}{1 + \mathrm{j}\dfrac{f}{f_B}}$$

Die grafische Darstellung des Verlaufs $v_u(f)$ in Bild 8.15 zeigt die mit einer Reduzierung der Spannungsverstärkung v_{u0} einhergehende Erhöhung der Bandbreite f_B der Schaltung. Signale mit Frequenzen bis Bandbreite f_B werden mit der eingestellten Spannungsverstärkung v_{u0} übertragen und erfahren dabei keine Phasenverschiebung φ_u.

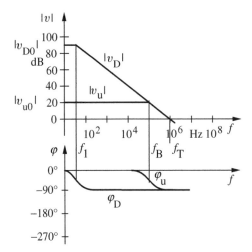

Bild 8.15 Frequenzgang der Verstärkung des OPV $v_D(f)$ und der Verstärkerschaltung $v_u(f)$

Einfluss der Slewrate. Die endliche Änderungsgeschwindigkeit der Ausgangsspannung eines OPV hat auch Auswirkungen auf die Übertragung von sinusförmigen Signalen hoher Frequenz und großer Amplituden. Die maximale Anstiegsgeschwindigkeit eines sinusförmigen Signals tritt bei dessen Nulldurchgang auf.

Bei einem Signal der Form $U(t) = \hat{U} \cdot \sin \omega t$ beträgt dessen erste Ableitung im Nulldurchgang

$$U'(t = 0) = \frac{\mathrm{d}}{\mathrm{d}t} U(t = 0) = \omega \hat{U} \cos(0) = \omega \hat{U} = 2\pi f \hat{U}$$

Soll ein Verstärker diese Signalspannungsänderung übertragen können, so benötigt er eine Slewrate der Größe $S_R \geqq 2\pi f \hat{U}$.

Umgekehrt betrachtet, resultiert aus der Slewrate eines OPV eine Bedingung an zu übertragende Signale, die sich durch das Produkt von Signalfrequenz und Signalamplitude beschreiben lässt. Es gilt $f \hat{U} \leqq S_R / 2\pi$.

Wird diese Bedingung verletzt, erfolgt eine Verzerrung des sinusförmigen Signalverlaufs, wie die Spannungsfolgerschaltung in Bild 8.16 mit einem µA741 zeigt. Bereits bei einer Signalamplitude von 1 V und Signalfrequenz von $f_S = 100\,\text{kHz}$ kann die Ausgangsspannung nicht

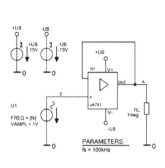

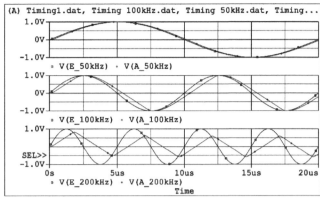

Bild 8.16 Einfluss der Slewrate des OPV auf die Übertragung sinusförmiger Signale am Beispiel eines Spannungsfolgers

mehr der Eingangsspannung folgen. Die Ausgangsspannung nähert sich mit wachsender Signalfrequenz immer stärker einem dreieckförmigen Verlauf an.

■ 8.7   Rauschen in Operationsverstärkern

Alle Halbleiterbauelemente und Widerstände, die in einem Operationsverstärker enthalten sind, tragen zu einem Rauschen an den Ausgangsklemmen bei. Das Gesamtrauschen setzt sich aus thermischem Rauschen, Schrotrauschen und $1/f$-Rauschen zusammen. Es wird innerhalb der Ersatzschaltung in Form von zwei Rauschstromquellen und einer Rauschspannungsquelle am Eingang des ansonsten rauschfreien Verstärkermodells berücksichtigt. Die Rauschströme der beiden Eingänge sind unkorrelliert, haben aber die gleiche Intensität [8.1]. Bild 8.18 zeigt die typischen Kurven der effektiven Rauschgrößen. Die Frequenzen f_{thi} und f_{thu} begrenzen den Dominanzbereich des $1/f$-Rauschens.

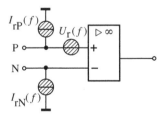

Bild 8.17 Rauschersatzschaltung eines OPV

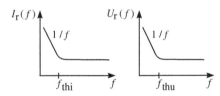

Bild 8.18 Frequenzabhängigkeit der Rauschgrößen eines OPV

■ 8.8   Moderne Operationsverstärkertypen

Betrachtet man den Operationsverstärker aus systemtheoretischer Sicht als spannungsgesteuerte Spannungsquelle, so drängt sich die Konsequenz auf, auch die drei anderen Varianten gesteuerter Quellen als idealisierte Bauelemente einzuführen. Mit der rasanten Steigerung des Integrationsgrades analoger integrierter Schaltkreise in den letzten Jahren werden auch von den Herstellern zunehmend solche Verstärkertypen angeboten. Eine Systematisierung auf der Basis gesteuerter Quellen führt zur Einteilung entsprechend Tabelle 8.2. Die Namen dieser Verstärkertypen zeigen bereits, dass sie wichtige Baugruppen der Elektronik darstellen, die bisher diskret realisiert werden mussten. Ihre Verfügbarkeit als ideale Bausteine ermöglicht völlig neue Schaltungskonzepte (vgl. Kapitel 12). In der Kurzbezeichnung steht V für Voltage (Spannung) und C für Current (Strom). Der erste Buchstabe repräsentiert die Eingangsgröße, der zweite die Ausgangsgröße. Da sich diese Operationsverstärkertypen in ihren wichtigsten Eigenschaften stark unterscheiden, muss dies auch in den Schaltsymbolen zum Ausdruck kommen (siehe Bild 8.19).

Tabelle 8.2 Operationsverstärkertypen

Gesteuerte Quelle	Verstärkertyp	Kurzbezeichnung
Spannungsgesteuerte Spannungsquelle	Spannungsverstärker	VV-OPV
Spannungsgesteuerte Stromquelle	Transadmittanzverstärker, Spannungs-Strom-Wandler	VC-OPV
Stromgesteuerte Spannungsquelle	Transimpedanzverstärker, Strom-Spannungs-Wandler	CV-OPV
Stromgesteuerte Stromquelle	Stromverstärker	CC-OPV

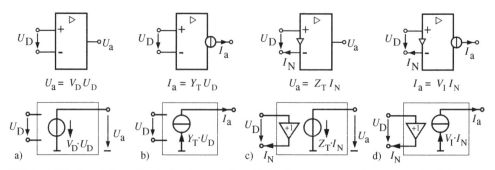

Bild 8.19 Schaltsymbole und Kleinsignalersatzschaltbild der Operationsverstärkertypen; a) VV-OPV, b) VC-OPV, c) CV-OPV, d) CC-OPV

Eigenschaften der Operationsverstärkertypen:

■ OPV mit Spannungsausgang besitzen einen niederohmigen Ausgang, der als Spannungsquelle wirkt.

■ OPV mit Stromausgang besitzen einen hochohmigen Ausgang, der als Stromquelle wirkt.

■ OPV mit Spannungseingang besitzen zwei hochohmige Eingänge. Sie werden durch die Differenzeingangsspannung U_D gesteuert. Die Eingangsströme gehen im Idealfall gegen null.

- OPV mit Stromeingang besitzen einen niederohmigen N-Eingang (invertierend) und werden durch den Strom I_N gesteuert. Diese Operationsverstärker gibt es in zwei Varianten. Beim Typ I (CV-I-OPV, CC-I-OPV) führen beide Eingänge den gleichen Strom ($I_P = I_N$). Die zwischen beiden Eingängen liegende Differenzspannung U_D resultiert aus dem Eingangswiderstand r_e der Schaltung, der im Idealfall gegen null geht. Der Typ II (CV-II-OPV, CC-II-OPV) besitzt einen niederohmigen Eingang, den N-Eingang. Der P-Eingang (nicht invertierend) ist hochohmig, sodass der Strom I_P gegen null geht. Ein zwischen dem P- und dem N-Eingang befindlicher Spannungsfolger bestimmt die Größe des Stromes I_N (bzw. auch I_P beim Typ I) im Zusammenspiel mit der äußeren Beschaltung des CV-OPV durch sein Bestreben, beide Eingänge auf das gleiche Potenzial ($U_D = 0$) zu bringen.

Das Konzept des altbewährten **Spannungsverstärkers (VV-OPV)** geht von einem Verstärker mit möglichst großer Differenzspannungsverstärkung ($V_D \to \infty$) aus und erfordert zur Realisierung einer Schaltung mit endlicher Spannungsverstärkung eine externe Gegenkopplung des OPV.

Der **Spannungs-Strom-Wandler (VC-OPV)**, auch Transadmittanzverstärker oder Steilheitsverstärker genannt, besitzt einen Stromquellenausgang. Damit ist die Übertragungssteilheit Y_T der wichtigste Systemparameter. Moderne VC-OPVs verfügen über eine Möglichkeit zur Einstellung einer definierten Übertragungssteilheit Y_T, wodurch sich diese über mehrere Größenordnungen gezielt variieren lässt. Meist geschieht dies durch Einspeisen eines entsprechenden Steuerstroms in einen zusätzlichen Steuereingang. Dadurch können diese OPVs ohne ein zusätzliches Rückkoppelnetzwerk genutzt werden. Die schaltungstechnische Anwendung vereinfacht sich erheblich. Ein typisches Beispiel für einen Transadmittanzverstärker ist der LM 13600 der Firma National Semiconductor. Eine Umwandlung des Ausgangsstromes in eine Spannung kann auf einfache Weise an einem ohmschen Widerstand erfolgen. Die Ausgänge von Transadmittanzverstärkern können parallel geschaltet werden. Über einem gemeinsamen Lastwiderstand summieren sich dann die Ausgangsströme. Es ist leicht vorstellbar, die Größe des Steuerstromes aus bestimmten Signalparametern abzuleiten. Auf dieser Basis können dann auf einfache Weise Verstärker mit automatischer Verstärkungssteuerung (AGC – Automatic Gain Controll) realisiert werden.

Strom-Spannungs-Wandler (CV-OPV), auch Transimpedanzverstärker oder Current-Feedback-OPV genannt, besitzen eine Eingangsstufe, in der ein zwischen dem P- und dem N-Eingang liegender Spannungsfolgerverstärker den N-Eingang stets dem P-Eingang nachführt. Wegen des niedrigen Ausgangswiderstandes dieses Spannungsfolgers ergibt sich ein passender Strom aus dem N-Eingang heraus bzw. in entgegengesetzter Richtung, in dem Bestreben die Differenzeingangsspannung U_D zu null zu bringen und dabei auch die Kirchhoffschen Gleichungen im umgebenden Netzwerk in der geforderten Weise zu erfüllen. Dieser Strom wird mit einem extrem hohen Übertragungswiderstand Z_T in die Ausgangsspannung umgewandelt (siehe Bild 8.19). Der Ausgangswiderstand ist so niedrig wie bei einem VV-OPV, sodass Spannungsquellencharakteristik vorliegt. Der Übertragungswiderstand Z_T stellt die wichtigste Systemeigenschaft des CV-OPV dar. Verbreitet ist auch der Name **Current-Feedback-OPV** (Strom-Rückkopplungs-OPV, CFB). Dieser bezieht sich auf die Eigenschaft, dass nur der N-Eingang einen Strom führt, der diesem i. Allg. über eine externe Rückkopplungsbeschaltung zugeführt wird. Ein typisches Beispiel ist der AD 846 der Firma Analog Devices.

Die **Stromverstärker-OPVs (CC-OPV)** besitzen eine den CV-OPVs vergleichbare Eingangsstufe. Sie verfügen über eine Möglichkeit zur Einstellung einer definierten Stromverstärkung V_I, wodurch sie ohne ein zusätzliches Rückkoppelnetzwerk genutzt werden können. In der integrierten Schaltungstechnik sind sie auch unter dem Namen Current Conveyor Typ II (CC-II) bekannt und bilden die Basisbaugruppe für die sogenannte Current-Mode Schaltungstechnik [8.2], [8.3].

Ein Sonderfall ergibt sich für $V_I = 1$. Solche OPVs lassen sich durch die Differenzeingangsspannung steuern und als VC-Typ auffassen. Die Firma Burr-Brown hat für ihre Verstärker (z. B. OPA660) den Namen *Diamond-Transistor* geprägt. In dieser Interpretation steht der P-Eingang für die Basis, der N-Eingang für den Emitter und der Ausgang für den Kollektor. Kollektor- und Emitterstrom sind gleich und fließen beide auswärts. Der Basisstrom ist null. Der Diamond-Transistor wird durch die Basis-Emitter-Spannung gesteuert.

Die Schaltungen dieser modernen Operationsverstärkertypen sind oft in zwei oder drei Teilschaltungen untergliedert, wodurch diese Exemplare multivalent einsetzbar sind.

Beispiele:
- OPA660: besteht aus einem CC-OPV (hier Diamond-Transistor genannt) und einem CV-OPV, die extern verbunden werden können.
- OPA622: enthält die teilweise Verkopplung eines CC-OPV (Diamond-Transistor), eines CV-OPV (Output-Buffer) und eines VC-OPV (Feed-Back-Buffer) [8.4].
- LT1228: Kopplung eines VC-OPV und eines CV-OPV. Zwischen beiden erfolgt die Strom-Spannungs-Wandlung an einem externen Widerstand.

Diese modernen OPV-Typen ermöglichen völlig neue Schaltungskonzepte (siehe Anwendungsbeispiele in Abschnitt 12.7).

■ 8.9 Aufgaben

Aufgabe 8.1
Gegeben ist ein invertierender Verstärker nach Bild 8.20.
a) Berechnen Sie die Widerstände R_1 und R_2 so, dass sich bei idealem OPV ($v_{D0} \rightarrow \infty$) eine Spannungsverstärkung $v_{u0} = U_a/U_e = 10^3$ ergibt.

b) Welche Abweichung vom idealen Ergebnis tritt bei einer endlichen Verstärkung $v_{D0} = 10^5$ des OPV auf?

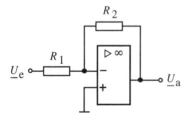

Bild 8.20 Invertierender Verstärker

Aufgabe 8.2
Welchen Einfluss haben Eingangsruheströme I_P und I_N des ansonsten idealen OPV auf die Schaltung in Bild 8.20?

Bestimmen Sie dazu U_A bei $U_E = 0$.

Der entstandene Fehler ist durch einen Kompensationswiderstand R_P am P-Eingang des OPV zu korrigieren. Welchen Wert muss dieser Widerstand allgemein und für $I_P = I_N$ besitzen?

Aufgabe 8.3
Ein idealer OPV ohne äußere Beschaltung werde als Komparator genutzt ($U_P = U_1$, $U_N = U_2$). Zeichnen Sie den Ausgangsspannungsverlauf zum gegebenen Eingangsspannungsverlauf nach Bild 8.21. Die Betriebsspannungen des OPV seien $U_{B+} = 10\,\text{V}$ und $U_{B-} = -10\,\text{V}$.

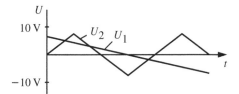

Bild 8.21 Verlauf der Eingangsspannungen

Aufgabe 8.4
Ein Operationsverstärker wird als Spannungsfolger betrieben.

a) Welche Slewrate muss dieser OPV mindestens besitzen, damit er eine sinusförmige Ausgangsspannung mit einer Amplitude von 10 V und einer Frequenz von 500 kHz verzerrungsfrei liefern kann?

b) Suchen Sie nach einem geeigneten OPV.

Aufgabe 8.5
Eine Operationsverstärkerschaltung vom Grundtyp nicht invertierender Verstärker (Bild 8.22) soll durch einen Schalter S zwischen einer Spannungsverstärkung von 20 dB und 25 dB umgeschaltet werden.

a) In welcher Schalterstellung werden 20 dB bzw. 25 dB Verstärkung erreicht? Geben Sie für beide Fälle die Formeln zur Dimensionierung der Rückkoppelwiderstände an.

b) Dimensionieren Sie die Rückkoppelwiderstände so, dass die geforderten Verstärkungen eintreten.

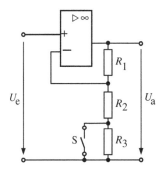

Bild 8.22 Verstärkerschaltung mit zwei einstellbaren Verstärkungen

9 Optoelektronische Bauelemente und Halbleitersensoren

■ 9.1 Fotosensoren

 Fotosensoren auf Halbleiterbasis wandeln Licht in elektrische Signale. Sie nutzen dazu die lichtabhängige Generation (Fotogeneration) von Ladungsträgerpaaren.

Weil die Energie der einfallenden Lichtquanten nach Gl. (1.10) größer als die Breite der verbotenen Zone des Halbleitermaterials sein muss, weisen Fotosensoren eine materialtypische spektrale Empfindlichkeit auf. Gewöhnlich erfolgt eine Angabe der Wellenlänge maximaler Empfindlichkeit λ_{max}.

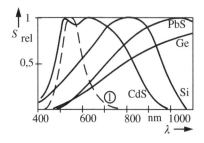

Bild 9.1 Fotoempfindlichkeiten einiger Halbleitermaterialien, (① menschliches Auge)

Fotowiderstand. Der Fotowiderstand ist ein Halbleitergebiet mit homogener Leitfähigkeit. Die infolge von Lichteinfall entstehende Fotogeneration erzeugt eine erhöhte Dichte freier Ladungsträgerpaare (Löcher und Elektronen). Diese verbessern die Leitfähigkeit des Halbleiters. Sein Widerstandswert sinkt mit wachsender Beleuchtungsstärke E_{Ph}. Es gilt $R \sim 1/E_{Ph}$.

Verwendung finden Materialien, die einen hohen Dunkelwiderstand R_0 besitzen, z. B. CdS, CdSe, PbSb und InSb.

Bei geringer Beleuchtung weisen Fotowiderstände eine starke Temperaturabhängigkeit auf. Ursache ist die thermische Generation. Sie wird erst bei höherer Fotogeneration überdeckt. Die Anpassungszeit des Widerstandswertes an eine veränderte Beleuchtungsstärke liegt im Millisekundenbereich. Die Einstellzeit auf den Dunkelwiderstand kann mehrere Sekunden betragen. Das Hell-Dunkel-Verhältnis des Widerstandes erreicht mehrere Zehnerpotenzen.

Kennwerte eines Fotowiderstands sind der Dunkelwiderstand (1 ... 100 MΩ) und der Hellwiderstand bei $E_{Ph} = 1000\,\text{Lx}$ (0,1 ... 20 kΩ) sowie die Wellenlänge λ_{max} der maximalen Empfindlichkeit.

Fotodiode. Die Fotodiode nutzt die Lichtempfindlichkeit des Leckstromes eines gesperrten pn-Übergangs. Eine äußere Sperrspannung sorgt während des Betriebs für eine große Ausdehnung der Sperrschicht. Durch Fotogeneration in dieser Sperrschicht entstandene Ladungsträger werden durch das innere elektrische Feld zu den äußeren Klemmen der Diode abgesaugt und bilden den Fotostrom. Dieser ist dem thermisch bedingten Sperrstrom (Dunkelstrom) überlagert. Es existiert eine direkte Proportionalität des Fotostromes I_F zur Beleuchtungsstärke E_{Ph}, die sich in folgender Beziehung formulieren lässt:

$$I_F = \frac{\Delta I_F}{\Delta E_{Ph}} E_{Ph} = I_F' \cdot E_{Ph}$$

Die Fotoempfindlichkeit I_F' wird in nA/Lx angegeben.

Bild 9.3 enthält neben der typischen Kennlinie einer Fotodiode auch das Ersatzschaltbild.

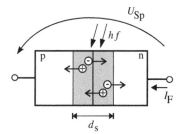

Bild 9.2 Funktionsprinzip einer Fotodiode

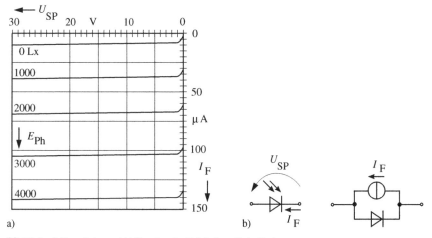

Bild 9.3 a) Kennlinie und b) Ersatzschaltbild einer Fotodiode

Zur Vergrößerung der wirksamen Sperrschichtweite d_s werden Fotodioden oft als pin-Dioden ausgelegt. Die Weite des Eigenleitungsgebietes entspricht dann in guter Näherung der Ausdehnung der wirksamen Generationszone. Fotodioden sind meist auf Siliziumbasis realisiert. Wird die Fotodiode mit einer hohen Sperrspannung betrieben, weist sie eine geringe Sperrschichtkapazität auf. Dies ermöglicht eine hohe Grenzfrequenz für das Ansprechverhalten ($f_g \geq 10$ MHz).

Damit lassen sich optische Signale im Giga-Hertz-Bereich detektieren.

Beispiel 9.1

Das Kennlinienfeld einer Fotodiode ist in Bild 9.3 dargestellt. Ein Betrieb als Fotosensor erfolgt nach der Schaltung in Bild 9.4.

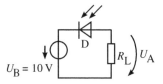

$U_B = 10\,\text{V}$ **Bild 9.4** Prinzip eines Fotosensors

Wie groß ist die Ausgangsspannung der Schaltung bei $R_L = 100\,\text{k}\Omega$ und einer Beleuchtungsstärke von $E_{Ph} = 2\,000\,\text{Lx}$?

Lösung:

Die Widerstandsgerade des aktiven Zweipols aus U_B und R_L ist durch eine Leerlaufspannung von 10 V und einen Kurzschlussstrom von 100 µA charakterisiert. Ihr Schnittpunkt mit dem Kennlinienast der Fotodiode für 2 000 Lx ergibt sich bei $U_{SP} = 3\,\text{V}$ und $I_F = 68\,\text{µA}$.

Entsprechend der Spannungsmasche beträgt die Ausgangsspannung $U_A = 7\,\text{V}$.

■

Fototransistor. Fototransistoren nutzen die gesperrte Kollektor-Basis-Diode als Fotogenerationszone. Die Basis besitzt i. Allg. keinen äußeren Anschluss.

Bild 9.5 verdeutlicht die Funktion eines npn-Fototransistors. Die generierten Löcher fließen über die Basis-Emitter-Diode ab. Da kein externer Basisstrom existiert, bilden diese Löcher einen internen Basisstrom, der einen, um den Faktor B_N verstärkten zusätzlichen Kollektorstromanteil zur Folge hat. Es gilt $I_{CF} \approx B_N I_F$ und somit ebenfalls eine direkte Proportionalität zur Beleuchtungsstärke. Die Grenzfrequenz von Fototransistoren liegt jedoch wesentlich niedriger als die von Fotodioden.

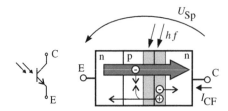

Bild 9.5 Symbol und Funktionsprinzip des Fototransistors

Solarzellen. Solarzellen sind großflächige Fotodioden, die als aktive Halbleiterbauelemente zur Umwandlung von Licht in elektrische Energie genutzt werden. Im 4. Quadranten repräsentiert die Kennlinie einer Fotodiode einen aktiven Zweipol. Der Kurzschlussstrom entspricht dem Fotostrom I_F, die Leerlaufspannung U_L beträgt bei Siliziumzellen ca. 0,5 V. Die Zusammenschaltung mit einem ohmschen Verbraucher liefert einen Arbeitspunkt (U_A, I_A), der vom Widerstandswert R_L des Verbrauchers bestimmt wird (siehe Bild 9.6). Die optimale Wahl dieses Arbeitspunktes erfolgt aus der Sicht der maximal abgebbaren Leistung $P_{ab} = U_A \cdot I_A$. Diese ist über den Kurzschlussstrom beleuchtungsabhängig. R_L ist folglich an den jeweiligen Fotostrom anzupassen.

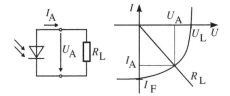

Bild 9.6 Solarzelle mit ohmscher Last

Im Interesse eines niedrigen Preises werden Solarzellen zunehmend aus polykristallinem oder amorphem Silizium hergestellt. Diese Materialien besitzen jedoch einen kleineren Wirkungsgrad als monokristallines Silizium [9.1].

Tabelle 9.1 Fotoelektrische Eigenschaften von Silizium

Material	Wirkungsgrad (Labor)	Wirkungsgrad (Produktion)
III-V-Halbleiter [1]	41 %	
Monokristallines Si	25 %	< 18 %
Polykristallines Si	20 %	< 13 %
Amorphes Si	13 %	< 7 %
CdTe [2]	16 %	< 9 %
CIS [3]	18 %	< 9 %
Organische Solarzellen [4]	6 %	

[1] GaInP/GaInAs/Ge (Gallium-Indium-Phosphid/Gallium-Indium-Arsenid/Germanium)

[2] Cadmiumtellurid

[3] Kupfer-Indium-Diselenid

[4] pn-Struktur auf Polymer-Basis (Polymer als Donator, Fulleren-Moleküle als Akzeptor)

Die Größe einzelner Solarzellen liegt herstellungsbedingt bei ca. 15 ... 30 cm im Durchmesser (bzw. Quadrat). Für energietechnische Anlagen ist die Reihen- und Parallelschaltung vieler Einzelzellen nötig.

■ 9.2 Leuchtdioden

Leuchtdioden (LED) sind lichtemittierende Bauelemente. Die Umwandlung von elektrischem Strom in Licht ist nur bei einigen Halbleitermaterialien möglich. Typische Vertreter sind GaAs, InP und GaP. In diesen direkten Halbleitern kann die bei Rekombinationsprozessen von Elektronen-Loch-Paaren freiwerdende Energie in Form eines Lichtquants ($W_{Ph} = h \cdot f$) abgegeben werden.

Bei direkter Rekombination, dem Band-Band-Übergang eines Elektrons (Bild 9.7), korrespondiert die Frequenz des emittierten Lichts direkt mit der Breite der verbotenen Zone $W_g = h \cdot f$. Fließt durch eine solche Fotodiode ein relativ hoher Strom, steigen die Ladungsträgerdichten am pn-Übergang weit über die Gleichgewichtsdichten. Daraus resultieren erhöhte Rekombinationsraten, verbunden mit einer starken Lichtaussendung. Der Spektralbereich des entstehenden Lichts ist eng begrenzt. Er hängt vom verwendeten Halbleitermaterial und dessen Breite der verbotenen Zone ab.

Es können aber auch gemischte Rekombinationsvorgänge zur Lichtemission genutzt werden. Die Energieabgabe erfolgt dann in zwei Stufen über ein energetisches Zwischenniveau, meist ein spezielles Störstellenniveau. Diese Donator-Akzeptor-Übergänge gestatten eine gezielte Variation der Lichtwellenlänge.

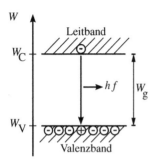

Bild 9.7 Strahlungserzeugung durch Band-Band-Übergang

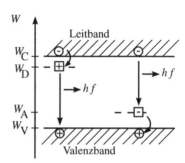

Bild 9.8 Strahlungserzeugung durch Donator-Akzeptor-Übergänge

Tabelle 9.2 Kennwerte von Leuchtdioden

Farbe	Wellenlänge	Material	Flussspannung
infrarot	950 nm	InP	1,1 V
infrarot	900 nm	GaAs	1,3 … 1,5 V
rot	655 nm	GaAsP	1,6 … 1,8 V
orange	630 nm	GaAsP	2,0 … 2,2 V
gelb	590 nm	GaAsP, GaP	2,2 … 2,4 V
grün	560 nm	GaP	2,4 … 2,8 V
blau	490 nm	SiC, ZnSe	3,0 … 3,5 V

Der Betrieb von Leuchtdioden erfordert die Einhaltung eines bestimmten optimalen Diodenstromes, um die volle Leuchtstärke zu erzielen. Die Werte liegen bei $5 \ldots 25$ mA. *Die Leuchtdichte ist über einen weiten Bereich direkt proportional zum Durchlassstrom.*

Ausführungsformen. Neben einzelnen LEDs, deren Lichtaustrittsöffnungen rund, quadratisch, rechteckig oder beliebig anders an das geforderte Aussehen der Lichtquelle angepasst sein können, sind insbesondere Ziffernanzeigeelemente von Bedeutung. Am meisten verbreitet sind 7-Segmentanzeigen, die auch zu mehreren Ziffern zusammengefasst werden können. Dabei ist jedes Anzeigesegment eine Leuchtdiode. Meist sind die Anoden aller Segmente zu einem gemeinsamen Anodenanschluss verbunden. Die Katoden der Segmente werden mit a, b, c, …, g bezeichnet.

Laserdioden. Im Unterschied zur spontanen Rekombination in einer LED erfolgt in Laserdioden eine stimulierte Rekombination. Dabei regt ein emittiertes Photon der Energie $W_{Ph} = h \cdot f$ ein weiteres Elektron im Leitungsband zu einer strahlenden Rekombination [9.1] an, die Licht der gleichen Frequenz erzeugt. Diese stimulierte Lichtemission setzt nur ein, wenn sich mehr Elektronen auf höheren Energieniveaus im Leitband befinden als auf niedrigeren Niveaus im Valenzband (Besetzungsinversion) und wenn die entstehenden Lichtwellen den Halbleiter nicht sofort verlassen können, sondern an den Rändern mehrfach

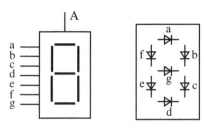

Bild 9.9 7-Segmentanzeige-LED

reflektiert werden und sich dadurch eine optische Rückkopplung bildet. Zur Erzielung der Besetzungsinversion sind sehr hohe Dotierungen der Halbleitergebiete und ein großer Diodenstrom nötig. Die Lichtreflexion wird durch geschliffene und halbdurchlässig verspiegelte Endflächen des Halbleiters erreicht. Durch geschichtete Materialkombinationen mit unterschiedlichem W_g erfolgt eine Eingrenzung der Emissionszone auf einen kleinen Halbleiterbereich, im Bild 9.10 die p-GaAs-Zone.

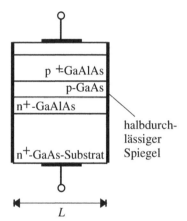

Bild 9.10 Aufbau einer Laserdiode

Durch die seitlichen Spiegelflächen entsteht ein optischer Resonator der Länge l. Die gewünschte Wellenlänge λ des Lichts resultiert bei erfüllter Schwingbedingung [3.4] aus der Phasenbeziehung

$$\frac{m}{n}\frac{\lambda}{2} = l \tag{9.1}$$

Darin stellt n den Brechungsindex an der Spiegelfläche und m die Ordnung des Resonatormodes dar. Gleichzeitig gilt mit der Lichtgeschwindigkeit c

$$W_g = h \cdot f = \frac{h \cdot c}{\lambda} \tag{9.2}$$

Durch dieses Resonatorsystem ist die emittierte Strahlung auf einzelne Spektrallinien beschränkt. Anwendung finden Laserdioden hauptsächlich in der optischen Nachrichtentechnik. Die Frequenz des Lichts wird genau auf die ideale Übertragungsfrequenz von Lichtwellenleitern abgestimmt, um möglichst lange Übertragungsstrecken ohne Zwischenverstärker aufzubauen.

■ 9.3   Optokoppler

Optokoppler sind Signalübertragungsglieder, bestehend aus einer LED als Lichtquelle und einer Fotodiode (bzw. Fototransistor) als Empfänger. Beide Elemente befinden sich in einem gemeinsamen Gehäuse, das eine optische Kopplung von Sender und Empfänger ohne äußere Beeinflussung erlaubt. Elektrisch sind Eingang und Ausgang des Optokopplers voneinander isoliert, was eine Signalübertragung zwischen unterschiedlichen Potenzialen erlaubt.

Bild 9.11 Schaltsymbol eines Optokopplers

Wichtiger Parameter eines Optokopplers ist sein Koppelfaktor $CTR = I_a/I_e$ (Current Transfer Rate). Er liegt je nach Ausführung des Fotosensors bei $10^{-3} \ldots 10$. Die Eigenschaften der beiden Teilelemente liefern eine gute Proportionalität von Eingangs- und Ausgangsstrom. Der Optokoppler ist zur Übertragung digitaler und analoger Signale geeignet.

■ 9.4   Spezielle Halbleitersensoren

9.4.1   Temperatursensoren

Temperatursensoren sind in drei Gruppen einteilbar:
- Thermowiderstände (Thermistoren),
- Thermoelemente,
- thermische Dioden.

Thermistoren. Thermistoren gehören zu den Volumenhalbleitern. Genutzt wird die Widerstandsänderung eines homogenen Halbleitergebietes in Abhängigkeit von der Bauelementetemperatur. Der Temperaturkoeffizient kann positiv (Kaltleiter) oder negativ (Heißleiter) sein. Es liegt eine nichtlineare Temperaturabhängigkeit des Widerstandswertes vor. Das wichtigste Anwendungsgebiet sind Temperaturmessfühler.

Heißleiter. Heißleiter (NTC-Widerstände; Negativ Temperature Coefficient) werden aus speziellen Halbleitermaterialien, meist gesinterte Metalloxide, hergestellt. Ihre exponentielle Temperaturabhängigkeit resultiert aus thermisch bedingter Ladungsträgergeneration.

$$R_T = R_0 \cdot e^{-b\left(\frac{1}{T_0} - \frac{1}{T}\right)} \tag{9.3}$$

Die Materialkonstante b und der Bezugswiderstand R_0 bei Bezugstemperatur T_0 sind die charakteristischen Bauelementeparameter. Der Temperaturkoeffizient TK_R ist temperaturabhängig.

$$TK_R = \frac{dR}{dT}\frac{1}{R} = -\frac{b}{T^2} \tag{9.4}$$

Bei Einspeisung eines Konstantstromes in den Thermistor ergibt sich die Sensorkennlinie eines Temperatur-Spannungs-Wandlers zu:

$$U_t = I_0 R_0 \cdot e^{-b\left(\frac{1}{T_0} - \frac{1}{T}\right)} \tag{9.5}$$

Neben der Fremderwärmung kann auch die Eigenerwärmung infolge der Verlustleistung P_V den Widerstandswert beeinflussen und zu einer Verfälschung von Messwerten um ein ΔT führen.

$$\Delta T = \frac{P_V}{G_{th}} = \frac{I^2 R_T}{G_{th}} \tag{9.6}$$

Der thermische Leitwert G_{th} des Thermistors ergibt sich aus Wärmeleitung und Konvektion und ist konstruktionsbedingt. Er liegt bei einigen mW/K. Im ungünstigsten Fall kann ein Mitkoppeleffekt zwischen Eigenerwärmung, resultierender Widerstandsreduzierung, Stromanstieg und weiterer Eigenerwärmung auftreten. Eine externe Strombegrenzung schafft Abhilfe.

Die wichtigsten Anwendungen von Heißleitern sind:

- Temperaturmessfühler,
- Kompensation von positiven Temperaturkoeffizienten anderer Bauelemente (Stabilisierung von Arbeitspunkten empfindlicher Bauelemente),
- Anlassheißleiter zur Einschaltstrombegrenzung bei Glühlampen.

Kaltleiter. Kaltleiter (PTC-Widerstände; Positiv Temperature Coefficient) besitzen innerhalb eines bestimmten Temperaturbereichs einen positiven Temperaturkoeffizienten TK_R (siehe Bild 9.12). Im Bereich $T_N \leqq T \leqq T_E$ gilt für die Temperaturabhängigkeit des Widerstandes:

$$R_T = R_N \cdot e^{TK_R(T - T_N)} \tag{9.7}$$

Sie wird bei bestimmten Titankeramiken durch den ferroelektrischen Effekt hervorgerufen.

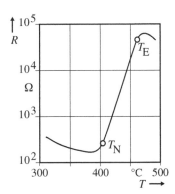

Bild 9.12 Kennlinie eines Kaltleiters

Neben dem Einsatz als Temperaturmessfühler eignen sich Kaltleiter als Überlastschutz zur Kurzschlussstrombegrenzung. Die Eigenerwärmung bei großen Strömen erhöht den Widerstandswert und bewirkt einen Begrenzungseffekt für hohe Lastströme.

Thermoelemente. Ein Thermoelement wird im Zustand der Störstellenreserve des Halbleiters genutzt. Bei unterschiedlicher Erwärmung der beiden Enden des Halbleitergebietes entsteht eine ortsabhängige Ionisationsrate der Störstellen. Im Bild 9.13 ist dies an einem n-Halbleiter veranschaulicht. Der resultierende Gradient der Elektronendichte ruft eine Diffusion von Elektronen zum kalten Ende hervor. Es entsteht ein Überschuss an negativen Ladungen am kalten Ende. Am warmen Ende bleibt ein Überschuss an positiven Ladungen zurück.

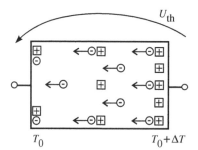

T_0 $T_0 + \Delta T$ **Bild 9.13** Wirkprinzip eines Thermoelements

Als Folge ergibt sich eine Spannung über dem Halbleiter. Diese Thermospannung U_{th} ist proportional zur Temperaturdifferenz.

$$U_{th} = K_S \cdot \Delta T \tag{9.8}$$

Proportionalitätsfaktor ist die Thermokraft K_S (Seebeck-Konstante).

Thermische Diode. Die Nutzung einer gewöhnlichen Diode als Temperatursensor basiert auf der exponentiellen Temperaturabhängigkeit des Sperrstroms, wie er in Gl. (3.26) beschrieben ist. Dabei erfolgt die Versorgung der Diode mit einer konstanten Sperrspannung.

9.4.2 Magnetfeldsensoren

Grundprinzip von Magnetfeldsensoren ist die Wirkung der Lorentz-Kraft auf bewegte Ladungen im Magnetfeld.

Magnetowiderstand. Beim Magnetowiderstand bewirkt die Lorentz-Kraft eine Verlängerung des Ladungstransportweges der Ladungen und dadurch eine Erhöhung des Widerstandswertes eines homogenen Halbleitergebietes.

Ohne Magnetfeld würden sich die Elektronen bei Einspeisung eines Stromes auf kürzestem Weg durch den Halbleiter bewegen. Unter dem Einfluss des Magnetfeldes erfahren sie eine Ablenkung von diesem direkten Weg. Die Strombahnen werden länger. Der Widerstand steigt annähernd quadratisch mit der Flussdichte B des Magnetfeldes.

$$R_M = R_0(1 + K_M B^2) \tag{9.9}$$

Bei Stromeinspeisung fällt über dem Magnetowiderstand eine Spannung $U_M = I_0 \cdot R_M$ ab, die ebenfalls diese Abhängigkeit aufweist.

Praktische Ausführungen verwenden InSb-Widerstände, in die senkrecht zum Stromfluss liegende, gut leitende, NiSb-Nadeln eingelagert sind. Diese bilden einen Kurzschluss für den gleichzeitig auftretenden Hall-Effekt, sodass er unwirksam bleibt und der Ladungsträgerauslenkung nicht entgegenwirkt.

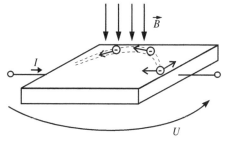 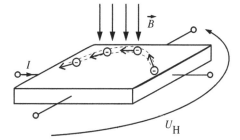

Bild 9.14 Wirkprinzip des Magnetowiderstands   **Bild 9.15** Wirkprinzip des Hall-Elements

Hall-Element. Beim Hall-Element wird die infolge der Lorentz-Kraft im magnetfelddurchsetzten Halbleiter entstehende Ladungstrennung ausgewertet. Sie bewirkt ein elektrisches Feld in Richtung dieser Ladungstrennung, also senkrecht zur direkten Stromrichtung im Halbleiter. Das Integral über die Feldstärke liefert an zusätzlichen Kontakten am seitlichen Halbleiterrand die Hall-Spannung U_H.

Die Hall-Spannung ist direkt proportional zur magnetischen Flussdichte B und zum Strom I_0. Als Sensorkennlinie ergibt sich:

$$U_\mathrm{H} = K_\mathrm{H} I_0 B \tag{9.10}$$

Der Proportionalitätsfaktor K_H ist material- und konstruktionsabhängig [9.2]. Als Material kommt wegen seines hohen Hall-Faktors K_H meist Indiumantimonid (InSb) zum Einsatz. Die Anwendung von Hall-Elementen in kontaktlosen Schaltelementen ist weit verbreitet.

9.4.3 Piezowandler

Piezoresistive Wandler. Als piezoresistive Wandler (Piezowiderstände) werden Halbleiterwiderstände genutzt, die auf einer dünnen Halbleitermembran (meist Silizium) hergestellt sind. Deren mechanische Druckbelastung bewirkt eine Durchbiegung des Halbleitergebietes und folglich eine Dehnung $\delta = \Delta L/L$ des Materials. Die relative Widerstandsänderung des Halbleiters verhält sich proportional zu dieser Dehnung.

$$\frac{\Delta R}{R} = \left(1 + \pi_\varrho + 2\nu\right)\delta \tag{9.11}$$

π_ϱ piezoresistiver Koeffizient
ν Querkontraktionszahl

Bei Einspeisung eines Konstantstromes erfolgt eine Auswertung der Widerstandsänderung über die abgreifbare Spannungsänderung. In Miniatursensoren werden mehrere Widerstände zu einer Brückenschaltung gruppiert und gemeinsam mit dem Auswerteverstärker auf einem Halbleiterchip integriert. Dies erhöht die Empfindlichkeit.

Piezoelektrische Wandler. Bei piezoelektrischen Materialien, z. B. Quarz, ZnO und speziellen Keramiken, entstehen infolge von Druckeinwirkung innere Ladungsverschiebungen (piezoelektrischer Effekt), die an den äußeren Anschlüssen eine Piezospannung U_P verursachen.

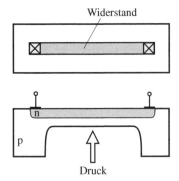

Druck

Bild 9.16 Querschnitt eines Piezowiderstandes

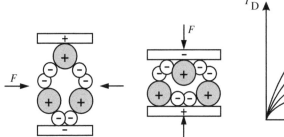

Bild 9.17 Piezoelektrischer Effekt bei Quarz, drei Si^{4+}- und sechs O^{2-}-Ionen (aus [9.3])

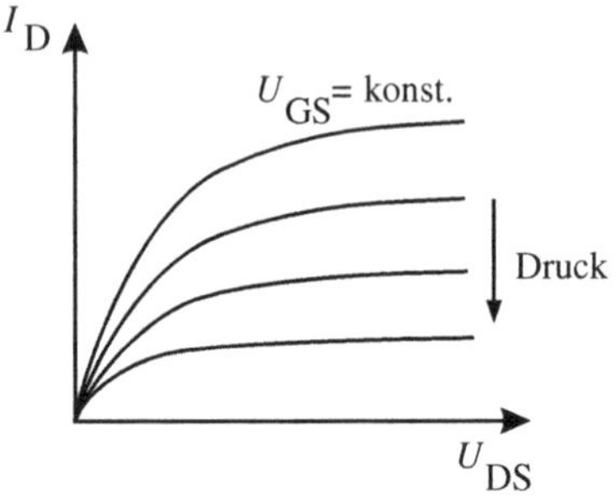

Bild 9.18 Kennlinie eines Piezo-MOSFET

Diese Eigenschaft kann in integrierten Kapazitäten genutzt werden. Die Piezospannung U_P ist proportional zur Strukturstauchung Δx.

$$U_P = \frac{\Delta x}{d_{mn}} \tag{9.12}$$

Der Piezomodul d_{mn} ist abhängig von der Deformationsrichtung und der Richtung einer überlagerten Gleichspannung, die bei den meisten piezoelektrischen Materialien erforderlich ist.

Die Nutzung des piezoelektrischen Effekts am Gateisolator von MOSFETs liefert eine zusätzliche druckabhängige Beeinflussung der Strom-Spannungs-Kennlinie, wie sie Bild 9.18 zeigt.

■ 9.5 Aufgaben

Aufgabe 9.1

Mit der in Beispiel 9.1 angegebenen Schaltung einer Fotodiode sollen Beleuchtungsstärken zwischen 0 und 4 000 Lx so erfasst werden, dass sich eine maximale lineare Spannungsänderung über dem Widerstand R_L ergibt.

a) Zeichnen Sie die erforderliche Widerstandskennlinie in das Diodenkennlinienfeld ein. (Kennlinie des aktiven Zweipols aus U_B und R_L)

b) Welcher Wert für R_L ist optimal zur Erfüllung der obigen Forderung?

c) Wie groß sind die Spannungen U_A (0 Lx), U_A (2 000 Lx) und U_A (4 000 Lx)?

Aufgabe 9.2

Für eine GaAsP-Leuchtdiode (rot) ist eine maximale Verlustleistung $P_{Vmax} = 50\,\mathrm{mW}$ zugelassen. Sie besitzt ein $U_{F0} = 1{,}6\,\mathrm{V}$. Die Diode soll an einer Versorgungsspannung $U_B = 12\,\mathrm{V}$ mit einem Strom von $0{,}4 \cdot I_{max}$ betrieben werden (Bild 9.19). Welcher Vorwiderstand R_V ist notwendig?

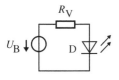

Bild 9.19 Prinzipschaltung einer Leuchtdiode

Aufgabe 9.3

Es ist die Schaltung einer Lichtschranke (Bild 9.20) zu dimensionieren. Die Forderung für sicheres Schalten ist ein Übersteuerungsfaktor $m = 6$ für den Schalttransistor.

Gegeben sind folgende Parameter:

Fototransistor (TF): $I_{CF} = 50\,\mu\mathrm{A/Lx}$,

$U_{CES} = 0{,}3\,\mathrm{V}$

Schalttransistor (TS): $B_N = 120$, $U_{CES} = 0{,}2\,\mathrm{V}$,

$U_{BEF} = 0{,}7\,\mathrm{V}$

Beleuchtungsstärken am Fototransistor:
$E_0 =$ 200 Lx (Lichtschranke unterbrochen)
$E_1 = 2000$ Lx (Lichtschranke nicht unterbrochen)

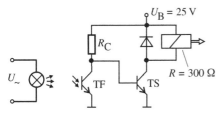

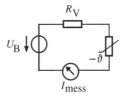

Bild 9.20 Lichtschranke mit Fototransistor   **Bild 9.21** Temperatursensor

Aufgabe 9.4

Ein Heißleiter mit den Parametern:
$R_0(T = 293\,\mathrm{K}) = 4{,}7\,\mathrm{k}\Omega$ und $b = 3\,250\,\mathrm{K}$ wird in der einfachen Temperaturmessschaltung nach Bild 9.21 als Sensor genutzt. Es sind die Messströme I_{mess} bei 293 K, 343 K und 393 K sowie die Vorwiderstandswerte R_V von $50\,\Omega$, $500\,\Omega$ und $5\,000\,\Omega$ in einem Diagramm über der Temperatur aufzutragen. Die Ströme sind auf den jeweiligen Wert bei $T = 343\,\mathrm{K}$ zu normieren. Bei welchem Widerstandswert R_V besitzt die Messschaltung die beste Linearität?

10 Lineare Verstärker-grundschaltungen

In diesem Abschnitt werden zunächst die Eigenschaften wichtiger Transistorgrundschaltungen untersucht. Die Vorgehensweise ist dabei so typisch, dass sie auf jede beliebige Schaltung übertragen werden kann. Sie stellt somit ein grundlegendes Herangehen des Schaltungstechnikers dar.

Die Untersuchungen erfolgen im Bereich niedriger Frequenzen, sodass die Vierpolparameter der aktiven Bauelemente frequenzunabhängig sind, d. h., sie nehmen reelle Werte an. In diesem Frequenzbereich gilt für den Bipolartransistor die NF-Kleinsignalersatzschaltung nach Bild 4.15 und für die Feldeffekttransistoren die nach Bild 6.11 (NF-Ersatzschaltbild). Zur Vereinfachung der Betrachtungen werden beide Bauelemente als rückwirkungsfrei angenommen.

■ 10.1 Allgemeines Kleinsignalmodell eines Spannungsverstärkers

Im Interesse einer einheitlichen und übersichtlichen Behandlung aller Verstärkerschaltungen ist die Einführung eines allgemeinen Spannungsverstärkermodells sinnvoll. Auf dieses Modell wird sich bei der Analyse konkreter Verstärkerschaltungen im Weiteren stets bezogen. Seine in Bild 10.1 gezeigte Kleinsignalersatzschaltung lässt sich als Vierpol in Form der Invershybridmatrix beschreiben.

$$\begin{pmatrix} \underline{I}_e \\ \underline{U}_a \end{pmatrix} = \begin{pmatrix} 1/\underline{Z}_e & \underline{K}_I \\ \underline{V}_u & \underline{Z}_a \end{pmatrix} \begin{pmatrix} \underline{U}_e \\ \underline{I}_a \end{pmatrix} \tag{10.1}$$

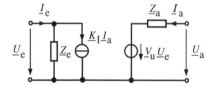

Bild 10.1 Allgemeines Modell eines Spannungsverstärkers

Die Parameter $\underline{Z}_e$, $\underline{Z}_a$, $\underline{V}_u$ und $\underline{K}_I$ stellen die Vierpolparameter des Spannungsverstärkers bei Leerlauf am Ausgang bzw. Kurzschluss am Eingang dar.

Leerlauf-Eingangsimpedanz: $\qquad \underline{Z}_e = \dfrac{1}{\underline{g}_{11}} = \dfrac{\underline{U}_e}{\underline{I}_e}\bigg|_{\underline{I}_a=0}$ $\tag{10.2}$

Kurzschluss-Ausgangsimpedanz: $\quad \underline{Z}_a = \underline{g}_{22} = \left.\dfrac{U_a}{I_a}\right|_{\underline{U}_e=0}$ $\qquad$ (10.3)

Leerlauf-Spannungsverstärkung: $\quad \underline{V}_u = \underline{g}_{21} = \left.\dfrac{U_a}{U_e}\right|_{I_a=0}$ $\qquad$ (10.4)

Kurzschluss-Stromrückwirkung: $\quad \underline{K}_I = \underline{g}_{12} = \left.\dfrac{I_e}{I_a}\right|_{\underline{U}_e=0}$ $\qquad$ (10.5)

Auf der Basis dieser Vierpolparameter und Bild 10.1 lassen sich leicht die Betriebsparameter des Verstärkers ableiten. Unter Anwendung der Beziehungen aus Tabelle 2.5 oder über die Kirchhoffschen Gleichungen am Ersatzschaltbild des beschalteten Verstärkers ergeben sie sich als Funktionen der Vierpolparameter und der Ein- bzw. Ausgangsbeschaltung. Bild 10.2 verdeutlicht die entsprechenden Schaltungsbedingungen. Man erhält:

Betriebseingangsimpedanz: $\quad \underline{Z}_{eB} = \dfrac{U_e}{I_e} = \dfrac{\underline{Z}_e}{1 - \dfrac{\underline{K}_I\,\underline{V}_u\,\underline{Z}_e}{\underline{Z}_L + \underline{Z}_a}}$ $\qquad$ (10.6)

Betriebsausgangsimpedanz: $\quad \underline{Z}_{aB} = \left.\dfrac{U_a}{I_a}\right|_{\underline{U}_G=0} = \underline{Z}_a - \dfrac{\underline{K}_I\,\underline{Z}_u\,\underline{Z}_G}{1 + \dfrac{\underline{Z}_G}{\underline{Z}_e}}$ $\qquad$ (10.7)

Betriebsspannungsverstärkung: $\quad \underline{V}_{uB} == \dfrac{U_a}{U_e} = \dfrac{V_u}{1 + \dfrac{\underline{Z}_a}{\underline{Z}_L}}$ $\qquad$ (10.8)

Betriebsstromverstärkung: $\quad \underline{V}_{iB} = \dfrac{I_a}{I_e} = \dfrac{V_i}{1 + \dfrac{\underline{Z}_L}{\underline{Z}_a - \underline{V}_u\,\underline{K}_I\,\underline{Z}_e}}$ $\qquad$ (10.9)

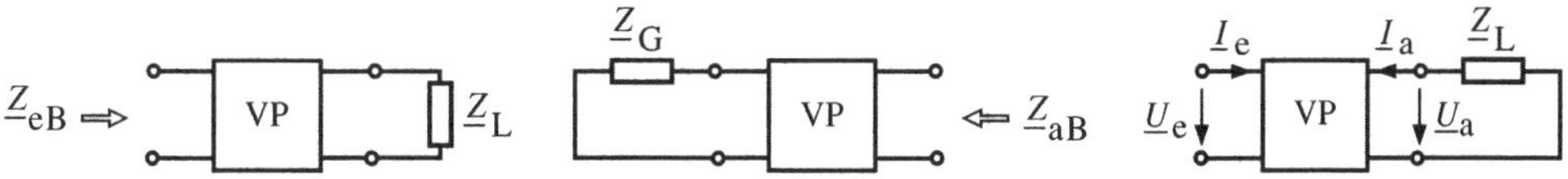

Bild 10.2 Messbedingungen zur Bestimmung der Betriebsparameter

Die Betriebsstromverstärkung ergibt sich nicht direkt aus dem Spannungsverstärkermodell. Sie liefert jedoch eine wesentliche Aussage über die Eigenschaften eines Verstärkers und soll deshalb mit eingeführt werden. Die abgeleitete Beziehung basiert auf der Kurzschluss-Stromverstärkung $\underline{V}_i = \underline{h}_{21}$, die sich nach Tabelle 2.4 aus den g-Parametern berechnen lässt.

$$\underline{V}_i = \left.\dfrac{I_a}{I_e}\right|_{\underline{U}_a=0} = -\dfrac{\underline{g}_{21}}{\Delta \underline{g}} = \dfrac{-V_u}{\dfrac{\underline{Z}_a}{\underline{Z}_e} - \underline{V}_u\,\underline{K}_I} \qquad (10.10)$$

Bei *niedrigen Frequenzen (NF)* ist das Verhalten der Verstärkerbauelemente (Transistor oder Operationsverstärker) meist frequenzunabhängig. In der Regel gilt das dann auch für deren externe Beschaltung, sodass die Übertragungseigenschaften ebenfalls frequenzunabhängig werden.

Bei *hohen Frequenzen (HF)* ist meistens die Wirkung der internen Kapazitäten der Verstärkerbauelemente bestimmend für eine eigentlich unerwünschte Frequenzabhängigkeit des Verhaltens der Verstärkerschaltung. Erst bei sehr hohen Frequenzen spielen auch deren induktive Eigenschaften eine Rolle.

Eine gewünschte Frequenzabhängigkeit des Übertragungsverhaltens einer Schaltung wird durch gezielte Beschaltung mit kapazitiven bzw. induktiven Bauelementen hergestellt.

■ 10.2 Einstufige Verstärker mit Bipolartransistoren

Nach der Anschlussart des Transistors innerhalb der Verstärkerschaltung lassen sich drei Grundschaltungen unterscheiden:

- Emitterschaltung,
- Basisschaltung,
- Kollektorschaltung.

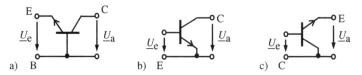

Bild 10.3 Schaltungsarten des Transistors; a) Basisschaltung, b) Emitterschaltung, c) Kollektorschaltung

Grundlage für die Namensgebung ist der Anschluss des Transistors, der auf dem gemeinsamen Bezugspotenzial des Eingangs- und Ausgangssignals liegt (siehe Bild 10.3). In der schaltungstechnischen Anwendung werden meist nur Wechselsignale übertragen. Deshalb reicht es aus, wenn dieser gemeinsame Transistorbezugspunkt durch einen Wechselspannungskurzschluss mittels eines Kondensators mit dem Massepunkt der Schaltung verbunden wird. In den nachfolgenden Schaltungen (Bild 10.4) erfolgt dies durch einen mit C_E, C_B bzw. C_C bezeichneten Kondensator.

Damit der Transistor als Verstärkerelement genutzt werden kann, muss er im aktiv normalen Betriebszustand betrieben werden. Das erfordert Arbeitspunktspannungen $U_{BE0} = 0{,}6\,\text{V}\ldots 0{,}7\,\text{V}$ und $U_{BC0} \leqq 0\,\text{V}$. Durch eine externe Beschaltung des Transistors sind die gewünschten Arbeitspunktewerte für U_{BE0}, U_{BE0}, I_{B0} und I_{C0} einzustellen. In den betrachteten Schaltungen erfolgt dies durch die Widerstände R_1, R_2, R_C und R_E.

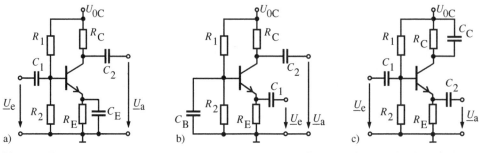

Bild 10.4 Transistor-Verstärkerschaltungen; a) Emitterschaltung, b) Basisschaltung, c) Kollektorschaltung

Die drei Schaltungen in Bild 10.4 zeigen deutlich das einheitliche Grundprinzip der Arbeitspunkteinstellung für den Transistor. Sie unterscheiden sich lediglich in den Ein- und Auskopplungspunkten für die Signale. Die leichten Schaltungsmodifikationen in den folgenden Abschnitten ändern daran nichts Wesentliches. Zum Teil beinhalten sie lediglich eine veränderte grafische Darstellung.

10.2.1 Emitterschaltung

Die Emitterschaltung ist die meistgenutzte Transistorverstärkerschaltung. Gekennzeichnet ist diese Schaltung dadurch, dass der Emitter das Bezugspotenzial (Masse) der Kleinsignalersatzschaltung bildet (siehe Bild 10.6). In dieser Schaltungsvariante besitzt der Transistor die größte Leistungsverstärkung. Aufgrund günstiger Ein- und Ausgangswiderstände ist sie gut in der Kettenschaltung mehrerer Verstärkerstufen einsetzbar.

Arbeitspunkteinstellung. Durch die Arbeitspunkteinstellung sind die optimalen Betriebsbedingungen eines Transistors in der Verstärkerstufe zu sichern. Die Wahl des Arbeitspunktes erfolgt entsprechend den Eigenschaften des Transistors bei einem vom Hersteller angegebenen optimalen Kollektorstrom. Andererseits sind die durch die Nachbarstufen geforderten Bedingungen einzuhalten. Dies kann z. B. bei direkter Kopplung (siehe Abschnitt 10.6) eine bestimmte stationäre Kollektorspannung sein. Der Arbeitspunkt kann aber auch durch Anforderungen an die Kleinsignalparameter bestimmte Grenzen einhalten.

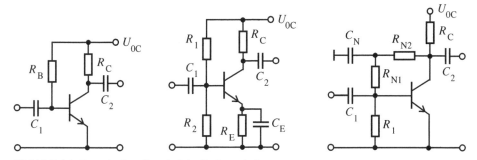

Bild 10.5 Arbeitspunkteinstellung bei der Emitterschaltung
a) Basis-Stromeinspeisung, b) Basis-Spannungsteiler mit Stromgegenkopplung, c) Basis-Spannungsteiler mit Spannungsgegenkopplung

Zur Einstellung des gewünschten Arbeitspunktes sind die drei Schaltungsvarianten aus Bild 10.5 gebräuchlich. Entweder wird ein definierter Basisstrom (Basis-Stromeinspeisung) oder eine definierte Basis-Emitter-Spannung (Basis-Spannungsteiler) eingestellt. Bei den in b) und c) vorliegenden Basis-Spannungsteilern handelt es sich um belastete Spannungsteiler. Üblicherweise wird für die Stromaufteilung ein Verhältnis von $I_{R2}/I_B = 2 \dots 10$ gewählt.

Für die stationären Arbeitspunktströme ($f = 0$) und auch für extrem niedrige Frequenzen besitzen alle Kondensatoren der Schaltungen unendlich hohe Impedanzen. Im Signalfrequenzbereich dagegen geht ihr komplexer Widerstand gegen null. Eine Signalbeeinflussung ist dadurch ausgeschlossen. Zahlenmäßig ist dies durch geeignete Dimensionierung der entstehenden RC-Glieder abzusichern, sodass deren Eckfrequenzen außerhalb des gewünschten Signalfrequenzbandes liegen. Im Abschnitt 10.5 wird auf diese Dimensionierung näher eingegangen.

Die in Bild 10.5b) und c) vorliegende Gegenkopplung dient der Arbeitspunktstabilisierung. Auf sie wird im Text noch eingegangen.

NF-Kleinsignalverhalten. Im Signalfrequenzbereich besitzen alle drei Schaltungsvarianten die gleiche Kleinsignalersatzschaltung (siehe Bild 10.6). Für Schaltung b) ist lediglich R_B durch $R_1 \| R_2$ zu ersetzen. In Schaltung c) steht anstelle von R_B der Wert $R_{N1} \| R_1$.

Die wirksamen Vierpolparameter des Transistors (b, r_{BE}, r_{CE}) besitzen im Niederfrequenzbereich (NF) rein reelle Werte. Deshalb kann auf die Unterstriche zur Kennzeichnung komplexer Größen verzichtet werden.

Zur Bewertung des Kleinsignalverhaltens werden die Vierpolparameter des Verstärkers und die Betriebsparameter bei äußerer Beschaltung bestimmt. Dies geschieht entweder über die Analogie zum allgemeinen Spannungsverstärkermodell aus Abschnitt 10.1 oder man geht den Weg der Berechnung aus der Kleinsignalersatzschaltung mithilfe der Kirchhoffschen Gleichungen. Die Ergebnisse enthalten Tabelle 10.1 und Tabelle 10.3.

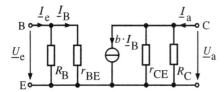

Bild 10.6 Kleinsignalersatzschaltbild der Emitterschaltung mit äußerer Beschaltung

Tabelle 10.1 Vierpolparameter der Emitterschaltung

	VP-Parameter
Eingangswiderstand	$r_e = r_{BE} \| R_B$
Ausgangswiderstand	$r_a = r_{CE} \| R_C$
Spannungsverstärkung	$v_u = -\dfrac{b}{r_{BE}}\left(r_{CE} \| R_C\right)$
Stromrückwirkung	$k_I = 0$
Stromverstärkung	$v_i = \dfrac{b}{1 + \dfrac{r_{BE}}{R_B}}$

Durch $k_I = 0$ ist die Rückwirkungsfreiheit der Emitterschaltung verdeutlicht. Diese ergibt sich allerdings nur unter der vorausgesetzten Rückwirkungsfreiheit des Transistors selbst.

Beispiel 10.1

Über die Kirchhoffschen Gleichungen ist aus dem Kleinsignalersatzschaltbild der Emitterschaltung die Betriebsstromverstärkung abzuleiten.

Lösung:

Mithilfe der Stromteilerregel am Ein- bzw. Ausgang ergeben sich

$$\underline{I}_a = b\underline{I}_B \frac{r_{CE} \| R_C}{R_L + r_{CE} \| R_C} \quad \text{und} \quad \underline{I}_B = \underline{I}_e \frac{R_B}{R_B + r_{BE}}$$

Dies liefert

$$v_{iB} = \frac{I_a}{I_e} = \frac{b}{1 + \dfrac{r_{BE}}{R_B}} \cdot \frac{1}{1 + \dfrac{R_L}{r_{CE} \| R_C}}$$

◼

Beispiel 10.2

Auf der Basis des allgemeinen Spannungsverstärkermodells und den Beziehungen aus Tabelle 2.5 ist die Übertragungsadmitanz Y_T der Emitterschaltung, auch als Betriebssteilheit S_B bezeichnet, zu berechnen.

Lösung:

Aus Tabelle 2.5 lässt sich die Beziehung

$$\underline{Y}_T = \frac{-\underline{g}_{21}}{\underline{g}_{22} + \underline{Z}_L}$$

ablesen. Nach dem Einsetzen der Vierpolparameter der Emitterschaltung erhält man

$$\begin{aligned} Y_T &= \frac{-v_u}{r_a + R_L} = \frac{\dfrac{b}{r_{BE}}\left(r_{CE} \| R_C\right)}{\left(r_{CE} \| R_C\right) + R_L} \\ &= \frac{S}{1 + \dfrac{R_L}{\left(r_{CE} \| R_C\right)}} \end{aligned} \qquad (10.11)$$

mit der Kurzschlusssteilheit $S = \underline{y}_{21} = b/r_{BE}$ des Transistors.

◼

Frequenzgang. Zur Bestimmung des Signalfrequenzbereiches der Verstärkerschaltung, d. h. des Frequenzbereiches, in dem die Signalübertragung frequenzunabhängig ist, müssen die Einflüsse der Kapazitäten C_1, C_2 und C_E auf den Frequenzgang berechnet werden. Dies kann zunächst einzeln erfolgen, und anschließend sind die Wirkungen zu überlagern. Der Einfluss von C_E ist im verwendeten Kleinsignalmodell nach Bild 10.7 zunächst nicht erkennbar. Wie später gezeigt wird, wirkt er sich in einer Frequenzabhängigkeit der Spannungsverstärkung $\underline{V}_u$ des Verstärker-Vierpols aus. Eingangswiderstand $\underline{r}_e$ und Ausgangswiderstand $\underline{r}_a$ können innerhalb der üblichen Signalfrequenzbereiche als frequenzunabhängig und damit als reell angesehen werden, sodass im Folgenden auf deren komplexe Schreibweise verzichtet wird.

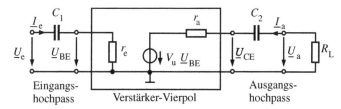

Eingangshochpass Verstärker-Vierpol Ausgangshochpass

Bild 10.7 Kleinsignalmodell der Emitterschaltung

Der Einkoppelkondensator C_1 bildet gemeinsam mit dem Kleinsignaleingangswiderstand $\underline{r}_e$ der Schaltung einen Hochpass. Dessen Spannungsübertragungsverhalten lautet

$$\underline{V}_{u1} = \frac{U_{BE}}{\underline{U}_e} = \frac{r_e}{r_e - j\dfrac{1}{\omega C_1}} = \frac{1}{1 - j\dfrac{1}{\omega C_1 r_e}} = \frac{1}{1 - j\dfrac{f_{gu1}}{f}} \qquad \text{mit} \qquad f_{gu1} = \frac{1}{2\pi C_1 r_e}$$

Signalfrequenzen mit $f \gg f_{gu1}$ werden ungehindert übertragen. Niedrigere Frequenzen werden stark gedämpft (siehe Bild 10.9a). Die Größe des Einkoppelkondensators ist entsprechend des gewünschten Wertes von f_{gu1} zu wählen.

In ähnlicher Weise bildet der Auskoppelkondensator C_2 gemeinsam mit dem Ausgangswiderstand r_a des Verstärker-Vierpols und einem angeschlossenen Lastwiderstand R_L einen Hochpass mit dem Übertragungsverhalten

$$\underline{V}_{u2} = \frac{U_a}{\underline{V}_u U_{BE}} = \frac{R_L}{r_a + R_L - j\dfrac{1}{\omega C_2}} = \frac{\dfrac{R_L}{r_a + R_L}}{1 - j\dfrac{1}{\omega C_2 \left(r_a + R_L\right)}} = \frac{V_{u20}}{1 - j\dfrac{f_{gu2}}{f}}$$

mit $V_{u20} = \dfrac{R_L}{r_a + R_L}$ und $f_{gu2} = \dfrac{1}{2\pi C_2 \left(r_a + R_L\right)}$

Nur Signalfrequenzen des vom Verstärker-Vierpol ausgegebenen verstärkten Eingangssignals $\underline{v}_u U_{BE}$ mit $f \gg f_{gu21}$ werden entsprechend der Spannungsteilungswirkung zwischen r_a und R_L an den Lastwiderstand übertragen. Niedrigere Frequenzen werden stark gedämpft (siehe Bild 10.9c). Die Größe des Auskoppelkondensators C_2 muss in Analogie zum Einkoppelkondensator aus dem gewünschten Wert von f_{gu21} bestimmt werden.

Zur Bestimmung des Einflusses von C_E auf den Frequenzgang der Emitterschaltung nach Bild 10.4b ist eine genauere Analyse des Verstärker-Vierpols nötig.

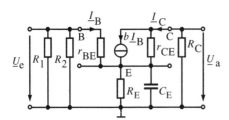

Bild 10.8 Kleinsignalersatzschaltung des Verstärker-Vierpols der Emitterschaltung

Die Parallelschaltung von R_E und C_E lässt sich durch den komplexen Ersatzwiderstand $\underline{Z}_E$ beschreiben.

$$\underline{Z}_E = \frac{R_E}{1 + j\dfrac{f}{f_E}} \qquad \text{mit} \qquad f_E = \frac{1}{2\pi R_E C_E}$$

Mit der Näherung $r_{CE} \to \infty$ ist aus der Kleinsignalersatzschaltung nach Bild 10.8 die Spannungsverstärkung

$$\underline{V}_{u3} = \frac{U_a}{\underline{U}_e}\bigg|_{I_a=0} = -\frac{bR_C}{r_{BE} + \left(1 + b\right)\underline{Z}_E(f)}$$

ableitbar. Die grafische Darstellung des Frequenzgangs dieser Verstärkung ist in Bild 10.9b dargestellt.

Für hohe Frequenzen $f \gg f_{\text{guE}}$ geht der Wert von $\underline{Z}_E$ gegen null. Der Kondensator C_E bildet dann einen Wechselspannungskurzschluss, sodass R_E für diese Frequenzen unwirksam wird. Die Gegenkopplungswirkung durch den Widerstand R_E ist damit aufgehoben, und die Schaltung weist eine maximale Spannungsverstärkung $|\underline{V}_{u3}|_{\text{max}}$ auf.

$$|\underline{V}_{u3}|_{\text{max}} = \frac{bR_C}{r_{BE}}$$

Für die entstehende Grenzfrequenz f_{guE} folgt

$$f_{\text{guE}} = f_E \frac{|\underline{V}_u|_{\text{max}}}{|V_{u0}|} \quad \text{mit} \quad f_E = \frac{1}{2\pi R_E C_E} \quad \text{und} \quad V_{u0} = -\frac{R_C}{R_E}$$

Der Wert des Kondensators C_E ist so zu wählen, dass sich eine geeignete Grenzfrequenz f_{guE} ergibt.

Aus Bild 10.8 können weiterhin der Kleinsignaleingangswiderstand r_e und der Kleinsignalausgangswiderstand r_a des Verstärker-Vierpols abgeleitet werden. Für Signalfrequenzen $f \gg f_{\text{guE}}$ erhält man

$$r_e = R_1 \| R_2 \| r_{BE} \quad \text{und} \quad r_a = R_C \| r_{CE}$$

Bild 10.9d verdeutlicht eine weitere Einflussgröße auf den Frequenzgang der Emitterschaltung. Durch die Frequenzabhängigkeit der Kleinsignalstromverstärkung des Transistors ergibt sich eine obere Grenzfrequenz f_β für den Verstärker.

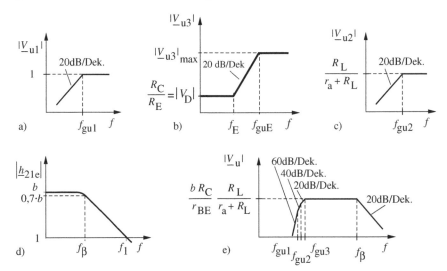

Bild 10.9 Frequenzgang der Spannungsverstärkung der Emitterschaltung
a) Eingangshochpass, b) Verstärker-Vierpol, c) Ausgangshochpass, d) Kleinsignalstromverstärkung des Transistors, e) Gesamtschaltung

In Bild 10.9e ist der Frequenzgang der Spannungsverstärkung der Gesamtschaltung dargestellt. Die Lage der unteren Grenzfrequenzen ist hier nur symbolisch mit unterschiedlichen

Werten angenommen worden, um deren überlagernde Wirkung besser sichtbar machen zu können. In Summe ergeben sie einen Dämpfungsverlauf, der mit 60 dB/Dekade zu sinkenden Frequenzen hin wirkt.

Zielwerte für die Betriebsparameter. Die Emitterschaltung wird häufig in Kombination (Kettenschaltung) mit weiteren Verstärkerstufen genutzt, um hohe Gesamtverstärkungen zu erzielen (siehe Bild 10.10). Dabei sollte jede Stufe einen hohen Eingangswiderstand besitzen, um die vor ihr liegende Stufe wenig zu belasten. Ein niedriger Ausgangswiderstand ist aus der Sicht der Treiberstufe erforderlich. Im Vergleich zum allgemeinen Spannungsverstärkermodell entspricht der Ausgangswiderstand der Vorstufe ($n - 1$) dem Generatorinnenwiderstand R_G und der Eingangswiderstand der Folgestufe ($n + 1$) dem Lastwiderstand R_L. Entsprechend Gl. (10.8) ergibt sich eine möglichst große Betriebsspannungsverstärkung v_{uB} bei einer großen Leerlaufverstärkung v_u der Emitterschaltung und für $r_a \ll R_L$. Ziel kann aber auch der Anpassungsfall sein, $r_e = r_a$, wenn z. B. eine maximale Leistungsübertragung gefordert ist. Weitere Anforderungen an die Betriebsparameter können sich auch aus der Forderung nach einem geringen Rauschen der Schaltung oder einer geringen Verlustleistung ergeben.

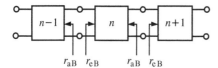

Bild 10.10 Kettenschaltung mehrerer Verstärkerstufen

Arbeitspunktwahl und Aussteuerbereich. Die Wahl des Arbeitspunktes bestimmt die aktuelle Größe der Kleinsignalparameter des Transistors r_{BE}, r_{CE}, b (siehe Abschnitt 4.4). Gleichzeitig entscheidet die Lage des Arbeitspunktes über die maximal verarbeitbare Signalamplitude des Verstärkers, seinen Aussteuerbereich.

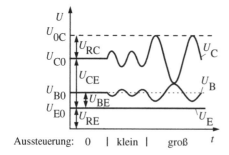

Bild 10.11 Aussteuerdiagramm der Emitterschaltung

Für die Emitterschaltung lassen sich die Verhältnisse bei Aussteuerung durch eine sinusförmige Signalspannung anhand von Bild 10.11 erklären. Liegt kein Signal am Eingang an (keine Aussteuerung), besitzen alle Spannungen ihre eingestellten Arbeitspunktwerte. Es gilt $U_{CE} = U_{CE0}$, $U_{RC} = I_{C0}R_C$ und $U_{BE} = U_{BE0}$. Der durch den Arbeitspunktstrom I_{E0} verursachte Spannungsabfall U_{RE} tritt nur bei der Schaltung nach Bild 10.5b auf. Wird dem Eingang eine sinusförmige Signalspannung mit kleiner Amplitude $\hat{u}_e$ aufgeprägt (kleine Aussteuerung), so erhält auch die Ausgangsspannung einen sinusförmigen Verlauf. Ihre Amplitude $\hat{u}_a = \hat{u}_{CE}$ ist um den Faktor v_{uB} größer als die Eingangsspannungsamplitude und gegenphasig zu dieser, wie es das negative Vorzeichen der Spannungsverstärkung anzeigt. Die Aussteuergrenzen der Schaltung sind erreicht, wenn die Ausgangsspannung nicht mehr proportional der

Eingangsspannung folgen kann. Maximalwert und Minimalwert der Ausgangsspannung betragen

$$U_{a\,max} = U_{0C}, \quad U_{a\,min} \approx U_{BE0}$$

Eine maximal symmetrische Aussteuerbarkeit und damit die Maximalamplitude erfordern einen Arbeitspunkt bei

$$U_{CE0} = \frac{U_{0C} - U_{BE0}}{2} \approx \frac{U_{0C}}{2}$$

Beispiel 10.3

Bei welcher Eingangsspannungsamplitude $\hat{u}_{e\,max}$ erreicht die Emitterschaltung ihre Aussteuergrenze? Das Ergebnis soll die Abhängigkeit vom Arbeitspunkt verdeutlichen.

Lösung:

$$\hat{u}_{e\,max} = \frac{\hat{u}_{a\,max}}{|v_{uB}|} = \frac{\hat{u}_{a\,max}}{\dfrac{b}{r_{BE}}\left(r_{CE} \| R_C \| R_L\right)}$$

Die Abhängigkeit vom Arbeitspunkt wird deutlich, wenn r_{BE} mit seiner Basisstromabhängikeit eingesetzt wird. Praktisch ist die Arbeitspunktabhängigkeit von b und r_{CE} vernachlässigbar klein. Außerdem gilt gewöhnlich $r_{CE} \gg R_C, R_L$. Es folgt

$$\hat{u}_{e\,max} = \frac{U_{C0} - U_{CE0}}{\dfrac{bI_{B0}}{U_T}\left(R_C \| R_L\right)} = \frac{U_{RC}}{\dfrac{bI_{C0}}{B_N U_T}\left(R_C \| R_L\right)}$$

Mit der i. Allg. gut erfüllten Annahme $b = B_N$ und $R_C \ll R_L$ sowie dem Ohmschen Gesetz an R_C ($U_{RC} = I_C \cdot R_C$) vereinfacht sich die Beziehung zu

$$\hat{u}_{e\,max} = \frac{R_C U_T}{\left(R_C \| R_L\right)} \approx U_T$$

■

Arbeitspunktabhängigkeit der Betriebsparameter. Die Arbeitspunktabhängigkeit der Betriebsparameter wird hauptsächlich durch die Arbeitspunktabhängigkeit von r_{BE} verursacht. Ihre Zahlenwerte hängen damit stark vom Kollektorstrom im Arbeitspunkt I_{C0} ab. Ein großer Arbeitspunktstrom I_{C0} bewirkt ein kleines r_{BE} und damit eine große Spannungsverstärkung. Der gewünschte große Eingangswiderstand ist durch ein großes R_B und ein großes r_{BE} zu erzielen. Ein kleiner Ausgangswiderstand ist nur über ein kleines R_C erreichbar, welches jedoch zu einer reduzierten Spannungsverstärkung führt. Bei diesen gegenläufigen Tendenzen obliegt es dem Schaltungsentwickler, ein Optimum zu finden.

Wirkung der Arbeitspunktstabilisierung. Die schaltungstechnischen Maßnahmen zur Arbeitspunktstabilisierung der Emitterschaltung sollen insbesondere eine Verschiebung des Arbeitspunktes infolge von Temperaturänderungen des Transistors (siehe Abschnitt 4.5) bzw. infolge von Exemplarstreuungen der Vierpolparameter verhindern. Die Schaltung in Bild 10.5b besitzt eine Gegenkopplung über den Emitterwiderstand R_E (siehe Abschnitt 11.4.2). Dadurch wird der temperaturbedingte Anstieg des Kollektorstromes stark begrenzt.

Durch den Basisspannungsteiler wird die Spannung über R_2 annähernd konstant gehalten. Die gesamte Temperaturabhängigkeit lässt sich somit näherungsweise in der mit extrem niedriger Frequenz auftretenden Temperaturdrift der Basis-Emitter-Spannung ΔU_{BE} zusammenfassen. Zur Analyse der Auswirkung auf die Arbeitspunktverschiebung kann man die Ersatzschaltung in Bild 10.12 benutzen, die aus dem Kleinsignalersatzschaltbild abgeleitet wurde. Für die Arbeitspunktanalyse kann die Kleinsignalstromverstärkung b gleich der Großsignalstromverstärkung B_N gesetzt werden.

Die Größe einer entstehenden Arbeitspunktverschiebung wird durch die Driftverstärkung $v_D = \Delta U_A / \Delta U_{BE}$ ausgedrückt. Aus Bild 10.12 lässt sich für die ES mit Stromgegenkopplung die folgende Driftverstärkung ableiten:

$$v_D \approx \frac{R_C}{R_E} \tag{10.12}$$

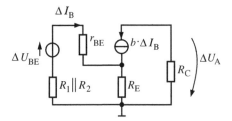

Bild 10.12 Ersatzschaltbild zur Bestimmung der Driftverstärkung

Die Gegenkopplung wird durch das Bild 10.13 verdeutlicht. Die Stabilisierungswirkung steigt mit sinkender Driftverstärkung. Die Auswirkung von Exemplarstreuungen wird durch die Gegenkopplung stark reduziert. Ihr Einfluss auf die Betriebsparameter der Schaltung ist mit den Beziehungen aus Abschnitt 11.4.2 bestimmbar.

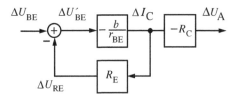

Bild 10.13 Blockschaltbild zur Verdeutlichung der Gegenkopplung bei der ES mit Strom-GK

Für die ES mit Spannungsgegenkopplung in Bild 10.5c kann man auf dem gleichen Weg die folgende Beziehung für die Driftverstärkung gewinnen (mit $R_N = R_{N1} + R_{N2}$).

$$v_D \approx 1 + \frac{R_N}{R_1} \tag{10.13}$$

Für beide Varianten kann die Driftverstärkung unabhängig von der Kleinsignalverstärkung der Schaltung eingestellt werden. Dies ermöglicht eine wirksame Stabilisierung des Arbeitspunktes.

10.2.2 Basisschaltung

Das Prinzip der Basisschaltung ist in Bild 10.14 zu erkennen. Die Basis bildet das Bezugspotenzial (Masse) in der Kleinsignalersatzschaltung. Der Arbeitspunkt wird durch einen Basis-Spannungsteiler (R_1, R_2) eingestellt.

Kleinsignalverhalten. Durch eine Analyse der Kleinsignalersatzschaltung erhält man in Analogie zum allgemeinen Spannungsverstärkermodell die Parameter für den Verstärker-Vierpol.

Leerlauf-Eingangswiderstand:

Aus Bild 10.14b) liest man ab

$$\underline{I}_e' = -(1+b)\underline{I}_B - \frac{\underline{U}_a - \underline{U}_e}{r_{CE}}$$

$$\underline{U}_a = -\underline{I}_C R_C = \left(\underline{I}_B + \underline{I}_e'\right) R_C$$

$$\underline{I}_B = -\frac{\underline{U}_e}{r_{BE}}$$

Nach dem Einsetzen ergibt sich der Eingangswiderstand des Transistors r_e' zu

$$r_e' = \frac{\underline{U}_e}{\underline{I}_e'}\bigg|_{\underline{I}_a=0} = \frac{r_{BE}\left(1 + \dfrac{R_C}{r_{CE}}\right)}{1 + b + \dfrac{r_{BE} + R_C}{r_{CE}}}$$

$$\approx \frac{r_{BE}}{b} = \frac{1}{S} \tag{10.14}$$

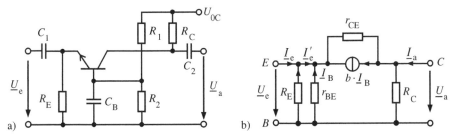

Bild 10.14 Verstärker in Basisschaltung; a) Schaltplan, b) Kleinsignalersatzschaltbild

Die Näherung gilt für den meist gültigen Fall $r_{CE} \gg r_{BE} + R_C$. Auch in den folgenden Gleichungen wird diese Näherung herangezogen. Der Eingangswiderstand der Schaltung wird durch den parallel zur Basis-Emitter-Diode des Transistors liegenden Emitterwiderstand R_E beeinflusst.

$$r_e = \frac{\underline{U}_e}{\underline{I}_e}\bigg|_{\underline{I}_a=0} = R_E \| r_e'$$

Kurzschluss-Ausgangswiderstand:

Ein Kurzschluss am Eingang ($\underline{U}_e = 0$) bedingt $\underline{I}_B = 0$. Die Stromquelle im Kleinsignalersatzschaltbild entfällt und es vereinfacht sich zu der Form in Bild 10.15. Aus diesem ergibt sich der Ausgangswiderstand zu

$$r_\text{a} = \left.\frac{\underline{U}_\text{a}}{\underline{I}_\text{a}}\right|_{\underline{U}_\text{e}=0} = r_\text{CE} \| R_\text{C} \tag{10.15}$$

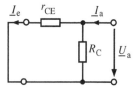

Bild 10.15 Kleinsignalersatzschaltbild der Basisschaltung bei $\underline{U}_\text{e} = 0$

Leerlauf-Spannungsverstärkung:

Aus Bild 10.14b) ist ablesbar

$$\underline{U}_\text{a} = \underline{U}_\text{CE} + \underline{U}_\text{e} = \left(\underline{I}_\text{C} - b\underline{I}_\text{B}\right) r_\text{CE} + \underline{U}_\text{e}$$

$$\underline{I}_\text{C} = -\frac{\underline{U}_\text{a}}{R_\text{C}}, \quad \underline{I}_\text{B} = -\frac{\underline{U}_\text{e}}{r_\text{BE}}$$

und es lässt sich daraus die Spannungsverstärkung berechnen:

$$v_\text{u} = \left.\frac{\underline{U}_\text{a}}{\underline{U}_\text{e}}\right|_{\underline{I}_\text{a}=0} = \frac{\left(b + \dfrac{r_\text{BE}}{r_\text{CE}}\right) R_\text{C}}{r_\text{BE}\left(1 + \dfrac{R_\text{C}}{r_\text{CE}}\right)}$$

$$\approx \frac{bR_\text{C}}{r_\text{BE}} = SR_\text{C} \tag{10.16}$$

Kurzschluss-Stromrückwirkung:

Zur Berechnung von k_I kann auf die vereinfachte Ersatzschaltung (Bild 10.15) zurückgegriffen werden.

$$k_\text{I} = \left.\frac{\underline{I}_\text{e}}{\underline{I}_\text{a}}\right|_{\underline{U}_\text{e}=0} = -\frac{R_\text{C}}{r_\text{CE} + R_\text{C}} \approx -\frac{R_\text{C}}{r_\text{CE}} \tag{10.17}$$

Die Basisschaltung ist nicht rückwirkungsfrei. Das negative Vorzeichen folgt aus der entgegengesetzt zum wahren Verhalten eingeführten Stromrichtung des Eingangsstromes.

Merke: In der Praxis ist die Rechnung mit den Näherungsformeln in vielen Fällen ausreichend, da die vom Hersteller gelieferten Parameterangaben zu den Transistoren nur Mittelwerte darstellen und die einzelnen Bauelemente um 20 % und mehr von diesen Werten abweichen können.

Mit den obigen Vierpolparametern und der Annahme $k_\text{I} = 0$, die im Falle $R_\text{C} \ll r_\text{CE}$ sehr gut erfüllt ist, ergeben sich die Betriebsparameter der Basisschaltung entsprechend Tabelle 10.3.

Die Spannungsverstärkung entspricht betragsmäßig jener der Emitterschaltung. Eine Phasenumkehr zwischen Ein- und Ausgangsspannung tritt jedoch nicht auf. Die Stromverstärkung hängt sehr stark vom Lastwiderstand ab, bleibt aber stets kleiner eins. Folglich ist von dieser Schaltung auch keine sehr hohe Leistungsverstärkung zu erwarten. Das negative Vorzeichen der Stromverstärkung folgt aus der entgegengesetzt zum wahren Verhalten eingeführten Stromrichtung des Eingangsstromes und hat nur rechnerische Bedeutung. Der Eingangswiderstand ist sehr klein. Dies führt zu einer starken Belastung des Signalgenerators.

Veranschaulicht werden diese Aussagen dadurch, dass die Schaltung mit dem relativ hohen Emitterstrom gespeist werden muss und zum Kollektorstrom am Ausgang keine Verstärkung erfolgt.

Frequenzgang. Die Betrachtungen zum Frequenzgang der Spannungsverstärkung einer Basisschaltung entsprechen den Ableitungen aus Abschnitt 10.2.1.

Arbeitspunktwahl und Aussteuerbereich. Die Potenzialverhältnisse der Basisschaltung bei sinusförmiger Aussteuerung sind in Bild 10.16 dargestellt. Für die Wahl des Kollektor- und des Emitterpotenzials gelten analoge Gesichtspunkte wie bei der Emitterschaltung mit Stromgegenkopplung. Die Arbeitspunktspannung über R_E ist entsprechend der Größe des maximalen Eingangssignals festzulegen.

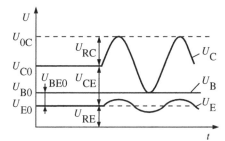

Bild 10.16 Aussteuerdiagramm der Basisschaltung

10.2.3 Kollektorschaltung (Emitterfolger)

Als Kennzeichen dieser Verstärkerschaltung bildet der Kollektor den Bezugspunkt (Masse) der Kleinsignalersatzschaltung. Die Arbeitspunkteinstellung erfolgt üblicherweise durch einen Basis-Spannungsteiler. Der Emitterwiderstand R_E bildet den Arbeitswiderstand, über dem die Ausgangsspannung $\underline{U}_a$ abgegriffen wird.

Kleinsignalverhalten. Die Bestimmung der Vierpolparameter der Kollektorschaltung erfolgt sehr leicht anhand der Kleinsignalersatzschaltung. Das Vorgehen entspricht dem bei der Basisschaltung. Die Ergebnisse beinhalten Tabelle 10.2 und Tabelle 10.3. Auch diese Schaltung ist nicht rückwirkungsfrei, jedoch ist der Zahlenwert so klein, dass häufig eine Vernachlässigung möglich ist.

Die Näherungsgleichung für die Betriebsstromverstärkung gilt jedoch nur bei Vernachlässigung der Stromrückwirkung. Für die Analyse des Frequenzgangs der Spannungsverstärkung einer Kollektorschaltung können analoge Betrachtungen wie im Abschnitt 10.2.1 vorgenommen werden.

Bedeutung der Kollektorschaltung. Besondere Vorteile der Kollektorschaltung sind der hohe Eingangswiderstand r_{eB}, der allerdings einen entsprechend hochohmigen Basis-Spannungsteiler voraussetzt, und ihr niedriger Ausgangswiderstand r_{aB}. Dadurch ist sie für eine Anwendung als Treiberschaltung, falls ein großer Laststrom gefordert ist, geradezu prädestiniert. Der Signalgenerator wird dabei kaum belastet. Häufig erfolgt deshalb auch eine Nutzung als Impedanzwandler. Da die Spannungsverstärkung nahe eins liegt, besitzt die Kollektorschaltung auch den Beinamen *Emitterfolger*. Das Ausgangspotenzial am Emitter folgt

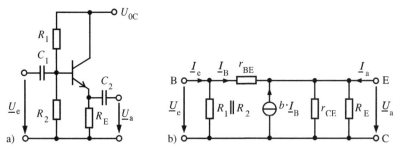

Bild 10.17 Verstärker in Kollektorschaltung; a) Schaltplan, b) Kleinsignalersatzschaltbild

Tabelle 10.2 Vierpolparameter der Kollektorschaltung

	VP-Parameter
Eingangswiderstand	$r_e = R_1 \| R_2 \| r'_e \cong r_{BE} + bR_E \approx bR_E$ mit $r'_e = r_{BE} + (1 + b)\left(r_{CE} \| R_E\right)$
Ausgangswiderstand	$r_a = r_{CE} \| R_E \| \dfrac{r^*_{BE}}{1+b} \approx \dfrac{r_{BE}}{b} = \dfrac{1}{S}$ $r^*_{BE} = r_{BE} + \left(R_1 \| R_2\right)$
Spannungsverstärkung	$v_u = \dfrac{1}{1 + \dfrac{r_{BE}}{(1+b)\left(r_{CE} \| R_E\right)}} \approx \dfrac{1}{1 + \dfrac{r_{BE}}{bR_E}}$ $v_u \lesssim 1$
Stromrückwirkung	$k_I = -\dfrac{1}{1 + b + \dfrac{r_{BE}}{r_{CE} \| R_E}} \approx -\dfrac{1}{b + \dfrac{r_{BE}}{R_E}}$
Stromverstärkung	$v_i = -(1+b)\dfrac{1}{1 + \dfrac{r_{BE}}{R_1 \| R_2}}$

stets dem Eingangspotenzial nach. Die Leistungsverstärkung ist aus dem gleichen Grund allerdings nur gering.

Wegen der festen Spannungsdifferenz zwischen Basis und Emitter ($U_{BE} = U_{BE0} = 0{,}6 \ldots$ $0{,}7\,\mathrm{V}$) eignet sich die Schaltung auch als Stufe zur Potenzialverschiebung. Diese wird insbesondere in direkt gekoppelten Verstärken häufig zur Potenzialanpassung benachbarter Verstärkerstufen benötigt.

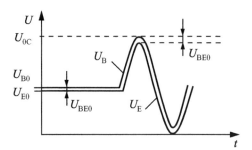

Bild 10.18 Aussteuerbereich der Kollektorschaltung

Arbeitspunktwahl und Aussteuerbereich. Im Interesse einer großen Signalamplitude wird der Arbeitspunkt des Basis- und des Emitterpotenzials in den Bereich der halben Betriebsspannung gelegt. Die Aussteuergrenzen sind in Bild 10.18 erkennbar.

10.2.4 Vergleich der einstufigen Transistorverstärkerschaltungen

In Tabelle 10.3 erfolgt eine Zusammenstellung der Betriebsparameter der drei einstufigen Transistorverstärkerschaltungen für den Fall einer Belastung der Verstärker mit einem Lastwiderstand R_L. Die vergleichende Bewertung der Ergebnisse soll einen Überblick zu diesem Abschnitt vermitteln. Ein hoher Eingangswiderstand ist günstig, wenn die Signalquelle durch den Verstärker wenig belastet werden soll. Meist ist ein niedriger Ausgangswiderstand gewünscht, um einen möglichst großen Strom an den Lastwiderstand R_L abgeben zu können.

Tabelle 10.3 Betriebsparameter der Emitter-, Basis- und Kollektorschaltung

	Emitterschaltung	Basisschaltung	Kollektorschaltung
Eingangswiderstand	$r_{eB} = r_{BE} \\| R_B$ mit $R_B \cong R_1 \\| R_2$ mittel	$r_{eB} = R_E \\| r'_e$ mit $r'_e \approx \dfrac{r_{BE}}{b} = \dfrac{1}{S}$ niedrig	$r_{eB} = R_1 \\| R_2 \\| r''_e \cong r_{BE} + b\left(R_E \\| R_L\right)$ mit $r''_e = r_{BE} + (1+b)\left(r_{CE} \\| R_E \\| R_L\right)$ hoch
Ausgangswiderstand	$r_{aB} = r_{CE} \\| R_C$ mittel	$r_{aB} = r_{CE} \\| R_C$ mittel	$r_{aB} = r_{CE} \\| R_E \\| \dfrac{r_{BE} + R'_G}{1 + b}$ $\approx \dfrac{r_{BE} + R'_G}{b} \approx \dfrac{1}{S}$ niedrig
Spannungsverstärkung	$v_{uB} = -\dfrac{b}{r_{BE}}\left(r_{CE} \\| R_C \\| R_L\right)$ mittel	$v_{uB} \approx \dfrac{b\left(R_C \\| R_L\right)}{r_{BE}}$ mittel	$v_{uB} = \dfrac{1}{1 + \dfrac{r_{BE}}{(1+b)\left(r_{CE}\\|R_E\\|R_L\right)}}$ $v_{uB} \approx \dfrac{1}{1 + \dfrac{r_{BE}}{b(R_E\\|R_L)}} < 1$ keine
Stromverstärkung	$v_{iB} = \dfrac{b}{1 + \dfrac{r_{BE}}{R_B}} \cdot \dfrac{1}{1 + \dfrac{R_L}{r_{CE}\\|R_C}}$ hoch	$v_{iB} \approx -\dfrac{1}{1 + \dfrac{R_L}{R_C}}$ keine	$v_{iB} \approx -(1+b)\dfrac{1}{1 + \dfrac{r_{BE}}{R_1\\|R_2}} \cdot \dfrac{1}{1 + \dfrac{R_L}{r_{CE}\\|R_E}}$ hoch
Anwendungen	Standardverstärkerstufe, NF, HF bis … MHz	Verstärker und Oszillator im hohen MHz-Bereich	Wechselstromverstärker, Impedanzwandler, Endstufen (meist als Gegentaktendstufe)

■ 10.3   Einstufige Verstärker mit Feldeffekt-Transistoren

Die drei oben erläuterten Verstärkergrundschaltungen lassen sich mit Feldeffekt-Transistoren in analoger Weise aufbauen und nutzen. Benannt werden die Schaltungen entsprechend den Bezugselektroden als Sourceschaltung ($\widehat{=}$ Emitterschaltung), Gateschaltung ($\widehat{=}$ Basis-schaltung) und Drainschaltung bzw. Sourcefolger ($\widehat{=}$ Kollektorschaltung). Bild 10.19 bis Bild 10.21 zeigen einige wichtige Varianten der Arbeitspunkteinstellung, die wegen der isolierten Gateelektrode nur spannungsmäßig möglich ist. Bei Anreicherungstypen ist deshalb der Gate-Spannungsteiler üblich (Bild 10.19). Die notwendige negative Gate-Source-Spannung bei Verarmungstypen bzw. Sperrschicht-FETs wird meist durch einen Sourcewiderstand erzeugt. Das Gate muss dabei durch einen sehr hochohmigen Widerstand auf Masse gelegt werden, um einerseits ein definiertes Potenzial am Gate einzustellen und andererseits den Eingangswiderstand nicht unnötig zu reduzieren (Bild 10.20).

Eine Ableitung der Kleinsignalparameter kann in gleicher Weise erfolgen, wie bei Bipolartransistorschaltungen. Einen schnellen Überblick über die FET-Schaltungen und einen Vergleich zu den Parametern der Bipolarschaltungen erhält man durch die Benutzung sogenannter Korrespondenzen zwischen den Vierpolparametern von Bipolartransistoren und FET.

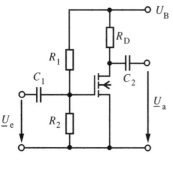

Bild 10.19 Sourceschaltung
mit Anreicherungs-FET

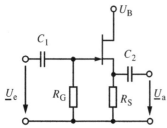

Bild 10.20 Drainschaltung mit SFET

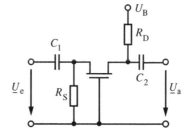

Bild 10.21 Gateschaltung mit Verarmungs-FET

Ein Vergleich der NF-Kleinsignalersatzschaltungen von Bipolar- und Feldeffekttransistoren unter Annahme von Rückwirkungsfreiheit führt zu den Korrespondenzen in Tabelle 10.4. Mithilfe dieser Korrespondenzen lassen sich die Betriebsparameter der bekannten Grundschaltungen leicht auf FET-Schaltungen übertragen. Zu beachten ist dabei, dass die Eingangswiderstände der Source- und Drainschaltung ausschließlich durch die Gatebeschaltung zur Arbeitspunkteinstellung gebildet werden.

Tabelle 10.4 Korrespondenzen zwischen FET und Bipolartransistoren im NF-Bereich

	Bipolar	FET
$h_{11} = 1/y_{11}$	r_{BE}	∞
$1/y_{22}$	r_{CE}	$r_{DS} = 1/g_d$
y_{21}	$S = b/r_{BE}$	$S = g_m$

Beispiel 10.4

Es sind die Betriebsparameter der Sourceschaltung nach Bild 10.19 auf der Basis von Korrespondenzbeziehungen zu Bipolartransistoren zu ermitteln.

Lösung:

Durch einen einfachen Vergleich lassen sich die Gleichungen aus Tabelle 10.1 umwandeln in

$$r_{eB} = R_1 \| R_2$$
$$r_{aB} = r_{DS} \| R_D$$
$$v_{uB} = -S\left(r_{DS} \| R_D \| R_L\right)$$

Die Beziehung für die Stromverstärkung formt man zunächst etwas um. Der Term $1/r_{BE}$ geht gegen null und R_B ist durch die Parallelschaltung von R_1 und R_2 zu ersetzen.

$$v_{iB} = \frac{\dfrac{b}{r_{BE}}}{\dfrac{1}{r_{BE}} + \dfrac{1}{R_B}} \cdot \frac{1}{1 + \dfrac{R_L}{r_{CE} \| R_C}}$$

$$v_{iB} = \frac{S(R_1 \| R_2)}{1 + \dfrac{R_L}{r_{DS} \| R_D}}$$

10.4 Grundschaltungen mit mehreren Transistoren

10.4.1 Kaskodeschaltung

Die Kaskodeschaltung ist eine Kombination aus zwei Verstärkerstufen. Transistor 1 arbeitet in Emitterschaltung, Transistor 2 in Basisschaltung.

Ein leicht überschaubarer Weg zur Bestimmung des Kleinsignalverhaltens dieser Schaltung beruht auf der Nutzung der Betriebsparameter der Einzelstufen. Beide Teilschaltungen sind in Kettenschaltung miteinander verknüpft. Die Basisschaltung des T2 bildet folglich das Lastelement für die Emitterschaltung des T1. Ausgehend von Bild 10.23 ergeben sich die

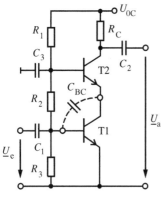

Bild 10.22 Kaskodeschaltung

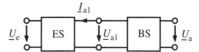

Bild 10.23 Kaskode als Kettenschaltung zweier Vierpole

Tabelle 10.5 Betriebsparameter der Kaskodeschaltung

	ES	BS	Kaskode
r_{eB}	$r_{e1B} = R_2 \Vert R_3 \Vert r_{BE1}$	$r_{e2B} \approx \dfrac{r_{BE2}}{b_2}$	$r_{eB} = r_{e1B}$
r_{aB}	$r_{a1B}\vert_{\underline{U}_e=0} = r_{CE1}\Vert r_{e2B} \approx r_{e2B}$	$r_{a2B}\vert_{\underline{U}_e=0} = r'_{CE2}\Vert R_C \approx R_C$ $r'_{CE2} = r_{CE2} + r_{CE1}\Vert r_{BE2}$	$r_{aB} = r_{a2B} \approx R_C$
v_{uB}	$v_{u1B} = -\dfrac{b_1}{r_{BE1}}r_{a1B}$ $= -\dfrac{b_1}{r_{BE1}}\dfrac{r_{BE2}}{b_2} \approx -1$	$v_{u2B} = \dfrac{b_2}{r_{BE2}}r_{a2B} \approx \dfrac{b_2 R_C}{r_{BE2}}$	$v_{uB} = v_{u1B}v_{u2B}$ $= -\dfrac{b_1}{r_{BE1}}\dfrac{r_{BE2}}{b_2}\dfrac{b_2 R_C}{r_{BE2}}$ $\approx -\dfrac{b_1 R_C}{r_{BE1}}$
v_{iB}	$v_{i1B} \approx v_{i1}\vert_{\underline{U}_{a1}=0} \approx b_1$	$v_{i2B} \approx v_{i2}\vert_{\underline{U}_a=0} \approx \dfrac{b_2}{1+b_2} \approx 1$	$v_{iB} = v_{i1B}v_{i2B}$ $= \dfrac{b_1 b_2}{1+b_2} \approx b_1$

in Tabelle 10.5 zusammengestellten Parameter für die Einzelvierpole und die Gesamtschaltung. Die Näherungsgleichungen gelten unter der Voraussetzung, dass beide Transistoren identische Vierpolparameter besitzen.

Bei niedrigen Frequenzen besitzt die Kaskodeschaltung etwa die gleichen Eigenschaften wie eine normale Emitterschaltung. Ihr Vorteil wird erst bei hohen Frequenzen wirksam, wenn die transistorinterne Basis-Kollektor-Kapazität C_{BC} zum Tragen kommt. Diese koppelt in der Emitterschaltung einen Teil des Ausgangssignals zurück auf den Eingang und erhöht dadurch die Eingangskapazität des Verstärkers dynamisch. Dieser Effekt heißt Miller-Effekt (siehe Abschnitt 11.3.6). Es ergibt sich eine dynamische Eingangskapazität von

$$C_e = C_{BC}(1 - v_u) \tag{10.18}$$

In der Kaskodeschaltung wird aber die Verstärkung der Emitterstufe durch den niedrigen Eingangswiderstand der Basisstufe auf den Wert eins reduziert, sodass die Signalrückkopplung unbedeutend ist. Die gesamte Spannungsverstärkung der Kaskode entsteht erst in der

Basisstufe. Durch diese Aufteilung ergibt sich praktisch eine Unterbrechung der Gegenkoppelschleife über C_{BC}. Die Kaskodeschaltung besitzt auch bei hohen Frequenzen noch eine kleine Eingangskapazität.

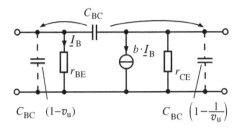

$C_{BC}\ (1-v_u)$ $C_{BC}\left(1-\dfrac{1}{v_u}\right)$ **Bild 10.24** Auswirkung des Miller-Effekts

10.4.2 Differenzverstärker

Der Differenzverstärker (Bild 10.25) ist eine streng symmetrische Schaltung. Die Erzielung idealer Eigenschaften erfordert, dass beide Transistoren die gleichen Parameter besitzen. Dies ist besonders gut bei integrierter Realisierung und möglichst enger Nachbarschaft auf dem Schaltkreis erreichbar.

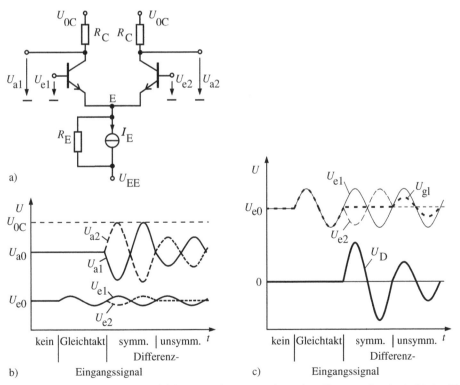

Bild 10.25 a) Differenzverstärker, b) Aussteuerdiagramm, c) aus dem Eingangssignal extrahierter Gleichtaktanteil (U_{gl}) und Differenzanteil (U_D)

Die Einstellung des Arbeitspunktstromes $I_C = I_E/2$ erfolgt in der Regel über eine Stromquelle (Innenwiderstand R_E). Im Ruhezustand ($U_{e1} = U_{e2}$) teilt sich der Emitterstrom symmetrisch auf beide Transistoren auf. Die folgende Analyse des Verstärkungsverhaltens erfolgt im Niederfrequenzbereich auf der Basis komplexer Signalgrößen.

Aussteuerung. Die Aussteuerung wird unterschieden in symmetrische Differenzaussteuerung, es gilt $\underline{U}_{e1} = -\underline{U}_{e2}$, und unsymmetrische Differenzaussteuerung, z. B. $\underline{U}_{e2} = 0$. Aus den Eingangssignalen lassen sich die am Differenzverstärker wirksame Eingangsspannungsdifferenz (Differenzspannung $U_D = U_{e1} - U_{e2}$) sowie ein wirksamer Gleichtaktanteil $U_{gl} = (U_{e1} + U_{e2})/2$ ableiten. In Bild 10.25c ist dies am Beispiel sinusförmiger Signalspannungen veranschaulicht. Der Spannungsmaßstab ist wegen der besseren Erkennbarkeit allerdings größer gewählt worden als in Bild 10.25b. Damit am Ausgang des Differenzverstärkers idealerweise nur die verstärkte Eingangsspannungsdifferenz erscheint, wie dies in Bild 10.25b dargestellt ist, muss die Gleichtaktverstärkung der Schaltung null sein. Im weiteren Text wird deutlich, dass dies nur bei unendlich großem Innenwiderstand R_E der Emitterstromquelle der Fall ist.

Neben sinusförmigen Signalen kann der dargestellte Differenzverstärker auch für beliebige Signalformen eingesetzt werden. Da die Arbeitspunkteinstellung nur über die Stromquelle erfolgt, ist sie nicht mit einer Beeinflussung der Eingänge verbunden. Eine direkte Ankopplung der Eingangssignale an die Basisanschlüsse der Verstärkertransistoren ist ohne Probleme möglich.

Differenzverstärkung. Zur Berechnung der Differenzausgangsspannung $\underline{U}_{aD} = \underline{U}_{a1} - \underline{U}_{a2}$ kann bei symmetrischer Differenzansteuerung davon ausgegangen werden, dass sich die Spannung über R_E nicht ändert. Im Kleinsignalersatzschaltbild (Bild 10.26) gilt folglich $\underline{U}_{RE} = 0$. Die Stufe zerfällt in zwei Emitterschaltungen, aus denen man abliest:

$$\underline{U}_{aD} = \underline{U}_{a1} - \underline{U}_{a2} = -\frac{bR_C}{r_{BE}} \left(\underline{U}_{e1} - \underline{U}_{e2} \right)$$

$$\underline{U}_{aD} = -SR_C \left(\underline{U}_{e1} - \underline{U}_{e2} \right) \tag{10.19}$$

Als Differenzverstärkung v_d erhält man einen Wert, der dem Wert der Spannungsverstärkung einer einfachen Emitterschaltung entspricht.

$$v_d = \frac{\underline{U}_{aD}}{\underline{U}_D} = -SR_C \tag{10.20}$$

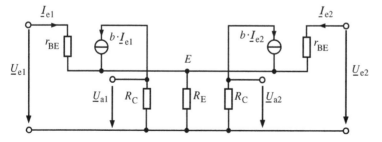

Bild 10.26 Kleinsignalersatzschaltung eines Differenzverstärkers

Alternativ zur hier eingeführten Differenzverstärkung begegnet man in der Literatur oft einer Form, in der die Ausgangsspannung nicht als Differenz zwischen den beiden Ausgängen der

Schaltung verstanden wird, sondern die zwei gegenphasigen Ausgänge U_{a1} und U_{a2} einzeln betrachtet werden. Dann ergibt sich für die Differenzspannungsverstärkung $v_d = U_{a1}/U_D = -SR_C/2$.

Gleichtaktverstärkung. Zur Berechnung der Gleichtaktverstärkung kann man beide Schaltungshälften auf Grund ihrer Symmetrie in Gedanken zusammenfassen. Dabei muss allerdings R_E verdoppelt werden. Die sich ergebende Emitterschaltung mit Stromgegenkopplung in Bild 10.27 repräsentiert das Gleichtaktverhalten des Differenzverstärkers vollständig. Als Gleichtaktverstärkung resultiert

$$v_{gl} = \frac{\underline{U}_a}{\underline{U}_{gl}} = -\frac{bR_C}{r_{BE} + (1+b)2R_E} \approx -\frac{R_C}{2R_E}$$

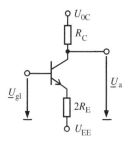

Bild 10.27 Ersatzschaltung des Differenzverstärkers für Gleichtaktbetrieb

Die Größe des Innenwiderstandes R_E der Stromquelle bestimmt direkt den Wert der Gleichtaktverstärkung.

Gleichtaktunterdrückung. Anstelle der Gleichtaktverstärkung wird häufig die Gleichtaktunterdrückung G angegeben, da dieser Begriff stärker die Zielvorstellung eines Differenzverstärkers widerspiegelt und als Qualitätsmerkmal betrachtet werden kann. In der englischsprachigen Literatur wird sie als $CMRR$ (common mode rejection ratio) abgekürzt und meist in Dezibel angegeben.

$$G = \frac{v_d}{v_{gl}} = \frac{-SR_C}{-\frac{R_C}{2R_E}} = 2SR_E \qquad (10.21)$$

In der Praxis sind Werte von $80 \ldots 100$ dB erreichbar. Sie werden hauptsächlich von der Qualität der Stromquelle bestimmt.

Beispiel 10.5

Es ist ein Differenzverstärker für die folgenden Anforderungen zu dimensionieren. Parameter des DV: $CMRR = 80$ dB, $U_{0C} = 12$ V, $U_{EE} = -5$ V, $I_E = 8$ mA, $U_{A0} = U_{0C}/2$, $B = b = 150$, $U_{BEF} = 0{,}7$ V, $r_{CE} \to \infty$, $U_T = 25$ mV.

Welche Differenzverstärkung wird erreicht?

Lösung:

Zur Berechnung der Steilheit der Transistoren ist vom Arbeitspunktstrom auszugehen.

$$S = \frac{b}{r_{BE}} = \frac{bI_E}{2U_T B} = 160 \text{ mS}$$

Der Kollektorstrom $I_C = I_E/2$ bestimmt die Ausgangsspannung im Arbeitspunkt U_{A0} und damit den R_C.

$$R_C = \frac{U_{0C} - U_{A0}}{I_C} = \frac{6\,\text{V}}{4\,\text{mA}} = 1\,500\,\Omega$$

Eine Gleichtaktverstärkung G von

$$|G| = 10^{\frac{CMRR}{20}} = 10\,000$$

erfordert nach Gl. (10.21) einen Stromquellenwiderstand von

$$R_E = \frac{|G|}{|2S|} = 31{,}25\,\text{k}\Omega$$

Die Differenzverstärkung ergibt sich nach Gl. (10.20) zu

$$v_d = -SR_C = -240$$

■

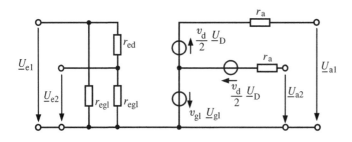

Bild 10.28 Verstärkermodell eines Differenzverstärkers

Beispiel 10.6

Die Ausgangsspannungen $\underline{U}_{a1}$ und $\underline{U}_{aD}$ eines Differenzverstärkers bei unsymmetrischer Aussteuerung mit $\underline{U}_{e2} = 0$ sind allgemein zu berechnen.

Lösung:

Eine Zerlegung des Eingangssignals in einen Gleichtakt- und einen Gegentaktanteil liefert

$$\underline{U}_D = \underline{U}_{e1} \quad \text{und} \quad \underline{U}_{gl} = \frac{\underline{U}_{e1}}{2}$$

An den Einzelausgängen erfolgt eine Überlagerung des mit v_d verstärkten Differenzanteils und des mit v_{gl} verstärkten Gleichtaktanteils.

$$\underline{U}_{a1} = \frac{v_d}{2}\underline{U}_D + v_{gl}\underline{U}_{gl} = -\frac{S}{2}R_C\underline{U}_{e1} - \frac{R_C}{2R_E}\frac{\underline{U}_{e1}}{2} = -\left(SR_C + \frac{R_C}{2R_E}\right)\frac{\underline{U}_{e1}}{2}$$

$$\underline{U}_{a2} = -\frac{v_d}{2}\underline{U}_D + v_{gl}\underline{U}_{gl} = \frac{S}{2}R_C\underline{U}_{e1} - \frac{R_C}{2R_E}\frac{\underline{U}_{e1}}{2} = -\left(-SR_C + \frac{R_C}{2R_E}\right)\frac{\underline{U}_{e1}}{2}$$

Für die Differenzausgangsspannung folgt

$$\underline{U}_{aD} = \underline{U}_{a1} - \underline{U}_{a2} = -SR_C\underline{U}_{e1}$$

In der Differenzausgangsspannung kompensieren sich die in beiden Einzelausgängen enthaltenen Gleichtaktanteile. Der Differenzverstärker wird deshalb meist mit symmetrischer (zweipoliger) Signalführung verwendet.

Eingangswiderstand. Den Eingangswiderstand eines Differenzverstärkers muss man für den Gleichtakt- und Gegentaktbetrieb getrennt untersuchen. Die Wirkung beider Widerstandsanteile wird im Verstärkermodell des Differenzverstärkers in Bild 10.28 deutlich. Die Berechnung des *Differenzeingangswiderstandes* r_{ed} und des *Gleichtakteingangswiderstandes* r_{egl} erfolgt anhand des Kleinsignalersatzschaltbildes (Bild 10.26). Bei reinem Gegentaktbetrieb ergibt sich wegen $\underline{U}_{RE} = 0$

$$r_{ed} = 2 \cdot r_{BE} \tag{10.22}$$

Bei reinem Gleichtaktbetrieb (siehe Bild 10.27) entspricht der Eingangswiderstand dem einer Emitterschaltung mit Stromgegenkopplung.

$$r_{egl} \approx r_{BE} + 2bR_E \tag{10.23}$$

Ausgangswiderstand. Der Ausgangswiderstand eines Differenzverstärkers ergibt sich aus der Analogie des Ausgangs zu dem einer Emitterschaltung.

$$r_a \approx R_C \tag{10.24}$$

Aussteuerbereich. Der Aussteuerbereich für die Eingangssignale einer Differenzstufe wird durch die gleichtaktunterdrückende Wirkung der Stromquelle begrenzt. Für den Gleichtaktanteil im Signal gilt

$$U_{gl\,min} = U_{E\,min} + U_{BE}$$

wobei $U_{E\,min}$ ein Parameter der Stromquelle ist. Bei diesem Wert ist die Konstanz ihres Stromes noch gegeben. Bei einem einfachen Stromspiegel (siehe Abschnitt 10.4.3) gilt $U_{E\,min} = U_{CE\,min}$. Die minimale Kollektor-Emitter-Spannung $U_{CE\,min}$ wird durch die Übersteuerungsgrenze des Transistors gebildet.

Die maximale Gleichtakteingangsspannung resultiert aus der drohenden Übersteuerung der Verstärkertransistoren

$$U_{gl\,max} = U_B - \frac{R_C I_E}{2}$$

10.4.3 Stromspiegel

Stromspiegel sind Grundschaltungen der integrierten Schaltungstechnik. Sie eignen sich z. B. als Lastelemente in Verstärkerschaltungen oder als Konstantstromquellen. Ziel ist die

Reproduktion (Spiegelung) eines vorgegebenen Referenzstromes. Wichtigster Parameter eines Stromspiegels ist das *Spiegelverhältnis M*.

$$M = \frac{I_a}{I_{ref}} \qquad (10.25)$$

Eine ideale Spiegelwirkung setzt die völlige Gleichheit beider Transistoren voraus. Für die einfachste Realisierung eines Stromspiegels nach Bild 10.29 lassen sich die Beziehungen

$$I_a = I_{C2} = BI_B \quad \text{und}$$
$$I_{ref} = I_{C1} + 2I_B = (B+2)I_B$$

ablesen. Das Spiegelverhältnis ergibt sich bei genügend großer Stromverstärkung des Transistors annähernd zu eins.

$$M = \frac{B}{B+2} = 1 - \frac{2}{B+2} \approx 1 \qquad (10.26)$$

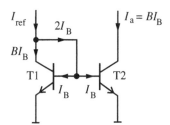

Bild 10.29 Einfacher Stromspiegel

Der Fehlerterm $2/(B+2)$ stellt ein Qualitätsmaß für den Stromspiegel dar.

Die Spiegelwirkung ist in gleicher Weise für Kleinsignalströme wirksam, allerdings steht dann die Kleinsignalstromverstärkung b in den Formeln.

Stromquelleneigenschaft. Ein zweiter wichtiger Parameter eines Stromspiegels ist dessen Kleinsignalausgangswiderstand r_a. Dieser ist vor allem bezüglich der Stromquelleneigenschaft des Ausgangs von Bedeutung und sollte so groß wie möglich sein. Für den Spiegel in Bild 10.29 ist leicht ein Wert von $r_a = r_{CE}$ ablesbar.

Verbesserte Stromspiegel. Das Ziel einer Verbesserung der Eigenschaften betrifft in erster Linie das Spiegelverhältnis. Ein nahezu ideales Spiegelverhältnis liefert der MOSFET-Spiegel in Bild 10.30 aufgrund des fehlenden Gatestromes.

Bild 10.31 zeigt einen verbesserten Stromspiegel mit Bipolartransistoren. Der am Eingang wirksame Basisstrom wird durch einen zusätzlichen Transistor um den Faktor $1/b$ herabgesetzt. Das Spiegelverhältnis bestimmt sich in Analogie zum einfachen Stromspiegel zu

$$M = 1 - \frac{2}{B(B+1)+2} \qquad (10.27)$$

Eine Sonderschaltung beinhaltet Bild 10.32. Für diese als WILSON-Spiegel bekannte Schaltung erhält man ein Spiegelverhältnis

$$M = \frac{B\dfrac{B+2}{1+B}}{B+\dfrac{B+2}{1+B}} = 1 - \frac{2}{B(B+2)+2} \qquad (10.28)$$

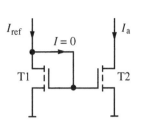

Bild 10.30 MOSFET-Stromspiegel

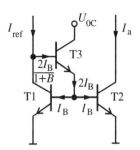

Bild 10.31 Verbesserter Stromspiegel
mit Bipolartransistoren

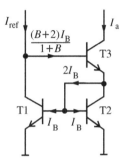

Bild 10.32 WILSON-Stromspiegel

Die Schaltung weist einen Regelkreis zur Einstellung des Arbeitspunktes auf. Dessen Wirkung wird durch das Blockschaltbild (Bild 10.33) deutlich.

Ein weiterer Vorteil der WILSON-Schaltung ist der stark vergrößerte Ausgangswiderstand, der sich über die im Regelkreis enthaltene Gegenkopplung berechnen lässt. Mit einigen Näherungen gewinnt man bei identischen Transistoren

$$r_a \approx r_{CE3} R_G^* \frac{S_1 S_3}{S_2} = r_{CE3} R_G^* S \qquad (10.29)$$

mit $R_G^* = R_G \| r_{CE1}$. Dabei ist R_G der Innenwiderstand der Quelle, die den I_{ref} einspeist.

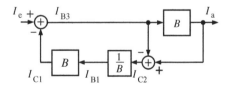

Bild 10.33 Blockschaltbild
eines WILSON-Spiegels

Strombank. Als Strombank bezeichnet man eine erweiterte Stromspiegelschaltung zur Gewinnung mehrerer verschieden gewichteter Ströme aus einem Referenzstrom (Bild 10.34). Sie basiert auf einem WIDLAR-Stromspiegel [10.1], bei dem das Spiegelverhältnis durch zusätzliche Emitterwiderstände variabel gestaltet werden kann. Dabei werden wichtige Eigenschaften eines speziell erzeugten Referenzstromes, wie z. B. hohe Temperaturkonstanz oder Unempfindlichkeit gegenüber Betriebsspannungsschwankungen, auf alle Ausgangsströme übertragen.

Da alle Basisanschlüsse parallel liegen, gilt unter Vernachlässigung der Basisströme in guter Näherung eine direkte Proportionalität der Ströme. Das jeweilige Spiegelverhältnis ist durch

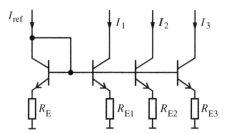

Bild 10.34 Strombank

das entsprechende Widerstandsverhältnis der Emitterwiderstände einstellbar. So lautet die Beziehung für den Strom am ersten Ausgangstransistor T1:

$$I_1 = I_{\text{ref}} \frac{R_E}{R_{E1}} \tag{10.30}$$

10.4.4 Differenzverstärker mit Stromspiegellast

Einen häufigen Anwendungsfall der Stromspiegel in der integrierten Schaltungstechnik bildet der Differenzverstärker für asymmetrische (einpolige) Signalübertragung (Bild 10.35). Der Stromspiegel aus pnp-Transistoren wirkt als Lastelement für den Differenzverstärker. Er ersetzt die ohmschen Kollektorwiderstände. Es entsteht ein Verstärker mit symmetrischem Eingang und asymmetrischem Signalausgang.

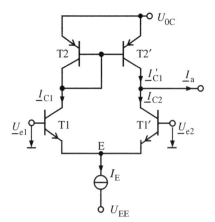

Bild 10.35 Differenzverstärker mit Stromspiegellast

Die in Bild 10.35 eingezeichneten Kleinsignalkollektorströme $\underline{I}_{C1}$ und $\underline{I}_{C2}$ der beiden Verstärkertransistoren T1 und T1$'$ sind gegenphasig, $\underline{I}_{C2} = -\underline{I}_{C1}$. Durch die Spiegelung von $\underline{I}_{C1}$ an den Ausgang überlagern sich dort zwei betragsmäßig gleiche Ströme.

$$\underline{I}_a = \underline{I}_{C1} - \underline{I}_{C2} = 2\underline{I}_{C1} \tag{10.31}$$

Bei reiner Gegentakt-Aussteuerung gilt für die Kollektorströme $\underline{I}_{C1} = -\underline{I}_{C2} = S\underline{U}_D/2$. Der Ausgangsstrom $\underline{I}_a$ führt über dem Ausgangswiderstand r_a zu einer Ausgangsspannung $\underline{U}_a$.

$$\underline{U}_a = \underline{I}_a r_a = -S\underline{U}_D r_a \tag{10.32}$$

Eine Besonderheit der Schaltung ist der sehr hohe Ausgangswiderstand $r_a = r_{CE1} \| r_{CE2}$, da in der Kleinsignalersatzschaltung die Kollektor-Emitter-Widerstände der Transistoren T1$'$ und T2$'$ parallel liegen. Auf Grund dieses hochohmigen Ausgangs besitzt die Schaltung zwar eine sehr hohe Spannungsverstärkung, aber nur wenn sie auch entsprechend hochohmig belastet wird. Ihr Ausgang besitzt praktisch eine Stromquellencharakteristik, weshalb sie als *Steilheitsverstärker* bzw. in der englischsprachigen Literatur als *OTA* (operating transconductance amplifier) bezeichnet wird. Ein oft verwendetes Schaltsymbol zeigt Bild 10.36. Der Steilheitsverstärker ist eine häufig verwendete Baugruppe in der integrierten MOSFET-Schaltungstechnik.

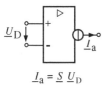

$\underline{I}_a = \underline{S}\,\underline{U}_D$

Bild 10.36 Schaltsymbol eines Steilheitsverstärkers

10.4.5 Transistor-Stromquellen

Die Erzeugung eines konstanten Stromes (Konstantstromquelle oder gesteuerte Stromquelle), der von der Ausgangsbeschaltung der Quelle unbeeinflusst bleibt, ist eine häufige Aufgabenstellung der Schaltungstechnik. Die wichtigste Anforderung an eine Stromquelle ist deren möglichst großer Ausgangswiderstand r_a. Geeignete Schaltungsprinzipien sind deshalb Stromspiegel, insbesondere der WILSON-Spiegel, und die Emitter- bzw. Sourceschaltung mit Stromgegenkopplung.

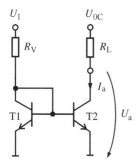

Bild 10.37 Stromspiegel als gesteuerte Stromquelle

Gesteuerte Stromquelle. Eine spannungsgesteuerte Stromquelle auf der Basis eines Stromspiegels ist in Bild 10.37 dargestellt. Der Ausgangsstrom I_a ist proportional zur Steuerspannung U_1. Nur bei genügend großem Ausgangswiderstand ist dieser Strom unabhängig von der Ausgangsspannung U_a und somit von der Größe des zu versorgenden Lastwiderstandes R_L.

Beispiel 10.7

Für die Stromquelle in Bild 10.37 ist die Größe des Ausgangsstromes zu berechnen und seine Abhängigkeit vom Lastwiderstand anhand des Ausgangskennlinienfeldes des Transistors zu verdeutlichen.

Lösung:

Auf der Basis der Beziehungen am Stromspiegel erhält man den Kurzschlussstrom I_{aK} für $R_L = 0$ zu

$$I_{aK} \cong \frac{U_1 - U_{BE0}}{R_V}$$

Die Basis-Emitter-Spannung des Transistors ist annähernd konstant $U_{BE0} = 0{,}6 \ldots 0{,}7$ V, sodass der Basisstrom und damit auch der Ausgangsstrom durch U_1 und R_V eingestellt werden können.

In Bild 10.38a ist die Ausgangskennlinie des Stromspiegels für ein konkretes I_B dargestellt. Die Arbeitsgerade des Lastwiderstandes wird von R_L und U_{0C} festgelegt. Aufgrund des leichten Anstiegs der Ausgangskennlinie ($\sim 1/r_{CE}$) führt eine Variation von R_L zu einem veränderten Ausgangsstrom.

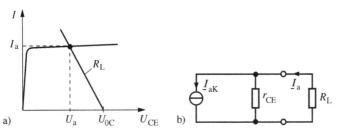

Bild 10.38 Ausgangskennlinie und Ersatzschaltung eines Stromspiegels

Wenn sich der Transistor im aktiv normalen Betriebszustand befindet, also $U_{CE} > U_{BE}$ ist, kann der Stromspiegel durch eine Stromquellenersatzschaltung mit dem Kurzschlussstrom I_{aK} und dem Ausgangswiderstand $r_a = r_{CE}$ repräsentiert werden. Entsprechend Bild 10.38b lässt sich der Ausgangsstrom dann als Funktion des Lastwiderstandes R_L ausdrücken.

$$I_a = I_{aK} \frac{r_{CE}}{r_{CE} + R_L}$$

Referenzstromquelle. Die Erzeugung eines temperaturunabhängigen Referenzstromes auf der Basis einer Emitterschaltung mit Stromgegenkopplung zeigt Bild 10.39. Die Temperaturunabhängigkeit wird aus der Z-Spannung U_{Z0} einer Z-Diode abgeleitet (siehe Abschnitt 3.5.2). Durch die Stromgegenkopplung am Emitterwiderstand R_E erfolgt eine Kompensation der Temperaturdrift der Basis-Emitter-Spannung des Transistors (siehe Abschnitt 10.2.1). Gleichzeitig erhöht sie den Ausgangswiderstand der Schaltung.

Da die Z-Diode einen sehr kleinen Innenwiderstand $r_Z \ll r_{BE}$ besitzt, ergibt sich für den Ausgangswiderstand der Schaltung

$$r_a = \frac{r_{BE} + br_{CE} + \left(1 + \dfrac{r_{BE}}{R_E}\right) r_{CE}}{1 + \dfrac{r_{BE}}{R_E}} \tag{10.33}$$

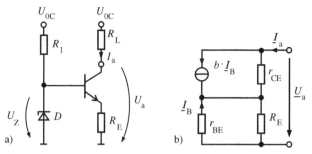

Bild 10.39 a) Referenzstromquelle mit Z-Diode, b) Kleinsignalersatzschaltbild

Die Gleichung liefert je nach Stärke der Gegenkopplung einen Zahlenwert im Bereich $r_{CE} <$ $r_a < br_{CE}$. Wegen des niedrigen Innenwiderstandes der Z-Diode ist die Z-Spannung und damit auch der Ausgangsstrom der Schaltung von Betriebsspannungsschwankungen nahezu unabhängig (siehe Abschnitt 3.5.2).

SFET-Stromquelle. Eine besonders einfache Stromquelle lässt sich mit einem SFET erzielen (Bild 10.40).

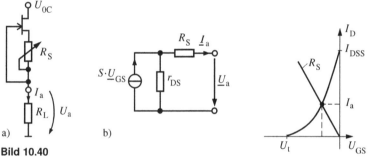

Bild 10.40
a) Konstantstromquelle mit SFET,
b) Kleinsignalersatzschaltung

Bild 10.41 Transferkennlinie
des SFET zur AP-Einstellung

Die Größe des Ausgangsstromes wird durch die mittels R_S eingestellte Gate-Source-Spannung U_{GS} festgelegt (Bild 10.41). Für einen gegebenen Zielwert von I_a bestimmt sich die notwendige Größe von R_S auf der Basis der Kennliniengleichung des SFET und mit $U_{GS} = -I_a R_S$ zu

$$R_S = \frac{U_t}{I_a} \left(1 - \sqrt{\frac{I_a}{I_{DSS}}} \right) \tag{10.34}$$

Aus dem Kleinsignalersatzschaltbild ergibt sich ein Ausgangswiderstand von

$$r_a = R_S + r_{DS}(1 + S R_S) \tag{10.35}$$

Die Gegenkopplung über R_S bewirkt eine dynamische Vergrößerung des Ausgangswiderstandes.

Die Schaltung benötigt keine zusätzliche Referenzgröße für die Stromeinstellung. Dies ist ein Vorteil. Allerdings beeinflussen Exemplarstreuungen der Schwellspannung U_t die Größe des Ausgangsstromes, was einen Abgleich des R_S erfordert.

10.4.6 Darlington-Schaltung

Die Darlington-Schaltung zweier Transistoren lässt sich in ihrem Niederfrequenzverhalten als ein Transistor interpretieren.

Betrachtet man die Ströme, so ergibt sich

$$I_C = I_{C1} + I_{C2} = B_1 I_{B1} + B_2 I_{B2} = B_1 I_{B1} + B_2 I_{E1} = B_1 I_{B1} + B_2 (I_{B1} + I_{C1})$$
$$I_C = B_1 I_{B1} + B_2 (I_{B1} + B_1 I_{B1}) = (B_1 + B_2 + B_1 B_2) I_B$$

Für große Stromverstärkungen B_1, B_2 erhält man in guter Näherung die Stromverstärkung B' des Ersatztransistors als Produkt der Einzelstromverstärkungen.

$$B' = B_1 B_2 \tag{10.36}$$

Diese Eigenschaft prädestiniert die Schaltung für den Einsatz in Schaltverstärkern, bei denen ein hoher Ausgangsstrom (Laststrom) durch einen kleinen Steuerstrom zu schalten ist. Mit der Näherung $r_{CE1} \to \infty$, $r_{CE2} \to \infty$ findet man für die Kleinsignalstromverstärkung eine analoge Beziehung.

$$b' = b_1 + b_2 + b_1 b_2 \cong b_1 b_2 \tag{10.37}$$

Weitere Eigenschaften sind aus einer Analyse der Kleinsignalersatzschaltung ableitbar.

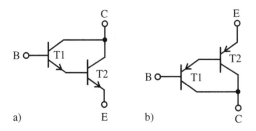

a)   b)   **Bild 10.42** Darlington-Schaltungen
a) npn-Typ, b) pnp-Typ

Beispiel 10.8

Es ist der Kleinsignaleingangswiderstand r'_{BE} der Darlington-Schaltung zu ermitteln.

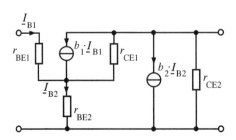

Bild 10.43 Kleinsignalersatzschaltbild der Darlington-Schaltung

Lösung:

Auf der Basis der Spannungsmasche $\underline{U}_{BE} = \underline{U}_{BE1} + \underline{U}_{BE2}$ ergibt sich

$$\underline{U}_{BE} = \underline{I}_{B1} r_{BE1} + (1 + b_1) \underline{I}_{B1} r_{BE2}$$

$$r'_{BE} = \frac{U_{BE}}{I_B} = r_{BE1} + (1 + b_1)r_{BE2}$$

Da der Basisstrom I_{B2} des zweiten Transistors dem Emitterstrom des ersten Transistors entspricht, gilt mit $B_1 = b_1$ und der Arbeitspunktabhängigkeit von r_{BE2}

$$r'_{BE} = r_{BE1} + (1 + b_1)r_{BE1}/(1 + b_1) = 2r_{BE1}$$

Die Kombinationen von pnp- und npn-Transistoren heißen *Quasidarlington*-Schaltungen oder *Komplementär-Darlington*. Der Typ wird dabei vom Transistor 1 bestimmt.

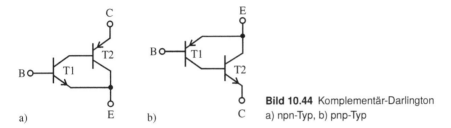

Bild 10.44 Komplementär-Darlington
a) npn-Typ, b) pnp-Typ

Die Parameter des Ersatztransistors ergeben sich zu $B' = B_1 B_2$, $b = b_1 b_2$ und $r'_{BE} = r_{BE1}$.

10.4.7 Leistungsendstufen

Leistungsendstufen haben die Aufgabe, an einen Verbraucher (z. B. Lautsprecher) eine hohe Signalleistung $P_{\sim}$ abzugeben. Dabei besteht die Forderung nach einem möglichst hohen Wirkungsgrad η und einer hohen Linearität der Signalübertragung (geringer Klirrfaktor). In der Regel wird eine hohe Leistungsverstärkung in zwei Etappen verwirklicht. Eine Vorstufe sorgt für eine ausreichend hohe Spannungsverstärkung v_u, und die Leistungsendstufe realisiert eine hohe Stromverstärkung v_i bei einem $v_u \approx 1$. Der Vorteil besteht in der gezielten Schaltungsdimensionierung für beide Aufgabenstellungen und in der geeigneten Konstruktion der dafür erforderlichen Transistoren. So besitzen spezielle Leistungstransistoren in erster Linie eine hohe Spannungsfestigkeit und sind für eine große Verlustleistung ausgelegt. Weniger wichtig ist die Qualität der Kleinsignalparameter.

Eine hohe Ausgangsleistung erfordert hohe Signalamplituden (Großsignalbetrieb). Gute Übertragungslinearität kann nur mit einem stark gegengekoppelten System erreicht werden. Von den Transistorgrundschaltungen eignet sich der Emitterfolger am besten für diese Aufgabe. Durch die Gegenkopplung über den Emitterwiderstand, der hier dem Lastwiderstand entspricht, beträgt seine Spannungsverstärkung $v_u \approx 1$. Die Stromverstärkung $v_i \approx b$ ist entscheidend für die Leistungsübertragung. Günstig ist ihr sehr niedriger Ausgangswiderstand. Er ermöglicht eine Anpassung an entsprechende Lastwiderstände. Tabelle 10.3 enthält alle Betriebsparameter dieser Schaltung.

Verstärker im A-Betrieb. Den einfachen Emitterfolger (Bild 10.45) bezeichnet man als Leistungsverstärker im A-Betrieb (Klasse-A-Verstärker). Dabei erfolgt die Nutzung in einem ganz normalen Arbeitspunkt. Dessen Lage muss die vollständige Aussteuerung beider Signalhalbwellen ermöglichen (Bild 10.46). Dies führt allerdings zu einem relativ hohen Ruhestrom I_{C0} (AP-Strom ohne Signal). Die Folge ist eine hohe im Transistor umgesetzte Verlustleistung P_{Tr} der Verstärkerstufe, die zu einem geringen Wirkungsgrad führt. Infolge der 100-%-igen Stromgegenkopplung treten nur geringe Signalverzerrungen auf.

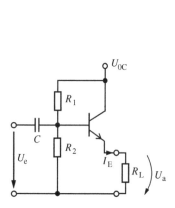

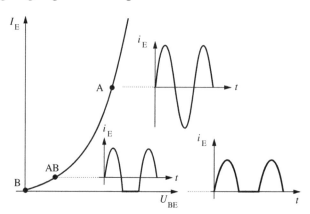

Bild 10.45 Leistungsverstärker im A-Betrieb

Bild 10.46 Arbeitspunktlagen von Leistungsendstufen

Wirkungsgrad des Klasse-A-Verstärkers. Die Leistungsbilanz einer Verstärkerstufe ist in Bild 10.47 verdeutlicht. Die abgegebene Signalleistung $P_\sim$ im Verhältnis zur insgesamt zugeführten Leistung $P_e + P_=$ stellt den Wirkungsgrad dar. Meist ist die Eingangsleistung P_e viel kleiner als die der Betriebsspannungsquelle entnommene Leistung $P_=$. Letztere teilt sich auf in die im Spannungsteiler R_1, R_2 im Transistor und im Lastwiderstand R_L umgesetzten Leistung. Der Strom im Spannungsteiler R_1, R_2 ist in der Regel viel kleiner als der Strom in Transistor und Lastwiderstand R_L, sodass die Leistungsbilanz des Verstärkers mit folgender Gleichung beschrieben werden kann:

$$\eta = \frac{P_\sim}{P_e + P_{R1R2} + P_{Tr} + P_{RL}} \approx \frac{P_\sim}{P_{Tr} + P_{RL}} \tag{10.38}$$

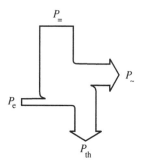

Bild 10.47 Leistungsbilanz eines Verstärkers

Die Schaltung ermöglicht die maximale Ausgangsspannungsamplitude $\hat{U}_{amax} = U_{0C}/2$ und damit auch ihren maximalen Wirkungsgrad, wenn sich der Arbeitspunkt bei $U_{a0} = U_{CE0} = U_{0C}/2$ befindet (siehe Bilder 10.46 und 10.48). Aus dieser Arbeitspunktlage resultiert, dass im Lastwiderstand R_L neben der gewünschten Signalleistung $P_\sim$ auch eine arbeitspunktbedingte Gleichleistung $P_{RL=}$ in Wärme umgesetzt wird.

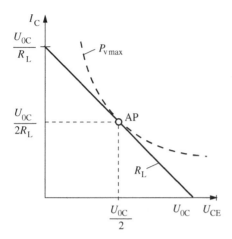

Bild 10.48 Arbeitspunktlage im A-Betrieb

An den Lastwiderstand R_L kann bei sinusförmigem Signal mit der Amplitude $U_{0C}/2$ eine maximale Signalleistung von

$$P_{\sim max} = \frac{\hat{U}_{amax}}{\sqrt{2}} \cdot \frac{\hat{I}_{amax}}{\sqrt{2}} = \frac{\hat{U}_{amax}^2}{2R_L} \cong \frac{U_{0C}^2}{8R_L} \tag{10.39}$$

abgegeben werden.

Für die am Lastwiderstand R_L umgesetzte Gleichleistung $P_{RL=}$ ergibt sich

$$P_{RL=} = U_{a0}I_{E0} = \frac{U_{0C}}{2} \cdot \frac{U_{0C}}{2R_L} = \frac{U_{0C}^2}{4R_L} \tag{10.40}$$

Die im Transistor umgesetzte Leistung berechnet sich mit $U_a(t) = 0{,}5 \cdot U_{0C}\left(1 + \sin(\omega t)\right)$ zu

$$P_{Tr} = \frac{1}{T} \int_0^T \left(U_{0C} - U_a(t)\right) I_a(t)\, \mathrm{d}t = \frac{1}{T} \int_0^T \left(U_{0C} - U_a(t)\right) \frac{U_a(t)}{R_L}\, \mathrm{d}t = \frac{U_{0C}^2}{8R_L} \tag{10.41}$$

Für den maximalen Wirkungsgrad erhält man dann

$$\eta_{max} = \frac{P_{\sim max}}{P_{Tr} + P_{RL=} + P_{RL\sim}} = 25\,\% \tag{10.42}$$

Um die Umsetzung einer Gleichleistung im Lastwiderstand zu vermeiden, wird in der Literatur oft die entsprechend Bild 10.49 erweiterte Schaltung des Klasse-A-Verstärkers gezeigt [9.3] und [13.6].

Die Schaltung in Bild 10.49 enthält einen zusätzlichen Widerstand R_E im Emitterzweig, um die Gleichleistung vom Lastwiderstand zu übernehmen. Damit die Signalamplitude von $\hat{U}_{amax} = U_{0C}/2$ unverändert beibehalten werden kann, ist eine zusätzliche negative Betriebsspannung $-U_{0C}$ notwendig. Durch diesen zusätzlichen Emitterzweig fließt bei Aussteuerung aber auch ein Signalstromanteil. Die vergrößerte Spannung am Transistor sowie

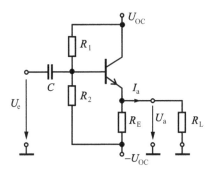

Bild 10.49 Emitterfolger als Verstärker im A-Betrieb

die nunmehr an R_E auftretende größere Spannung im Vergleich zu R_L bewirkt eine starke Reduzierung des Wirkungsgrades η der Schaltung auf 6,25 %.

Verstärker im B-Betrieb. Eine konsequente Vermeidung des Ruhestromes im Verstärkerbetrieb führt auf eine Gegentaktendstufe aus zwei komplementären Emitterfolgern, wie sie Bild 10.50 zeigt. Der Arbeitspunkt liegt im Ursprung der Übertragungskennlinie (Bild 10.46) bei $I_{C1} = I_{C2} = 0$. Im B-Betrieb arbeitet in jeder Halbwelle des Signals nur ein Transistor. Der andere ist gesperrt.

Aufgrund der exponentiellen Übertragungskennlinien der Transistoren liegt eine lineare Verstärkung erst bei Eingangsspannungen $|U_e| \geqq 0{,}7$ V vor. Bild 10.51 verdeutlicht die Verfälschung der Ausgangsspannung u_a durch sogenannte Übernahmeverzerrungen. Diese beeinträchtigen besonders die Übertragung kleiner Signale und erlauben nur eine begrenzte Linearität.

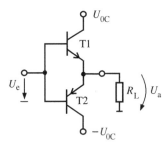

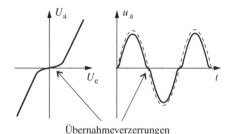

Übernahmeverzerrungen

Bild 10.50 Gegentakt-B-Verstärker

Bild 10.51 Übertragungskennlinie und Ausgangssignal des B-Verstärkers

Wirkungsgrad des Klasse-B-Verstärkers. Die maximal an den Lastwiderstand abgebbare Signalleistung beträgt

$$P_{\sim\max} = \frac{\hat{u}_{a\,\max}}{\sqrt{2}} \cdot \frac{\hat{i}_{a\,\max}}{\sqrt{2}} \qquad = \frac{\hat{u}_{a\,\max}^2}{2R_L} \cong \frac{U_{0C}^2}{2R_L} \tag{10.43}$$

Dabei ist zu berücksichtigen, dass durch die beiden Betriebsspannungen eine Verdopplung der maximalen Ausgangsspannungsamplitude eintritt. Die aus beiden Betriebsspannungen entnommene Leistung erhält man nach

$$P_= = \frac{2}{T} \int_0^{T/2} U_{0C} i_a(t)\,\mathrm{d}t \tag{10.44}$$

$$P_= = \frac{2}{2\pi} \int_0^\pi U_{0C} \frac{U_{0C}}{R_L} \sin(\omega t) \mathrm{d}(\omega t) \tag{10.45}$$

$$P_= = \frac{1}{\pi} \frac{2 U_{0C}^2}{R_L} \tag{10.46}$$

Damit ergibt sich bei Vollaussteuerung ein maximaler Wirkungsgrad von

$$\eta_{max} = \frac{P_{\sim max}}{P_=} = 78{,}5\,\% \tag{10.47}$$

Dieser ist um den Faktor π größer als im A-Betrieb.

Beispiel 10.9

Welche maximale Verlustleistung wird in einem Transistor des Gegentakt-B-Verstärkers nach Bild 10.50 umgesetzt?

Lösung:

Mit Einführung des Aussteuerungsgrades m betragen die Amplituden von Ausgangsspannung und Ausgangsstrom

$$\hat{u}_a = m U_{0C} \quad \text{und} \quad \hat{\imath}_a = \frac{\hat{u}_a}{R_L} = m \frac{U_{0C}}{R_L}$$

Je Transistor wird an den Lastwiderstand nur während einer Halbwelle Signalleistung geliefert. Diese ergibt sich zu

$$P_{\sim 1} = \frac{1}{2} \left(\frac{\hat{u}_a}{\sqrt{2}} \right)^2 \frac{1}{R_L} \simeq \frac{m^2 U_{0C}^2}{4 R_L}$$

Die jeweilige Betriebsspannungsquelle muss dabei eine Leistung von

$$P_{=1} = \frac{1}{2\pi} \int_0^\pi U_{0C} \hat{\imath}_a \sin(\omega t) \mathrm{d}(\omega t) = \frac{m}{\pi} \frac{U_{0C}^2}{R_L}$$

liefern. Die im Transistor in Wärme umgesetzte Verlustleistung ergibt sich als Differenz von zugeführter und abgegebener Leistung.

$$P_{Tr} = P_{=1} - P_{\sim 1} = \left(\frac{m}{\pi} - \frac{m^2}{4} \right) \frac{U_{0C}^2}{R_L}$$

Die maximale Verlustleistung am Transistor erhält man aus der Ableitung dieser Gleichung nach dem Aussteuerungsgrad m mit

$$\frac{\mathrm{d} P_{Tr}}{\mathrm{d} m} = 0$$

zu

$$P_{Tr\,max} = \frac{1}{\pi^2} \frac{U_{0C}^2}{R_L}$$

bei einer Aussteuerung von $m = 2/\pi = 64\,\%$. Für diese Verlustleistung muss der Transistor geeignet sein.

Verstärker im AB-Betrieb. Zur Vermeidung von Übernahmeverzerrungen im komplementären Emitterfolger ist eine leichte Verschiebung der Arbeitspunkte beider Verstärkerhälften erforderlich. Die Verschiebung aus dem Nullpunkt wird so gewählt, dass über dem gesamten Spannungsbereich eine lineare Übertragungskennlinie entsteht (Bild 10.52). Durch Spannungsabfälle an zwei Dioden (D1, D2 in Bild 10.53) erfolgt die erforderliche Anhebung der Basis-Emitter-Spannung beider Transistoren. Ein kleiner Ruhestrom durch die Transistoren ist die Folge. Praktisch wählt man Werte im Bereich 1 ... 5 % des Spitzenstromes.

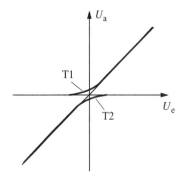

Bild 10.52 Übertragungskennlinie
des AB-Verstärkers

Die Temperaturstabilisierung des Arbeitspunktes wird durch eine Stromgegenkopplung über die Emitterwiderstände R_E erreicht. Ein typischer Wert für den Spannungsabfall über R_E liegt bei 0,7 ... 1,5 V bei Vollaussteuerung. Zur Begrenzung dieses Spannungsabfalls können parallel geschaltete Dioden genutzt werden (Bild 10.54).

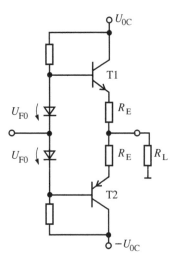

Bild 10.53 Klasse-AB-Verstärker

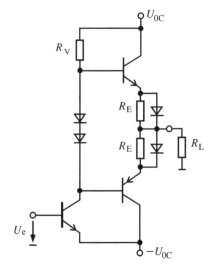

Bild 10.54 Klasse-AB-Verstärker mit Vorstufe

■ 10.5 Frequenzverhalten von Verstärkerstufen

Bisher wurde das Verhalten der Verstärkerstufen nur im Niederfrequenzbereich betrachtet. In diesem sind die Eigenschaften der Verstärker und auch der Transistoren selbst i. Allg. frequenzunabhängig. Außerhalb dieses Bereiches verursachen die in den Schaltungen vorkommenden Kapazitäten (z. B. Koppelkapazitäten) und Induktivitäten sowie die auftretenden Frequenzabhängigkeiten der Vierpolparameter der Transistoren eine Frequenzabhängigkeit der Betriebsparameter des gesamten Verstärkers. Alle Berechnungen liefern dann komplexe Werte.

Anschaulich äußert sich dieses Verhalten in einem Absinken der Spannungsverstärkung bei hohen aber auch bei niedrigen Frequenzen. Es ergibt sich ein *Frequenzgang* der Spannungsverstärkung, wie er typisch in Bild 10.55 zu sehen ist.

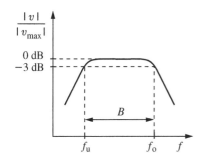

Bild 10.55 Frequenzgang eines Spannungsverstärkers

Der mittlere Frequenzbereich mit annähernd konstanter maximaler Verstärkung entspricht dem oben erwähnten Niederfrequenzbereich, d. h. dem Bereich niedriger Signalfrequenzen. Die Bandbreite B ist ein Maß für diesen Nutzbereich eines Verstärkers. Die untere und obere Grenzfrequenz resultieren aus den konkreten Eigenschaften einer Schaltung und der verwendeten Transistoren. Sie liegen bei den Frequenzen, bei denen die Verstärkung um 3 dB, oder den Faktor $1/\sqrt{2}$ abgesunken ist. Für die Bandmittenfrequenz f_m ist sowohl das arithmetische als auch das geometrische Mittel von f_u und f_o verbreitet. Letzteres entspricht der Mitte im logarithmischen Maßstab, und dieser wird in grafischen Darstellungen des Frequenzganges am häufigsten verwendet.

Untere Grenzfrequenz. Am Beispiel der Emitterschaltung wurden in Abschnitt 10.2.1 die Ursachen für das Entstehen einer unteren Grenzfrequenz f_u einer Verstärkerstufe aufgezeigt und die Einflussgrößen herausgearbeitet. In der Regel sind es die Koppelkondensatoren an Ein- und Ausgang eines Verstärkers, die mit ihrer Hochpasswirkung den Signalfrequenzbereich nach unten begrenzen.

Obere Grenzfrequenz. In den Abschnitten 4.4.2 und 10.2.1 wurde beispielhaft aufgezeigt, dass die aus den transistorinternen Kapazitäten resultierende Frequenzabhängigkeit der Kleinsignalstromverstärkung zu einer oberen Begrenzung des nutzbaren Signalfrequenzbereiches der Spannungsverstärkung führt. Ein zweiter Einfluss auf die obere Grenzfrequenz eines Verstärkers ergibt sich aus einer kapazitiven Belastung des Ausgangs.

Einfluss einer Lastkapazität C_L. Ein parallel zum Lastwiderstand R_L liegender Lastkondensator C_L (z. B. die Eingangskapazität einer Folgestufe) bildet mit dem Ausgangswiderstand ein Tiefpassglied. Aus der Ersatzschaltung in Bild 10.56 ist ablesbar

$$\frac{U_L}{U_a} = \frac{1}{\left(\dfrac{r_a}{R_L} + 1\right) + j\,\dfrac{\omega}{\omega_{o2}}} \tag{10.48}$$

mit

$$\omega_{o2} = \frac{1}{r_a C_L} \tag{10.49}$$

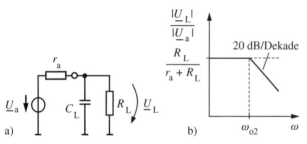

Bild 10.56 TP2 der Emitterschaltung; a) Ersatzschaltung, b) Frequenzgang

Die Einflüsse von $\omega_{o1} = \omega_\beta$ und ω_{o2} überlagern sich zur Bestimmung der oberen Grenzfrequenz des Verstärkers.

■ 10.6 Kopplung von Verstärkerstufen

Kapazitive Kopplung. Bei kapazitiver Kopplung werden aufeinander folgende Verstärkerstufen durch Koppelkondensatoren verbunden. Bei dieser, auch als RC-Kopplung bekannten Form, sind die Gleichpotenziale der Verstärkerstufen voneinander getrennt. Die Einstellung der Arbeitspunkte ist unabhängig von den Nachbarstufen möglich. Eine Veränderung der Arbeitspunktströme infolge Temperaturdrift wirkt sich nicht direkt auf die Nachbarstufen aus. Ein Nachteil ist die in Abschnitt 10.5 dargestellte untere Begrenzung des Signalfrequenzbereiches durch die aus den Koppelkondensatoren und den Eingangs- bzw. Ausgangswiderständen der Verstärkerstufen gebildeten *RC*-Glieder mit Hochpasscharakteristik. Es können folglich keine Gleichspannungssignale übertragen werden.

Direkte Kopplung. Wenn die Anwendung eines Verstärkers auch eine Übertragung von Signalen der Frequenz $f = 0$, d. h. von Gleichspannungen und Gleichströmen erfordert, dann ist eine direkte Kopplung der Verstärkerstufen ohne Koppelkondensatoren nötig.

Ein Problem der direkten Kopplung sind die meist unterschiedlichen Arbeitspunktspannungen an Ein- und Ausgang der Verstärker. Um eine optimale Arbeitspunkteinstellung für jede Verstärkerstufe zu erreichen, ist es oft nötig, Pegelversatzstufen (Stufen zur Pegelverschiebung [10.2]) zwischenzuschalten. Häufige schaltungstechnische Lösungen für diese Aufgabe sind Spannungsabfälle über Dioden oder Z-Dioden, der Emitterfolger, sowie von Konstantströmen gespeiste Widerstände (siehe Bild 10.57).

Größere Probleme bereitet die Unterdrückung der Temperaturdrift bei direkt gekoppelten Verstärkern. Eine Verschiebung des Arbeitspunktes, die als Driftsignal am Eingang ΔU_e interpretiert werden kann, wird genauso wie das Signal verstärkt. Es gibt keinen Unterschied mehr zwischen der Verstärkung der extrem niederfrequenten Temperaturdrift und den Signalfrequenzen. Für einen zweistufigen Verstärker gilt z. B.:

$$\Delta U_a = \left(\Delta U_{e1} v_{u1} + \Delta U_{e2} \right) v_{u2} \tag{10.50}$$

$$\Delta U_a = v_{u1} v_{u2} \left(\Delta U_{e1} + \frac{\Delta U_{e2}}{v_{u1}} \right) \tag{10.51}$$

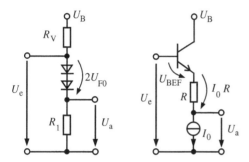

Bild 10.57 Pegelversatzstufen

Die Drift der ersten Stufe ΔU_{e1} geht mit der Gesamtverstärkung in das Ausgangssignal ein. Die Drift der zweiten Stufe ΔU_{e2} kann unterdrückt werden, wenn die erste Stufe eine hohe Verstärkung aufweist. Direkt gekoppelte Verstärker erfordern also eine sehr driftarme erste Stufe mit möglichst hoher Verstärkung. Analoge Überlegungen gelten für eine Offsetspannungsdrift.

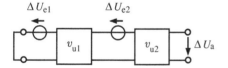

Bild 10.58 Zweistufiger Verstärker mit Drifteinfluss

■ 10.7 Aufgaben

Aufgabe 10.1
Gegeben ist ein Transistorverstärker in Emitterschaltung entsprechend Bild 10.5b. Der Arbeitspunkt ist so zu wählen, dass bei einer Ausgangsspannungsamplitude von $\hat{u}_a = 2$ V eine maximale Verstärkung erreicht wird. Es gelten die Transistorparameter: $U_{BE0} = 0{,}65$ V, $U_{CES} = 0{,}2$ V, $B_N = b = 175$, $r_{CE} \to \infty$, $U_T = 26$ mV sowie die Schaltungsgrößen: $U_{0C} = 9$ V, $R_C = 4$ kΩ, $I_2 = 5I_{B0}$, $I_C = I_E$ und die Arbeitspunktspannung am Emitter $U_{E0} = 1{,}5$ V.

a) Es ist das Aussteuerdiagramm zu zeichnen.

b) Die erforderlichen Werte für U_{C0}, U_{B0}, R_1, R_2, R_E sind zu berechnen.

c) Wie groß sind die Spannungsverstärkungen v_u, v_D und die theoretisch zulässige Eingangsspannungsamplitude $\hat{u}_{e\,max}$?

d) Wie ändert sich die Arbeitspunktspannung U_{C0}, wenn sich die Temperatur des Transistors um 50 K erhöht und der Temperaturdurchgriff $D_T = -2\,\mathrm{mV/K}$ beträgt?

Aufgabe 10.2
Für die Emitterschaltung aus Aufgabe 10.1 ist die untere Grenzfrequenz zu berechnen, wenn $C_1 = 0{,}47\,\mathrm{\mu F}$ und $C_E = 76\,\mathrm{\mu F}$ beträgt. Der entstehende Frequenzgang der Spannungsverstärkung ist zu zeichnen.

Aufgabe 10.3
Für die Schaltung aus Aufgabe 10.1 sind mit PSpice folgende Simulationen auszuführen:

a) Zeitverlauf der Ausgangsspannung bei der berechneten Eingangsspannungsamplitude $\hat{u}_{e\,\mathrm{max}}$ und einer Frequenz von $f = 1\,\mathrm{kHz}$,

b) Klirrfaktor der Ausgangsspannung für die ersten 5 Oberwellen.

Es ist aus der Evaluation-Bibliothek der Transistor Q2N2222 zu nutzen.

Aufgabe 10.4
Die in Bild 10.59 gegebene Kollektorstufe soll maximal symmetrisch aussteuerbar sein. Dabei gelten die Transistorparameter:
$U_{BE0} = 0{,}65\,\mathrm{V}$, $U_{CES} = 0{,}1\,\mathrm{V}$, $B_N = b = 100$, $r_{CE} \to \infty$, $U_T = 26\,\mathrm{mV}$ sowie die Schaltungsgrößen: $U_{0C} = 6\,\mathrm{V}$, $R_G = 50\,\Omega$, $I_2 = 5I_{B0}$, $I_C = I_E = 1{,}5\,\mathrm{mA}$.

a) R_1, R_2 und R_E sind zu berechnen!

b) Welchen Wert besitzen der Ausgangswiderstand r_a und der Eingangswiderstand r_e des Verstärkers?

c) Wie groß darf $\hat{u}_{G\,\mathrm{max}}$ sein?

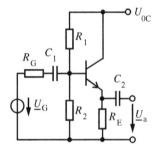

Bild 10.59 Transistorverstärker in Kollektorschaltung

Aufgabe 10.5
Gegeben ist eine Basisschaltung entsprechend Bild 10.14 mit den Parametern
$U_{0C} = 5\,\mathrm{V}$, $I_{C0} = 1\,\mathrm{mA}$, $B_N = b = 150$, $U_{BE0} = 0{,}6\,\mathrm{V}$, $U_{CES} = 0{,}2\,\mathrm{V}$, $U_T = 26\,\mathrm{V}$, $r_{CE} \to \infty$, $\omega C \to \infty$, $I_C = I_E$, $I_2 = 5I_{B0}$ und einer Arbeitspunktspannung am Emitter von $U_{E0} = 1\,\mathrm{V}$.

a) Allgemein und zahlenmäßig ist der Arbeitspunkt U_{C0} für maximale symmetrische Aussteuerbarkeit zu bestimmen und das Aussteuerdiagramm zu zeichnen!

b) Die Widerstände R_C, R_E, R_1 und R_2 sind zu berechnen.

c) Für den Verstärker ist das vollständige NF-Kleinsignalersatzschaltbild zu zeichnen und daraus die allgemeine Beziehung für die NF-Spannungsverstärkung $v_u = \underline{U}_a/\underline{U}_e$ abzuleiten!

d) Die Spannungsverstärkung ist zahlenmäßig zu berechnen!

Aufgabe 10.6

Gegeben ist eine Drainschaltung mit einem n-Kanal-Verarmungs-FET nach Bild 10.60. Für dessen Kennlinie ist im Pentodenbereich die Gleichung

$$I_\mathrm{D} = I_\mathrm{DSS} \left(1 - \frac{U_\mathrm{GS}}{U_\mathrm{t}} \right)^2$$

mit $I_\mathrm{DSS} = 49$ mA und $U_\mathrm{t} = -3{,}5$ V zu benutzen. Für die Schaltung gelten die Werte $U_\mathrm{0C} = 10$ V, $I_\mathrm{D0} = 1$ mA, $R_1 = 100$ MΩ, $R_\mathrm{S} = 3$ kΩ, $\omega C \to \infty$.

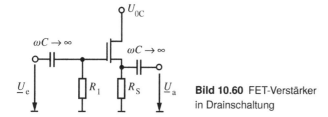

Bild 10.60 FET-Verstärker in Drainschaltung

a) Die maximale Ausgangsspannungsamplitude ist zu berechnen.

b) Zur Berechnung der Spannungsverstärkung v_u und des Ausgangswiderstandes r_a ist das vollständige Kleinsignalersatzschaltbild der Schaltung zu zeichnen und daraus die gesuchten Beziehungen abzuleiten. Die Werte sind zahlenmäßig zu bestimmen.

Aufgabe 10.7

In der in Bild 10.61 gegebenen Emitterschaltung ist der Lastwiderstand über einen Stromspiegel angekoppelt.

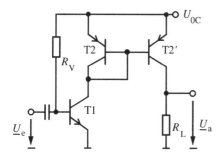

Bild 10.61 Verstärker mit Stromspiegel

a) Berechnen Sie allgemein den Betriebseingangswiderstand r_e und den Betriebsausgangswiderstand r_a!

b) Auf der Basis einer Analyse charakteristischer Teilblöcke ist die allgemeine Beziehung für die Spannungsverstärkung $v_\mathrm{u} = \underline{U}_\mathrm{a}/\underline{U}_\mathrm{e}$ der Schaltung abzuleiten

c) Welche Aussteuerungsgrenzen besitzt diese Schaltung?

Aufgabe 10.8

Für den Differenzverstärker aus Bild 10.25 (mit $R_\mathrm{E} \to \infty$) ist die Großsignal-Übertragungskennlinie $U_\mathrm{aD} = U_\mathrm{a1} - U_\mathrm{a2} = f(U_\mathrm{D})$ abzuleiten und maßstäblich über $U_\mathrm{D}/U_\mathrm{T}$ zu zeichnen.

Die Kennliniengleichung ist anschließend durch eine lineare Näherung für kleine Differenzeingangsspannungen $U_D \ll U_T$ zu vereinfachen.

Hinweis: Zunächst ist dazu die Beziehung für die Stromdifferenz $I_{C1} - I_{C2} = f(U_D)$ aufzustellen.

Als Transistorgleichung kann die vereinfachte Form $I_C = B_N I_B$ mit $I_B = I_{BS} \, e^{\frac{U_{BE}}{U_T}}$ genutzt werden.

Aufgabe 10.9

Bild 10.62 zeigt einen Verstärker in Emitterschaltung mit Stromspiegellast.

a) Für diesen Verstärker ist die Kleinsignalersatzschaltung zu zeichnen.

b) Aus der Ersatzschaltung ist die Beziehung für den Ausgangswiderstand r_a abzuleiten.

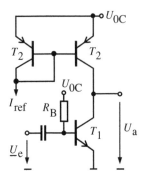

Bild 10.62 Emitterschaltung mit Stromspiegellast

Aufgabe 10.10

Für den in Bild 10.63 gezeigten Steilheitsverstärker ist die Übertragungsfunktion $\underline{I}_a = f(\underline{U}_D)$ und der Ausgangswiderstand r_a zu berechnen.

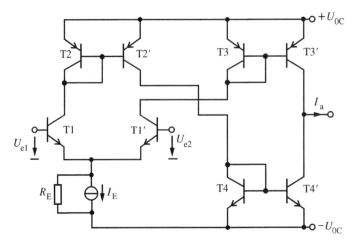

Bild 10.63
Steilheitsverstärker

Hinweis: Bekannte Ergebnisse für einzelne Funktionsblöcke sollten benutzt werden.

Aufgabe 10.11

Bild 10.64 zeigt einen Stromspiegel aus zwei identischen Transistoren. Der Zusammenhang zwischen I_1/I_{ref} und R_E/R_1 ist abzuleiten. Welche Abweichung von der idealen Proportionalität ergibt sich für ein Spiegelverhältnis I_1/I_{ref} ungleich 1?

Hinweis: Als Transistorgleichung ist die vereinfachte Form $I_C = B_N I_B$ mit $I_B = I_{BS}\, e^{\frac{U_{BE}}{U_T}}$ zu nutzen. Die beiden Basis-Emitter-Spannungen können als gleich angenommen werden.

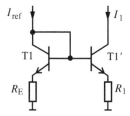

Bild 10.64 Stromspiegel

Aufgabe 10.12

Für die im Bild 10.39 dargestellte Stromsenke gelten die Werte
$U_{0C} = 10\,\text{V}$, $U_{BE0} = 0{,}7\,\text{V}$, $U_{CES} = 0{,}2\,\text{V}$,
$B = b = 100$, $r_{CE} = 15\,\text{k}\Omega$, $U_Z = 6\,\text{V}$, $r_Z = 0$, $U_T = 26\,\text{mV}$.

a) Die Schaltung ist für einen Strom $I_a = 1\,\text{mA}$ zu dimensionieren, wobei durch R_1 der zehnfache Basisstrom fließen soll.

b) Welcher maximale Lastwiderstand ist zulässig?

c) Wie groß ist der Ausgangswiderstand r_a der Stromsenke?

11 Gegenkopplung

Von Gegenkopplung spricht man, wenn ein Teil des Ausgangssignals *gegenphasig* auf den Eingang des Verstärker-Vierpols zurückgeführt wird (Rückkopplung). Die Größe des rückgekoppelten Signals wird i. Allg. durch das Übertragungsverhalten eines Vierpols im Rückkoppelzweig (Rückkoppelfaktor $\underline{K}$) bestimmt.

Erfolgt die Signalrückführung *gleichphasig*, so spricht man von *Mitkopplung*. Mitgekoppelte Systeme sind in der Regel instabil. Es kann eine eigenständige Schwingung des Ausgangssignals entstehen, auch ohne vorhandenes Eingangssignal.

Die Gegenkopplung von Verstärkerschaltungen ist ein sehr verbreitetes Mittel, um deren Eigenschaften gezielt zu gestalten bzw. zu verbessern.

Aufgaben einer Gegenkopplung können sein:
- Einstellung eines definierten, vom verwendeten Operationsverstärker bzw. Transistorverstärker unabhängigen Übertragungsfaktors,
- Stabilisierung des Übertragungsverhaltens gegen Parameterschwankungen der Halbleiterbauelemente und der Schaltung (Temperaturdrift, Betriebsspannungsschwankungen, Exemplarstreuungen der Bauelementeparameter),
- Verbesserung der Linearität des Übertragungsverhaltens (Klirrfaktor),
- bewusste Beeinflussung des Frequenzganges (Klangfilter, Entzerrer, Vorverzerrer),
- Arbeitspunktstabilisierung z. B. gegen Temperaturdrift.

■ 11.1 Allgemeines Modell der Gegenkopplung

Die Gegenkopplung kann durch das Modell eines Regelkreises beschrieben werden (siehe Bild 11.1).

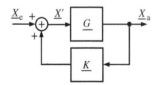

Bild 11.1 Modell der Gegenkopplung

Zwischen den Signalen am Ausgang $\underline{X}_a$ und am Eingang $\underline{X}_e$ besteht der Zusammenhang

$$\underline{X}_a = \underline{G}(\underline{X}_e + \underline{K}\,\underline{X}_a) \tag{11.1}$$

Für das Gesamtsystem ergibt sich somit ein Übertragungsfaktor $\underline{G}'$.

$$\underline{G}' = \frac{X_a}{X_e} = \frac{\underline{G}}{1 - \underline{K}\,\underline{G}} \tag{11.2}$$

Das Produkt aus dem Übertragungsfaktor $\underline{G}$ des Verstärkers im Vorwärtszweig und dem Rückkoppelfaktor $\underline{K}$ stellt die *Schleifenverstärkung* (loop gain) dar. Der gesamte Nenner bildet den Rückkopplungsgrad $\underline{g}$.

$$\underline{g} = 1 - \underline{K}\,\underline{G} \tag{11.3}$$

Um ein stabiles Übertragungsverhalten der gesamten Schaltung zu erreichen, muss der Übertragungsfaktor der Rückkoppelschleife (Schleifenverstärkung) ein negatives Vorzeichen besitzen, was einer Gegenkopplung entspricht.

Wird im Blockschaltbild ein positives Vorzeichen an der Einkopplungsstelle des rückgeführten Signals verwendet, wie in Bild 11.1, dann muss zur Erfüllung der Forderung nach einer negativen Schleifenverstärkung $\underline{K} \cdot \underline{G}$ der Verstärker-Vierpol $\underline{G}$ oder der Rückkoppelvierpol $\underline{K}$ einen negativen Übertragungsfaktor besitzen.

In der Praxis ist häufig das Vorzeichen des Übertragungsfaktors des Verstärker-Vierpols negativ (siehe invertierender Verstärker im Abschnitt 12.1.2) oder das Vorzeichen der Signaleinkopplung negativ (siehe nicht invertierender Verstärker im Abschnitt 12.1.1). Letzteren Fall kann man allerdings auch als einen Rückkoppelvierpol mit negativem Übertragungsfaktor auffassen.

Betrachtet man den Rückkopplungsgrad $\underline{g}$ genauer, so sind vier charakteristische Fälle zu unterscheiden.

Stabile Rückkopplung (Gegenkopplung):

$$|\underline{g}| > 1 \;\Rightarrow\; \underline{K}\,\underline{G} < 0 \;\Rightarrow\; |\underline{G}'| < |\underline{G}|$$

Keine Signalrückführung:

$$|\underline{g}| = 1 \;\Rightarrow\; |\underline{K}\,\underline{G}| = 0 \;\Rightarrow\; |\underline{G}'| = |\underline{G}|$$

Instabile Rückkopplung (Mitkopplung):

$$|\underline{g}| < 1 \;\Rightarrow\; \underline{K}\,\underline{G} > 0 \;\Rightarrow\; |\underline{G}'| > |\underline{G}|$$

Selbsterregung (Oszillator):

$$|\underline{g}| = 0 \;\Rightarrow\; \underline{K}\,\underline{G} = 1 \;\Rightarrow\; |\underline{G}'| \to \infty$$

Gegengekoppelte Schaltung mit idealem Verstärker-Vierpol. Setzt man einen hohen Übertragungsfaktor $|\underline{G}| \to \infty$ der Schaltung voraus, wie dies z. B. in Operationsverstärkerschaltungen erfüllt ist, dann gilt in sehr guter Näherung

$$\underline{G}' \cong -\frac{1}{\underline{K}} \tag{11.4}$$

Die Übertragungseigenschaften $\underline{G}'$ der gegengekoppelten Schaltung werden dann ausschließlich vom Rückkoppelvierpol bestimmt. In vielen Schaltungen besteht das Rückkoppelnetzwerk nur aus ohmschen Widerständen, sodass deren hohe Parameterkonstanz auch die Qualität der Gesamtschaltung bestimmt. Dieser Sachverhalt begründet den vorteilhaften Einsatz von Operationsverstärkern in der Schaltungstechnik. Auf Grund ihrer extrem hohen Spannungsverstärkung werden die Eigenschaften der mit ihnen aufgebauten Verstärkerschaltungen fast ausschließlich vom Gegenkopplungsnetzwerk bestimmt (siehe Kapitel 12).

Die aus $\underline{K}\,\underline{G} = 1$ resultierende Selbsterregung stellt einen Spezialfall der Mitkopplung dar. Der Effekt wird in Oszillatorschaltungen (siehe Kapitel 14) bewusst ausgenutzt. Er kann aber auch infolge von frequenzabhängigen Phasendrehungen, durch Umschlagen einer Gegen- in eine Mitkopplung, unerwünscht auftreten.

■ 11.2 Schaltungsarten der Gegenkopplung

Im konkreten Fall handelt es sich bei den Ein- und Ausgangssignalen um Ströme oder Spannungen. Tabelle 11.1 enthält die möglichen Kombinationsvarianten mit den sich ergebenden Übertragungsfaktoren $\underline{G}'$. In der Regel sind aus diesen auch die Namen der Verstärkerschaltungen abgeleitet. Bei unterschiedlichen Ein- und Ausgangssignalen spricht man auch von Spannungs-Strom- bzw. Strom-Spannungs-Wandlern. Für jeden dieser vier Fälle ergibt sich eine charakteristische **Gegenkopplungsart**. Ihr Name resultiert aus der *Ausgangs- und der Eingangsgröße der Schaltung*, und zwar in der Reihenfolge der Signalübertragung durch den Rückkoppelvierpol. Gelegentlich erfolgt die Benennung auch aus der Art der Zusammenschaltung der beiden Vierpole am *Ausgang und Eingang der Schaltung*, die bei der Addition von Spannungen in Serie und bei der Addition von Strömen parallel erfolgt. Hier soll der ersten Variante der Vorzug gegeben werden. Die Zusammenschaltung der Vierpole ist in Bild 11.2 gezeigt.

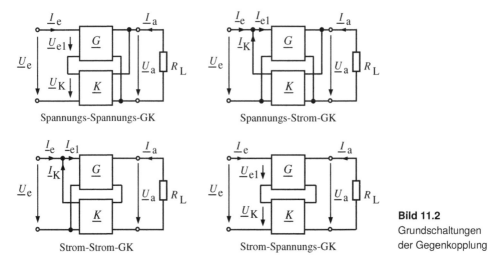

Spannungs-Spannungs-GK   Spannungs-Strom-GK

Strom-Strom-GK   Strom-Spannungs-GK

Bild 11.2
Grundschaltungen
der Gegenkopplung

Tabelle 11.1 Gegenkopplungsarten

X_e	X_a	G bzw. G'	K	GK-Art und Matrizenglei- chung	Verstärkername
U	U	V_u – Spannungs- verstärkung	Widerstands- verhältnis	Spannungs-Spannungs-GK $\underline{H} = \underline{H}_G + \underline{H}_K$	Spannungs- verstärker
I	I	V_i – Stromver- stärkung	Widerstands- verhältnis	Strom-Strom-GK $\underline{G} = \underline{G}_G + \underline{G}_K$	Stromverstärker
U	I	Y_T – Transadmit- tanz (Steilheit)	Impedanz	Strom-Spannungs-GK $\underline{Z} = \underline{Z}_G + \underline{Z}_K$	Transadmittanz- verstärker (Steil- heitsverstärker)
I	U	Z_T – Transimpe- danz	Admittanz	Spannungs-Strom-GK $\underline{Y} = \underline{Y}_G + \underline{Y}_K$	Transimpedanz- verstärker

■ 11.3 Effekte der Gegenkopplung

Neben der bereits betrachteten Auswirkung auf den Übertragungsfaktor $\underline{G}'$ beeinflusst die Gegenkopplung auch den Eingangswiderstand r_e' und den Ausgangswiderstand r_a' der Schaltung. Weitere Effekte sind:

- Verbesserung der Linearität,
- Verringerung der Parameterempfindlichkeit der Schaltung,
- Unterdrückung von Störeinflüssen, wenn diese nicht bereits in der ersten Verstärkerstufe entstehen, oder im Signal vorhanden sind,
- Erhöhung der Übertragungsbandbreite.

Auf einige dieser Effekte soll im Folgenden näher eingegangen werden.

11.3.1 Einstellung eines definierten Übertragungsfaktors

Eine Gegenkopplung ist die geeignete Maßnahme, um den Übertragungsfaktor einer Schaltung auf einen definierten Wert einzustellen. Dieser Wert ist stets geringer als der Übertragungsfaktor der nicht gegengekoppelten Schaltung. Aus der allgemeinen Gleichung einer gegengekoppelten Schaltung

$$\underline{G}' = \frac{X_a}{X_e} = \frac{G}{1 - \underline{K}\,G} \qquad \text{folgt für} \quad |\underline{G}| \to \infty: \quad \underline{G}' \cong -\frac{1}{\underline{K}}$$

Der Übertragungsfaktor der Schaltung wird nur vom Rückkoppelvierpol $\underline{K}$ bestimmt. Das Beispiel 11.3 illustriert diese Aussage.

11.3.2 Linearisierung des Übertragungsfaktors

In der Regel verhalten sich Ausgangsgröße und Eingangsgröße einer elektronischen Schaltung nicht proportional zueinander. Das Übertragungsverhalten der Schaltung ist dann nichtlinear. Kann man bei kleinen Signalamplituden noch von näherungsweise linearem Verhalten eines Transistorverstärkers ausgehen, ergibt sich durch die Aussteuerung mit einer großen Signalamplitude eine weite Auslenkung des Arbeitspunktes des Transistors auf dessen nichtlinearer Strom-Spannungs-Kennlinie. Es ergibt sich ein nichtlinearer Zusammenhang zwischen Eingangs- und Ausgangssignal $V_U(U_E) \neq$ const.

In Abschnitt 11.3.1 wurde deutlich, dass sich der Gesamtübertragungsfaktor $\underline{G}'$ einer Schaltung durch eine starke Gegenkopplung auf den konstanten Kehrwert des Rückkoppelfaktors $\underline{K}$ reduziert. Gleichzeitig wird er dadurch unabhängig von einer nichtlinearen Übertragungsfunktion $\underline{G}(U_E)$. Dies ist gleichbedeutend mit einem linearen Übertragungsverhalten der Schaltung. Soll mit einer gegengekoppelten Schaltung allerdings der ursprüngliche Übertragungsfaktor erzielt werden, ist ein Ausgleich durch zusätzliche Verstärkerstufen notwendig. Werden dafür gleichfalls durch Gegenkopplung linearisierte Schaltungen genutzt, ist insgesamt trotzdem eine erhebliche Verbesserung der Linearität zu erwarten. Das folgende Beispiel soll dies verdeutlichen.

Beispiel 11.1

Eine Verstärkerschaltung besitzt die nichtlineare Übertragungsfunktion $U_A(U_E) = \dfrac{10}{mV} \cdot$ U_E^2. Die Schaltung soll ein Eingangssignal im Bereich $0\,V < U_E < 10\,mV$ verstärken.

Die Linearität des Übertragungsverhaltens ist durch Gegenkopplung zu verbessern, ohne die Gesamtverstärkung bei U_{Emax} zu verändern. Es ist eine Schaltungslösung mit zwei Verstärkerstufen und einer „über Alles" – Gegenkopplung zu wählen (Bild 11.3).

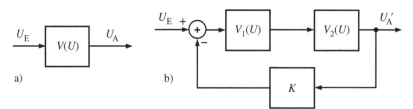

Bild 11.3 Nichtlinearer Verstärker; a) Verstärkung $V(U)$ ohne Gegenkopplung, b) Verstärkung $V'(U)$ mit Gegenkopplung

Lösung:

Die Verstärkung der gegengekoppelten Schaltung in Bild 11.3 bei $U_{Emax} = 10\,mV$ beträgt laut Forderung:

$$V'(U_{Emax}) = \frac{U'_{Amax}}{U_{Emax}} = \frac{V_1 \cdot V_2}{1 + K \cdot V_1 \cdot V_2} = V(U_{Emax}) = \frac{1000\,mV}{10\,mV} = 100$$

Daraus ist der erforderliche Rückkoppelfaktor K ableitbar.

$$K = \frac{1}{V'(U_{Emax})} - \frac{1}{V_1 \cdot V_2}$$

Dazu ist die Kenntnis der Spannungsverstärkungen der beiden Verstärkerstufen V_1 und V_2 bei der maximalen Eingangsspannung U_{Emax} erforderlich. Da beide Verstärker dann unterschiedliche Eingangsspannungen aufweisen, unterscheiden sich deren Verstärkungswerte.

Bei Maximalaussteuerung $U_A' = U_{Amax}' = U_{A2max}$ lassen sich die Arbeitspunkte bzw. die konkreten Verstärkungen der beiden Einzelverstärkerstufen V_1 und V_2 durch Rückrechnung ermitteln.

Es gelten:

$$U_{E2max} = \sqrt{U_{A2max} \cdot 10^{-4}\,\text{V}} = 10\,\text{mV} \quad \text{und} \quad V_2 = \frac{U_{A2max}}{U_{E2max}} = 100 \quad \text{sowie}$$

$$U_{E1max} = \sqrt{U_{E2max} \cdot 10^{-4}\,\text{V}} = 1\,\text{mV} \quad \text{und} \quad V_1 = \frac{U_{A1max}}{U_{E1max}} = \frac{U_{E2max}}{U_{E1max}} = 10$$

Mit Gesamtverstärkung $V'(U_{Emax}) = 100$ sowie den beiden Teilverstärkungen V_1 und V_2 ist der Ausgangsspannungsverlauf $U_A'(U_E)$ der gegengekoppelten Schaltung berechenbar.

$$U_A'(U_E) = V'(U_E) \cdot U_E = \frac{V_1(U_{E1})\,V_2(U_{E2})}{1 + K\,V_1(U_{E1})\,V_2(U_{E2})} \cdot U_E$$

Eine grafische Darstellung des Übertragungsverhaltens mit und ohne Gegenkopplung zeigt Bild 11.4. Die Verbesserung der Linearität des Übertragungsverhaltens durch die Gegenkopplung ist deutlich zu erkennen.

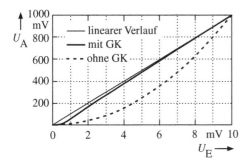

Bild 11.4 Übertragungsverhalten eines nichtlinearen Verstärkers mit bzw. ohne GK

11.3.3 Parameterempfindlichkeit

Eine allgemeine Beziehung zur Beschreibung der Parameterempfindlichkeit ist definiert durch die Empfindlichkeit $S_{G,a}$ des Übertragungsfaktors $G(a)$ der nicht gegengekoppelten Verstärkerschaltung bezüglich einer Änderung des Parameters a.

$$S_{G,a} = \frac{\text{rel. Änderung von } G}{\text{rel. Änderung von } a}$$

$$S_{G,a} = \frac{\dfrac{\Delta G}{G}}{\dfrac{\Delta a}{a}} \tag{11.5}$$

Mit dem Übergang zu infinitesimal kleinen Änderungen lässt sich die Beziehung in der Form

$$S_{G,a} = \frac{a}{G} \frac{dG}{da} \tag{11.6}$$

schreiben.

Für die gegengekoppelte Schaltung ist die Empfindlichkeit $S_{G',a}$ ausschlaggebend. Sie ergibt sich mit Gl. (11.2) zu

$$S_{G',a} = \frac{a}{G'} \frac{dG'}{da} \tag{11.7}$$

$$S_{G',a} = \frac{a}{G'} \frac{dG'}{dG} \frac{dG}{da} = \frac{a}{\underset{g}{\underbrace{G}}} \frac{1}{g^2} \frac{dG}{da}$$

$$S_{G',a} = \frac{1}{g} S_{G,a} \tag{11.8}$$

Diese Beziehung erhält man nach dem Differenzieren von Gl. (11.2) und dem Einsetzen von Gl. (11.6). Die Parameterempfindlichkeit einer Schaltung wird durch Gegenkopplung um den Faktor g (Rückkopplungsgrad) gedämpft. Beispielsweise kann diese Eigenschaft genutzt werden, um den Einfluss der Arbeitspunktabhängigkeit der Steilheit des Transistors auf eine Verstärkerschaltung zu dämpfen.

11.3.4 Einfluss der Gegenkopplung auf Ein- und Ausgangsimpedanz

Eingangsimpedanz

Wenn man die Eingangsseite einer gegengekoppelten Verstärkerschaltung analysieren will, so ist entsprechend dem Eingangssignal in Spannungs- und Stromsteuerung zu unterscheiden.

Spannungssteuerung. Liegt eine spannungsgesteuerte Schaltung vor, d. h., das Eingangssignal ist eine Spannung, dann addieren sich am Eingang die Größen $\underline{U}_e$ und $\underline{K} \cdot \underline{X}_a$ entsprechend Bild 11.5a. Da beide Vierpole in Serie liegen, werden sie vom gleichen Eingangsstrom $\underline{I}_e$ durchflossen.

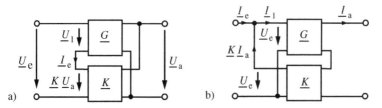

Bild 11.5 Signalsummation auf Eingangsseite; a) Addition der Spannungen, b) Addition der Ströme

Eine Berechnung des Eingangswiderstandes r_e' der gegengekoppelten Schaltung liefert unabhängig von der Art der Ausgangsgröße

$$r_e' = \frac{\underline{U}_e}{\underline{I}_e} = \frac{\underline{U}_1 - \underline{K}\,\underline{U}_a}{\underline{I}_e}$$

$$r'_e = \frac{r_e \underline{I}_e - \underline{K}\,\underline{G} \cdot r_e \cdot \underline{I}_e}{\underline{I}_e} \tag{11.9}$$

$$r'_e = r_e(1 - \underline{K}\,\underline{G}) = r_e \cdot g$$

Stromsteuerung. Ist das Eingangssignal ein Strom, addieren sich am Eingang die Größen $\underline{I}_e$ und $\underline{K} \cdot \underline{X}_a$ entsprechend Bild 11.5b. Auf analogem Weg wie oben ergibt sich

$$r'_e = \frac{\underline{U}_e}{\underline{I}_e} = \frac{\underline{U}_e}{\underline{I}_1 - \underline{K}\,\underline{I}_a}$$

$$r'_e = \frac{r_e}{(1 - \underline{K}\,\underline{G})} = \frac{r_e}{g} \tag{11.10}$$

Ausgangsimpedanz

Die Untersuchung der Ausgangsseite erfordert ebenfalls eine Unterscheidung nach der Ausgangsgröße.

Spannungsquellenausgang. Ist die Ausgangsgröße eine Spannung, dann gilt für die Leerlaufspannung $\underline{U}_{aL}$ am Ausgang der gegengekoppelten Schaltung

$$\underline{U}_{aL} = \underline{G}' \underline{U}_e = \frac{\underline{G}}{1 - \underline{K}\,\underline{G}} \underline{U}_e$$

Der Kurzschlussstrom $\underline{I}_{aK}$ ergibt sich wegen der dann erfüllten Bedingung $\underline{U}_a = 0$, also keine effektive Signalrückkopplung, zu

$$\underline{I}_{aK} = \frac{\underline{G}\,\underline{U}_e}{r_a}$$

Aus diesen beiden Werten ist die Gesamtausgangsimpedanz r'_a berechenbar.

$$r'_a = \frac{\underline{U}_{aL}}{\underline{I}_{aK}} = \frac{r_a}{1 - \underline{K}\,\underline{G}} = \frac{r_a}{g} \tag{11.11}$$

Stromquellenausgang. Bei einem Strom als Ausgangsgröße der gegengekoppelten Schaltung ergibt sich für den Kurzschlussstrom

$$\underline{I}_{aK} = \underline{G}' \underline{I}_e = \frac{\underline{G}}{1 - \underline{K}\,\underline{G}} \underline{I}_e$$

und für die Leerlaufspannung wegen der dann erfüllten Voraussetzung $\underline{I}_a = 0$ die Beziehung

$$U_{aL} = \underline{G}\,\underline{I}_e r_a$$

Damit folgt für die Ausgangsimpedanz

$$r'_a = \frac{\underline{U}_{aL}}{\underline{I}_{aK}} = r_a(1 - \underline{K}\,\underline{G}) = r_a \cdot g \tag{11.12}$$

Eine Zusammenstellung dieser Ergebnisse ist in Tabelle 11.2 zu finden.

Die Tabelle zeigt, dass sowohl die Eingangsimpedanz r_e als auch die Ausgangsimpedanz r_a durch die Gegenkopplung verbessert wird.

Ist das Eingangssignal eine Spannung, so wird eine ideale Spannungssteuerung, also ein hochohmiger Eingang, erwartet. Bei Stromsteuerung ist es gerade umgekehrt.

Ist das Ausgangssignal eine Spannung, dann ist eine ideale Spannungsquelleneigenschaft wünschenswert, also ein niederohmiger Ausgang. Wenn ein Strom als Ausgangssignal vorliegt, dann ist ein hochohmiger Stromquellenausgang gefordert.

Tabelle 11.2 Ein- und Ausgangsimpedanzen gegengekoppelter Schaltungen

$\underline{X}_e$	$\underline{X}_a$	r_e'	r_a'
$\underline{U}$	$\underline{U}$	$r_e \cdot g$	r_a/g
$\underline{I}$	$\underline{I}$	r_e/g	$r_a \cdot g$
$\underline{U}$	$\underline{I}$	$r_e \cdot g$	$r_a \cdot g$
$\underline{I}$	$\underline{U}$	r_e/g	r_a/g

11.3.5 Übertragungsbandbreite

Charakteristisch für den Frequenzgang eines Verstärkers ist dessen Tiefpassverhalten, das i. Allg. aus den Eigenschaften der Transistoren resultiert. Eine allgemeine Beschreibungsform für Tiefpassverhalten 1. Ordnung liefert Gl. (11.13) am Beispiel eines Spannungsverstärkers.

$$\underline{G}(f) = \underline{v}_u(f) = \frac{v_{u0}}{1 + j\dfrac{f}{f_g}} \tag{11.13}$$

Oberhalb der Grenzfrequenz f_g sinkt der Betrag der Spannungsverstärkung mit 20 dB/Dekade, wie es Bild 11.6 darstellt.

Durch eine Gegenkopplung mit einem reellen Rückkoppelfaktor K ergibt sich die Gesamtverstärkung zu

$$\underline{v}_u'(f) = \frac{\underline{v}_u(f)}{1 - K \cdot \underline{v}_u(f)} \tag{11.14}$$

$$\underline{v}_u'(f) = \frac{v_{u0}}{1 - K \cdot v_{u0}} \cdot \frac{1}{1 + j\dfrac{f}{f_g'}} \tag{11.15}$$

$$\underline{v}_u'(f) = \frac{v_{u0}'}{1 + j\dfrac{f}{f_g'}} \tag{11.16}$$

wobei sich für die neue Grenzfrequenz f_g' ein vergrößerter Wert ergibt.

$$f_g' = f_g(1 - K \cdot v_{u0}) = f_g \cdot g \tag{11.17}$$

Beachte: Zur Realisierung der Gegenkopplung muss entweder der Rückkoppelfaktor K oder die Verstärkung v_{u0} negativ sein.

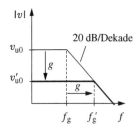

Bild 11.6 Frequenzgang eines Verstärkertiefpasses 1. Ordnung

Bild 11.6 verdeutlicht den Zusammenhang zwischen der Reduzierung der Verstärkung und der Vergrößerung der Bandbreite $B' = f_g'$. Das Produkt aus Verstärkung und Bandbreite bleibt dabei konstant. Dieses *Verstärkungs-Bandbreiten-Produkt* ist ein charakteristischer Parameter eines Verstärkers. Unabhängig von der Gegenkopplung, wird es durch den Verstärker selbst bestimmt, solange die Gegenkopplung reell ist.

11.3.6 Miller-Effekt

Betrachtet man einen Operationsverstärker mit endlicher Verstärkung v_d aber sonst mit idealen Eigenschaften ($r_e \rightarrow \infty$, $r_a = 0$) bei externer Spannungs-Strom-Gegenkopplung über einen komplexen Widerstand Z_K entsprechend Bild 11.7, so kann die Eingangsimpedanz, bei Leerlauf am Ausgang, mit der OPV-Beziehung $\underline{U}_a = v_d \cdot \underline{U}_D$ berechnet werden. Man erhält

$$\underline{Z}_e = \frac{\underline{U}_e}{\underline{I}_e} = \frac{\underline{U}_e}{\dfrac{\underline{U}_e - \underline{U}_a}{\underline{Z}_K}} = \frac{\underline{Z}_K}{1 - v_d} \tag{11.18}$$

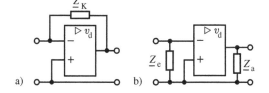

a)   b)

Bild 11.7 Verdeutlichung des Miller-Effekts
a) gegengekoppelter Verstärker,
b) Ersatzschaltung für Anschlussimpedanzen

Die Rückkoppelimpedanz Z_K erscheint um den Faktor $1 - v_d$ dynamisch verkleinert als Eingangsimpedanz. Der Wert der Verstärkung v_d ist bei Gegenkopplung stets negativ. Bild 11.7b verdeutlicht dies in Form einer Ersatzschaltung. Diese als Miller-Effekt bekannte Eigenschaft erlangt besondere Bedeutung beim Auftreten einer Rückkoppelkapazität C_K entsprechend $\underline{Z}_K = 1/\mathrm{j}\omega C_K$. Diese erscheint dann um den Faktor $1 - v_d$ dynamisch vergrößert am Eingang. Sehr nachteilig wirkt sich dies bei der Emitterschaltung aus. Die Basis-Kollektor-Kapazität des Verstärkertransistors erscheint stark vergrößert als Eingangskapazität der Schaltung (siehe Bild 11.8).

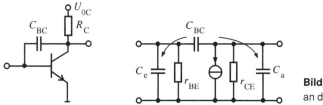

Bild 11.8 Miller-Effekt
an der Emitterschaltung

Der Miller-Effekt kann aber andererseits auch bewusst genutzt werden, um sehr große elektronische Kapazitäten zu erzeugen.

11.3.7 Bootstrap-Effekt

Der Bootstrap-Effekt tritt bei Verstärkerschaltungen mit Spannungs-Spannungs-Gegen-kopplung auf. Deren Eingangswiderstand r'_e wird durch die Gegenkopplung dynamisch um den Faktor g vergrößert.

In einer Operationsverstärkerschaltung nach Bild 11.9 wird folglich der ohnehin hohe Eingangswiderstand r_{ed} des OPV weiter vergrößert. Dies bewirkt, dass der Eingangsstrom gegen null geht. Dieser Verstärker eignet sich dadurch für eine belastungsfreie Spannungsmessung. Als Messverstärker wird er unter dem Namen Elektrometerverstärker verwendet.

Ein zweiter Anwendungsfall des Bootstrap-Effektes ist die dynamische Entkopplung des Basis-Spannungsteilers vom Verstärkereingang beim Emitterfolger (Bild 11.10). Dadurch wird eine Reduzierung des hohen Eingangswiderstandes vermieden, auch wenn der Basis-Spannungsteiler nicht besonders hochohmig ist.

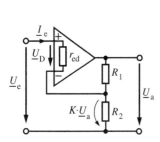

Bild 11.9 Elektrometerverstärker

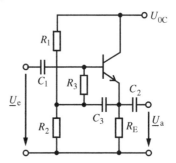

Bild 11.10 Emitterfolger mit Bootstrap-Kapazität

Für die Signalfrequenzen besitzt der Kondensator C_3 eine ausreichend kleine Impedanz, um das Emitterpotenzial zu übertragen. Dieses läuft aufgrund der Spannungsverstärkung von $v_u = 1$ mit dem Basispotenzial mit und hält die Kleinsignalspannung über R_3 bei null. Da kein Kleinsignalstrom fließen kann, erscheint R_3 in der Kleinsignalersatzschaltung auf unendlich vergrößert. Der Arbeitspunktstrom kann jedoch ungehindert über R_3 geliefert werden.

11.3.8 Gezielte Beeinflussung des Frequenzganges eines Verstärkers

Die gezielte Beeinflussung des Amplituden- bzw. Phasenfrequenzganges eines Verstärkers ist eine häufig benötigte Schaltungsaufgabe. Typische Anwendungen sind Klangfilter, Rausch-filter, Entzerrer, Vorverzerrer. Sie haben die Aufgabe einzelne Frequenzbereiche der Über-tragungsfunktion so zu beeinflussen, dass die Amplituden oder möglicherweise auch die Phasenverschiebung dieser Signalanteile vergrößert oder verkleinert werden.

Das Grundprinzip der Realisierung solcher Systeme geht meist von einem konstanten Übertragungsverhalten $\underline{G}$ des Verstärkers im betreffenden Frequenzbereich aus und be-nutzt einen Rückkoppelvierpol $\underline{K}(\omega)$, der gerade das inverse Übertragungsverhalten des ge-wünschten Systemverhaltens aufweist. Dieses Vorgehen leitet sich aus Gl. (11.4) ab. Soll z. B. die Schaltung im oberen Frequenzbereich eine größere Signalverstärkung aufweisen, dann muss der Rückkoppelvierpol gerade in diesem Frequenzbereich einen geringeren Betrag des Übertragungsfaktors $|\underline{K}(\omega)|$ besitzen.

■ 11.4 Anwendungen der Gegenkopplungsvarianten

11.4.1 Operationsverstärkerschaltungen mit Gegenkopplung

Aufgrund seiner nahezu idealen Eigenschaften ist der Operationsverstärker geradezu prädestiniert für den Einsatz als Verstärkerelement im Vorwärtszweig von Gegenkopplungsschaltungen. Alle vier Gegenkopplungsarten sind auf diese Weise sehr einfach realisierbar. Es ergeben sich die in Bild 11.11 gezeigten Schaltungen. Die entstehenden Betriebsparameter weisen nahezu ideale Werte auf.

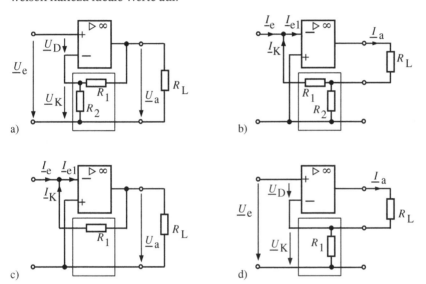

Bild 11.11 OPV-Schaltungen mit Gegenkopplung; a) Spannungsverstärker, b) Stromverstärker, c) Strom-Spannungs-Wandler, d) Spannungs-Strom-Wandler

Die genäherten Übertragungseigenschaften der vier Schaltungen erhält man am einfachsten, wenn man von einem idealen Verstärker im Vorwärtszweig, dessen Ersatzschaltung in Bild 11.12 dargestellt ist, ausgeht. Dann wird entsprechend Gl. (11.4) das Übertragungsverhalten nur vom Rückkoppelzweig bestimmt. Die idealen Eigenschaften des Operationsverstärkers bezüglich der Signalübertragung in den betrachteten Schaltungen lassen sich ausdrücken durch $U_D = 0$, $I_{e1} = 0$, $v_D \to \infty$, $r_e \to \infty$, $r_a = 0$. Damit lassen sich leicht die Beziehungen in Tabelle 11.3 ableiten.

Für die Schaltungen a) und c) besitzt der OPV bereits einen gut geeigneten, weil geringen, Ausgangswiderstand, der durch die Gegenkopplung weiter verringert wird. Es ergeben sich ideale Spannungsquelleneigenschaften am Ausgang.

In den Schaltungen b) und d) kann das Stromquellenverhalten noch verbessert werden, wenn anstelle eines niederohmigen OPV ein hochohmiger OTA (siehe Abschnitt 10.4.4) eingesetzt wird. Auf der Eingangsseite besitzt der OPV die erforderliche hohe Impedanz. Bei Spannungssteuerung wird diese durch die Gegenkopplung weiter vergrößert. Die steuernde

Spannungsquelle $\underline{U}_G$ bleibt unbelastet. Bei Stromsteuerung liegt der negative Eingang des OPV infolge der Gegenkopplung auf „virtueller Masse", sodass für die ansteuernde Stromquelle $\underline{I}_G$ praktisch Kurzschlussbedingungen herrschen.

Beispiel 11.2

Für die Schaltungen in Bild 11.11 sind die Rückkoppelfaktoren K und die Übertragungsfaktoren G' zu bestimmen. Für eine ausführlichere Schaltungsanalyse sollte das Ersatzschaltbild der OPV nach Bild 11.12 verwendet werden.

Lösung:

Zur Berechnung der Rückkoppelfaktoren K ist das am Eingang wirkende Rückführsignal als Funktion des Ausgangssignals zu bestimmen. In Schaltung a) lässt sich über dem Spannungsteiler ablesen

$$K \cdot \underline{U}_a = \frac{R_2}{R_1 + R_2}\underline{U}_a$$

Das gleiche Vorgehen erfolgt bei den anderen Schaltungen, und man erhält die Werte in Tabelle 11.3. Aufgrund der ideal hohen Spannungsverstärkung v_D des OPV gilt für den Übertragungsfaktor von Schaltung a)

$$G' \cong -\frac{1}{K} = \frac{R_1 + R_2}{R_2}$$

Die Näherung $G' = -1/K$ kann auch für die anderen Schaltungen angesetzt werden. Geht man jedoch von einem endlichen Übertragungsfaktor G des OPV aus, so ergeben sich die Beziehungen entsprechend Tabelle 11.3.

Tabelle 11.3 Übertragungseigenschaften der OPV-Schaltungen aus Bild 11.11

	K	G'
Spannungsverstärker	$\dfrac{\underline{U}_K}{\underline{U}_a} = \dfrac{R_2}{R_1 + R_2}$	$\dfrac{\underline{U}_a}{\underline{U}_e} = \dfrac{R_1 + R_2}{R_2 + \dfrac{1}{v_u}(R_1 + R_2)} \approx 1 + \dfrac{R_1}{R_2}$
Stromverstärker	$\dfrac{\underline{I}_K}{\underline{I}_a} = \dfrac{R_2}{R_1 + R_2}$	$\dfrac{\underline{I}_a}{\underline{I}_e} = \dfrac{-(R_1 + R_2)}{R_2 - \dfrac{1}{v_i}(R_1 + R_2)} \approx -\left(1 + \dfrac{R_1}{R_2}\right)$
Strom-Spannungs-Wandler	$\dfrac{\underline{I}_K}{\underline{U}_a} = \dfrac{1}{R_1}$	$\dfrac{\underline{U}_a}{\underline{I}_e} = \dfrac{-R_1}{1 - \dfrac{R_1}{Z_T}} \approx -R_1$
Spannungs-Strom-Wandler	$\dfrac{\underline{U}_K}{\underline{I}_a} = R_1$	$\dfrac{\underline{I}_a}{\underline{U}_1} = \dfrac{1}{R_1 + \dfrac{1}{Y_T}} \approx \dfrac{1}{R_1}$

■

Die Bestimmung der drei nicht sofort verständlichen Übertragungsfaktoren v_i, Z_T und Y_T eines Operationsverstärkers erfolgt auf der Basis seiner Vierpolparameter $v_u = v_D$, r_e und r_a.

Die Stromverstärkung v_i kann mithilfe des Eingangswiderstandes r_e ermittelt werden.

$$v_i = \frac{I_a}{I_e} = \frac{I_a}{\dfrac{U_e}{r_e}} = S \cdot r_e$$

Die Steilheit S hat jedoch nur für einen OTA, der in dieser Schaltung zu bevorzugen ist, eine sinnvolle Bedeutung. Bei Verwendung eines OPV hängt der Ausgangsstrom von der Größe des Ausgangswiderstandes ab, und man erhält

$$v_i = \frac{I_a}{I_e} = \frac{\dfrac{U_a}{r_a}}{\dfrac{U_e}{r_e}} = v_u \frac{r_e}{r_a}$$

Die Übertragungsimpedanz Z_T bei Spannungsquellenausgang berechnet sich für den OPV nach

$$Z_T = \frac{U_a}{I_e} = \frac{U_a}{\dfrac{U_e}{r_e}} = v_u r_e$$

Die Übertragungsadmitanz Y_T tritt bei Stromquellenausgang auf und ist deshalb wieder für die Fälle OTA und OPV interessant. Für den OTA entspricht sie dessen Steilheit.

$$Y_T = \frac{I_a}{U_e} = S$$

Am OPV errechnet sie sich in Abhängigkeit vom Ausgangswiderstand nach

$$Y_T = \frac{I_a}{U_e} = \frac{\dfrac{U_a}{r_a}}{U_e} = \frac{v_u}{r_a}$$

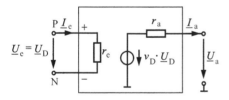

Bild 11.12 NF-Kleinsignalersatzschaltung eines realen OPV

11.4.2 Transistorschaltungen mit Gegenkopplung

In einstufigen Transistorschaltungen begegnet man gewöhnlich den in Bild 11.13 am Beispiel der Emitterschaltung dargestellten Gegenkopplungsvarianten. Sie werden meist als Spannungsgegenkopplung (Bild 11.13a) und Stromgegenkopplung (Bild 11.13b) bezeichnet. Beide Schaltungen dienen als Spannungsverstärker.

Zum Verständnis der Gegenkopplungswirkung ist es günstig, die erste Schaltung in drei Teilschaltungen zu zerlegen. An R_1 findet zunächst eine Spannungs-Strom-Wandlung statt.

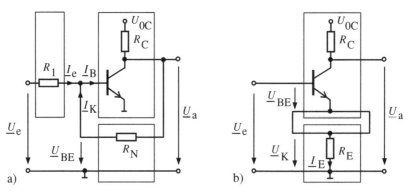

Bild 11.13 Emitterschaltung mit Gegenkopplung; a) Spannungs-Strom-GK, b) Strom-Spannungs-GK

Erst danach schließt sich die gegengekoppelte Emitterschaltung an. Der Widerstand R_N bewirkt eine Spannungs-Strom-GK. Er wandelt die Ausgangsspannung in den rückgekoppelten Strom I_K um. Die Schaltungsanalyse erfolgt in Beispiel 11.3.

Die zweite Schaltung weist eine reine Strom-Spannungs-GK auf. Es wird nicht die Ausgangsspannung der Schaltung, sondern der in der Emitterschaltung fließende Strom I_e zur Rückkopplung genutzt und am R_E in die rückgekoppelte Spannung U_K gewandelt. Der Kollektorstrom des Transistors ist proportional zum Emitterstrom. Er wird am R_C in die Ausgangsspannung umgewandelt. Die Schaltungsanalyse erfolgt in Beispiel 11.4.

Beispiel 11.3

Es ist die Spannungsverstärkung $v_u = \underline{U}_a/\underline{U}_e$ der Emitterschaltung mit Spannungsgegenkopplung in Bild 11.13a zu bestimmen.

Lösung:

Der Basisstrom des Transistors I_B bewirkt am Kleinsignalwiderstand der Basis-Emitter-Diode einen Spannungsabfall $\underline{U}_{BE} = \underline{I}_B \cdot r_{BE}$. Dieser ist bei der Berechnung der Ströme I_e und I_K zu berücksichtigen.

$$\underline{I}_e = \frac{\underline{U}_e - \underline{U}_{BE}}{R_1}, \qquad \underline{I}_K = \frac{\underline{U}_a - \underline{U}_{BE}}{R_N}$$

Aus Kapitel 4 ist die Übertragungsimpedanz der Emitterschaltung $\underline{Z}_{T,\,ES}$ bekannt.

$$\underline{Z}_{T,\,ES} = \frac{\underline{U}_{CE}}{\underline{I}_B} = -b\left(R_C \| r_{CE}\right)$$

Mit der Knotengleichung $\underline{I}_B = \underline{I}_e + \underline{I}_K$ und der Beziehung für den Kleinsignal-Eingangswiderstand des Transistors $r_{BE} = \underline{U}_{BE}/\underline{I}_B$ erhält man

$$\underline{I}_B = \frac{\underline{U}_e - \underline{I}_B r_{BE}}{R_1} + \frac{\underline{U}_a - \underline{I}_B r_{BE}}{R_N}$$

Die Auflösung nach I_B und anschließendem Anwenden auf die Übertragungsimpedanz der Emitterschaltung liefert

$$\underline{I}_B = \frac{R_N\,\underline{U}_e + R_1\,\underline{U}_a}{R_1 R_N + R_1 r_{BE} + R_N r_{BE}} \quad \text{und}$$

$$\underline{U}_a = \underline{Z}_{\text{T,ES}}\underline{I}_\text{B} = -b\left(R_\text{C}\|r_\text{CE}\right)\frac{R_N\underline{U}_e + R_1\underline{U}_a}{R_1 R_\text{N} + R_1 r_\text{BE} + R_\text{N} r_\text{BE}}$$

Nach dem Sortieren der Terme ergibt sich die Spannungsverstärkung der gegengekoppelten Schaltung zu

$$V'_\text{u} = \frac{\underline{U}_a}{\underline{U}_e} = \frac{-\dfrac{R_\text{N}}{R_1}}{1 + \dfrac{1}{b\left(R_\text{C}\|r_\text{CE}\right)}\left[R_\text{N} + r_\text{BE}\left(1 + \dfrac{R_\text{N}}{R_1}\right)\right]} \approx -\frac{R_\text{N}}{R_1}$$

Wenn die Übertragungsimpedanz der Emitterschaltung $\underline{Z}_{\text{T, ES}}$ sehr groß ist, wird die Spannungsverstärkung in guter Näherung nur durch die externe Beschaltung bestimmt.

∎

Beispiel 11.4

Es ist die Spannungsverstärkung $v_\text{u} = \underline{U}_a/\underline{U}_e$ der Emitterschaltung mit Stromgegenkopplung in Bild 11.13b zu bestimmen.

Lösung:

Die Parameter der Gegenkopplungsschleife lauten

$$Y_\text{T} = \frac{\underline{I}_\text{E}}{\underline{U}_\text{BE}} = S = \frac{b}{r_\text{BE}} \quad \text{und} \quad K = \frac{\underline{U}_\text{K}}{\underline{I}_\text{E}} = R_\text{E}$$

Daraus leitet sich ab

$$g = 1 + KY_\text{T} = 1 + \frac{bR_\text{E}}{r_\text{BE}}$$

$$Y'_\text{T} = \frac{\underline{I}_\text{E}}{\underline{U}_e} = \frac{Y_\text{T}}{g} = \frac{S}{1 + SR_\text{E}}$$

Mit den Beziehungen $\underline{U}_a = -R_\text{C}\underline{I}_\text{C} \cong -R_\text{C}\underline{I}_\text{E}$ und $\underline{I}_\text{E} = Y'_\text{T}\underline{U}_e$ berechnet sich die Spannungsverstärkung der Gesamtschaltung zu

$$v_\text{uG} = \frac{\underline{U}_a}{\underline{U}_e} \cong -R_\text{C}Y'_\text{T} \cong \frac{-R_\text{C}Y_\text{T}}{g} = \frac{-SR_\text{C}}{1 + SR_\text{E}} \approx \frac{-R_\text{C}}{R_\text{E}}$$

∎

Die anderen beiden Gegenkopplungsarten können nur bei mehrstufigen Transistorschaltungen genutzt werden. Typische Anwendungsfälle zeigt Bild 11.14.

Natürlich ist die Spannungs-Strom-GK aus Bild 11.13a auch über mehrere Stufen anwendbar. Deren Anzahl muss allerdings ungeradzahlig sein, um die Gegenphasigkeit zu garantieren.

Die Spannungs-Spannungs-GK in Bild 11.14a entsteht durch den Spannungsabfall, den der über R_K erzeugte Rückkoppelstrom $\underline{I}_\text{K}$ an R_E bewirkt. Dieser geht in die Eingangsmasche ein. Der Strom $\underline{I}_\text{K}$ ist proportional zu $\underline{U}_a$. Zusätzlich besitzt jede Transistorstufe eine Strom-Spannungs-GK.

Der in Bild 11.14b über R_K rückgekoppelte Strom wird durch den Spannungsabfall an R_E verursacht. Dieser wiederum ist proportional zum Emitterstrom. Damit liegt Strom-Strom-GK vor.

Eine ausführliche Betrachtung zur Gegenkopplung bei mehrstufigen Transistorschaltungen erfolgt in [10.2].

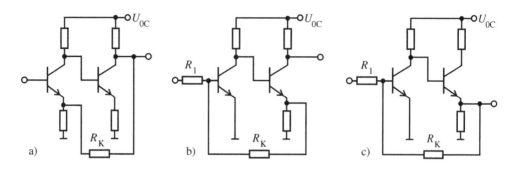

Bild 11.14 Mehrstufig gegengekoppelte Transistorschaltungen
a) Spannungs-Spannungs-GK, b) Strom-Strom-GK, c) Spannungs-Strom-GK

■ 11.5   Stabilität rückgekoppelter Verstärker

Rückgekoppelte Verstärker sind stabil, solange Ein- und Ausgangssignal zueinander gegenphasig sind.

Im den Abschnitten 4.4 und 8.4 wurde gezeigt, dass Verstärker einen Frequenzgang mit Tiefpasscharakteristik besitzen. Während ihre Verstärkung v oberhalb einer Grenzfrequenz absinkt, verändert sich die Phasendrehung zwischen Ein- und Ausgangssignal. Jeder Pol dieser Tiefpassfunktion liefert eine Drehung von $-90°$. Bei einem Tiefpassverhalten höherer Ordnung kann eine Gegenkopplung mit dem Rückkoppelfaktor $\underline{K}$ durch diese zusätzliche Phasendrehung im Verstärker zu einer Mitkopplung werden. Das System wird instabil. Es neigt zu Eigenschwingungen.

Nyquistkriterium. Das Nyquistkriterium beschreibt die Bedingung für eine Instabilität (Schwingbedingung) eines rückgekoppelten Verstärkers entsprechend Bild 11.1 und Gl. (11.2) in Form der komplexen Beziehung

$$\underline{K} \cdot \underline{v} = 1 \tag{11.19}$$

Diese lässt sich in eine *Amplitudenbedingung*

$$|\underline{K}| \cdot |\underline{v}| = 1 \tag{11.20}$$

und eine *Phasenbedingung*

$$\varphi_S = \varphi_V + \varphi_K = n \cdot 360° \, , \qquad n = 0, 1, 2, \ldots \tag{11.21}$$

zerlegen.

Die Interpretation des Nyquistkriteriums besagt, dass ein System instabil wird, d. h. selbständige Schwingungen erzeugt, wenn die Phasendrehung innerhalb der Gegenkopplungsschleife für eine bestimmte Frequenz ein Vielfaches von $360°$ beträgt und der Betrag der Schleifenverstärkung $|\underline{K}\,\underline{v}|$ für diese Frequenz größer gleich 1 ist.

Zur Trennung der einzelnen Einflüsse auf die Phasendrehung ist eine Aufteilung der Rückkoppelschleife in drei Abschnitte hilfreich (siehe Bild 11.15). Die Verarbeitung des rückgekoppelten Signals $\underline{X}_K$ in der Mischstelle $\underline{M}$ kann mit positivem oder negativem Vorzeichen erfolgen $\underline{X}' = \underline{X}_e \pm \underline{X}_K$. Dies entspricht einer Signalübertragung mit $|\underline{M}| = 1$ und $\varphi_M = 0°$ bzw. $\varphi_M = \pm 180°$. Die Gleichung für die Phasenbedingung lautet dann in erweiterter Form

$$\varphi_S = \varphi_V + \varphi_K + \varphi_M = n \cdot 360°$$

Da bei Operationsverstärkerschaltungen die Rückkopplung auf den N-Eingang des OPV erfolgt, liegt dort $\varphi_M = \pm 180°$ vor. Für eine Mittkopplung bedarf es dann lediglich einer weiteren Phasendrehung von $\varphi_V = -180°$ durch den Frequenzgang des Operationsverstärkers. Diese Phasendrehung kann bereits von einem Verstärker mit Tiefpassverhalten 2. Ordnung verursacht werden [11.1].

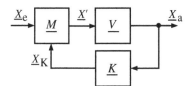

Bild 11.15 Verallgemeinertes Modell der Rückkopplung

Merke: Nur Systeme mit Tiefpassverhalten 1. Ordnung sind von Natur aus sicher gegenüber einer Instabilität im Sinne des Nyquistkriteriums.

Stabilitätsbedingung. Den Amplitudenfrequenzgang $|\underline{v}(f)|$ und Phasenfrequenzgang $\varphi_V(f)$ des unbeschalteten OPV sowie Amplitudenfrequenzgang $|\underline{K}(f)| \cdot |\underline{v}(f)|$ und Phasenfrequenzgang der Schleifenverstärkung $\varphi_S(f)$ des damit realisierten Spannungsverstärkers zeigt Bild 11.16. Der verwendete OPV besitzt eine Tiefpasscharakteristik 3. Ordnung. Die Rückkopplung erfolgt über einen Spannungsteiler mit dem Übertragungsfaktor $\underline{K} = 1 + R_2/R_1$. Eingezeichnet ist die kritische Frequenz f_k bei der die Schleifenverstärkung den Wert $|\underline{K}| \cdot |\underline{v}(f_k)| = 1$ erreicht. Besteht, wie hier dargestellt, für alle Frequenzen $f < f_k$, bei denen die Schleifenverstärkung größer als eins ist, eine Phasendrehung $|\varphi_S(f)| < 360°$, so ist das System stabil.

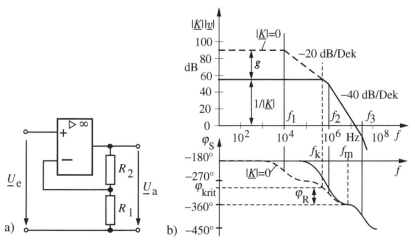

Bild 11.16 a) nicht invertierender Verstärker, b) Frequenzgang von OPV und Verstärker

Die Phasendrehung der Rückkoppelschleife φ_S erreicht beim ca. zehnfachen der zweiten Knickfrequenz $-360°$. Für diese Frequenz f_m würde folglich Mitkopplung eintreten und bei gleichzeitiger Erfüllung der Amplitudenbedingung würde die Schaltung eine Schwingung der Frequenz f_m erzeugen. Damit die Schaltung nicht mit dieser Frequenz schwingen kann, muss der Betrag der Schleifenverstärkung $|\underline{K}| \cdot |\underline{v}(f_m)|$ für diese Frequenz viel kleiner als eins sein. Daraus resultiert eine Grenze für den Rückkoppelfaktor $|\underline{K}| \ll 1/|\underline{v}(f_m)|$.

Für die praktische Festlegung eines konkreten Grenzwertes ist es sinnvoll, die kritische Frequenz f_k so festzulegen, dass die Phasendrehung $|\varphi_S(f_k)|$ deutlich kleiner als $360°$ ist. Der gewählte Sicherheitsabstand wird als Phasenreserve φ_R bezeichnet.

$$\varphi_R = \varphi_{krit} - (-360°) \tag{11.22}$$

Die Auswirkungen der Größe der Phasenreserve auf das Einschwingverhalten eines gegengekoppelten Verstärkers verdeutlicht Bild 11.17 in Form der Sprungantwort. Die relative Größe des Überschwingens $\Delta h/h(\infty)$ in der Sprungantwort ist stark von der Phasenreserve abhängig. Erst für eine Phasenreserve größer $60°$ bleibt dieses Überschwingen kleiner als $10\,\%$.

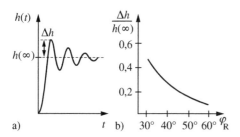

Bild 11.17 Sprungantwort eines gegengekoppelten Verstärkers

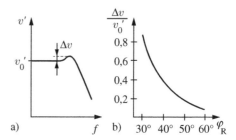

Bild 11.18 Verstärkungsverlauf eines gegengekoppelten Systems

Ein zweiter Indikator für die Stabilität eines Systems ist die Überhöhung des Verstärkungsverlaufs $\Delta v/v_0$ in Bild 11.18.

Zur Bestimmung des Überschwingens der Sprungantwort ist eine Analyse der Schaltung im Zeitbereich erforderlich, d. h. die Lösung des entstehenden Differenzialgleichungssystems. Die Berechnung der Überhöhung des Verstärkungsverlaufs erfolgt anhand der Analyse des Übertragungsverhaltens im Frequenzbereich. Beides ist auf der Internetseite zum Buch ausgeführt.

Merke: Für ein schnelles und sicheres Einschwingverhalten benötigt ein gegengekoppelter Verstärker eine Phasenreserve von mindestens $60°$. Für eine ausreichende Stabilität bei langsamen Signaländerungen reicht eine Phasenreserve von $45°$.

Berechnung der maximal zulässigen Gegenkopplung

- Bei vorgegebener Phasenreserve φ_R ergibt sich die kritische Phasendrehung zu $\varphi_{krit} = -360° + \varphi_R$.
- Aus dem Verlauf des Phasenfrequenzgangs φ_S der offenen Rückkoppelschleife ist die kritische Frequenz f_k, bei der die kritische Phasendrehung φ_{krit} erreicht wird, ablesbar.
- Aus dem Verlauf des Amplitudenfrequenzgangs des nicht rückgekoppelten Verstärkers ergibt sich dessen Verstärkung bei der kritischen Frequenz $v_k = v(f_k)$.

- Mittels der Amplitudenbedingung aus dem Nyquistkriterium ist der zulässige Rückkoppelfaktor zu bestimmen:

$$|K| = \frac{1}{v(f_k)}$$

Beispiel 11.5

Wie stark darf der Verstärker in Bild 11.16 gegengekoppelt werden, ohne seine Stabilität zu gefährden?

Lösung:

Gefordert ist eine Phasenreserve größer 60°. Auf grafischem Weg lässt sich im Phasenfrequenzgang für $\varphi_R = 60°$ eine kritische Frequenz $f_K = 500$ kHz ablesen. Die Projektion diese Wertes in den Amplitudenfrequenzgang liefert $v'(f_K) = 560$, dies entspricht 55 dB.

Für die Spannungsverstärkung des gegengekoppelten Verstärkers gilt

$$v' = \frac{R_1 + R_2}{R_1} = 1 + \frac{R_2}{R_1}$$

Zur Einstellung des $v'(f_K)$ ist ein Widerstandsverhältnis im Rückkoppelzweig von

$$\frac{R_2}{R_1} = v' - 1 = 559$$

erforderlich. Zur Sicherung der Stabilität muss ein Wert größer 559 eingehalten werden.

Merke: Zur Sicherung der Stabilität eines Verstärkers mit Tiefpasscharakteristik höherer Ordnung muss die Gegenkopplung auf einen Wert $K = 1/v' < 1/v(f_K)$ begrenzt bleiben.

11.6 Frequenzgangkorrektur von Verstärkern

Im vorigen Abschnitt wurde die Begrenzung der Gegenkopplung als Schutzmaßnahme zur Erhaltung der Stabilität eines Verstärkers erläutert. Häufig ist es jedoch notwendig, Verstärker als universelle Baugruppen zu betrachten, die jede beliebige Gegenkopplung vertragen können. Im Grenzfall muss also auch $K = 1$ (Spannungsfolgerbetrieb eines OPV) möglich sein. Damit dies geht, muss der OPV ohne Gegenkopplung einen Frequenzgang aufweisen, bei dem an der Transitfrequenz f_T die Phasendrehung kleiner als $-130°$ ist. Dies ermöglicht im Grenzfall eine Phasenreserve größer als 60°. Operationsverstärker besitzen aber aufgrund ihres mehrstufigen internen Aufbaus prinzipiell mehrere Polfrequenzen (Knicke im Amplitudenfrequenzgang), die unterhalb der Transitfrequenz liegen, woraus eine höhere Phasendrehung resultiert (siehe Bild 11.16). Die vorhandenen Pole, mit Ausnahme des 1. Poles, müssen folglich durch spezielle schaltungstechnische Maßnahmen weit über die Transitfrequenz verschoben werden. Die Bedingung $\varphi_R \geq 60°$ ist erfüllt, wenn z. B. $f_2 > 2{,}5 \cdot f_T$ und $f_3 > 10 \cdot f_T$ gelten. Bild 11.19 zeigt einen solchen Frequenzgang.

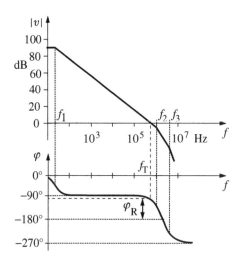

Bild 11.19 Frequenzgang eines kompensierten OPV

Soll der Frequenzgang eines normalen Verstärkers (z. B. OPV 3. Ordnung) auf die gewünschte Form gebracht werden, ist eine *Frequenzgangkorrektur* notwendig. Diese ist i. Allg. auf zwei Wegen erreichbar:

- Absenken der 1. Eckfrequenz,
- Einfügen einer weiteren, extrem niedrigen Eckfrequenz in den Frequenzgang.

Käufliche Operationsverstärker (z. B. μA 709) besitzen zur Realisierung der ersten Variante zwei externe Anschlüsse, an denen ein extern angeschlossener Kondensator (manchmal auch ein RC-Glied) diese Aufgabe erfüllt. Betrachtet man die interne Schaltung, dann wirkt dieser Kondensator meist als Miller-Kapazität an einer internen Verstärkerstufe ([11.2], Abschnitt 11.3.6) und damit als sogenannte Pole-Splitting-Kapazität. Er verschiebt die erste Eckfrequenz f_1 weit nach unten.

Die meisten universell einsetzbaren OPV haben diese Frequenzgangkompensation bereits fest implementiert (z. B. μA 741). Diese Typen werden als *frequenzgangkompensierte Operationsverstärker* bezeichnet.

Beachte: Wird eine bestimmte vorgegebene Gegenkopplung ($K > 1$) bei der Nutzung eines OPV nicht überschritten, dann kann durch eine zugeschnittene Frequenzgangkorrektur eine größere Bandbreite des Verstärkers erreicht werden, als durch den Einsatz eines bereits kompensierten OPV.

Einige PSpice-Beispiele zum Frequenzverhalten von Operationsverstärkerschaltungen sind in [11.3] angegeben.

Beispiel 11.6

Wie weit muss die unterste Eckfrequenz des OPV aus Bild 11.16 verschoben werden, um eine universelle Frequenzgangkompensation zu erzielen? Die beiden oberen Eckfrequenzen sollen dabei als konstant bleibend angenommen werden.

Lösung:

Die Lösung erfolgt auf grafischem Weg in Bild 11.20. Ausgehend von der kritischen Frequenz $f_K = 500\,\text{kHz}$ bei einer Phasenreserve von $60°$ ist im Amplitudenfrequenzgang

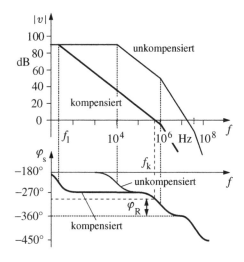

Bild 11.20 Universelle Frequenzgangkompensation eines OPV

von Bild 11.16 eine Tiefpasscharakteristik 1. Ordnung, d. h. ein Abfall mit 20 dB/Dekade durch den Punkt $v(f_K) = 1$, einzuzeichnen.

Der Schnittpunkt mit dem alten Verstärkungsverlauf liefert die erforderliche neue Eckfrequenz $f_1 = 20$ Hz.

■

■ 11.7 Aufgaben

Aufgabe 11.1
Zwei aufeinander folgende Verstärker, von denen jeder die Verstärkung $v = 200$ besitzt, sollen über beide Stufen gemeinsam gegengekoppelt werden. Für die Gesamtschaltung ist eine Verstärkung $v' = u_a/u_e = 100$ gefordert.

a) Es ist der erforderliche Rückkopplungsfaktor K zu berechnen.

b) Um welchen Faktor verbessert sich die relative Verstärkungsschwankung der Gesamtschaltung $\Delta v'/v'$ gegenüber der Verstärkungsschwankung der einzelnen Verstärkerstufen $\Delta v/v$?

c) Analysieren Sie zum Vergleich eine alternative Gegenkopplungsvariante, bei der die beiden Verstärkerstufen jeweils einzeln gegengekoppelt werden, bezüglich des erforderlichen Rückkoppelfaktors K und der sich ergebenden relativen Verstärkungsschwankung $\Delta v'/v'$.

d) Vergleichen Sie die Lösungen aus b) und c).

Aufgabe 11.2
Gegeben ist ein Operationsverstärker mit internem dreistufigen Aufbau. Die Verstärkung des OPV besitzt die Funktion

$$v_D(\omega) = \frac{v_{D0}}{\left(1+j\dfrac{\omega}{\omega_{g1}}\right)\left(1+j\dfrac{\omega}{\omega_{g2}}\right)\left(1+j\dfrac{\omega}{\omega_{g3}}\right)}$$

mit folgenden Parametern: $v_{D0} = 10^5$,

$\omega_{g1} = 100$ Hz, $\omega_{g2} = 50$ kHz, $\omega_{g3} = 500$ kHz.

a) Es sind der idealisierte Amplituden- und Phasenfrequenzgang des Verstärkers zu zeichnen.

b) Mit welchem statischen Rückkoppelfaktor K darf dieser Verstärker maximal gegengekoppelt werden, entsprechend dem Blockschaltbild in Bild 11.1, wenn eine Phasenreserve von $60°$ gesichert sein soll?

Aufgabe 11.3

Ein intern frequenzgangkompensierter Operationsverstärker besitzt eine NF-Verstärkung $v_{D0} = 90$ dB und eine Transitfrequenz $f_T = 1,5$ MHz.

a) Das Bodediagramm des OPV ist zu skizzieren.

b) Wie groß ist die NF-Bandbreite des OPV?

c) Mit diesem OPV wird ein Spannungsverstärker nach Bild 11.11a für eine Verstärkung von $v_u' = 40$ dB aufgebaut. Wie groß ist der notwendige Rückkoppelfaktor K und welche Bandbreite besitzt dieser Verstärker?

Aufgabe 11.4

Aus dem Datenblatt eines unkompensierten Operationsverstärkers sind folgende Parameter zu entnehmen: NF-Verstärkung $v_{D0} = 90$ dB, 1. Eckfrequenz $f_{g1} = 30$ kHz, 2. Eckfrequenz $f_{g2} = 1$ MHz.
Eine externe Frequenzgangkompensation durch ein RC-Glied erzeugt eine zusätzliche Eckfrequenz $f_{g3} = 1/2\pi RC$.

a) Es ist der Frequenzgang des Operationsverstärkers zu skizzieren.

b) Welche Grenzfrequenz f_{g3} muss dieses RC-Glied besitzen, damit der Operationsverstärker bis zu $v_u' = 50$ dB gegengekoppelt werden kann?

c) Welche Bandbreite besitzt der gegengekoppelte Verstärker?

Aufgabe 11.5

Es ist der Frequenzgang des Betrages der Spannungsverstärkung $|v'(\omega)|$ der gegengekoppelten Schaltung aus Aufgabe 11.3 zu berechnen. Wie groß ist die Abweichung (Angabe in %) dieser Verstärkung gegenüber dem Niederfrequenzwert $|v'(0)|$ bei der Frequenz ω, bei der die Differenzverstärkung $v(\omega)$ des OPV auf $10 \cdot |v'(0)|$ abgesunken ist?

12 Schaltungen mit Operationsverstärkern

Schwerpunkt dieses Kapitels ist das Kennenlernen wichtiger Funktionsrealisierungen auf der Basis von OPV-Schaltungen. Die Vielfalt der heute verfügbaren Operationsverstärker ist so groß, dass man für fast jeden Anwendungsfall einen OPV mit passenden Parametern finden kann. Eine Grobklassifizierung kann z. B. unter den Gesichtspunkten

- Übertragungseigenschaft (V_u, V_i, Y_T, Z_T),
- Bandbreite,
- Frequenzgangkompensation,
- Eingangsströme,
- Slewrate,
- Aussteuerbereich,
- Offset,
- Temperaturgang,
- Rauschen

erfolgen.

In den folgenden Anwendungen kann deshalb stets von einem idealen Operationsverstärker ausgegangen werden. Die schaltungstechnischen Prinzipien zur Realisierung bestimmter Funktionen stehen im Vordergrund.

■ 12.1 Lineare Verstärker

Die schaltungstechnische Realisierung eines Spannungsverstärkers mittels eines OPV erfolgt nach zwei Grundprinzipien:
- nicht invertierender Verstärker,
- invertierender Verstärker.

12.1.1 Nicht invertierender Verstärker

Die Schaltung des nicht invertierenden Verstärkers (Bild 12.1) entspricht direkt dem gegengekoppelten Spannungsverstärker aus Abschnitt 11.2. Die Gesamtverstärkung v_u' wird ausschließlich durch den Spannungsteiler im Gegenkopplungszweig bestimmt. Die wichtigsten Eigenschaften der Schaltung enthält Tabelle 12.1.

Tabelle 12.1 Parametervergleich von nicht invertierendem und invertierendem Verstärker

	nicht invertierender Verstärker	invertierender Verstärker
g	$1 + \dfrac{R_1}{R_1 + R_2} v_d \to \infty$	$1 + \dfrac{Z_T}{R_2} = 1 + \dfrac{v_d r_d}{R_2} \to \infty$
v'_u	$1 + \dfrac{R_2}{R_1}$	$-\dfrac{R_2}{R_1}$
r'_e	$g \cdot r_d \to \infty$	R_1
r'_a	$\dfrac{r_a}{g} \to 0$	$\dfrac{r_a}{g} \to 0$

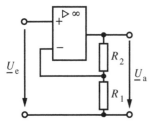

Bild 12.1 Nicht invertierender Verstärker

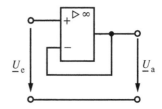

Bild 12.2 Spannungsfolger

Das Besondere der Schaltung ist ihr extrem hoher Eingangswiderstand r'_e. Dadurch kann eine reine Spannungssteuerung angenommen werden. Dies hat ihr auch den Namen *Elektrometerverstärker* eingebracht. Ein- und Ausgangssignal sind im Bereich $f < f_g$ gleichphasig.

Ein Spezialfall des nicht invertierenden Verstärkers entsteht für $K = 1$ (siehe Bild 12.2). Dann wird wegen $R_1 = \infty$ und $R_2 = 0$ die Gesamtverstärkung $v'_u = 1$ und man bezeichnet die Schaltung als Spannungsfolger. In der Regel wird sie wegen ihrer Impedanzwandlung genutzt. Sie besitzt einen extrem hohen Eingangswiderstand, sodass die Vorstufe unbelastet bleibt. Ihr Ausgangswiderstand ist extrem niedrig, wodurch sie eine gute Treiberfähigkeit aufweist.

12.1.2 Invertierender Verstärker

Der invertierende Verstärker entsteht aus einem OPV mit Spannungs-Strom-GK durch Vorschalten eines Widerstandes R_1 (siehe Bild 12.3 und Bild 11.11).

Die Differenzeingangsspannung des OPV geht bei unendlich hoher Differenzverstärkung gegen null, sodass der negative Eingang des OPV nahezu auf Masse liegt. Man spricht deshalb von einer „virtuellen Masse" an diesem Punkt. Folglich wird der Eingangsstrom $\underline{I}_e$ nur von der Eingangsspannung $\underline{U}_e$ und dem Widerstand R_1 bestimmt. Dieser Eingangsstrom wird über dem Rückkoppelwiderstand R_2 in die Ausgangsspannung umgewandelt (siehe *I-U*-Wandler).

Bei idealem Eingangswiderstand $r_d \to \infty$ des OPV liefert der Knotensatz an dessen N-Eingang den Ansatz zur Verstärkungsberechnung.

$$\frac{\underline{U}_e}{R_1} = -\frac{\underline{U}_a}{R_2} \tag{12.1}$$

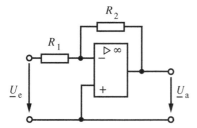

Bild 12.3 Invertierender Verstärker

Bedingt durch die „virtuelle Masse" bildet R_1 gleichzeitig den Eingangswiderstand des gesamten Verstärkers. Die Zusammenstellung der Parameter enthält Tabelle 12.1.

Ein- und Ausgangsspannung sind beim invertierenden Verstärker gegenphasig. Dies wird auch am negativen Vorzeichen von v_u' sichtbar. Auf diese Eigenschaft ist der Name *Umkehrverstärker* zurückzuführen.

Beachte: Die Schaltung reagiert auf einen Eingangsruhestrom des OPV durch eine zusätzliche Offsetspannung $U_\mathrm{OI} = I_\mathrm{N} \cdot R_1$. Diese kann durch einen Widerstand R_P in der Masseverbindung des P-Einganges kompensiert werden (siehe Bild 12.4). Falls beide Eingangsruheströme gleich groß sind ($I_\mathrm{N} = I_\mathrm{P}$), beträgt dessen erforderliche Größe $R_\mathrm{P} = R_1 \| R_2$.

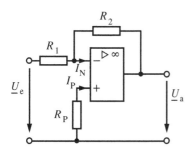

Bild 12.4 Offsetstromkompensation am invertierenden Verstärker

Unter Rechenschaltungen versteht man die Realisierung von Grundrechenarten durch analoge Schaltungen. Die zu verarbeitenden Operanden bilden deren Eingangsspannungen. Die Ausgangsspannung repräsentiert das Ergebnis der Berechnung. Die OPV-Schaltungen sind sowohl für Berechnungen mit Kleinsignalspannungen als auch mit stationären Spannungen einsetzbar.

12.2.1   Addierer

Ein Addierer besteht aus einem invertierenden Verstärker mit mehreren Eingängen (Bild 12.5).

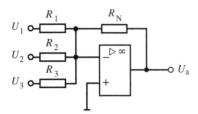

Bild 12.5 Addierer

Am Eingangsknoten der Schaltung erfolgt eine Summation der Ströme, die wegen der dort vorliegenden „virtuellen Masse" auf eine Summation der Eingangsspannungen führt.

$$I_1 + I_2 + I_3 = I_N \tag{12.2}$$

$$\frac{U_1}{R_1} + \frac{U_2}{R_2} + \frac{U_3}{R_3} = -\frac{U_a}{R_N} \tag{12.3}$$

$$U_a = -\left(\frac{R_N}{R_1}U_1 + \frac{R_N}{R_2}U_2 + \frac{R_N}{R_3}U_3\right) \tag{12.4}$$

Die Eingangsspannungen werden dabei mit dem Widerstandsverhältnis R_N/R_i gewichtet. Für den Fall $R_1 = R_2 = R_3 = 3 \cdot R_N$ bildet die Schaltung den arithmetischen Mittelwert.

12.2.2   Subtrahierer

Der Subtrahierer basiert ebenfalls auf einem Umkehrverstärker. Auf der Basis des Überlagerungssatzes $U_a = K_1 U_1 + K_2 U_2$ lässt sich durch wechselseitiges Nullsetzen der beiden Eingangsspannungen die Subtrahierergleichung gewinnen.

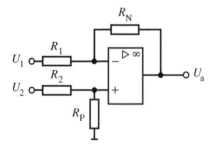

Bild 12.6 Subtrahierer

Bei einer Dimensionierung von

$$\frac{R_N}{R_1} = \frac{R_P}{R_2} = \alpha \tag{12.5}$$

erhält man

$$U_a = \alpha(U_2 - U_1) \tag{12.6}$$

Beispiel 12.1

Auf Basis des Überlagerungssatzes ist die Subtrahierergleichung für die Schaltung aus Bild 12.6 abzuleiten.

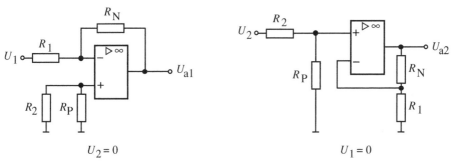

Bild 12.7 Zerlegung des Subtrahierers in zwei Teilschaltungen

Lösung:

Die Anwendung des Überlagerungssatzes führt auf die beiden Teilschaltungen in Bild 12.7.

Ansatz 1: $U_2 = 0$

R_2 und R_P liegen zwischen dem P-Eingang des OPV und Masse. Wegen $I_P = 0$ bei einem idealen OPV liegt über beiden Widerständen kein Spannungsabfall und demzufolge ist $U_P = 0$. Die verbleibende Schaltung wirkt als invertierender Verstärker mit einer Spannungsverstärkung von

$$V_{U1} = -\frac{R_N}{R_1}$$

Ansatz 2: $U_1 = 0$

R_1 liegt zwischen dem N-Eingang des OPV und Masse. Die verbleibende Schaltung wirkt als nicht invertierender Verstärker mit einem vorgeschalteten Spannungsteiler aus R_2 und R_P. Die Spannungsverstärkung ergibt sich aus dem Produkt des Übertragungsfaktors des Spannungsteilers und der Verstärkung des nicht invertierenden Verstärkers zu

$$V_{U2} = \frac{R_P}{R_2 + R_P} \cdot \left(1 + \frac{R_N}{R_1}\right) = \frac{\frac{R_P}{R_2}}{1 + \frac{R_P}{R_2}} \left(1 + \frac{R_N}{R_1}\right)$$

Die Anwendung des Überlagerungssatzes liefert

$$U_a = U_{a1} + U_{a2} = V_{U1} \cdot U_1 - V_{U2} \cdot U_2 = -\frac{R_N}{R_1} \cdot U_1 + \frac{\frac{R_P}{R_2}}{1 + \frac{R_P}{R_2}} \left(1 + \frac{R_N}{R_1}\right) \cdot U_2$$

■

Subtrahierer mit hochohmigen Eingängen. Eine Erhöhung des Eingangswiderstandes eines Subtrahierers wird durch ein Vorschalten von nicht invertierenden Verstärkern (Elektrometerverstärker) erreicht (Bild 12.8).

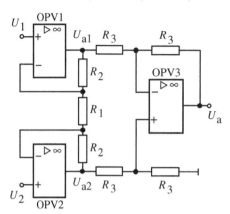

Bild 12.8 Subtrahierer
mit hochohmigen Eingängen

Die Übertragungsfunktion des nachgeschalteten Subtrahierers (OPV3) weist ein $\alpha = 1$ auf. Die Ausgangsspannung der vorgeschalteten nicht invertierenden Verstärker erhält man wieder unter Anwendung des Überlagerungssatzes.

Bei $U_2 = 0$ muss aufgrund der Idealforderung $U_D = 0$ die Spannung am N-Eingang des unteren Operationsverstärkers (OPV2) null betragen. Damit liegt der untere Anschluss von R_1 auf Massepotenzial, und der obere Operationsverstärker (OPV1) bildet mit R_2 und R_1 einen nicht invertierenden Verstärker mit $V_{U1} = 1 + R_2/R_1$, der am OPV1 zu einer Ausgangsspannung $U_{a1}^{(1)} = \left(1 + R_2/R_1\right) U_1$ führt. Der Strom, der vom OPV1 durch den oberen Widerstand R_2 und durch R_1 getrieben wird, muss auch durch den unteren Widerstand R_2 fließen. Dort erzeugt er einen Spannungsabfall

$$U_{R2}^{(1)} = I_{R_1} R_2 = \frac{U_{a1}^{(1)}}{R_1 + R_2} R_2$$

und somit am Ausgang des OPV2 die Spannung

$$U_{a2}^{(1)} = -U_{R2}^{(1)}$$

Die gleiche Betrachtung gilt im umgekehrten Fall bei $U_1 = 0$.

Durch Überlagerung beider Betrachtungen ergibt sich

$$U_{a1} = U_{a1}^{(1)} + U_{a1}^{(2)} = \left(1 + \frac{R_2}{R_1}\right) U_1 + \left(1 + \frac{R_2}{R_1}\right)\left(-\frac{R_2}{R_1 + R_2} U_2\right) \quad \text{bzw.}$$

$$U_{a2} = U_{a2}^{(2)} + U_{a2}^{(1)} = \left(1 + \frac{R_2}{R_1}\right) U_2 + \left(1 + \frac{R_2}{R_1}\right)\left(-\frac{R_2}{R_1 + R_2} U_1\right)$$

Für die Gesamtausgangsspannung der Schaltung folgt

$$U_a = U_{a2} - U_{a1} = \left(1 + \frac{2R_2}{R_1}\right)(U_2 - U_1)$$

Die Schaltung wird auch als Elektrometersubtrahierer oder Instrumentationsverstärker bezeichnet. Sie stellt einen nahezu idealen Differenzverstärker dar, da die Eingänge sehr hochohmig sind.

12.2.3 Differenzierer

Die Differenziation der Eingangsspannung wird erreicht, wenn man den Widerstand R_1 eines Umkehrverstärkers durch einen Kondensator ersetzt (Bild 12.9). Das Übertragungsverhalten im Zeitbereich ergibt sich aus der Knotengleichung am N-Eingang des OPV.

$$I_C = I_R \tag{12.7}$$

$$C\frac{\mathrm{d}U_1}{\mathrm{d}t} = -\frac{U_a}{R} \tag{12.8}$$

$$U_a = -RC\frac{\mathrm{d}U_1}{\mathrm{d}t} \tag{12.9}$$

Die Zeitkonstante des Differenzierers beträgt $\tau = RC$.

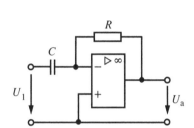

Bild 12.9 Differenzierer

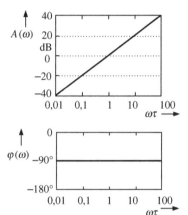

Bild 12.10 Frequenzgang des idealen Differenzierers

Bei Aussteuerung mit sinusförmigen Signalen ist die Übertragungsfunktion im Frequenzbereich interessant. Man erhält

$$\underline{V}_u = \frac{\underline{U}_a}{\underline{U}_1} = -\mathrm{j}\omega RC \tag{12.10}$$

$\underline{U}_a$ und $\underline{U}_1$ sind um $-90°$ phasenverschoben. Das negative Vorzeichen wird durch die invertierende OPV-Schaltung verursacht.

Für die Frequenzabhängigkeit des Verstärkungsmaßes (logarithmierter Betrag der Verstärkung) und der Phasenverschiebung der Spannungsverstärkung folgt

$$A(\omega) = 20\log(|\underline{V}_u|)$$

$$\varphi(\omega) = \arctan\frac{\mathrm{Im}\{\underline{V}_u\}}{\mathrm{Re}\{\underline{V}_u\}}$$

Die grafische Darstellung in Bild 12.10 ist auf den Kehrwert der Zeitkonstante des Differenzierers normiert.

Differenzierer mit begrenzter Verstärkung. Für hohe Frequenzen geht die Spannungsverstärkung des idealen Differenzierers gegen unendlich (Bild 12.10). Infolge der Phasendrehung des OPV bei hohen Frequenzen (siehe Abschnitt 11.5) kann die Schaltung deshalb instabil werden, d. h. Eigenschwingungen erzeugen. Deshalb ist es sinnvoll, den Differenzierer um einen Widerstand R_2 zu ergänzen, der die Verstärkung für hochfrequente Signale begrenzt (Bild 12.11).

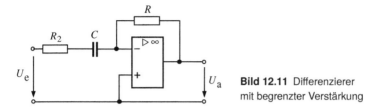

Bild 12.11 Differenzierer mit begrenzter Verstärkung

Ansatz für die Schaltungsanalyse in der komplexen Ebene ist $\underline{I}_{R2} = \underline{I}_C = \underline{I}_R$.

Es ergibt sich die Übertragungsfunktion

$$\underline{V}_u = \frac{\underline{U}_a}{\underline{U}_e} = \frac{-\dfrac{R}{R_2}}{1 + \dfrac{R/R_2}{\mathrm{j}\omega CR}} \qquad (12.11)$$

Die Übertragungsfunktion besitzt den Grenzwert

$$\underline{V}_{u,\max} = -\frac{R}{R_2}$$

Die Knickfrequenz ergibt sich zu

$$\omega_{go} = \frac{1}{CR_2}$$

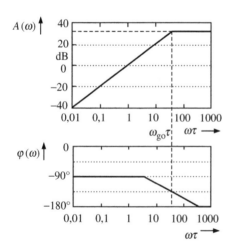

Bild 12.12 Frequenzgang des Differenzierers mit begrenzter Verstärkung

Nur für Signale unterhalb dieser Grenzfrequenz wirkt die Schaltung differenzierend. Bild 12.12 zeigt den Frequenzgang dieser Schaltung. Für Frequenzen $\omega \gg \omega_{go}$ erreicht die Phasenverschiebung $-180°$. Dies resultiert aus der invertierenden Funktion der OPV-Schaltung.

Beispiel 12.2

Gegeben ist die Schaltung Bild 12.13 mit einem idealen Operationsverstärker. Mit der Annahme $R = R_N$ sind zu berechnen und zu zeichnen:

- Übertragungsfaktor,
- Amplitudenfrequenzgang,
- Phasenfrequenzgang,
- Ortskurve.

Aus den Gleichungen bzw. den Darstellungen ist auf die Schaltungsfunktion zu schließen.

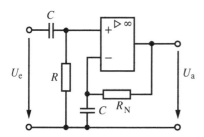

Bild 12.13 OPV-Schaltung zu Beispiel 12.2

Lösung:

Für das RC-Glied am P-Eingang des OPV lässt sich nach der Spannungsteilerregel ablesen

$$U_+ = U_e \frac{pCR}{1 + pCR}$$

Am RC-Glied im Gegenkopplungszweig liefert der Spannungsteiler

$$U_a = U_-(1 + pCR_N)$$

Durch Einsetzen entsprechend der Bedingung $U_+ = U_-$ folgt

$$G(p) = \frac{U_a}{U_e} = \frac{1 + pCR_N}{1 + pCR} \cdot pCR$$

Mit $R = R_N$ vereinfacht sich die Übertragungsfunktion zu

$$G(p) = \frac{U_a}{U_e} = pCR$$

Bei sinusförmigen Signalen ergibt sich bei einer Darstellung nach Betrag und Phase die Form

$$G(j\omega) = j\omega CR = \omega CR \cdot e^{j\frac{\pi}{2}}$$

Daraus folgt für den Amplitudenfrequenzgang

$$A(\omega) = 20 \cdot \lg(\omega CR)$$

und für den Phasenfrequenzgang

$$\varphi(\omega) = \arctan \frac{\omega CR}{0} = \frac{\pi}{2}$$

Wie die Gleichungen und die grafischen Darstellungen mit $\tau = CR$ in Bild 12.14 zeigen, liegt ein idealer Differenzierer vor.

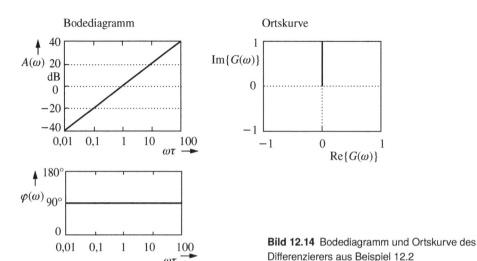

Bild 12.14 Bodediagramm und Ortskurve des Differenzierers aus Beispiel 12.2

■

12.2.4 Integrator

Der Integrator entsteht ebenfalls auf der Basis eines Umkehrverstärkers (Bild 12.15). Der Eingangsstrom $I_e = U_e/R$ lädt den Kondensator um. Da die Ausgangsspannung der Kondensatorspannung entspricht, stellt sie das Integral der Eingangsspannung dar.

$$U_a = -\frac{1}{RC} \int_{t_0}^{t_1} U_e(t)\, \mathrm{d}t + U_a(t_0) \tag{12.12}$$

Zur Erzeugung eines definierten Anfangszustandes, z. B. $U_a(t_0) = 0$, ist ein Rücksetzen (Entladen des Kondensators) notwendig. Der Schalter wird im einfachsten Fall durch einen Transistor realisiert.

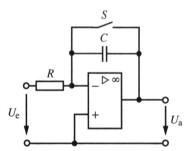

Bild 12.15 Integrator

Ansatz für die Schaltungsanalyse in der komplexen Ebene ist der Knotensatz $\underline{I}_R = \underline{I}_C$.
Bei sinusförmigem Eingangssignal lautet die Übertragungsfunktion

$$\underline{v}_u = \frac{\underline{U}_a}{\underline{U}_e} = -\frac{1}{\mathrm{j}\,\omega RC} \tag{12.13}$$

$\underline{U}_a$ und $\underline{U}_e$ weisen aufgrund der invertierenden Funktion der OPV-Schaltung eine Phasenverschiebung von +90° auf. Die Zeitkonstante des Integrators beträgt $\tau = RC$.

Den auf den Kehrwert der Zeitkonstante des Integrators normierten Frequenzgang des Übertragungsverhaltens der Schaltung zeigt Bild 12.16.

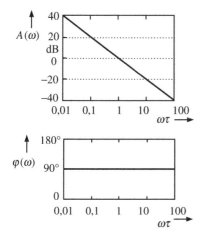

Bild 12.16 Frequenzgang des idealen Integrators

Integrator mit begrenzter Verstärkung. Für Gleichspannungen besitzt der ideale Integrator aus Bild 12.15 eine Verstärkung von $|v_{u0}| \rightarrow \infty$. Bereits nach kurzer Zeit ist das Integral über eine Eingangsgleichspannung größer als die Betriebsspannung des OPV. Ein Gleichspannungsanteil im Eingangssignal kann deshalb leicht zu einer Übersteuerung des Operationsverstärkers führen, sodass dann auch Wechselspannungsanteile des Eingangssignals nicht mehr übertragen werden können.

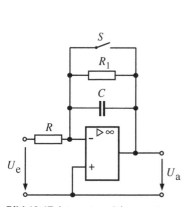

Bild 12.17 Integrator mit begrenzter Verstärkung (Miller-Integrator)

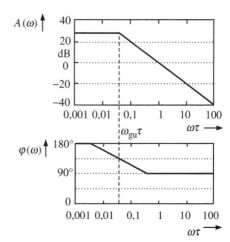

Bild 12.18 Frequenzgang des Integrators mit begrenzter Verstärkung

Um die maximale Verstärkung der Schaltung für niedrige Signalfrequenzen zu begrenzen, ist ein Widerstand R_1 zu ergänzen (Bild 12.17). Gleichzeitig bewirkt der Widerstand R_1 den

Abbau einer Anfangsladung auf dem Kondensator mit der Zeitkonstanten $\tau_1 = CR_1$, sodass die Anfangsladung im eingeschwungenen Zustand keine Rolle mehr spielt.

Mit dem Ansatz $\underline{I}_R = \underline{I}_{R1} + \underline{I}_C$ ergibt sich die Übertragungsfunktion der Schaltung zu

$$\underline{v}_u = \frac{\underline{U}_a}{\underline{U}_e} = \frac{-1}{\dfrac{R}{R_1} + j\omega CR} \tag{12.14}$$

Der Grenzwert der Spannungsverstärkung und die untere Grenzfrequenz lauten

$$\underline{v}_{u,\,max} = -\frac{R_1}{R} \quad \text{und} \quad \omega_{gu} = \frac{1}{CR_1}$$

Eine grafische Darstellung des Frequenzgangs der Schaltung zeigt Bild 12.18.

Beispiel 12.3

Berechnen Sie für die Schaltung Bild 12.19 die Ausgangsspannung als Funktion der Eingangs- und Schaltungsgrößen bei einem idealen Operationsverstärker und der Annahme $R_N C_N = R_P C_P$. Welche Funktion besitzt die Schaltung?

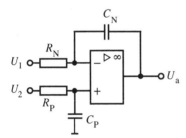

Bild 12.19 OPV-Schaltung zu Beispiel 12.3

Lösung:

Knoten am N-Eingang des OPV:

$$\frac{U_1 - U_-}{R_N} = (U_- - U_a) \cdot pC_N$$

Knoten am P-Eingang des OPV:

$$\frac{U_2 - U_+}{R_P} = U_+ \cdot pC_P$$

$$U_+ = U_2 \frac{1}{1 + pC_P R_P}$$

Wegen $U_+ = U_-$ lässt sich die 2. Gleichung in die 1. Gleichung einsetzen:

$$U_a = \left(1 + \frac{1}{pC_N R_N}\right) U_2 \frac{1}{1 + pC_P R_P} - \frac{U_1}{pC_N R_N}$$

Mit der Zeitkonstanten $C_N R_N = R_P C_P = \tau$ gilt:

$$U_a = \frac{1}{p\tau}(U_2 - U_1)$$

Bei sinusförmigen Eingangsgrößen gilt mit $p = j\omega$ für die Ausgangsspannung

$$\underline{U}_a = \frac{1}{j\omega\tau}(\underline{U}_2 - \underline{U}_1)$$

Durch die Schaltung erfolgt eine Integration der Spannungsdifferenz zwischen den beiden Eingängen.

■

12.2.5 Multiplizierer

Zur Realisierung eines Multiplizierers bietet sich die Nutzung des in Abschnitt 10.4.2 betrachteten Differenzverstärkers mit einem Stromspiegel als Stromquelle an. Mit den dort gewonnenen Ergebnissen (siehe Aufgabe 10.8) erhält man aus Bild 12.20a für $U_2 = U_{e1} - U_{e2}$

$$U_a = \frac{I_{ref}U_2 R_C}{2U_T} \tag{12.15}$$

Da U_{BE} des Stromquellentransistors keine großen Änderungen erfährt, gilt bei genügend großem U_1 in sehr guter Näherung

$$I_{ref} = \frac{U_1}{R_V}$$

und folglich die Multipliziergleichung

$$U_a = \frac{U_1 U_2 R_C}{2U_T R_V} = kU_1 U_2 \tag{12.16}$$

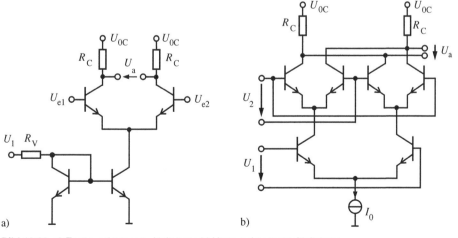

Bild 12.20 a) Zweiquadrantenmultiplizierer, b) Vierquadrantenmultiplizierer

Dabei spricht man wegen der einschränkenden Bedingung $U_1 > 0$ von einem *Zweiquadran-tenmultiplizierer*. Die Realisierung eines *Vierquadrantenmultiplizierers*, der auch $U_1 < 0$ zu-lässt, erfordert die zweistufige Kopplung von drei Differenzverstärkern entsprechend Bild 12.20b. Für diesen ergibt sich die Gleichung

$$U_a = \frac{I_0 R_C}{4 U_T^2} U_1 U_2 \qquad (12.17)$$

Der lineare Aussteuerbereich für die beiden Eingangsspannungen ist jedoch auf Werte klei-ner als $2 U_T$ beschränkt. Das Anwendungsgebiet liegt deshalb in der Kleinsignalverarbeitung.

Multipliziererschaltungen auf Operationsverstärkerbasis werden in [8.1] vorgestellt.

12.2.6 Dividierer

Die Division als Umkehrfunktion (inverse Funktion) zur Multiplikation ist realisierbar, wenn ein Multiplizierer in den Rückkoppelzweig einer Verstärkerschaltung eingebaut wird. Eine Schaltungslösung zeigt Bild 12.21.

Bei idealem OPV gilt $U_P = U_N$ und damit $U_1 = k U_2 U_3$, wobei k eine Proportionalitätskon-stante des Multiplizierers darstellt. Wegen $U_a = U_3$ ergibt sich nach Auflösung

$$U_a = \frac{U_1}{k U_2} \qquad (12.18)$$

Es wird der Quotient aus den beiden Signalspannungen U_1 und U_2 gebildet.

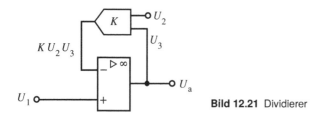

Bild 12.21 Dividierer

■ 12.3 Nichtlineare Schaltungen

Nichtlineare Schaltungen besitzen zwischen Ein- und Ausgangsgröße ein nichtlineares Übertragungsverhalten. Die in der Schaltungstechnik wichtigsten nichtlinearen Funktionen sind die Exponential- und die Logarithmusfunktion. Auf der Basis einer Dioden- bzw. Tran-sistorkennlinie sind beide sehr leicht zu realisieren (Bild 12.22).

Aus Bild 12.22a lässt sich die Ausgangsspannung U_a in der Form

$$U_a = -I_D R = -I_S R \left(e^{\frac{U_e}{U_T}} - 1 \right)$$

$$U_a \cong -I_S R \cdot e^{\frac{U_e}{U_T}} \tag{12.19}$$

ablesen. Diese Gleichung ist nur für $U_e > 0$ gültig, da nur dann die Diode (bzw. der Transistor) leitet. Bei negativen Eingangsspannungen hilft ein Umdrehen von Diode bzw. Transistor weiter. Die Schaltung in Bild 12.22b bildet die Umkehrfunktion zu Schaltung a, also einem Logarithmierer.

$$U_a = -U_T \cdot \ln \frac{U_a}{I_S R} \tag{12.20}$$

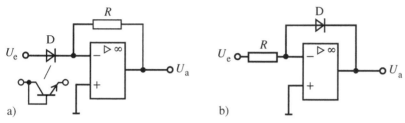

Bild 12.22 a) Exponentialfunktion, b) Logarithmierer

12.4 Komparatoren und Schmitt-Trigger

Komparator. Dies ist eine Schaltung zum Vergleich zweier Spannungen. Eine einfache Realisierung ergibt sich durch einen nicht rückgekoppelten Operationsverstärker (Bild 12.23).

Auf Grund der extrem hohen Verstärkung des OPV ist der Übergangsbereich ΔU sehr klein (einige μV). Praktisch nimmt die Ausgangsspannung entweder den Wert $U_{a\,max} = U_{B+}$ oder $U_{a\,min} = U_{B-}$ an und zeigt damit das Vorzeichen der Differenz beider Eingangsspannungen an. Häufig begrenzt man durch zwei Dioden und zwei Vorwiderstände die Eingangsspannungsdifferenz des OPV, um sein Umschalten zu beschleunigen.

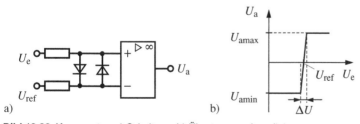

Bild 12.23 Komparator; a) Schaltung, b) Übertragungskennlinie

Schmitt-Trigger. Das ist ein Schwellwertschalter mit einer Hysterese in der Übertragungskennlinie. Die Hysterese erzeugt man durch eine Mitkopplung der Verstärkerschaltung. Die schaltungstechnische Umsetzung ist mit invertierendem und nicht invertierendem Verstärker möglich. Bild 12.24 zeigt einen solchen Schmitt-Trigger. Die beiden Schaltschwellen werden durch das Widerstandsverhältnis von R_1 und R_2 bestimmt.

Beispiel 12.4

Es ist die Breite der Hysterese des Schmitt-Triggers aus Bild 12.24 zu berechnen.

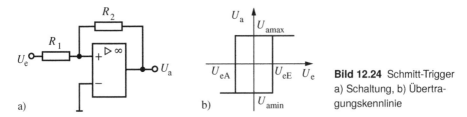

Bild 12.24 Schmitt-Trigger
a) Schaltung, b) Übertragungskennlinie

Lösung:

Zunächst befindet sich die Schaltung im Zustand $U_a = U_{a\,min}$. Ein Umschalten erfolgt bei Erhöhung der Eingangsspannung, sobald die Eingangsspannungsdifferenz U_D des OPV größer null wird. Dann gilt nach dem Spannungsteiler für die Umschaltschwelle

$$\frac{U_{R2}}{U_{R1} + U_{R2}} = \frac{-U_{a\,min}}{U_{eE} - U_{a\,min}} = \frac{R_2}{R_1 + R_2}$$

$$U_{eE} = -U_{a\,min}\frac{R_1}{R_2}$$

Befindet sich die Schaltung im Zustand $U_a = U_{a\,max}$, so ergibt sich ein Umschalten, sobald die Umschaltschwelle des OPV unterschritten wird.

$$\frac{-U_{a\,max}}{U_{eA} - U_{a\,max}} = \frac{R_2}{R_1 + R_2}$$

$$U_{eA} = -U_{a\,max}\frac{R_1}{R_2}$$

Für die Breite der Hysterese folgt dann

$$U_H = U_{eE} - U_{eA} = (U_{a\,max} - U_{a\,min})\frac{R_1}{R_2}$$

∎

Die stationäre Kennlinie besitzt wegen der Mitkopplung abrupte Übergänge zwischen den beiden Ausgangsspannungswerten. Zeitlich wird die Umschaltgeschwindigkeit der Ausgangsspannung jedoch durch die Slewrate des OPV begrenzt.

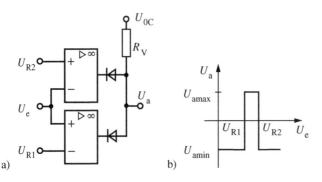

Bild 12.25 Fensterkomparator

Eine Erweiterung der einfachen Komparatoren stellt der *Fensterkomparator* dar. Dieser kann anzeigen, ob eine Eingangsspannung im Bereich zwischen zwei Referenzspannungen U_{ref1} und U_{ref2} oder außerhalb liegt. Die Schaltung ist eine Kombination von zwei einfachen Komparatoren (Bild 12.25).

◼ 12.5 Stromquellen

Stromquellen sollen einen Strom liefern, dessen Größe unabhängig von der Belastung ist, aber durch eine Steuergröße variiert werden kann. Ist die Steuergröße ein Strom, liegt eine *stromgesteuerte Stromquelle* vor. Die häufigste Schaltung für diese Aufgabenstellung ist ein Stromspiegel bzw. eine Strombank, wie sie in Abschnitt 10.4.3 behandelt wurde.

Spannungsgesteuerte Stromquellen sind leicht auf der Basis von OPV-Schaltungen zu realisieren. Zwei einfache Varianten für erdfreie Verbraucher enthält Bild 12.26. Der Verbraucher R_L liegt jeweils im Rückkoppelzweig der Verstärkerschaltung.

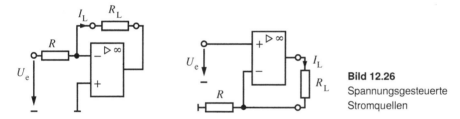

Bild 12.26
Spannungsgesteuerte
Stromquellen

Der Ausgangsstrom ergibt sich für beide Schaltungen zu

$$I_L = \frac{U_e}{R} \tag{12.21}$$

Die Qualität der Stromquelle hängt vom Ausgangswiderstand der Schaltung und vom Aussteuerbereich der Spannung über R_L ab. Beide Quellen besitzen einen Ausgangswiderstand von $r_a = R(1 + v_d)$, der durch die Differenzverstärkung v_d des OPV bestimmt wird. Damit sind Werte im Megaohm-Bereich erreichbar. Der Aussteuerbereich wird durch die Betriebsspannung des OPV begrenzt. Die zweite Schaltung in Bild 12.26 besitzt einen fast unendlich großen Eingangswiderstand, der in vielen Fällen als ideal betrachtet werden kann. Ihr Nachteil besteht in der Gleichtakt-Aussteuerung des OPV durch die Eingangsspannung. Dadurch kann sich eine zusätzliche Einschränkung des Betriebsbereichs ergeben. Eine Stromquelle für geerdete Verbraucher zeigt Bild 12.27. Diese liefert nach [13.5] mit $\alpha = R_2/R_1 = R_4/R_3$ einen Ausgangsstrom von

$$I_L \cong \frac{\alpha}{R_5}\left[\left(1 + \frac{R_5}{(1+\alpha)R_1}\right)U_2 - \left(1 + \frac{R_5}{\alpha R_1}\right)U_1\right] \tag{12.22}$$

Die beiden Eingangsspannungen wirken mit unterschiedlichen Übertragungsleitwerten auf den Ausgangsstrom. Für den Fall, dass $\alpha R_1 \gg R_5$ gilt, ist dieser Unterschied jedoch vernachlässigbar klein, und es ergibt sich

$$I_L \approx \frac{\alpha}{R_5}(U_2 - U_1) \tag{12.23}$$

Die Stromquelle kann positiven oder negativen Strom gegen Masse liefern. Ihr Ausgangswiderstand ist stark von den Widerstandstoleranzen abhängig. Für $\alpha R_1 \gg R_5$ beträgt er unter Berücksichtigung von gleichen Toleranzen $\Delta R / R$ für alle Widerstände in guter Näherung

$$r_a \approx R_5 \frac{1 + \alpha}{\alpha} \frac{R}{4 \Delta R} \tag{12.24}$$

Für den verbreiteten Anwendungsfall mit $\alpha = 1$ und $\Delta R / R = 0,5\,\%$ erreicht man $r_a = 100 \cdot R_5$. Zur Erzielung eines hohen Ausgangswiderstandes sind Widerstände mit sehr geringen Toleranzen erforderlich.

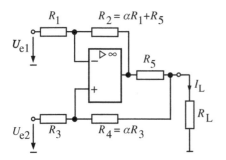

Bild 12.27 Stromquelle für geerdeten Verbraucher (Howland-Stromquelle)

Beachte: Bei den gezeigten Schaltungen wird der maximale Ausgangsstrom durch die Stromergiebigkeit des OPV begrenzt.

■ 12.6 Schaltungstechnik mit modernen Operationsverstärkern

Im Abschnitt 8.8 sind die Konzepte moderner Operationsverstärker vorgestellt. Durch diese wird der konventionelle Operationsverstärker, der einen Spannungsverstärker darstellt, um einen Stromverstärker und die beiden Wandler, Spannungs-Strom-Wandler und Strom-Spannungs-Wandler, zu einem verallgemeinerten Operationsverstärkerbegriff erweitert.

In diesem Abschnitt sollen einige Schaltungskonzepte, die aus den neuen Operationsverstärkertypen resultieren, sowie deren Vorteile vorgestellt werden.

12.6.1 VC-OPV und seine Anwendung

Die Schaltung eines Transadmittanzverstärkers (VC-OPV) unterscheidet sich nur in der Ausgangsstufe vom normalen VV-OPV. Der VC-OPV besitzt einen hochohmigen Ausgang mit Stromquellencharakteristik. Damit wird der Übertragungsleitwert Y_T zum wichtigsten Systemparameter.

Die Besonderheit besteht in der Möglichkeit, den Übertragungsleitwert durch Einspeisen eines zusätzlichen Steuerstroms in einen separaten Steuereingang zu variieren. Dies ermöglicht es, den VC-OPV ohne externe Rückkopplungsschaltung zu betreiben. Die VC-OPVs eignen sich daher bestens für den Einsatz in signalgesteuerten Verstärkerschaltungen, wie z. B. Verstärker mit automatischer Verstärkungssteuerung (AGC – Automatic Gain Controll), Modulatoren, spannungsgesteuerten Filtern, spannungsgesteuerten Oszillatoren (VCOs), Analog-Multiplexern, Phasenregelschleifen.

Zweiquadrantenmultiplizierer. Eine sich daraus ableitende typische Anwendung ist der Zweiquadrantenmultiplizierer (Bild 12.28). Dazu kann die erste Eingangsspannung U_1 direkt dem VC-OPV zugeführt werden. Dessen Ausgangsstrom $I_{a1} = Y_{T1} \cdot U_1$ wird am Lastwiderstand R_L in die Ausgangsspannung $U_a = I_{a1} \cdot R_L$ umgewandelt. Die Größe des Übertragungsleitwertes Y_T ist i. Allg. proportional vom Steuerstrom I_{St} abhängig. Dieser wiederum wird vom zweiten VC-OPV aus der Spannung U_2 gebildet. Es ergibt sich mit $I_{St1} = I_{a2} = Y_{T2} \cdot U_2$ und $Y_{T2} = k_2 \cdot I_{St2}$

$$Y_{T1} = k_1 I_{St1} = k_1 k_2 I_{St2} U_2$$

und für die Ausgangsspannung

$$U_A = R_L I_{a1} = R_L Y_{T1} U_1 = R_L k_1 k_2 I_{St2} U_1 U_2$$

Die Systemparameter k_1 und k_2 der beiden VC-OPVs sind gegebene Größen. Mit der Wahl von R_L und I_{St2} kann das Übertragungsverhalten des Multiplizierers gesteuert werden. Da die Steuerströme positive Werte aufweisen müssen, kann auch U_2 nur positiv sein, wodurch lediglich ein Zweiquadrantenmultiplizierer entsteht.

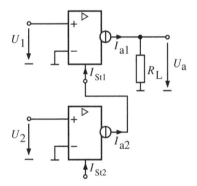

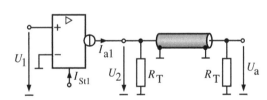

Bild 12.28 Zweiquadrantenmultiplizierer   **Bild 12.29** VC-OPV als Leitungstreiber

VC-OPV als Leitungstreiber. Ein zweites wichtiges Anwendungsgebiet der VC-OPVs ist die Nutzung als Treiber für Koaxialleitungen (Bild 12.29). Die Anpassung an den Wellenwiderstand R_W des Kabels kann wegen des sehr großen Ausgangswiderstandes des VC-OPV ($r_a \gg R_W$) durch parallele Terminierungswiderstände $R_T = R_W$ erfolgen. Der Vorteil dieser Parallelterminierung ist, dass die Ausgangsspannung des OPV nur genau so groß sein muss wie die beabsichtigte Signalspannung im Kabel. Bei der für VV-OPVs erforderlichen Serienterminierung muss der OPV die doppelte Ausgangsspannung liefern.

Im Bild 12.29 ergeben sich für Spannungen am Eingang und Ausgang des Kabels die gleichen Werte. Für die Beziehung zur Eingangsspannung U_1 der Schaltung gilt

$$U_2 = I_a(R_T \| R_W) = Y_T U_1 (R_T \| R_W)$$

12.6.2 CV-OPV als Hochfrequenz-Baublock

Die Eingangsstufe eines Transimpedanzverstärkers (CV-OPV) besteht aus einem Spannungsfolger, der die beiden Eingänge miteinander verbindet. Er sorgt für das Nachführen des N-Eingangs in Bezug auf das Potenzial des P-Eingangs (siehe Bild 8.19). Wegen des niedrigen Ausgangswiderstandes dieses Spannungsfolgers ergibt sich ein passender Strom aus dem N-Eingang heraus bzw. in entgegengesetzter Richtung, um die Kirchhoffschen Gleichungen im umgebenden Netzwerk in der geforderten Weise zu erfüllen. Dieser Strom I_N wird mit dem Übertragungswiderstand Z_T in die Ausgangsspannung U_a transformiert.

$$\underline{U}_a = \underline{Z}_T(f)\underline{I}_N \tag{12.25}$$

Der Übertragungswiderstand Z_T eines CV-OPV weist eine Frequenzabhängigkeit der Form

$$\underline{Z}_T(f) = \frac{Z_0}{1 + j\dfrac{f}{f_g}} \tag{12.26}$$

auf, in der f_g die Grenzfrequenz des komplexen Übertragungswiderstandes $\underline{Z}_T$ darstellt (siehe Bild 12.30b).

Nicht invertierender Verstärker mit CV-OPV. Der CV-OPV kann in vergleichbarer Art eines VV-OPV in einer nicht invertierenden Verstärkerschaltung eingesetzt werden (siehe Bild 12.30a). Für den Knoten am N-Eingang gilt dann die Beziehung $I_N + I_{R1} = I_{R2}$. Durch Einsetzen der Spannungen ergibt sich

$$I_N = \frac{U_N}{R_2} - \frac{U_a - U_N}{R_1} \tag{12.27}$$

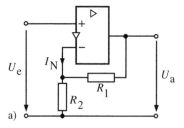
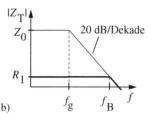

a)   b)

Bild 12.30 a) Nicht invertierender Verstärker mit CV-OPV, b) Frequenzgang des Übertragungswiderstandes eines CV-OPV ohne bzw. mit Gegenkopplung

Mit $U_N = U_P = U_e$ und den Gln. (12.25) und (12.26) lässt sich die Beziehung nach der Spannungsverstärkung der Schaltung auflösen.

$$\underline{V}_u(f) = \frac{\underline{U}_a}{\underline{U}_e} = \frac{1 + \dfrac{R_1}{R_2}}{1 + \dfrac{R_1}{\underline{Z}_T(f)}} = \frac{1 + \dfrac{R_1}{R_2}}{1 + \dfrac{R_1}{Z_0}\left(1 + j\dfrac{f}{f_g}\right)} \tag{12.28}$$

Gewöhnlich ist die Näherung $R_1 \ll Z_0$ sehr gut erfüllt, sodass sich

$$\underline{V}_u(f) = \frac{1 + \dfrac{R_1}{R_2}}{\left(1 + j\dfrac{f}{f_B}\right)} \tag{12.29}$$

mit

$$f_\text{B} = \frac{Z_0}{R_1} f_\text{g} \qquad (12.30)$$

schreiben lässt. Darin repräsentiert f_B die Grenzfrequenz der rückgekoppelten Verstärkerschaltung. Die grafische Veranschaulichung des Zusammenhangs von f_g und f_B ist in Bild 12.30b zu sehen.

Vorteile und weitere Anwendungen. Hervorzuheben ist die Tatsache, dass nach Gl. (12.30) die Bandbreite f_B des Verstärkers nur von R_1 und natürlich den Eigenschaften des CV-OPV Z_0 und f_g abhängt. Durch Variation des Widerstandes R_2 lässt sich entsprechend Gl. (12.29) die Niederfrequenzverstärkung V_u0 verändern, ohne die Bandbreite f_B zu beeinflussen. Die unabhängige Einstellmöglichkeit von Bandbreite und Verstärkung ist der entscheidende Vorteil gegenüber einem Verstärker auf Basis eines VV-OPV. Dort ist das Produkt aus Verstärkung und Bandbreite konstant $V_\text{u} \cdot f_\text{B} = f_\text{T} = \text{konst.}$ (siehe Abschnitt 11.3.5) und damit die Bandbreite umgekehrt proportional zur Verstärkung. Bild 12.31 verdeutlicht den Unterschied.

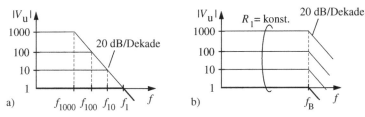

Bild 12.31 Vergleich des Verstärkungs-Bandbreiten-Produktes von Verstärkern mit VV-OPV (a) und CV-OPV (b)

Bei einem Spannungsverstärker mit CV-OPV wird durch die Wahl des Widerstandes R_1 die Bandbreite f_B festgelegt. Bei entsprechend kleinem Wert von R_1 ergibt sich nach Gl. (12.30) ein sehr hoher Wert für f_B. Dadurch eignen sich CV-OPVs insbesondere zur Realisierung von HF-Verstärkern. Eine praktische Grenze ist jedoch durch die Strombelastung des Verstärkerausgangs, die von den Widerständen des Rückkoppelnetzwerkes verursacht wird, gegeben. Der maximale Strom im Rückkoppelnetzwerk beträgt $I_\text{R1 max} = U_\text{a max}/(R_1 + R_2)$. Den muss der OPV „mühelos" liefern können. Mit Widerständen im Kiloohmbereich sind jedoch Bandbreiten von einigen hundert MHz kein Problem.

Mit CV-OPVs können auch invertierende Verstärkerschaltungen aufgebaut werden, wie sie von den VV-OPVs bekannt sind. Es gelten dann die gleichen Vorteile bezüglich der Bandbreite, wie sie für den nicht invertierenden Verstärker ausgeführt wurden.

Vermieden werden muss jedoch eine kapazitive Rückkopplung. Diese führt zur Instabilität des Verstärkers. Damit ist das klassische Prinzip zur Realisierung eines Integrators (siehe Abschnitt 12.2.4) hier nicht anwendbar. Auch parasitäre Kapazitäten im Rückkoppelpfad sind zu vermeiden. Aus diesem Grund ist bei einigen Typen ein Rückkoppelwiderstand R_1 bereits mit integriert, sodass dieser nur noch extern mit dem Ausgang verbunden werden muss.

12.6.3 CC-OPV und seine Anwendung als idealer Transistor

Die Eingangsstufe eines CC-OPV unterscheidet sich nicht von der eines CV-OPVs (siehe Abschnitt 8.8). Der aus dem N-Eingang fließende Strom wird durch den zwischen beiden Eingängen liegenden Spannungsfolger gesteuert. Dieser Strom I_N wird im OPV um den Stromverstärkungsfaktor V_I verstärkt in den Ausgangsstrom übertragen. Besonders interessant sind die CC-OPVs, bei denen die Stromverstärkung den Wert $V_I = 1$ aufweist. Diese lassen sich wie ein idealer Transistor betrachten. Die Firma Burr-Brown hat für ihre Verstärker deshalb den Namen Diamond-Transistor geprägt.

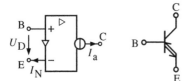

Bild 12.32 Schaltsymbol eines Diamond-Transistors

Mit dem Schaltsymbol aus Bild 12.32 lassen sich dann auch die Schaltungsanwendungen des CC-OPV leichter verstehen, wenn man die Transistordenkweise gewohnt ist. Die Idealisierung gegenüber dem normalen Transistor besteht darin, dass die Arbeitspunktspannung $U_{BE0} = 0\,\mathrm{V}$ durch die verstärkerinterne Arbeitspunkteinstellung vorgegeben ist und der Basisstrom I_B bedingt durch den Spannungsfolger am P-Eingang null ist. Die Steuerung des Kollektor- und Emitterstromes, die beide den gleichen Betrag und die gleiche Richtung aufweisen, erfolgt ausschließlich durch die Basis-Emitter-Spannung. Bei positivem U_{BE} fließen I_C und I_E auswärts, bei negativem U_{BE} einwärts.

In den meisten Anwendungen wird der CC-OPV demzufolge wie ein Transistor mit Stromgegenkopplung betrieben. Es sind auch die typischen Verstärkerschaltungen eines Transistors für den Diamond-Transistor gebräuchlich, wie Emitterschaltung, Basisschaltung und Kollektorschaltung. Da jedoch keine zusätzlichen Bauelemente zur Arbeitspunkteinstellung nötig sind, vereinfachen sich die Schaltungen erheblich (siehe Bild 12.33).

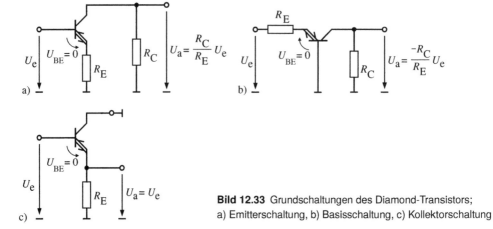

Bild 12.33 Grundschaltungen des Diamond-Transistors; a) Emitterschaltung, b) Basisschaltung, c) Kollektorschaltung

Ein wichtiger Unterschied zu den normalen Transistorschaltungen ist das veränderte Vorzeichen der Spannungsverstärkung, das sowohl bei der Emitterschaltung als auch bei der Basisschaltung auftritt und aus der umgekehrten Stromrichtung am Kollektor resultiert.

Nicht mehr ganz so einfach sind die Betrachtungen bei CC-OPVs, deren Stromverstärkung größer als eins ist, aber prinzipiell auch noch übertragbar. Bei Schaltungen mit Spannungsrückkopplung ist es jedoch besser, das CC-OPV-Symbol für die Schaltungsanalyse zu benutzen. Die durch den Ausgangsstrom am Lastwiderstand verursachte Ausgangsspannung bildet dann die Bezugsgröße für die Signalrückkopplung. Es ergeben sich vergleichbare Schaltungen wie beim CV-OPV, und die Berechnungen erfolgen ähnlich.

◼ 12.7 Elektronische Regler

Ein Regelkreis dient der gezielten Heranführung einer physikalischen Größe Y an einen vorgegebenen Sollwert (Führungsgröße X_F). Dazu wird aus einer bestehenden Abweichung der Regelgröße Y vom Sollwert X_F (Regelabweichung $X_F - Y$) durch einen *Regler* in geeigneter Weise eine Stellgröße Y_R abgeleitet, mit der die Abweichung dann korrigiert werden kann. Auch dem Einfluss einer vorhandenen Störgröße X_S wird dadurch entgegengewirkt. Dabei sollten Regelstrecke G_S und Regler G_R eine Rückkoppelschleife mit stabiler Gegenkopplung bilden (Bild 12.34).

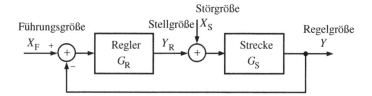

Bild 12.34 Blockschaltbild eines Regelkreises

Zur Analyse des Verhaltens eines Regelkreises dienen Betrachtungen im Zeitbereich (Analyse des Einschwingverhaltens) und Betrachtungen im Frequenzbereich (Analyse des eingeschwungenen Zustandes und der Stabilität). Zur Bewertung geeigneter Regler soll hier nur von Betrachtungen im Frequenzbereich Gebrauch gemacht werden.

Für die Regelgröße Y kann aus dem Blockschaltbild des Regelkreises nach Bild 12.34 unter Nutzung der komplexen Übertragungsfunktionen der Baublöcke die folgende Beziehung abgelesen werden:

$$Y(j\omega) = \frac{G_R(j\omega)\,G_S(j\omega)}{1 + G_R(j\omega)\,G_S(j\omega)} X_F(j\omega) + \frac{G_S(j\omega)}{1 + G_R(j\omega)\,G_S(j\omega)} X_S(j\omega) \qquad (12.31)$$

Um die Regelabweichung $X_F - Y$ zu minimieren, wäre eine möglichst große Verstärkung innerhalb der Rückkoppelschleife $G_R \cdot G_S$ erforderlich. Aufgrund von frequenzabhängigen Phasenverschiebungen innerhalb der Regelstrecke und des Reglers kann es jedoch zur Mitkopplungsgefahr und damit zum Schwingen des Systems kommen (siehe Abschnitt 11.5). Um dies zu verhindern muss die Schleifenverstärkung $G_R \cdot G_S$ begrenzt werden.

Ziel der Gestaltung eines Regelkreises ist es, dieses rückgekoppelte System so zu gestalten, dass trotz der Schwinggefahr eine möglichst kleine stationäre Regelabweichung und ein gutes Einschwingverhalten erzielt werden [12.1].

Zur Minimierung der stationären Regelabweichung und Kompensation von stabilitätsgefährdenden Phasenverschiebungen innerhalb der Regelschleife werden Regler mit gezielt gestaltetem Phasenfrequenzgang eingesetzt.

12.7.1 P-Regler

Ein *Proportional-Regler* (Abkürzung: *P-Regler*) entspricht einem einfachen linearen Verstärker mit der Verstärkung K_P.

$$G_P(\omega) = K_P \tag{12.32}$$

Er kann eingesetzt werden, wenn in der Regelschleife nur kleine Phasenverschiebungen auftreten, sodass keine Schwinggefahr besteht.

Die Schaltung eines P-Reglers entspricht im einfachsten Fall einem nicht invertierenden bzw. invertierenden Verstärker entsprechend Abschnitt 12.1.

Beträgt die Phasenverschiebung der Regelschleife für eine bestimmte Frequenz gerade $360°$, besteht für diese Frequenz Mitkopplung. Entsprechend dem Stabilitätskriterium von Nyquist (Stabilität rückgekoppelter Verstärker) muss in Anwendung der Erkenntnisse von Abschnitt 11.5 die Verstärkung des Reglers dann so eingestellt werden, dass der Betrag der Schleifenverstärkung $G_{RS}(j\omega) = G_R(j\omega)G_S(j\omega)$ für diese Frequenz kleiner als 1 wird. Für eine möglichst kurze Einschwingzeit bei sprunghafter Änderung der Störgröße ist zusätzlich eine Phasenreserve von $\varphi_R = 45°...60°$ einzuhalten.

Bei Einsatz eines P-Reglers führt die sich aus der Stabilitätssicherung ergebende Begrenzung der Schleifenverstärkung in der Regel zu einer Verschlechterung der stationären Regelabweichung $X_F - Y$. Dies ist zumindest dann so, wenn die Regelstrecke Tiefpassverhalten besitzt. Die relative stationäre Regelabweichung entspricht nach Gl. (12.33) näherungsweise dem Kehrwert der Schleifenverstärkung bei $\omega = 0$.

$$\left.\frac{X_F(j\omega) - Y(j\omega)}{X_F(j\omega)}\right|_{\omega=0} = 1 - \frac{G_R(0)G_S(0)}{1 + G_R(0)G_S(0)} = \frac{1}{1 + G_R(0)G_S(0)} = \frac{1}{1 + G_{RS}(0)}$$

$$\approx \frac{1}{G_{RS}(0)} \tag{12.33}$$

12.7.2 PI-Regler

Ziel des Entwurfs von Regelkreisen ist gewöhnlich eine stationäre Regelabweichung $X_F(0) - Y(0) = 0$. Eine Verbesserung der stationären Regelabweichung unter Beibehaltung der Phasenreserve der Regelschleife kann erreicht werden, wenn der P-Regler durch einen Proportional-Integral-Regler (Abkürzung: *PI-Regler*) ersetzt wird. In Bild 12.35 sind das Blockschaltbild und der idealisierte Frequenzgang dargestellt. Die Übertragungsfunktion lautet

$$G_{PI}(\omega) = K_P + \frac{1}{j\omega\tau_I} = K_P \left(1 + \frac{1}{j\omega\tau_I K_P}\right) = K_P \left(1 + \frac{1}{j\dfrac{\omega}{\omega_{PI}}}\right) \tag{12.34}$$

Die Grenze zwischen dem proportionalen und dem integralen Verlauf der Übertragungsfunktion liegt bei $\omega_{PI} = 1/(\tau_I K_P)$.

Im für die kritische Frequenz ω_k der Regelschleife charakteristischen Frequenzbereich $\omega \approx \omega_k \gg \omega_{PI}$ wird die Schleifenverstärkung vom Proportionalterm bestimmt. Für diesen gelten die Stabilitätsüberlegungen des P-Reglers.

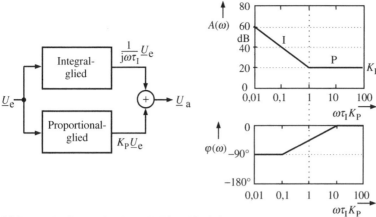

Bild 12.35 PI-Regler, Blockschaltbild und Bodediagramm

Die stationäre Regelabweichung ergibt sich unter dem Einfluss des Integralterms mit $\lim_{\omega \to 0} |\underline{G}_{PI}(\omega)| = \infty$ zu null.

Eine Schaltungsrealisierung auf Basis des Blockschaltbildes ergibt sich unter Verwendung eines invertierenden Proportionalverstärkers nach Bild 12.3, eines Integrators nach Bild 12.15, der auch eine invertierende Übertragungseigenschaft besitzt, und eines Addierers nach Bild 12.5 mit ebenfalls invertierender Eigenschaft.

Eine einfachere Schaltung mit der gleichen Funktionalität zeigt Bild 12.36. Deren Übertragungsfunktion lautet

$$G_{PI} = -K_P \left(1 + \frac{1}{j \omega \tau_I K_P} \right) \quad \text{mit} \quad K_P = \frac{R_2}{R_1}, \tau_I = C_I R_1 \tag{12.35}$$

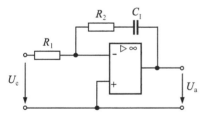

Bild 12.36 Schaltung eines PI-Reglers

12.7.3 PID-Regler

Ein *PID-Regler* enthält gegenüber dem PI-Regler eine Erweiterung um ein Differenzierglied. Blockschaltbild und Frequenzgang der Übertragungsfunktion zeigt Bild 12.37. Die Übertragungsfunktion lautet

$$G_{PID} = - \left(K_P + \frac{1}{j \omega \tau_I} + j \omega \tau_D \right) = -K_P \left(1 + \frac{1}{j \omega \tau_I K_P} + j \omega \frac{\tau_D}{K_P} \right)$$

$$= -K_P \left(1 + \frac{1}{j \omega \tau_{PI}} + j \omega \tau_{PD} \right) \tag{12.36}$$

Die Knickfrequenzen $\omega_{\mathrm{PI}} = 1/(\tau_{\mathrm{I}} K_{\mathrm{P}})$ und $\omega_{\mathrm{PD}} = K_{\mathrm{P}}/\tau_{\mathrm{D}}$ begrenzen den Proportionalbereich der Übertragungsfunktion.

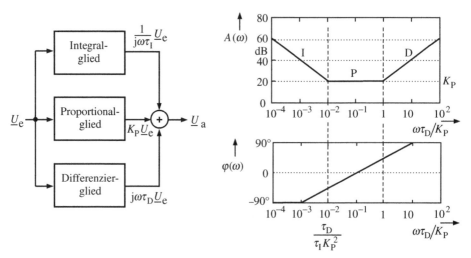

Bild 12.37 PID-Regler, Blockschaltbild und Bodediagramm

Die positive Phasenverschiebung des Differenziergliedes bei höheren Frequenzen wirkt der negativen Phasenverschiebung einer Regelstrecke mit Tiefpasscharakteristik entgegen. Wählt man $\omega_{\mathrm{PD}} \approx \omega_{\mathrm{k}}$, wirkt sich das verbessernd auf die Phasenreserve der Regelschleife aus. Infolgedessen kann die Knickfrequenz ω_{PI} zu höheren Werten verschoben werden, ohne die Stabilität der Regelschleife zu gefährden. Ein größeres ω_{PI} ermöglicht auch eine kleinere Zeitkonstante des Integrators τ_{I} und somit eine Verkürzung der Einstellzeit des Integrators.

Eine Realisierung des Differenziergliedes im Blockschaltbild des PID-Reglers (Bild 12.37) kann mit der Schaltung aus Bild 12.9 erfolgen.

Eine alternative minimale Schaltungsrealisierung zeigt Bild 12.38. Ihre Übertragungsfunktion beträgt

$$\begin{aligned}
G_{\mathrm{PID}} &= -\left(\frac{R_2}{R_1} + \frac{C_{\mathrm{D}}}{C_{\mathrm{I}}} + \frac{1}{\mathrm{j}\omega C_{\mathrm{I}} R_1} + \mathrm{j}\omega C_{\mathrm{D}} R_2\right) \\
&= -K_{\mathrm{P}}\left(1 + \frac{1}{\mathrm{j}\omega C_{\mathrm{I}} R_1 K_{\mathrm{P}}} + \mathrm{j}\omega C_{\mathrm{D}} R_2 \frac{1}{K_{\mathrm{P}}}\right)
\end{aligned} \tag{12.37}$$

Die beiden Knickfrequenzen ergeben sich zu $\omega_{\mathrm{PI}} = 1/(C_{\mathrm{I}} R_1 K_{\mathrm{P}})$ und $\omega_{\mathrm{PD}} = K_{\mathrm{P}}/C_{\mathrm{D}} R_2$ mit $K_{\mathrm{P}} = R_2/R_1 + C_{\mathrm{D}}/C_{\mathrm{I}}$.

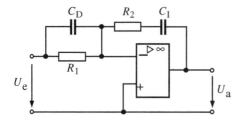

Bild 12.38 Schaltung eines einfachen PID-Reglers

Ziel der Dimensionierung eines Regelkreises und damit des eingesetzten Reglers ist ein gutes Führungsverhalten

$$\frac{\mathrm{d}Y}{\mathrm{d}X_\mathrm{F}} = \frac{G_\mathrm{R}G_\mathrm{S}}{1 + G_\mathrm{R}G_\mathrm{S}} \to 1, \qquad \text{d.\,h. } G_\mathrm{R}G_\mathrm{S} \gg 1$$

und damit eine möglichst hohe Schleifenverstärkung $G_\mathrm{RS} = G_\mathrm{R}G_\mathrm{S}$ sowie ein gutes Störverhalten

$$\frac{\mathrm{d}Y}{\mathrm{d}X_\mathrm{S}} = \frac{G_\mathrm{S}}{1 + G_\mathrm{R}G_\mathrm{S}} \to 0, \qquad \text{d.\,h. } G_\mathrm{R}G_\mathrm{S} \gg 1 \text{ und } G_\mathrm{R} \gg 1$$

Dies erfordert eine möglichst hohe Proportionalverstärkung K_P des Reglers. Gleichzeitig muss eine ausreichende Phasenreserve garantiert werden, z. B. $\varphi_\mathrm{R} = 60^\circ$.

Die Zeitkonstanten der Integral- und Differenzialanteile $\tau_\mathrm{PI} = 1/\omega_\mathrm{PI}$ und $\tau_\mathrm{PD} = 1/\omega_\mathrm{PD}$ des Reglers bestimmen darüber hinaus das Einschwingverhalten des Regelkreises in Form des Überschwingens und der Einschwingzeit bei auftretenden Führung- bzw. Störgrößenänderungen. Diese Werte geeignet festzulegen, ist eine typische Aufgabe der Regelungstechnik.

Bild 12.39 zeigt beispielhaft den Frequenzgang einer offenen Regelschleife GRS bei Tiefpass-Charakteristik 3. Ordnung der Regelstrecke G_S unter dem Einfluss eines PID-Reglers (a) bzw. eines PI-Reglers (b). Bei der kritischen Frequenz ω_k beträgt die Phasenreserve 60°. Bei dieser Frequenz muss die optimale Verstärkung der Regelschleife den Wert $|G_\mathrm{RS}(\omega_\mathrm{k})| = 1$ annehmen. Daraus ergibt sich für die Proportionalverstärkung des Reglers der maximal zulässige Wert $K_\mathrm{P} = |G_\mathrm{R}(\omega_\mathrm{k})| = 1/|G_\mathrm{S}(\omega_\mathrm{k})|$. Es ist zu erkennen, dass die Wirkung des differenzierenden Anteils im PID-Regler eine deutlich höhere Proportionalverstärkung K_P zulässt.

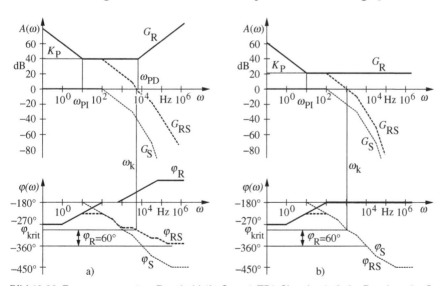

Bild 12.39 Frequenzgang einer Regelschleife G_RS mit TP3-Charakteristik der Regelstrecke G_S und PID-Regler (a) bzw. PI-Regler (b)

■ 12.8   Aufgaben

Aufgabe 12.1
a) Ein invertierender Verstärker ist für eine Verstärkung von $v = 30$ dB und einen Eingangswiderstand von $r_e = 5$ kΩ zu dimensionieren.

b) Erweitern Sie die Schaltung, um den Einfluss von Biasströmen (Eingangsruheströmen) des Operationsverstärkers zu kompensieren.

Aufgabe 12.2
Für die schaltungstechnische Realisierung der Funktionen Quadrieren und Radizieren ist ein Schaltungskonzept (Blockschaltbild) zu entwickeln.

Aufgabe 12.3
Die Verstärkerschaltung aus Bild 12.6 wird als Messverstärker benutzt. Es sind die Differenzverstärkung v_d und die Gleichtaktverstärkung v_{gl} abzuleiten, wenn die Toleranz der Widerstände 1 % beträgt.

Aufgabe 12.4
Gegeben sei die spannungsgesteuerte Stromquelle in Bild 12.26a.

a) Es ist die allgemeine Beziehung für den Ausgangsstrom zu berechnen, wenn der Operationsverstärker eine endlich große Verstärkung v besitzt.

b) Welche Beziehung ergibt sich für den Ausgangsstrom, wenn die Verstärkung unendlich, aber die Eingangsruheströme I_N und I_P des OPV verschieden von null sind?

c) Wie kann die in b) entstehende Abweichung vom Idealwert kompensiert werden?

Aufgabe 12.5
Gegeben ist eine stromgesteuerte Konstantstromquelle für $I_a = 1$ A entsprechend Bild 12.40 mit den Transistorparametern $B_N = 150$, $U_{BE0} = 0{,}65$ V, $U_{CES} = 0{,}3$ V und einem idealen OPV.

a) Die Abhängigkeit des Ausgangsstroms I_a vom Eingangsstrom I_e ist allgemein und zahlenmäßig für $R = 200 \cdot R_1 = 250$ Ω zu bestimmen.

b) Welchen Wert darf die Ausgangsspannung U_a nicht unterschreiten, um die Konstanz des Ausgangsstromes nicht zu gefährden?

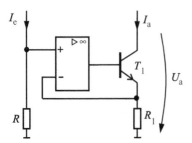

Bild 12.40 Stromgesteuerte Konstantstromquelle

Aufgabe 12.6
Es ist der Einfluss der Eingangsruheströme des Operationsverstärkers auf die Funktion der Schaltungen aus Bild 12.9 und Bild 12.15 zu untersuchen und eine evtl. notwendige Schaltungserweiterung vorzuschlagen.

13 Filterschaltungen

Filter sind Schaltungen mit frequenzabhängiger Übertragungsfunktion. Sie werden genutzt, um bestimmte Frequenzanteile von Signalgemischen gezielt hervorzuheben oder zu unterdrücken. Sie werden eingeteilt in

- Tiefpässe,
- Hochpässe,
- Bandpässe,
- Bandsperren.

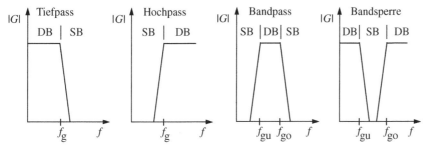

Bild 13.1 Übertragungsverhalten verschiedener Filtertypen

Ihre Übertragungsfunktion lässt sich in Durchlassbereiche (DB) und Sperrbereiche (SB) unterteilen. Die Grenze zwischen Durchlass- und Sperrbereich heißt Grenzfrequenz. Bei ihr ist der Betrag der Übertragungsfunktion auf das $1/\sqrt{2}$-fache (-3 dB) gegenüber dem Durchlassbereich abgefallen. Im Sperrbereich sinkt die Betragsfunktion in Abhängigkeit von der Frequenz mit $n \cdot 20$ dB/Dekade. Dabei gibt n die Ordnung des Filters an.

Daraus resultiert eine Charakterisierung des Verlaufs der Übertragungsfunktion eines Filters durch drei Eigenschaften:

- Übertragungsfaktor im Durchlassbereich,
- Angabe der Steilheit des Betragsverlaufs der Übertragungsfunktion im Sperrbereich (Verlauf der Sperrdämpfung),
- Grenzfrequenz.

■ 13.1 Filtereigenschaften und Kennwerte

Zur anschaulichen Beschreibung des Übertragungsverhaltens werden der Betrag der Übertragungsfunktion $\underline{G}(f)$ (Amplitudenfrequenzgang) und die Phasenverschiebung $\varphi(f)$ (Phasenfrequenzgang) in Abhängigkeit von der Frequenz dargestellt.

Amplitudenfrequenzgang

$$|\underline{G}(f)| = \sqrt{\text{Re}\,\{\underline{G}(f)\}^2 + \text{Im}\,\{\underline{G}(f)\}^2} \qquad (13.1)$$

Davon abgeleitet sind die logarithmierten Darstellungen in Form des Verstärkungsmaßes $A(f)$ und des Dämpfungsmaßes $a(f)$ üblich. Sie beinhalten gewöhnlich eine Normierung auf den Amplitudenwert im Durchlassbereich des Filters G_{DB}.

Verstärkungsmaß: $A(f) = 20 \cdot \log \dfrac{|G(f)|}{|G_{\text{DB}}|}$

Dämpfungsmaß: $a(f) = -20 \cdot \log \dfrac{|G(f)|}{|G_{\text{DB}}|}$

Die Angabe beider Größen erfolgt in Dezibel.

Phasenfrequenzgang

$$|\varphi(f)| = \arg\left(\underline{G}(f)\right) = \arctan \frac{Im\,\{\underline{G}(f)\}}{Re\,\{\underline{G}(f)\}} \qquad (13.2)$$

Ist der Amplitudenfrequenzgang eines Systems konstant, dann ist die Amplitudenbedingung für Verzerrungsfreiheit des Übertragungsverhaltens erfüllt.

Zur Bewertung des Phasenfrequenzgangs dienen zwei weitere wichtige Größen, die Phasenlaufzeit $T_{\text{p}}(f)$ und die Gruppenlaufzeit $T_{\text{g}}(f)$ eines Systems.

Phasenlaufzeit

$$\left|T_{\text{p}}(f)\right| = -\frac{\varphi(f)}{2\pi f} \qquad (13.3)$$

Die Phasenlaufzeit gibt die Phasenverschiebung zwischen Eingangs- und Ausgangssignal normiert auf die Kreisfrequenz des Signals an. Dies stellt die Verzögerung eines Signals einer bestimmten Frequenz innerhalb des Systems dar. Ist $T_{\text{p}}(f)$ eines Systems konstant, dann ist die Phasenbedingung für Verzerrungsfreiheit erfüllt. Bei nicht konstanter Phasenlaufzeit entstehen *Phasengangverzerrungen* bei der Signalübertragung.

Gruppenlaufzeit

$$\left|T_{\text{g}}(f)\right| = -\frac{1}{2\pi}\frac{\mathrm{d}\varphi(f)}{\mathrm{d}f} \qquad (13.4)$$

Die Gruppenlaufzeit gibt an, mit welcher Zeitverzögerung eine Gruppe signaltragender Frequenzen eines Bandpasssignals, z. B. eines modulierten Signals, durch das Filter hindurch läuft. Liegt für das gesamte Frequenzband eines modulierten Signals eine konstante Gruppenlaufzeit vor, so ist ein solches System für das Bandpasssignal (im eingeschränkten Maße) verzerrungsfrei bezüglich des Phasengangs. Eine ausführliche systemtheoretische Ableitung dieser Zusammenhänge findet sich in [13.1].

Eine verzerrungsfreie Signalübertragung ergibt sich nur dann, wenn im System keine Amplituden- und Phasenverzerrungen auftreten. In dieser generellen Form erfüllen nur sehr wenige Systeme die Anforderungen. Für Filterschaltungen ist es meist ausreichend, wenn diese Forderungen im eingeschränkten Durchlassbereich des Filters erfüllt sind und die Signale im Sperrbereich ausreichend stark gedämpft werden, sodass sie im Ausgangssignal keine störenden Auswirkungen mehr haben.

In grafischen Darstellungen werden Amplituden- und Phasenfrequenzgang sowie Phasen- und Gruppenlaufzeit meist über der auf die Grenzfrequenz des Filters normierten Frequenz f/f_g aufgetragen. Die Werte von Phasen- und Gruppenlaufzeit werden in vielen Fällen auf den Kehrwert der Grenzfrequenz normiert, z. B. $T'_p = T_p \cdot f_g$.

Filtertoleranzschema. In vielen Fällen wird der gewünschte Verlauf des Amplitudenfrequenzgangs eines Filters durch ein Toleranzschema beschrieben (siehe Bild 13.2). Darin ist der Durchlassbereich des Filters mit den Kenngrößen

- G_0 Übertragungsfaktor im Durchlassbereich
- δ_D Welligkeit im Durchlassbereich
- f_D Grenzfrequenz des Durchlassbereichs

und der Sperrbereich des Filters mit den Kenngrößen

- δ_S Welligkeit im Sperrbereich
- f_S Grenzfrequenz des Sperrbereichs

beschrieben. Daraus lassen sich die folgenden Größen ableiten:
- minimale Sperrdämpfung
  $a_{S\,min} = -20 \cdot \log(\delta_S)$
- maximale Durchlassdämpfung
  $a_{D\,max} = -20 \cdot \log(G_0 - \delta_D)$
- maximale Durchlassverstärkung
  $A_{D\,max} = 20 \cdot \log(G_0 + \delta_D)$

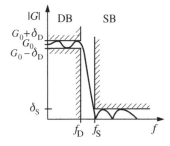

Bild 13.2 Toleranzschema eines Tiefpassfilters

Filterapproximationen

Sollen die im Bild 13.1 gezeigten Filterkurven (Betragsverlauf der Übertragungsfunktion) durch elektronische Schaltungen realisiert werden, dann müssen, abweichend von den idealisierten, stückweise linearen Verläufen, kontinuierliche Kurvenverläufe entstehen.

Die Realisierung der entsprechenden Schaltung kann durch passive Filter, bestehend aus R, L und C, oder durch aktive Filter, bestehend aus R, C und Operationsverstärkern, erfolgen. Typische Beispiele für einen Tiefpass und einen Hochpass 1. Ordnung sind einfache RC-Glieder (siehe Abschnitt 2.5). Sie weisen einen Dämpfungsverlauf mit 20 dB/Dekade auf.

Die bedeutsamsten, praktisch realisierbaren Übertragungsfunktionen von Filtern 2. und höherer Ordnung wurden bereits in zahlreichen Literaturstellen hergeleitet und in ihrem Verhalten untersucht. Sie sollen hier nur genannt und am Beispiel einer Tiefpasscharakteristik kurz illustriert werden. Diese Übertragungsfunktionen stellen optimierte Approximationen an eine ideale Filtercharakteristik dar [13.2]. Entsprechend ihrer Vor- bzw. Nachteile ist für jede Aufgabenstellung die jeweils am besten passende auszuwählen.

Butterworthfilter. Die Butterworth-Approximation besitzt einen maximal flachen Betragsverlauf der Übertragungsfunktion (Amplitudenfrequenzgang) im Durchlassbereich. Dadurch bleiben die Signalamplituden der zu übertragenden Signale fast unverfälscht. Der Übergang in den Sperrbereich erfolgt jedoch relativ allmählich.

Tschebyschefffilter. Sie weisen oberhalb der Grenzfrequenz einen sehr steilen Übergang des Amplitudenfrequenzgangs in den Sperrbereich auf. Der Übergang zwischen Durchlass- und Sperrbereich ist hier am schmalsten. Dafür tritt bei ihnen eine definierte, nicht zu vermeidende Welligkeit des Amplitudenfrequenzgangs im Durchlassbereich auf, die zu unerwünschten Signalbeeinflussungen führen kann. Die Anzahl der Extrema, die mit dieser Welligkeit verbunden ist, entspricht der Ordnung des Filters.

Besselfilter. Ihr Vorteil liegt in der fast konstanten Gruppenlaufzeit der Signale innerhalb des Frequenzspektrums des Durchlassbereichs. Dies bedeutet, dass alle Spektralanteile der übertragenen Signale die gleiche zeitliche Verzögerung erfahren und somit keine bzw. nur geringe Laufzeitverzerrungen entstehen. Sie besitzen allerdings den flachsten Übergang zwischen Durchlass- und Sperrbereich. Sie sind auch unter dem Namen Thomson-Filter [13.3] bekannt.

Inverse Tschebyschefffilter. Bei den inversen Tschebyschefffiltern ist die Welligkeit des Amplitudenfrequenzgangs in den Sperrbereich verlegt. Der Amplitudenfrequenzgang im Sperrbereich zeichnet sich durch Nullstellen aus. Für die Signalfrequenzen, bei denen diese Nullstellen liegen, tritt eine ideale Unterdrückung auf. Als Folge leidet die Sperrdämpfung bei bestimmten anderen Frequenzen. Die Anzahl der Extrema, die mit dieser Welligkeit im Sperrbereich verbunden ist, entspricht der Ordnung des Filters.

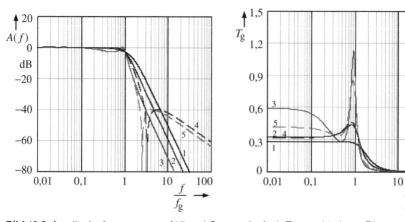

Bild 13.3 Amplitudenfrequenzgang $A(f)$ und Gruppenlaufzeit T_g verschiedener Filterapproximationen (Tiefpass 3. Ordnung), 1 Bessel, 2 Butterworth, 3 Tschebyscheff, 4 invers Tschebyscheff, 5 Cauer

Elliptische Filter (Cauerfilter) weisen diese Welligkeit des Amplitudenfrequenzgangs im Durchlass- und im Sperrbereich auf. Dafür verfügen sie über den steilsten Übergang zwischen Durchlass- und Sperrbereich.

Filterrealisierung mittels Operationsverstärkerschaltungen

Die Nutzung von Operationsverstärkerschaltungen ermöglicht eine Realisierung von Filterfunktionen mit beliebiger Ordnung und Lage der Pol- und Nullstellen der Übertragungsfunktionen, ohne auf die Verwendung von Induktivitäten angewiesen zu sein. Dies ist besonders

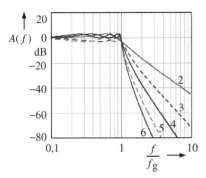

Bild 13.4 Amplitudenfrequenzgang von Tschebyscheff-Tiefpässen verschiedener Ordnung

bei niedrigen Grenzfrequenzen von Vorteil, da die Realisierung großer Induktivitäten sehr material- und platzaufwendig ist.

In der analogen Schaltungstechnik sind zwei Filterrealisierungen von besonderer Bedeutung. Die aktiven RC-Filter gehören zu den wichtigen Baugruppen der wert- und zeitkontinuierlichen Signalverarbeitung, also der reinen Analogtechnik. Mit RC-Gliedern beschaltete Operationsverstärkerschaltungen bilden ihre schaltungstechnische Basis. In den SC-Filtern (Swiched Capacitor Filter) werden die Widerstände durch Schalter ersetzt. Diese Schalter-Kondensator-Filter werden hauptsächlich in integrierter Form in CMOS-Technik angewendet. Sie erlauben eine wertkontinuierliche und zeitdiskrete Signalverarbeitung. Man spricht deshalb auch von *Abtastfiltern*.

Die drei ersten der oben aufgeführten Filterapproximationen (Bessel, Butterworth, Tschebyscheff) führen auf eine Übertragungsfunktion mit frequenzunabhängigem Zählerpolynom. Dabei steht n für die Filterordnung und p ist die Laplacevariable ($p = \mathrm{j}\omega$).

$$G(p) = \frac{1}{N(p)} = \frac{1}{a_0 + a_1 p + a_2 p^2 + \ldots + a_n p^n} \tag{13.5}$$

Die beiden letztgenannten Approximationen (invers Tschebyscheff, Cauer) basieren auf elliptischen Funktionen. In deren Übertragungsfunktion tritt ein frequenzabhängiges Zählerpolynom auf, das Nullstellen im Sperrbereich bewirkt.

$$G(p) = \frac{Z(p)}{N(p)} = \frac{b_0 + b_1 p + b_2 p^2 + \ldots + b_m p^m}{a_0 + a_1 p + a_2 p^2 + \ldots + a_n p^n} \tag{13.6}$$

Bei der schaltungstechnischen Umsetzung von Filtern höherer Ordnung erfolgt i. Allg. eine Zerlegung der Übertragungsfunktion in Produktterme 1. und 2. Ordnung ($n = 1$ bzw. $n = 2$), wie es die folgende Gleichung zeigt (siehe Bild 13.5).

$$G(p) = G_0 \frac{Z(p)}{N(p)} = G_1 \frac{Z_1(p)}{N_1(p)} \cdot G_2 \frac{Z_2(p)}{N_2(p)} \cdot \ldots = G_1(p) \cdot G_2(p) \cdot \ldots \tag{13.7}$$

mit

$$Z_\mathrm{i}(p) = 1 + b_{\mathrm{i}1} p + b_{\mathrm{i}2} p^2 \quad \text{und} \quad N_\mathrm{i}(p) = 1 + a_{\mathrm{i}1} p + a_{\mathrm{i}2} p^2$$

Die Schaltungen zur Umsetzung dieser Terme 2. Ordnung bezeichnet man als *Biquads*, biquadratische Grundglieder. Für die praktische Vorgehensweise der Produktaufspaltung sei

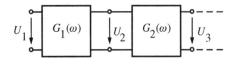

Bild 13.5 Filterrealisierung
durch Kettenschaltung von Teilfiltern

auf die Literatur verwiesen [13.4]. Einen optimalen Vorschlag dafür beinhalten weit verbreitete Filterkataloge (siehe Tabelle 13.3).

Für den sich ergebenden Aufbau eines Filters höherer Ordnung aus mehreren in Kette geschalteten Filterstufen 1. bzw. 2. Ordnung ist insbesondere die Rückwirkungsfreiheit der einzelnen Stufen von großer Bedeutung. Da Operationsverstärkerschaltungen meist einen hohen Eingangswiderstand und einen niedrigen Ausgangswiderstand besitzen, eignen sie sich hervorragend, um durch Kettenschaltung mehrerer Biquads eine Gesamtübertragungsfunktion höherer Ordnung zu erzeugen. Da die Toleranzempfindlichkeit der Schaltungen mit zunehmender Komplexität wächst, konzentriert man sich praktisch nur auf die Umsetzung von Grundschaltungen 1. und 2. Ordnung und deren Kettenschaltung.

Die Biquads verfügen über frei wählbare Parameter (Bauelementedimensionierung), die zur Einstellung der Filterapproximation, der Verstärkung im Durchlassbereich sowie der Lage der Pole und Nullstellen (bzw. der Eckfrequenzen) genutzt werden.

Tabelle 13.3 enthält einen Filterkatalog-Auszug für normierte Biquads der Form

$$G(P) = \frac{1}{1 + aP + bP^2}$$

mit

$$P = \mathrm{j}\Omega = \mathrm{j}\,\frac{\omega}{\omega_\mathrm{g}} = \mathrm{j}\,\frac{f}{f_\mathrm{g}}$$

Darin sind a_i und b_i die Filterkoeffizienten des Biquads; i gibt die fortlaufende Nummer der Filterstufe an, aus denen die Kettenschaltung besteht.

■ 13.2 Passive Filter

Die Realisierung passiver Filterschaltungen basiert auf der Verwendung der passiven Bauelemente R, L und C. Handelt es sich bei den zu übertragenden Signalen um Spannungen, lassen sich auf Basis einer Reihenschaltung der Bauelemente die folgenden elementaren Filterbausteine aufbauen. Die Schaltungen und die zugehörigen Bodediagramme der Übertragungsfunktionen sind in den Bildern 13.6 bis 13.9 dargestellt:

- RC-Tiefpass und RC-Hochpass 1. Ordnung (Bild 13.6a und d),
- RL-Tiefpass und RL-Hochpass 1. Ordnung (Bild 13.6b und e),
- RLC-Serienresonanzkreis als Tiefpass und Hochpass 2. Ordnung (Bild 13.6c und f),
- RLC- Serienresonanzkreis als Bandpass und Bandsperre 2. Ordnung (Bild 13.8a und b).

Mit einfachen RC- und RL-Gliedern lassen sich Tiefpass- und Hochpassfilter 1. Ordnung realisieren. Einfache RLC-Resonanzkreise ermöglichen den Aufbau von Tiefpass, Hochpass, Bandpass und Bandsperre 2. Ordnung.

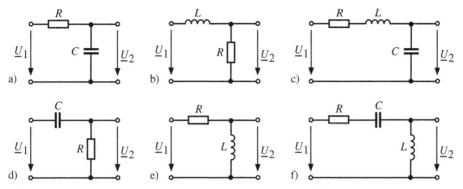

Bild 13.6 Passive Tiefpass- und Hochpass-Schaltungen 1. und 2. Ordnung

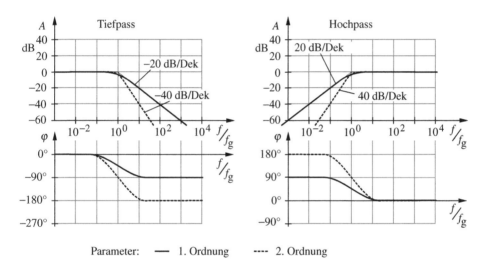

Parameter: —— 1. Ordnung   ---- 2. Ordnung

Bild 13.7 Bodediagramme der Übertragungsfunktionen zu den Schaltungen aus Bild 13.6

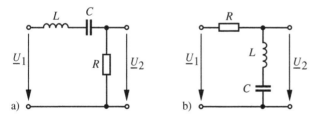

Bild 13.8 Passiver Bandpass (a) und passive Bandsperre (b) 2. Ordnung

Die Bandbreite der RLC-Resonanzkreise und die Steilheit des Phasengangs im Bereich der Resonanzfrequenz f_R (Bandmittenfrequenz) werden wesentlich durch deren Güte oder auch Resonanzschärfe Q bestimmt. Die Güte eines Serienresonanzkreises ergibt sich nach

$$Q = \frac{1}{R}\sqrt{\frac{L}{C}}$$

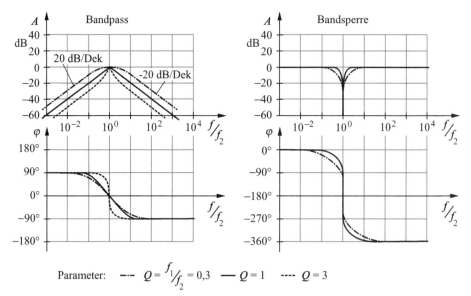

Bild 13.9 Bodediagramme der Übertragungsfunktionen zu den Schaltungen aus Bild 13.8

Für die Resonanzfrequenz gilt

$$f_R = \frac{1}{2\pi} \frac{1}{\sqrt{LC}}$$

Der Kehrwert der Resonanzgüte Q entspricht der normierten Bandbreite des Resonanzkreises.

$$\frac{1}{Q} = \Delta\Omega = \frac{f_{go} - f_{gu}}{f_R}$$

Die Gleichungen der Übertragungsfunktionen sind entsprechend Beispiel 2.3 ableitbar und in Tabelle 13.1 zusammengefasst. Eine ausführliche Formelableitung ist auf der Internetseite zum Buch zu finden.

Der konkrete Verlauf der Übertragungsfunktion und die Lage der Grenzfrequenz f_g der *RLC*-Pässe 2. Ordnung hängt vom gewählten Verhältnis f_1/f_2 ab, das der Güte Q eines Resonanzkreises entspricht. Für den *RLC*-Tiefpass ergibt sich im Fall $f_1 = f_2/\sqrt{2}$ eine Butterworth-Charakteristik und $f_g = f_2$. Bei einem *RLC*-Hochpass ist dazu $f_1 = \sqrt{2} \cdot f_2$ erforderlich. Die Darstellungen in Bild 13.7 entsprechen gerade diesem Fall. Eine verallgemeinerte Betrachtung dazu folgt im Abschnitt 13.3.

Das dargestellte Verhalten ergibt sich natürlich nur, wenn die Schaltungen am Ausgang nicht belastet werden, d. h. der Ausgangsstrom null ist. Erreichbar ist dies, wenn die Ausgangsspannung hochohmig abgegriffen wird, z. B. mit einer nicht invertierenden OPV-Schaltung.

Alle bisher betrachteten passiven Filterschaltungen sind für die Übertragung von Signalspannungen ausgelegt. Sollen Signalströme direkt verarbeitet werden, dann sind die jeweiligen Serienschaltungen durch *duale* Parallelschaltungen zu ersetzen. Die frequenzselektive Übertragungsfunktion ist dann die Transimpedanz Z_T. Das Eingangssignal $\underline{I}_1$ muss von einer hochohmigen Signalquelle (Stromquellenfunktion) geliefert werden, deren Ausgangsimpe-

Tabelle 13.1 Übertragungsfunktionen passiver Tiefpass- und Hochpass-Schaltungen 1. und 2. Ordnung

Filterschaltung	Übertragungsfunktion	Charakteristische Frequenzen
RC-Tiefpass TP1	$G(f) = \dfrac{1}{1 + \mathrm{j}\dfrac{f}{f_\mathrm{g}}}$	$f_\mathrm{g} = \dfrac{1}{2\pi}\dfrac{1}{RC}$
RC-Hochpass HP1	$G(f) = \dfrac{1}{1 + \dfrac{1}{\mathrm{j}\,f/f_\mathrm{g}}}$	$f_\mathrm{g} = \dfrac{1}{2\pi}\dfrac{1}{RC}$
RL-Tiefpass TP1	$G(f) = \dfrac{1}{1 + \mathrm{j}\dfrac{f}{f_\mathrm{g}}}$	$f_\mathrm{g} = \dfrac{1}{2\pi}\dfrac{R}{L}$
RL-Hochpass HP1	$G(f) = \dfrac{1}{1 + \dfrac{1}{\mathrm{j}\dfrac{f}{f_\mathrm{g}}}}$	$f_\mathrm{g} = \dfrac{1}{2\pi}\dfrac{R}{L}$
RLC-Serien-resonanzkreis als Tiefpass TP2	$G(f) = \dfrac{1}{1 + \mathrm{j}\dfrac{f}{f_1} + \left(\mathrm{j}\dfrac{f}{f_2}\right)^2}$	$f_1 = \dfrac{1}{2\pi}\dfrac{1}{RC}, \quad f_2 = f_\mathrm{R} = \dfrac{1}{2\pi}\dfrac{1}{\sqrt{LC}},$ $Q = \dfrac{f_1}{f_2} = \dfrac{1}{R}\sqrt{\dfrac{L}{C}}$
RLC-Serien-resonanzkreis als Hochpass HP2	$G(f) = \dfrac{1}{1 + \dfrac{1}{\mathrm{j}\,f/f_1} + \dfrac{1}{(\mathrm{j}\,f/f_2)^2}}$	$f_1 = \dfrac{1}{2\pi}\dfrac{R}{L}, \quad f_2 = f_\mathrm{R} = \dfrac{1}{2\pi}\dfrac{1}{\sqrt{LC}},$ $Q = \dfrac{f_2}{f_1} = \dfrac{1}{R}\sqrt{\dfrac{L}{C}}$
RLC-Serien-resonanzkreis als Bandpass BP2	$G(f) = \dfrac{\mathrm{j}\dfrac{f}{f_1}}{1 + \mathrm{j}\dfrac{f}{f_1} + \left(\mathrm{j}\dfrac{f}{f_2}\right)^2}$	$f_1 = \dfrac{1}{2\pi}\dfrac{1}{RC}, \quad f_2 = f_\mathrm{R} = \dfrac{1}{2\pi}\dfrac{1}{\sqrt{LC}},$ $Q = \dfrac{f_1}{f_2} = \dfrac{1}{R}\sqrt{\dfrac{L}{C}}$
RLC-Serien-resonanzkreis als Bandsperre BS2	$G(f) = \dfrac{1 + \left(\mathrm{j}\dfrac{f}{f_2}\right)^2}{1 + \mathrm{j}\dfrac{f}{f_1} + \left(\mathrm{j}\dfrac{f}{f_2}\right)^2}$	$f_1 = \dfrac{1}{2\pi}\dfrac{1}{RC}, \quad f_2 = f_\mathrm{R} = \dfrac{1}{2\pi}\dfrac{1}{\sqrt{LC}},$ $Q = \dfrac{f_1}{f_2} = \dfrac{1}{R}\sqrt{\dfrac{L}{C}}$

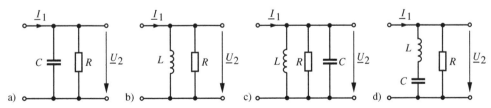

Bild 13.10 Elementare passive Filter mit Transimpedanz-Übertragungsfunktion; a) TP1, b) HP1, c) BP2, d) BS2

danz deutlich größer als die maximale Impedanz der Filterschaltungen ist. Tabelle 13.2 enthält eine Zusammenstellung der Übertragungsfunktionen und ihrer Parameter. Da die Übertragungsfunktionen sich nur durch den Proportionalitätsfaktor R von denen aus Tabelle 13.1

unterscheiden, entsprechen die zugehörigen Bodediagramme denen aus Bild 13.7 bzw. Bild 13.9.

Tabelle 13.2 Übertragungsfunktionen passiver Transimpedanz-Filterschaltungen

Filterschaltung	Übertragungsfunktion	Charakteristische Frequenzen
RC-Tiefpass TP1	$G(f) = \dfrac{R}{1 + j\dfrac{f}{f_g}}$	$f_g = \dfrac{1}{2\pi}\dfrac{1}{RC}$
RL-Hochpass HP1	$G(f) = \dfrac{R}{1 + \dfrac{1}{j\dfrac{f}{f_g}}}$	$f_g = \dfrac{1}{2\pi}\dfrac{R}{L}$
RLC-Parallel-resonanzkreis als Bandpass BP2	$G(f) = \dfrac{j\dfrac{f}{f_1}\cdot R}{1 + j\dfrac{f}{f_1} + \left(j\dfrac{f}{f_2}\right)^2}$	$f_1 = \dfrac{1}{2\pi}\dfrac{R}{L},\quad f_2 = f_R = \dfrac{1}{2\pi}\dfrac{1}{\sqrt{LC}},$ $Q = \dfrac{f_1}{f_2} = R\sqrt{\dfrac{C}{L}}$
RLC-Serien-resonanzkreis als Bandsperre BS2	$G(f) = \dfrac{\left(1 + \left(j\dfrac{f}{f_2}\right)^2\right)\cdot R}{1 + j\dfrac{f}{f_1} + \left(j\dfrac{f}{f_2}\right)^2}$	$f_1 = \dfrac{1}{2\pi}\dfrac{1}{RC},\quad f_2 = f_R = \dfrac{1}{2\pi}\dfrac{1}{\sqrt{LC}},$ $Q = \dfrac{f_1}{f_2} = \dfrac{1}{R}\sqrt{\dfrac{L}{C}}$

Schaltungsmodifikationen und deren Analyse bei Berücksichtigung von Quell- und Lastimpedanz sind in [13.1] zu finden.

■ 13.3   Aktive *RC*-Filter

Aktive *RC*-Filter werden auf Basis invertierender bzw. nicht invertierender Verstärkerschaltungen aufgebaut. Um ein frequenzabhängiges Übertragungsverhalten zu erzeugen, wird der Operationsverstärker mit ohmschen und kapazitiven Rückkopplungen versehen.

13.3.1   Tiefpässe 2. Ordnung

Die allgemeine Übertragungsfunktion eines Tiefpasses 2. Ordnung (TP2) lässt sich in der Form

$$G(P) = \frac{G_0}{1 + aP + bP^2} \tag{13.8}$$

beschreiben. Durch die Einführung des auf die Grenzfrequenz f_g normierten komplexen Laplace-Operators P und dessen Darstellung im eingeschwungenen Zustand durch

$$P = \frac{p}{\omega_g} = \frac{j\omega}{\omega_g} = j\frac{f}{f_g} \tag{13.9}$$

vereinheitlichen sich alle weiteren Betrachtungen. G_0 stellt den Übertragungsfaktor im Durchlassbereich dar. Die beiden reellen Koeffizienten a und b heißen Filterkoeffizienten. Durch ihre Wahl lässt sich die Funktion auf die bereits erwähnten Filterapproximationen Bessel, Butterworth und Tschebyscheff abbilden. Ein Auszug aus den bekannten Filterkatalogen verdeutlicht die Zusammenhänge (siehe Tabelle 13.3). Diese Kataloge beziehen sich auch auf Filter höherer Ordnung. Für diese enthalten sie eine Zerlegung der Filterfunktion $G(P)$ in optimale Biquads.

Beachte: Die Realisierung der Approximation Invers Tschebyscheff und Cauer erfordert spezielle elliptische Grundglieder, auf deren Umsetzung hier nicht eingegangen werden soll. Dazu sei dem Leser [13.5] empfohlen.

Beispiel 13.1

Aus Tabelle 13.3 ist die Filterfunktion für einen Tiefpass 4. Ordnung mit Tschebyscheffcharakteristik bei 0,5 dB Welligkeit abzuleiten. Der Tiefpass soll im Übertragungsbereich eine Amplitudenverstärkung von 1 und eine Grenzfrequenz von 1 kHz besitzen.

Tabelle 13.3 Filterkatalog (Auszug)

Approximation	Ordnung	i	a_i	b_i	Approximation	Ordnung	i	a_i	b_i
Bessel	1	1	1,0000	0,0000	Tschebyscheff	1	1	1,0000	0,0000
	2	1	1,3617	0,6180	(0,5 dB)	2	1	1,3614	1,3827
	3	1	0,7560	0,0000		3	1	1,8626	0,0000
		2	0,9996	0,4772			2	0,6402	1,1931
	4	1	1,3397	0,4889		4	1	2,6282	3,4341
		2	0,7743	0,3890			2	0,3648	1,1509
Butterworth	1	1	1,0000	0,0000	Tschebyscheff	1	1	1,0000	0,0000
	2	1	1,4142	1,0000	(3 dB)	2	1	1,0650	1,9305
	3	1	1,0000	0,0000		3	1	3,3496	0,0000
		2	1,0000	1,0000			2	0,3559	1,1923
	4	1	1,8478	1,0000		4	1	2,1853	5,5339
		2	0,7654	1,0000			2	0,1964	1,2009

Lösung:

Aus der Tabelle ist die normierte Filterfunktion

$$G(P) = G_0 \frac{1}{1 + a_1 P + b_1 P^2} \frac{1}{1 + a_2 P + b_2 P^2}$$

mit den Filterkoeffizienten $G_0 = 1$, $a_1 = 2{,}628\,2$, $b_1 = 3{,}434\,1$, $a_2 = 0{,}364\,8$, $b_2 = 1{,}150\,9$ ablesbar.

■

Schaltungstechnische Realisierung

Die schaltungstechnische Umsetzung einer Tiefpassschaltung 2. Ordnung (TP2) ist mit dem invertierenden und dem nicht invertierenden Verstärkerkonzept möglich. Beide Varianten benötigen nur einen Operationsverstärker.

Invertierender TP2. Bild 13.11 zeigt die Schaltung eines invertierenden TP2. Die Übertragungsfunktion der Schaltung lässt sich beispielsweise auf klassische Art über die Kirchhoffschen Gleichungen gewinnen. Geht man von einem idealen OPV aus ($U_D = U_P - U_N = 0$, $I_P = I_N = 0$), dann ist die Schaltung z. B. durch die folgenden Gleichungen eindeutig beschrieben:

- Knotengleichung am Eingangsknoten und am N-Eingang des OPV,
- Maschengleichung der Eingangsmasche, am Eingang des OPV und zwei Rückkoppelmaschen,
- Bauelementegleichungen für R_1, R_2, R_3, C_1, C_2.

Aus diesem Gleichungssystem leitet sich die folgende Übertragungsfunktion ab.

$$G(P) = \frac{-\dfrac{R_2}{R_1}}{1 + \omega_g C_1 \left(R_2 + R_3 + \dfrac{R_2 R_3}{R_1} \right) P + \omega_g^2 C_1 C_2 R_2 R_3 P^2} \tag{13.10}$$

Durch Koeffizientenvergleich mit der allgemeinen Übertragungsfunktion eines TP2, Gl. (13.8), gewinnt man die Dimensionierungsvorschriften für die Bauelemente.

Variante 1: Bei Vorgabe von C_1 und C_2 können die Widerstände der Schaltung berechnet werden. Es folgen

$$R_2 = \frac{aC_2 \pm \sqrt{a^2 C_2^2 - 4bC_1 C_2 (1 - G_0)}}{2\omega_g C_1 C_2} \tag{13.11}$$

$$R_3 = \frac{b}{\omega_g^2 C_1 C_2 R_2} \tag{13.12}$$

$$R_1 = \frac{R_2}{-G_0} \tag{13.13}$$

Die Wahl von C_1 und C_2 muss so erfolgen, dass der Radikand im Zähler von R_2 nicht negativ wird, damit R_2 einen reellen Wert annimmt. Es ergibt sich die Nebenbedingung

$$\frac{C_2}{C_1} \geqq \frac{4b(1 - G_0)}{a^2}$$

Wegen der invertierenden Funktion des Tiefpasses besitzt der Übertragungsfaktor im Durchlassbereich G_0 stets einen negativen Wert. In Gl. (13.11) ist das Vorzeichen zu verwenden, das für R_2 einen positiven Wert liefert. Die ausführliche Ableitung der obigen Gleichungen ist auf der Internetseite zum Buch zu finden.

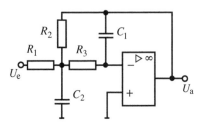

Bild 13.11 Invertierender Tiefpass 2. Ordnung

Variante 2: Für den Spezialfall $G_0 = -1$ ist die Wahl gleicher Werte für alle Widerstände sinnvoll $R_1 = R_2 = R_3 = R$. Dann ergeben sich die beiden Kapazitäten zu

$$C_1 = \frac{a}{3\omega_g R} \tag{13.14}$$

$$C_2 = \frac{3b}{\omega_g a R} \tag{13.15}$$

Nicht invertierender TP2. Bild 13.12 zeigt die Schaltung eines nicht invertierenden TP2. Sie basiert auf einer Einfachmitkopplung.

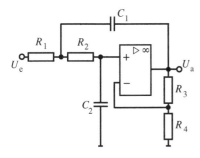

Bild 13.12 Nicht invertierender Tiefpass
2. Ordnung (Sallen & Key TP [13.3])

Zur Gewinnung der Übertragungsfunktion ist der Weg über die Kirchhoffschen Gleichungen geeignet. Benötigt werden dazu z. B.

- Knotengleichung am Eingangsknoten,
- Knotengleichung am P-Eingang des OPV,
- Maschengleichung am OPV-Eingang,
- Spannungsteiler am Ausgang (R_3, R_4),
- Bauelementegleichungen für R_1, R_2, C_1, C_2.

Die Bauelementegleichungen für R_3 und R_4 sind bereits im Spannungsteiler enthalten. Die ausführliche Ableitung ist auf der Internetseite zum Buch zu finden.

Die Übertragungsfunktion der Schaltung lautet

$$G(P) = \frac{1 + \dfrac{R_3}{R_4}}{1 + \omega_g \left[C_2(R_1 + R_2) + C_1 R_1 (1 - G_0) \right] P + \omega_g^2 C_1 C_2 R_1 R_2 P^2} \tag{13.16}$$

Aus dem Koeffizientenvergleich mit der allgemeinen Übertragungsfunktion eines TP2 nach Gl. (13.8), ergeben sich die Dimensionierungsvorschriften für die Bauelemente.

Variante 1: Bei Vorgabe von C_1 und C_2 ergeben sich die Widerstände zu

$$R_1 = \frac{aC_1 \pm \sqrt{a^2 C_1^2 - 4bC_1 C_2 - 4bC_1^2 (G_0 - 1)}}{2\omega_g \left(C_1 C_2 - C_1^2 (G_0 - 1) \right)} \tag{13.17}$$

$$R_2 = \frac{b}{\omega_g^2 C_1 C_2 R_1} \tag{13.18}$$

$$\frac{R_3}{R_4} = G_0 - 1 \tag{13.19}$$

Damit R_1 einen reellen Wert erhält, darf der Radikand im Zähler des Ausdrucks nicht negativ werden. Daraus leitet sich eine Nebenbedingung für das Verhältnis C_1/C_2 ab.

Nebenbedingung 1:

$$\frac{C_2}{C_1} \leqq \frac{a^2}{4b} + (G_0 - 1)$$

Wird im Zähler des Ausdrucks für R_1 das positive Vorzeichen der Wurzel genutzt, darf der Nenner nicht negativ werden. Es ergibt sich die Nebenbedingung 2 zu $C_1/C_2 > G_0 - 1$. Ist diese Grenze nicht einzuhalten, muss die Berechnung von R_1 mit dem negativen Vorzeichen der Wurzel im Zähler erfolgen.

Schaltungsbedingt kann die minimale Verstärkung des Filters im Durchlassbereich den Wert 1 annehmen. Der Operationsverstärker wird dann als Spannungsfolger betrieben. In Gl. (13.17) ist das Vorzeichen zu verwenden, das für R_1 einen positiven Wert liefert.

Variante 2: Ein Spezialfall liegt für $R_1 = R_2 = R$ und $C_1 = C_2 = C$ vor. Es gilt dann der Zusammenhang

$$R = \frac{\sqrt{b}}{\omega_g C} \tag{13.20}$$

der mit Vorgabe von R oder C erfüllbar ist. Diese Variante hat jedoch den Nachteil, dass G_0 nicht frei gewählt werden kann, sondern direkt aus den Filterkoeffizienten folgt.

$$\frac{R_3}{R_4} = G_0 - 1 = 2 - \frac{a}{\sqrt{b}} \tag{13.21}$$

Tiefpass 1. Ordnung (TP1). Ein Tiefpass erster Ordnung stellt sich in der ausgeführten Systematik als Sonderfall eines Biquads dar. Der Filterkoeffizient b muss dabei null werden. Entsprechend vereinfachen sich die Schaltungsvarianten (siehe Bild 13.13).

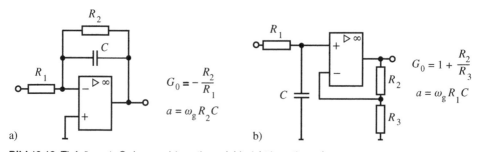

Bild 13.13 Tiefpässe 1. Ordnung; a) invertierend, b) nicht invertierend

Beispiel 13.2

Der Tschebyschefftiefpass aus Beispiel 13.1 ist in eine invertierende Verstärkerschaltung umzusetzen.

Lösung:

Die Schaltung besteht aus zwei TP2-Gliedern entsprechend Bild 13.11. Aus den normierten Filterkoeffizienten von Beispiel 13.1 ergeben sich mit den Dimensionierungsbeziehungen der invertierenden Tiefpassschaltung die Bauelementewerte aus Tabelle 13.4.

Tabelle 13.4 Bauelementewerte des Beispiel-TP

Parameter	1. TP2	2. TP2
a	2,628 2	0,364 8
b	3,434 1	1,150 9
$R_1 = R_2 = R_3 = R$	3,3 kΩ	3,3 kΩ
C_1	42 nF	5,9 nF
C_2	190 nF	456 nF

■

13.3.2 Hochpässe 2. Ordnung

Tiefpass-Hochpass-Transformation

Die Analogie der Übertragungsfunktionen von Hochpass und Tiefpass ermöglicht die Ableitung einer Transformationsvorschrift zwischen Tiefpass und Hochpass.

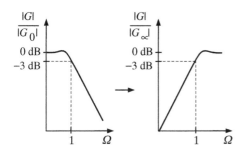

Bild 13.14 Tiefpass-Hochpass-Transformation

Grafisch entspricht das einer Spiegelung des Amplitudenfrequenzgangs an der Grenzfrequenz.

Transformationsvorschrift

$$P \Leftrightarrow \frac{1}{P}$$

$$G_0 \Leftrightarrow G_\infty$$

$$G(P) = \frac{G_0}{1 + aP + bP^2} \Leftrightarrow G(P) = \frac{G_\infty}{1 + \dfrac{a}{P} + \dfrac{b}{P^2}}$$

Die Transformation erfolgt unter Beibehaltung der Filterkoeffizienten a und b. Folglich kann die gleiche Filtertabelle genutzt werden, um einen bestimmten Verlauf der Übertragungsfunktion zu erzielen.

Die allgemeine Übertragungsfunktion eines Hochpasses 2. Ordnung (HP2) lautet

$$G(P) = \frac{G_\infty}{1 + \dfrac{a}{P} + \dfrac{b}{P^2}} \tag{13.22}$$

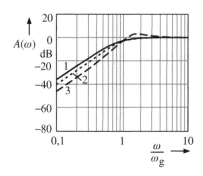

Bild 13.15 Hochpassverhalten 2. Ordnung
(1-Bessel, 2-Butterworth, 3-Tschebysheff)

Die Funktion (Bild 13.15) verhält sich dual zur Tiefpassfunktion. Auch hier sind durch die Wahl der beiden Filterkoeffizienten die typischen Filterapproximationen Bessel, Butterworth und Tschebyscheff realisierbar. G_∞ gibt den Übertragungsfaktor im Durchlassbereich, d. h. für $f \to \infty$ an. Für die Filterkoeffizienten a und b gilt die Tabelle 13.3 ebenfalls.

Schaltungstechnische Realisierung

Hochpassschaltungen 2. Ordnung (HP2) sind in dualer Weise durch Vertauschung von Widerständen und Kapazitäten auf die entsprechenden Tiefpassschaltungen zurückzuführen.

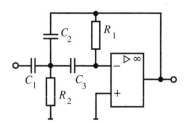

Bild 13.16 Invertierender Hochpass 2. Ordnung

Invertierender HP2. Bild 13.16 zeigt die Schaltung eines invertierenden HP2.

Für die Berechnung der Übertragungsfunktion gelten die analogen Überlegungen wie im Abschnitt 13.3.1. Man erhält

$$G(P) = \frac{-\dfrac{C_1}{C_2}}{1 + \dfrac{C_1 + C_2 + C_3}{\omega_g R_1 C_2 C_3}\dfrac{1}{P} + \dfrac{1}{\omega_g^2 R_1 R_2 C_2 C_3}\dfrac{1}{P^2}} \tag{13.23}$$

Die Dimensionierungsgleichungen ergeben sich wie folgt.

Variante 1: Die Vorgabe von R_1 und R_2 liefert bei Einhaltung der Nebenbedingung

$$\frac{R_1}{R_2} \geqq \frac{4b(1 - G_\infty)}{a^2} \tag{13.24}$$

$$C_2 = \frac{aR_1 \pm \sqrt{a^2 R_1^2 - 4R_1 R_2 b(1 - G_\infty)}}{2b\omega_g R_1 R_2 (1 - G_\infty)} \tag{13.25}$$

$$C_1 = -C_2 G_\infty \tag{13.26}$$

$$C_3 = \frac{1}{\omega_g^2 b R_1 R_2 C_2} \tag{13.27}$$

In Gl. (13.25) ist das Vorzeichen zu verwenden, das für C_2 einen positiven Wert liefert.

Variante 2: Für den Spezialfall $G_\infty = -1$ gilt bei $C_1 = C_2 = C_3 = C$

$$R_1 = \frac{3}{a\omega_g C} \tag{13.28}$$

$$R_2 = \frac{a}{3\omega_g b C} \tag{13.29}$$

Nicht invertierender HP2. Bild 13.17 zeigt die Schaltung eines nicht invertierenden HP2. Mit der Übertragungsfunktion

$$G(P) = \frac{1 + \dfrac{R_3}{R_4}}{1 + \dfrac{R_1(C_1 + C_2) + C_2 R_2(1 - G_\infty)}{\omega_g R_1 R_2 C_1 C_2}\dfrac{1}{P} + \dfrac{1}{\omega_g^2 R_1 R_2 C_1 C_2}\dfrac{1}{P^2}} \tag{13.30}$$

ergeben sich folgende Dimensionierungsbeziehungen.

Variante 1: Bei Vorgabe von C_1 und C_2 erhält man

$$R_1 = \frac{aC_1 \pm \sqrt{a^2 C_1^2 + 4bC_1^2(G_\infty - 1) + 4bC_1 C_2(G_\infty - 1)}}{2b\omega_g C_1(C_1 + C_2)} \tag{13.31}$$

$$R_2 = \frac{1}{\omega_g^2 R_1 C_1 C_2 b} \tag{13.32}$$

$$\frac{R_3}{R_4} = G_\infty - 1 \tag{13.33}$$

Für die Wahl von C_1 und C_2 besteht keine einschränkende Nebenbedingung. Da schaltungsbedingt für die Verstärkung im Durchlassbereich des Filters $G_\infty \geqq 1$ gilt, nehmen die Widerstände R_1, R_2 und R_3 für beliebige Werte von C_1 und C_2 positive reelle Zahlenwerte an.

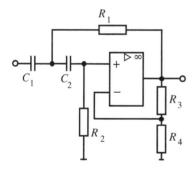

Bild 13.17 Nicht invertierender Hochpass 2. Ordnung

Variante 2: Für den Spezialfall $R_1 = R_2 = R$ und $C_1 = C_2 = C$ gilt der Zusammenhang

$$R = \frac{1}{\omega_g \sqrt{b} C} \tag{13.34}$$

wobei sich G_∞ wiederum nach

$$\frac{R_3}{R_4} = G_\infty - 1 = 2 - \frac{a}{\sqrt{b}} \tag{13.35}$$

ergibt.

Hochpass 1. Ordnung (HP1). Durch den Wegfall des Filterkoeffizienten b vereinfachen sich die Schaltungsvarianten entsprechend Bild 13.18.

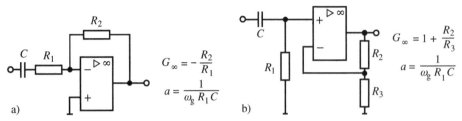

Bild 13.18 Hochpässe 1. Ordnung; a) invertierend, b) nicht invertierend

13.3.3 Bandpässe 2. Ordnung

Tiefpass-Bandpass-Transformation

Bandpässe mit großer Bandbreite können aus der Kettenschaltung eines Tiefpass- und eines Hochpassgrundgliedes aufgebaut werden. Die Bandbreite ergibt sich dann durch die Eckfrequenzen der Teilschaltungen.

Aus dieser Überlegung lässt sich eine Transformationsvorschrift für die normierte Frequenzvariable P ableiten, die eine Tiefpassfunktion in den Frequenzgang eines Bandpasses überführt.

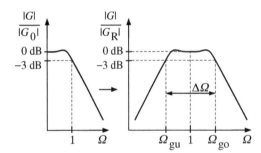

Bild 13.19 Tiefpass-Bandpass-Transformation

Diese Transformationsvorschrift bildet den Amplitudenfrequenzgang des Tiefpasses auf den Frequenzbereich oberhalb der Mittenfrequenz f_R des Bandpasses ab. Zusätzlich erscheint die Tiefpasscharakteristik gespiegelt an der Bandmittenfrequenz (siehe Bild 13.19). Die normierte Bandbreite $\Delta\Omega$ kann frei gewählt werden.

$$P \Leftrightarrow \frac{1}{\Delta\Omega}\left(P + \frac{1}{P}\right) \quad \text{mit} \quad \Delta\Omega = \Omega_{\text{go}} - \Omega_{\text{gu}} = \frac{1}{Q}$$

$$G_0 \Leftrightarrow G_R$$

$$G(P) = \frac{G_0}{1 + aP + bP^2} \Leftrightarrow G(P) = \frac{G_R}{1 + \dfrac{a}{\Delta\Omega}\left(P + \dfrac{1}{P}\right) + \dfrac{b}{\Delta\Omega^2}\left(P + \dfrac{1}{P}\right)^2}$$

Da die Bandpasscharakteristik im logarithmischen Frequenzmaßstab symmetrisch verläuft, gilt

$$\Omega_{\text{go}} = \frac{1}{\Omega_{\text{gu}}}$$

und mit $\Delta\Omega = \Omega_{\text{go}} - \Omega_{\text{gu}}$ bestimmen sich die beiden normierten Grenzfrequenzen ($-3\,\text{dB}$-Frequenzen) zu

$$\Omega_{\text{go, gu}} = 0{,}5\sqrt{\Delta\Omega^2 + 4} \pm 0{,}5 \cdot \Delta\Omega$$

Die Normierung erfolgt beim Bandpass auf die Bandmittenfrequenz f_{R}. Es gilt $\Omega = f/f_{\text{R}}$. Durch diese Transformation lässt sich jede Tiefpassapproximation aus der Filtertabelle in eine entsprechende Bandpasscharakteristik übertragen. Dabei verdoppelt sich die Ordnung des Filters.

Auf einen **Bandpass 2. Ordnung** führt folglich die Transformation eines Tiefpasses 1. Ordnung. Ein solcher Tiefpass 1. Ordnung besitzt die Filterkoeffizienten $a = 1$ und $b = 0$. Eine Unterscheidung in Bessel-, Butterworth- bzw. Tschebyscheff-Approximation ist bei Filtern 1. Ordnung nicht möglich. Somit ist ein Bandpass 2. Ordnung durch die Filterkoeffizienten $a = 1$ und $b = 0$ charakterisiert.

Nach einigen Umrechnungen der obigen Gleichung stellt sich die Übertragungsfunktion eines Bandpasses 2. Ordnung (BP2) in der Form

$$G(P) = \frac{G_{\text{R}}\Delta\Omega P}{1 + \Delta\Omega P + P^2}$$

dar. Oft wird sie auch durch die beiden bestimmenden Größen Gütefaktor Q und Resonanzverstärkung G_{R} beschrieben.

$$G(P) = \frac{G_{\text{R}}\dfrac{P}{Q}}{1 + \dfrac{P}{Q} + P^2} \tag{13.36}$$

Der Gütefaktor Q, auch Polgüte genannt, entspricht beim Bandpass dem Kehrwert der normierten relativen Bandbreite $\Delta\Omega$ des Filters.

$$Q = \frac{f_{\text{R}}}{f_{\text{go}} - f_{\text{gu}}} \tag{13.37}$$

Die Bandbreite $\Delta\Omega$ ist auf die $-3\,\text{dB}$-Frequenzen bezogen. Der Frequenzgang sinkt zu beiden Seiten der Resonanzfrequenz f_{R} mit $20\,\text{dB/Dekade}$ (siehe Bild 13.20).

Zur schaltungstechnischen Realisierung dieser Übertragungsfunktion sind spezielle Bandpassschaltungen erforderlich.

Für den Sonderfall einer Schaltungsrealisierung aus der Kettenschaltung eines Tief- und eines Hochpasses sind nur Güten $Q \leq 0{,}5$ möglich.

Schaltungstechnische Realisierung

Bandpassschaltungen 2. Ordnung (BP2) sind durch die invertierende und die nicht invertierende Verstärkerschaltung realisierbar.

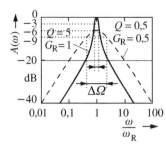 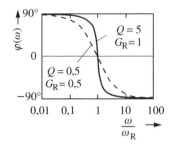

Bild 13.20 Frequenzgang eines Bandpasses 2. Ordnung

Invertierender BP2. Einen invertierenden BP2 zeigt die Schaltung in Bild 13.21. Aus der die Schaltung beschreibenden Übertragungsfunktion

$$G(P) = \frac{-\omega_R C_1 R_2 R_3 P}{R_1 + R_2 + \omega_R (C_1 + C_2) R_1 R_2 P + \omega_R^2 C_1 C_2 R_1 R_2 R_3 P^2} \tag{13.38}$$

kann man durch Koeffizientenvergleich mit Gl. (13.36) die Dimensionierungsgleichungen für die Bauelemente ableiten.

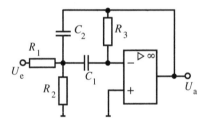

Bild 13.21 Invertierender Bandpass 2. Ordnung

Die Resonanzfrequenz ω_R entspricht der Bandmittenfrequenz. Sie ist zunächst nur eine willkürlich eingeführte Normierungsgröße. Ein konkreter Zusammenhang zwischen den Bauelementen, den gewünschten Filtereigenschaften (G_R und $\Delta\Omega$) und der konkreten Resonanzfrequenz der Schaltung kann wegen der Überbestimmtheit des sich beim Koeffizientenvergleich ergebenden Gleichungssystems erst nach Vorgabe von mindestens zwei Bauelementewerten gewonnen werden. Die anschließende Berechnung der restlichen Bauelementewerte ist beispielhaft in den folgenden Lösungsvarianten gezeigt.

Variante 1: Bei Vorgabe von C_1 und C_2 lassen sich unter Einhaltung der Nebenbedingung $\frac{C_1}{C_2} \gtreqless \frac{-G_R}{Q^2} - 1$ die Widerstände R_1, R_2, R_3 bestimmen.

$$R_1 = \frac{Q}{\omega_R C_2 (-G_R)} \tag{13.39}$$

$$R_3 = \frac{(C_1 + C_2) Q}{\omega_R C_1 C_2} \tag{13.40}$$

$$R_2 = \frac{Q}{\omega_R \left(C_2 G_R + (C_1 + C_2) Q^2 \right)} \tag{13.41}$$

Variante 2: Mit der Annahme $R_2 \to \infty$ und der Vorgabe von C_2 können C_1, R_1, R_3 bestimmt werden. Ist die Nebenbedingung $|G_R| > Q^2$ erfüllt, gelten die Beziehungen

$$C_1 = \frac{(-G_R) - Q^2}{Q^2} C_2 \tag{13.42}$$

$$R_1 = \frac{Q}{\omega_R C_2 (-G_R)} \tag{13.43}$$

$$R_3 = \frac{-G_R}{\omega_R C_1 Q} \tag{13.44}$$

Variante 3: Für den Fall $|G_R| \leqq Q^2$ ist es sinnvoll, $C_1 = C_2 = C$ zu wählen und vorzugeben. Die Widerstände bestimmen sich dann zu

$$R_1 = \frac{Q}{\omega_R C (-G_R)} \tag{13.45}$$

$$R_2 = \frac{(-G_R)}{2Q^2 - (-G_R)} R_1 \tag{13.46}$$

$$R_3 = 2(-G_R) R_1 \tag{13.47}$$

Nicht invertierender BP2. Für den nicht invertierenden BP2 (Bild 13.22) lässt sich die Übertragungsfunktion

$$G(P) = \frac{\omega_R C_1 R_2 R_3 K P}{R_1 + R_2 + \omega_R \left((C_1 + C_2)(R_1 + R_2) R_3 + C_1 R_1 R_2 - C_1 R_1 R_3 K \right) P + \omega_R^2 C_1 C_2 R_1 R_2 R_3 P^2} \tag{13.48}$$

mit $K = 1 + R_4/R_5$ gewinnen. Günstige Größen für die Bauelementewerte ergeben sich bei Vorgabe von C_2 für den Sonderfall

$$K = \frac{6{,}5 G_R}{3 G_R + 1} = \frac{1}{3} \left(6{,}5 - \frac{1}{Q} \right) \tag{13.49}$$

$$R_1 = \frac{1}{\omega_R C_2} \tag{13.50}$$

$$R_2 = \frac{R_1}{3} \tag{13.51}$$

$$R_3 = 2 R_1 \tag{13.52}$$

$$C_1 = 2 C_2 \tag{13.53}$$

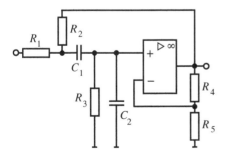

Bild 13.22 Nicht invertierender Bandpass 2. Ordnung

Bandpässe 4. Ordnung. Sie besitzen eine Flankensteilheit des Amplitudenfrequenzgangs von 40 dB/Dekade. Bei großer Bandbreite lassen sich Bandpässe 4. Ordnung aus der Kettenschaltung von Tief-und Hochpässen 2. Ordnung realisieren. Die Bandbreite ergibt sich dann durch die Eckfrequenzen der Teilschaltungen. Bei geringer Bandbreite können sie alternativ durch Kettenschaltung von zwei BP2-Grundgliedern mit leichter Verstimmung der Resonanzfrequenzen erzielt werden. Als vertiefende Literatur sei dazu auf [13.6] verwiesen.

13.3.4   Bandsperren 2. Ordnung

Tiefpass-Bandsperren-Transformation

In Analogie zur Tiefpass-Bandpass-Transformation lässt sich auch eine Transformationsvorschrift angeben, um aus dem Frequenzgang eines Tiefpasses einen Bandsperrenfrequenzgang abzuleiten.

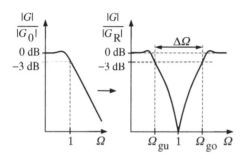

Bild 13.23 Tiefpass-Bandsperren-Transformation

Die normierte Frequenzvariable P ist durch die folgende Beziehung zu ersetzen.

$$P \Leftrightarrow \frac{\Delta\Omega}{P + \dfrac{1}{P}} \quad \text{mit} \quad \Delta\Omega = \frac{1}{Q} = \frac{B}{f_R}$$

$$G(P) = \frac{G_0}{1 + aP + bP^2} \Leftrightarrow$$

$$G(P) = \frac{G_0}{1 + a\dfrac{\Delta\Omega}{P + \dfrac{1}{P}} + b\dfrac{\Delta\Omega^2}{\left(P + \dfrac{1}{P}\right)^2}}$$

Die Transformation eines Tiefpasses 1. Ordnung (Filterkoeffizienten $a = 1$ und $b = 0$) führt auf eine **Bandsperre 2. Ordnung**.

Nach einigen Umrechnungen ergibt sich die Übertragungsfunktion einer Bandsperre 2. Ordnung (BS2) in der Form

$$G(P) = \frac{G_0(1 + P^2)}{1 + \dfrac{P}{Q} + P^2} \tag{13.54}$$

Sie bildet den Durchlassbereich des Tiefpasses ($0 \le \Omega \le 1$) in die beiden Durchlassbereiche der Bandsperre $0 \le \Omega \le \Omega_{gu}$ und $\Omega_{go} \le \Omega \le \infty$ ab. Beide liegen spiegelbildlich zur Resonanzfrequenz ($\Omega = 1$), bei der die Bandsperrenfunktion eine Nullstelle aufweist. Bei dieser Transformation verdoppelt sich die Ordnung des Filters.

Da die Bandsperrencharakteristik im logarithmischen Frequenzmaßstab symmetrisch verläuft, gilt

$$\Omega_{go} = \frac{1}{\Omega_{gu}} \tag{13.55}$$

Und mit $\Delta\Omega = \Omega_{go} - \Omega_{gu}$ bestimmen sich die beiden normierten Grenzfrequenzen (-3 dB-Frequenzen) zu

$$\Omega_{go,\,gu} = 0{,}5\sqrt{\Delta\Omega^2 + 4} \pm 0{,}5 \cdot \Delta\Omega \qquad (13.56)$$

Wie beim Bandpass entspricht die Güte $Q = f_R/B$ dem Kehrwert der relativen Bandbreite $\Delta\Omega$. Eine hohe Güte bedeutet eine kleine Bandbreite der Resonanzkurve.

Das Übertragungsverhalten einer Bandsperre 2. Ordnung (BS2) ist in Bild 13.24 dargestellt.

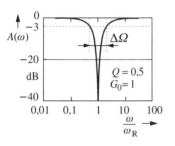 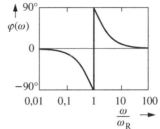

Bild 13.24 Frequenzgang einer Bandsperre 2. Ordnung

Schaltungstechnische Realisierung. Die schaltungstechnische Umsetzung basiert auf der Verwendung eines Doppel-T-Gliedes in einer nicht invertierenden Verstärkerschaltung (siehe Bild 13.25). Die Analyse der Schaltung führt auf die Übertragungsfunktion

$$G(P) = \frac{G_0(1 + P^2)}{1 + 2(2 - G_0)P + P^2} \qquad (13.57)$$

Aus dieser leiten sich nach dem Koeffizientenvergleich mit Gl. (13.54) die Dimensionierungsbeziehungen für die Schaltung ab. Bei Vorgabe von C erhält man

$$\frac{R_1}{R_2} = G_0 - 1 \qquad (13.58)$$

$$Q = \frac{1}{2(2 - G_0)} \qquad (13.59)$$

$$R = \frac{1}{\omega_R C} \qquad (13.60)$$

Natürliche Werte für das Widerstandsverhältnis R_1/R_2 und die Güte Q ergeben sich nur, wenn die sich aus dieser Forderung ergebende Nebenbedingung $1 \leq G_0 < 2$ eingehalten wird.

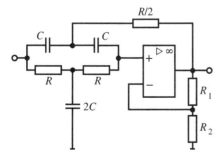

Bild 13.25 Bandsperre 2. Ordnung

Bei **Bandsperren 4. Ordnung** kann analog zum Abschnitt 13.3.3 verfahren werden.

◼ 13.4 Universalfilter

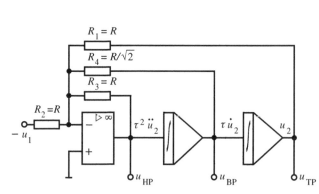

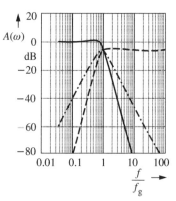

Bild 13.26 Universalfilter aus Integratoren

Bild 13.27 Frequenzgänge des Universalfilters aus Beispiel 13.3

Die bisher betrachteten Filter basierten stets auf der Nutzung von RC-Biquads. Eine andere Herangehensweise an die Filterrealisierung lässt sich durch den Übergang von der Frequenzbereichsbetrachtung in die Zeitbereichsbetrachtung erschließen. Geht man von der Übertragungsfunktion eines Butterworthfilter 2. Ordnung mit $a = \sqrt{2}$ und $b = 1$ aus

$$G(P) = \frac{U_a}{U_e} = \frac{1}{1 + \sqrt{2}\tau p + \tau^2 p^2} \tag{13.61}$$

dann lässt sich diese Beziehung im Zeitbereich in der Form einer Differenzialgleichung schreiben.

$$\tau^2 \ddot{u}_2 = u_1 - \sqrt{2}\tau \dot{u}_2 - u_2 \tag{13.62}$$

Eine technische Realisierung des so beschriebenen Systems ist auf einfache Weise durch eine rückgekoppelte Kette aus Integratoren mit der internen Zeitkonstanten $\tau = 1/\omega_g$ möglich (siehe Bild 13.26). Diese Schaltung stellt ein Universalfilter dar. An den drei Ausgängen erhält man eine Tiefpassfunktion $U_{TP}(p) = G(p) \cdot U_1(p)$, eine Bandpassfunktion $U_{BP}(p) = \tau p \cdot U_{TP}(p)$ und eine Hochpassfunktion $U_{HP}(p) = \tau^2 p^2 \cdot U_{TP}(p)$.

Bei Verallgemeinerung der Widerstandswerte $R_1 \ldots R_4$ in Bild 13.26 können die Frequenzgänge an jede beliebige Filterfunktion 2. Ordnung angepasst werden. Aus einem Koeffizientenvergleich mit den allgemeinen Filterfunktionen 2. Ordnung von Abschnitt 13.3 lassen sich die notwendigen Widerstandswerte ableiten. Tabelle 13.5 enthält die Bestimmungsgleichungen als Funktion der Filterkoeffizienten (a, b) sowie des Übertragungsfaktors im Durchlassbereich (A_0, A_∞, A_r) und der Güte Q des Bandpasses. Für die charakteristischen Frequenzen der drei Übertragungsfunktionen gilt der Zusammenhang

$$f_{gTP} \frac{1}{\sqrt{b}} = f_{rBP} = f_{gHP}\sqrt{b} \tag{13.63}$$

Da die drei entstehenden Filterfunktionen fest miteinander verknüpft sind, kann eine Dimensionierung in der Regel nur für einen gewünschten Filtertyp angepasst werden.

Tabelle 13.5 Dimensionierungsgleichungen des Universalfilters (R_1 gegeben)

Tiefpass	Hochpass	Bandpass
$R_3 = \dfrac{R_1}{b}$	$R_3 = R_1 \cdot b$	$R_3 = R_1$
$R_4 = \dfrac{R_1}{a}$	$R_4 = \dfrac{R_3}{a}$	$R_4 = R_3 \cdot Q$
$R_2 = \dfrac{R_1}{-A_0}$	$R_2 = \dfrac{R_3}{-A_\infty}$	$R_2 = R_1 \dfrac{Q}{-A_r}$

Beispiel 13.3

Das in Bild 13.26 gezeigte Universalfilter ist für die Umsetzung eines Tschebyscheff-Tiefpasses 2. Ordnung mit 0,5 dB Welligkeit und einer Grenzfrequenz von 3 kHz zu dimensionieren. Der Übertragungsfaktor im Durchlassbereich betrage $A_0 = -1$.

Lösung:

Aus Tabelle 13.3 sind die Filterkoeffizienten $a = 1,361\,4$ und $b = 1,382\,7$ zu entnehmen. Für die Dimensionierung ergeben sich die Widerstandsverhältnisse $R_3/R_1 = 0,723$, $R_4/R_1 = 0,735$ und $R_2/R_1 = 1$. Zur Erzielung der geforderten Grenzfrequenz $f_g = 3$ kHz benötigen die Integratoren eine Zeitkonstante $\tau = 53{,}05\,\mu\text{s}$. Im Bild 13.27 ist der Frequenzgang aller drei Ausgänge des Universalfilters gezeigt. Es ist zu erkennen, dass der Bandpass und der Hochpass im Durchlassbereich einen abweichenden Übertragungsfaktor und auch eine abweichende Grenzfrequenz besitzen, wie dies entsprechend den obigen Ausführungen zu erwarten war.

■ 13.5 *SC*-Filter

Die im Abschnitt 13.3 beschriebenen aktiven *RC*-Filter eignen sich kaum zur integrierten Realisierung von Filtern mit variabler Grenzfrequenz, da dies eine Variation der Widerstände bzw. Kondensatoren erfordern würde. Eine schaltungstechnische Lösung für dieses Problem bieten die *Swiched-Capacitor-Filter* (*SC*-Filter) [13.3]. In ihnen werden die Widerstände durch Schalter-Kondensator-Kombinationen ersetzt. Der Stromfluss auf die Kondensatoren, genauer gesagt die übertragene Ladung, lässt sich dann durch die Einschaltdauer dieser Schalter steuern. Mittels Variation der Schaltfrequenz kann die Festlegung der Grenzfrequenz erfolgen.

13.5.1 *SC*-Integrator

Einen Basisbaustein der *SC*-Filter bildet der *SC*-Integrator nach Bild 13.28. Im Vergleich zum bekannten *RC*-Integrator wird der Widerstand durch einen geschalteten Kondensator C_1 ersetzt.

Über den Schalter und den Kondensator C_1 fließt in der ersten Hälfte jedes Taktzyklusses (linke Schalterstellung) die Ladung $Q = U_e C_1$ auf den Kondensator und wird nach dem Umschalten (zweite Takthälfte, rechte Schalterstellung) auf den Integrationskondensator C_2 übertragen. Die Ausgangsspannung wird dadurch in jedem Taktzyklus um den Betrag

$$\Delta U_a = -\frac{Q}{C_2} = -U_e(t)\frac{C_1}{C_2} \tag{13.64}$$

verändert. Die Periodendauer des Schaltertaktes $T_S = 1/f_S$ muss dabei so groß sein, dass ein Einschwingen auf die stationären Spannungswerte an C_1 und C_2 garantiert ist. Als Integrationszeitkonstante dieses Integrators ergibt sich folglich

$$\tau = C_2 R_{ers} = T_S \frac{C_2}{C_1} \tag{13.65}$$

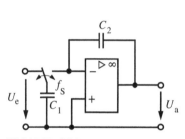

Bild 13.28 *SC*-Integrator

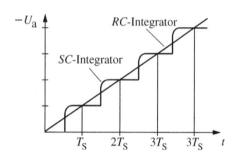

Bild 13.29 Ausgangsspannungsverlauf eines *SC*-Integrators bei $U_e =$ konst

Ein sicheres Einschwingen des Verstärkers ist für $T_s = 40\tau$ gegeben, was ein Kapazitätsverhältnis $C_2/C_1 = 1/40$ erfordert. In Bild 13.29 ist der Ausgangsspannungsverlauf eines *SC*-Integrators und eines *RC*-Integrators dargestellt, wenn die Eingangsspannung einen konstanten Wert besitzt.

Dieser invertierende Integrator lässt sich durch eine veränderte Schalteranordnung in einen nicht invertierenden Integrator umwandeln (Bild 13.30). Je nach der Ansteuerung der beiden Schalter wirkt dieser universelle Integrator invertierend oder nicht invertierend. In diesem Zusammenhang wird gelegentlich auch von einem Integrator mit positiven bzw. negativen Ersatzwiderstand gesprochen.

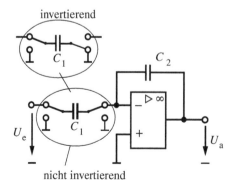

Bild 13.30 Universeller *SC*-Integrator

Da hier ein zeitdiskretes System vorliegt, bietet sich die Z-Transformation an, um die Übertragungsfunktion zu beschreiben [13.7], [13.8]. Für die Ausgangsspannung eines invertierenden Integrators gilt zum Zeitpunkt $(n+1)T$

$$U_a[(n+1)T] = U_a[nT] - \frac{C_1}{C_2}U_e[nT] \tag{13.66}$$

Die Z-Transformation dieser Gleichung liefert

$$z \cdot U_a(z) = U_a(z) - \frac{C_1}{C_2}U_e(z) \tag{13.67}$$

woraus sich die Übertragungsfunktion des *SC*-Integrators ergibt.

$$G(z) = \frac{U_a(z)}{U_e(z)} = -\frac{C_1}{C_2}\frac{1}{z-1} \tag{13.68}$$

13.5.2 Schaltungsrealisierung von *SC*-Filtern

Die in Bild 13.26 dargestellte Schaltung eines Biquads ist zur Realisierung von *SC*-Filtern gut geeignet. Die Integratoren dieses Universalfilters können durch *SC*-Integratoren ersetzt werden. Die Additionsschaltung auf Basis eines Operationsverstärkers wird durch ein Schalternetzwerk direkt am Eingang des ersten Integrators nachgebildet. Eine universelle Biquadschaltung auf dieser Basis zeigt Bild 13.31. Deren Übertragungsfunktion lautet

$$G(z) = \frac{a_0 + a_1 z + a_2 z^2}{b_0 + b_1 z + b_2 z^2} \tag{13.69}$$

Durch die Größe der Kondensatoren A ... F lassen sich die gewünschten Nennerkoeffizienten und durch G ... J die Zählerkoeffizienten festlegen und somit Filtertyp und -approximation bestimmen. Über die Zeitkonstanten der Integratoren wird die Grenzfrequenz angepasst [11.2].

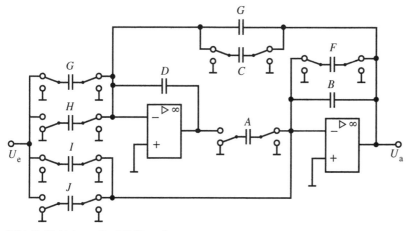

Bild 13.31 Universeller *SC*-Biquad

SC-Filter sind bei käuflichen Exemplaren i. Allg. für eine bestimmte Filterapproximation (Bessel, Butterworth, Tschebyscheff) und -ordnung vordimensioniert. Durch die Wahl der Schaltfrequenz f_S kann der Anwender die Grenzfrequenz variieren.

Beachte: *SC*-Filter sind getaktete Schaltungen und somit Abtastsysteme, für deren Nutzung das Abtasttheorem ($f_{sig} < f_S/2$) eingehalten werden muss [13.8]. Durch ein Antialiasing-Vorfilter müssen Frequenzanteile des Eingangssignals oberhalb der halben Abtastfrequenz ausreichend stark gedämpft werden, um nicht zu Mischprodukten im Signalband zu führen. Wegen der hohen Schaltfrequenz ist dafür meist ein Tiefpass 2. Ordnung (z. B. Sallen & Key-Tiefpass) ausreichend.

Für eine analoge Weiterverarbeitung des Ausgangssignals ist meist noch eine Glättung des stufenförmigen Verlaufs notwendig, was einem Ausfiltern der Frequenzanteile des Schalttaktes entspricht.

■ 13.6   Aufgaben

Aufgabe 13.1
Für die Tiefpassschaltung in Bild 13.11 ist die Übertragungsfunktion $\underline{G}(\mathrm{j}\omega)$ abzuleiten.

Aufgabe 13.2
Für die in Bild 13.13a gegebene Tiefpassschaltung mit idealem Operationsverstärker sind folgende Größen zu berechnen:

a) die Übertragungsfunktion $\underline{G}(\mathrm{j}\omega)$,

b) Amplitudenfrequenzgang $A(\omega)$ und Phasenfrequenzgang $\varphi(\omega)$. Beide sind in idealisierter Form logarithmisch darzustellen,

c) Grenzfrequenz und maximale Spannungsverstärkung.

Aufgabe 13.3
Gegeben ist die Hochpassschaltung aus Bild 13.18b mit idealem Operationsverstärker.

a) Es ist die Übertragungsfunktion $\underline{G}(\mathrm{j}\omega)$ dieser Schaltung zu bestimmen und daraus der Amplitudenfrequenzgang $A(\omega)$ und der Phasenfrequenzgang $\varphi(\omega)$ abzuleiten.

b) Die Ergebnisse von a) sind in Form des Bodediagramms idealisiert darzustellen.

c) Welche maximale Spannungsverstärkung und welche Grenzfrequenz besitzt die Schaltung?

Aufgabe 13.4
Ein nicht invertierender Bessel-Tiefpass 2. Ordnung ist für eine Grenzfrequenz $f_g = 1,3$ kHz zu dimensionieren. Als Vorgabe sind $C_1 = C_2 = C = 100$ nF, $R_4 = 10$ kΩ und $R_1 = R_2 = R$ gegeben. Welche Spannungsverstärkung besitzt das Filter im Durchlassbereich?

Hinweis: Die Dimensionierungsgleichungen aus Abschnitt 13.3.1 sind für den geforderten Sonderfall gleicher Kondensatoren und Widerstände zunächst zu vereinfachen.

Aufgabe 13.5
Ein Tschebyscheff-Bandpass 4. Ordnung ist auf der Basis der Zusammenschaltung nicht invertierender Tief- und Hochpässe zu dimensionieren. Die Kennwerte des Bandpasses

sind $f_{gu} = 125$ Hz und $f_{go} = 1,3$ kHz. Die Welligkeit von Hoch- und Tiefpass im Durchlassbereich betrage 3 dB. Für beide Teilschaltungen gelten die Sonderfälle $R_1 = R_2 = R$, $C_1 = C_2 = C = 100$ nF sowie $R_3 = 10$ kΩ.

Aufgabe 13.6

Der Frequenzgang des Tschebyscheff-Bandpasses 4. Ordnung aus Aufgabe 13.5 ist mit PSpice zu simulieren. Dazu sind Amplituden- und Phasenfrequenzgang der beiden Einzelschaltungen und des resultierenden Bandpasses anzuzeigen. Es ist der Operationsverstärker μA 741 aus der Evaluation-Bibliothek mit ±10 V Betriebsspannung zu verwenden.

14

Schwingungserzeugung

Schaltungen zur Erzeugung ungedämpfter elektrischer Schwingungen konstanter Frequenz und Amplitude werden als *Oszillatoren* bezeichnet. Eine Unterteilung erfolgt nach der Art der erzeugten Schwingung und dem schaltungstechnischen Realisierungsprinzip:

- Sinusoszillatoren
  - Zweipoloszillatoren
  - Vierpoloszillatoren
- Impulsoszillatoren
  - Funktionsgeneratoren
  - rückgekoppelte Funktionsnetzwerke

Während das Haupteinsatzgebiet von Sinusoszillatoren die Erzeugung sinusförmiger Signale ist, können mit Impulsoszillatoren auch beliebige andere Signalformen erzeugt werden.

Wichtige Kennwerte von Oszillatoren sind:

- Frequenzkonstanz,
- Amplitudenkonstanz,
- spektrale Reinheit

sowie deren eventuelle Variierbarkeit durch spezielle Steuersignale. Diese Kennwerte sind abhängig von Temperaturschwankungen, Alterung der Bauelemente und Betriebsspannungsschwankungen.

■ 14.1 Sinusoszillatoren

14.1.1 Zweipoloszillatoren

Das Realisierungsprinzip von Zweipoloszillatoren basiert auf der Entdämpfung von LC-Schwingkreisen. Ein LC-Glied bildet einen Bandpass mit einem ausgeprägten Amplitudenmaximum bei seiner Resonanzfrequenz f_R. Allerdings weist er aufgrund des parasitären Widerstandes R der Spule auch eine Dämpfung für diese Frequenz auf. Durch Hinzufügen eines negativen Wirkwiderstandes kann es gelingen, den Schwingkreis zu entdämpfen. Es kann eine selbstständige ungedämpfte Schwingung in dieser Schaltung entstehen. Ursache für die Anregung dieser Schwingung kann z. B. bereits das Eigenrauschen der Bauelemente sein. Zur Realisierung des negativen Wirkwiderstandes kann eine Tunneldiode (siehe Abschnitt 3.5.4) zum Einsatz kommen. Bild 14.1 zeigt eine mögliche Schaltung.

Zur Analyse des Schaltungsverhaltens ist eine Vereinfachung der Betrachtung entsprechend Bild 14.2 sinnvoll. Unter Vernachlässigung der parasitären Eigenschaften der Tunneldiode wirkt der Kleinsignalwiderstand r_d kompensierend für den parasitären Widerstand R der

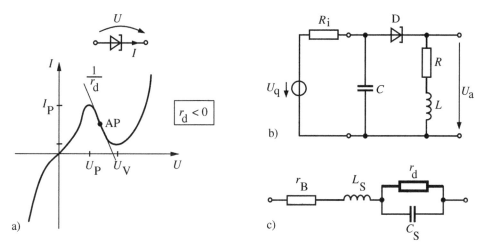

Bild 14.1 Zweipoloszillator mit Tunneldiode; a) Kennlinie der Tunneldiode, b) Prinzipschaltung, c) Ersatzschaltung der Tunneldiode

Spule. Zur Erzielung einer hohen Spannung an K ist Stromspeisung nötig (hoher Innenwiderstand der Quelle). In dieser Schaltung wurde der Serienwiderstand $R + r_d$ des Spulenzweigs in einen parallelen Ersatzwiderstand R_1 umgerechnet. Dies kann nach folgenden Gleichungen erfolgen:

$$R_1 = \frac{(R + r_d)^2 + (2\pi f_R L)^2}{R + r_d} \cong \frac{(2\pi f_R L)^2}{R + r_d} \quad \text{und}$$

$$2\pi f_R L_1 = \frac{(R + r_d)^2 + (2\pi f_R L)^2}{2\pi f_R L} \cong 2\pi f_R L$$

Die Näherung gilt unter der Voraussetzung $R + r_d \ll 2\pi f_R L$, was für Spulen der Güte $G > 10$ gut erfüllt ist. Dabei ist f_R die Resonanzfrequenz des Schwingkreises.

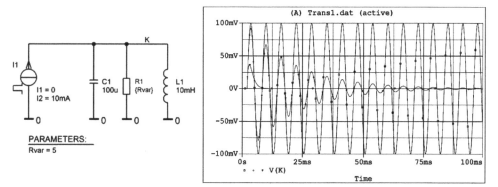

Bild 14.2 Einfacher Parallelschwingkreis; a) Schaltung, b) PSpice-Simulationsergebnis ($\square$ – ungedämpfte Schwingung $R_1 = 1\,\text{M}\Omega$, $\lozenge$ – gedämpfte Schwingung $R_1 = 100\,\Omega$, $\triangledown$ – aperiodischer Grenzfall $R_1 = 5\,\Omega$)

Die Knotengleichung des einfachen Parallelschwingkreises lautet:

$$I_q(t) = I_{C1}(t) + I_R(t) + I_L(t)$$

Mit den Bauelementegleichungen

$$I_C(t) = C\frac{dU(t)}{dt} \qquad I_R = \frac{U(t)}{R} \qquad U_{L1} = L_1\frac{dI_{L1}}{dt}$$

folgt nach einmaligem Differenzieren die Knotengleichung in der Form

$$\frac{dI_q(t)}{dt} = C\frac{d_2U(t)}{dt^2} + \frac{1}{R}\frac{dU(t)}{dt} + \frac{dI_L(t)}{dt}$$

$$\frac{dI_q(t)}{dt} = C\frac{d_2U(t)}{dt^2} + \frac{1}{R}\frac{dU(t)}{dt} + \frac{U(t)}{L} \qquad (14.1)$$

Aus der Normalform der in dieser Differenzialgleichung 2. Ordnung mit konstanten Koeffizienten enthaltenen homogenen DGL

$$\frac{d_2U(t)}{dt^2} + \frac{1}{RC}\frac{dU(t)}{dt} + \frac{U(t)}{LC} = 0$$

ergibt sich die Lösung der charakteristischen Gleichung

$$\lambda^2 + \frac{1}{RC}\lambda + \frac{1}{LC} = 0$$

zu

$$\lambda_{1,2} = -\frac{1}{2RC} \pm \sqrt{\left(\frac{1}{2RC}\right)^2 - \frac{1}{LC}}$$

Schreibt man den Ausdruck unter der Wurzel in der Form

$$D = \left(\frac{1}{2RC}\right)^2 - \frac{1}{LC} = \omega_1^2 - \omega_0^2$$

lassen sich drei Lösungsfälle für die homogene DGL unterscheiden.

Fall 1: $\omega_1^2 > \omega_0^2$ $(D > 0)$, aperiodischer Fall, λ_1 und λ_2 sind beide reell und negativ

$$U_h(t) = K_1 \cdot e^{\lambda_1 t} + K_2 \cdot e^{\lambda_2 t}$$

Fall 2: $\omega_1^2 = \omega_0^2$ $(D = 0)$, aperiodischer Grenzfall, $\lambda_1 = \lambda_2$ reell und negativ

Fall 3: $\omega_1^2 < \omega_0^2$ $(D < 0)$, periodischer Fall, λ_1 und λ_2 sind ein konjugiert komplexes Paar

Mit $\lambda_{1,2} = -\omega_1 \pm j\omega_2$ und $\omega_2^2 = \omega_0^2 - \omega_1^2$ ergibt sich die Lösung der homogenen DGL zu

$$U_h(t) = \exp(-\omega_1 t) \cdot \left(K_1 \cdot \cos(\omega_2 t) + K_2 \cdot \sin(\omega_2 t)\right)$$

Diese Gleichung beschreibt für $\omega_1 = 0$ eine ungedämpfte Schwingung mit der Kreisfrequenz ω_0. Für $0 < \omega_1 < \omega_0$ ergibt sich mit ω_1 in der Form $\omega_1 = k\omega_0$ eine gedämpfte Schwingung mit der Kreisfrequenz $\omega_2 = \omega_0\sqrt{1 - k^2}$. Darin stellt k ein Dämpfungsmaß dar.

In der verallgemeinerten Form auf Basis der eingeführten Größen entspricht die DGL dieses Zweipoloszillators der allgemeinen Schwingungsgleichung eines Systems 2. Ordnung.

$$\frac{d_2 U(t)}{d t^2} + 2 k \omega_0 \frac{d U(t)}{d t} + \omega_0^2 U(t) = 0 \qquad (14.2)$$

Deren homogene Lösung lautet dann

$$U_h(t) = \exp(-k\omega_0 t) \cdot \left(K_1 \cdot \cos\left(\sqrt{1 - k^2}\omega_0 t\right) + K_2 \cdot \sin\left(\sqrt{1 - k^2}\omega_0 t\right) \right) \qquad (14.3)$$

Die Konstanten K_1 und K_2 der homogenen Lösung ergeben sich aus der speziellen Lösung der DGL unter Berücksichtigung des $I_q(t)$-Verlaufs sowie der beiden Anfangsbedingungen für die Spannung $U(t = 0)$ und $\left.\frac{dU}{dt}\right|_{(t=0)} = 0$.

Die im Bild 14.2 simulierten Beispiele entsprechen den Kennwerten $\omega_0 = 1/\sqrt{LC} = 1\,\text{kHz}$ sowie den drei Dämpfungswerten $k = 5 \cdot 10^{-6}, 5 \cdot 10^{-2}, 1$ und einem Sprung des Quellstromes $\Delta I_q(t = 0) = 10\,\text{mA}$.

14.1.2 Vierpoloszillatoren

Vierpoloszillatoren basieren auf der Entdämpfung einer schwingungsfähigen Schaltung durch frequenzabhängige Signalrückkopplung. Zur Entdämpfung wird eine Verstärkerschaltung eingesetzt. Die Festlegung der Schwingfrequenz erfolgt in der frequenzabhängigen Rückkoppelschaltung.

14.1.2.1 Grundstruktur und Schwingbedingung

Ein zur Selbsterregung geeignetes rückgekoppeltes System ist in Bild 14.3 gezeigt. Ein externes Eingangssignal ist jedoch nicht nötig, sondern ist hier nur zur Erläuterung des Sachverhaltes vorhanden.

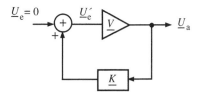

Bild 14.3 Schwingungsfähiges rückgekoppeltes System

Aus mathematischer Sicht ergibt sich in der Übertragungsfunktion

$$\underline{U}_a = \frac{V}{1 - \underline{K}\,\underline{V}}\underline{U}_e \qquad (14.4)$$

bei $\underline{U}_e = 0$ nur dann ein Ausgangssignal verschieden von null, wenn die Schleifenverstärkung $\underline{K}\,\underline{V} = 1$ beträgt, und somit die Verstärkung $\underline{V}' = \underline{V}/(1 - \underline{K}\,\underline{V})$ des rückgekoppelten Systems unendlich groß wird. Diese komplexe Schwingbedingung lässt sich in eine Phasenbedingung

$$\varphi_K(\omega) + \varphi_V(\omega) = 0, 2\pi, 4\pi, \ldots \qquad (14.5)$$

und eine Amplitudenbedingung

$$|\underline{K}(\omega)| \cdot |\underline{V}(\omega)| \geq 1 \tag{14.6}$$

zerlegen. Beide müssen erfüllt sein, damit eine selbständige Schwingung entsteht. Das Erfüllen der Phasenbedingung erfordert, dass die Phasendrehung innerhalb der Gegenkopplungsschleife für eine bestimmte Frequenz $\omega_0 = 2\pi f_0$ ein Vielfaches von 360° beträgt und dadurch Mitkopplung eintritt. Damit das System bei dieser Frequenz mit einer konstanten Amplitude schwingen kann, muss für die Schwingfrequenz $|\underline{K}(\omega_0)| \cdot |\underline{V}(\omega_0)| = 1$ erfüllt sein. Für ein sicheres Anschwingen der Schaltung ist jedoch $|\underline{K}(\omega_0)| \cdot |\underline{V}(\omega_0)| > 1$ notwendig. Jeder Oszillator benötigt folglich eine zusätzliche Amplitudenstabilisierung.

Frequenzstabilität. Die Frequenzstabilität eines Oszillators $\Delta\omega/\omega_0$ wird wesentlich durch die Steilheit des Phasenfrequenzganges $\mathrm{d}\varphi/\mathrm{d}\omega$ bei der Schwingfrequenz ω_0 bestimmt. Zusätzlichen Einfluss auf die Phasendrehung bei der gewünschten Oszillatorfrequenz können z. B. die Temperatur und die Betriebsspannung besitzen.

Beachte: Durch die Art der Rückkopplung ist zu sichern, dass die Schwingbedingung nur für die gewünschte Oszillatorfrequenz erfüllt ist.

14.1.2.2 *RC*-Oszillatoren

Phasenschieber-Oszillator

Ein Phasenschieber, bestehend aus drei Tiefpassgliedern, bewirkt eine maximale Phasendrehung von −270°. Schaltet man diesen als Rückkoppelnetzwerk mit einem invertierenden Verstärker, der seinerseits −180° Phasendrehung besitzt, zusammen (Bild 14.4), so reicht bereits eine Drehung im Phasenschieber von −180°, um Mitkopplung zu bewirken.

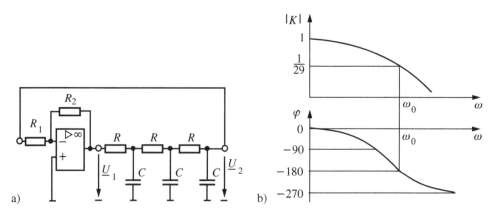

Bild 14.4 Phasenschieberoszillator; a) Schaltung, b) Bodediagramm des Phasenschiebernetzwerks

Aus der Übertragungsfunktion des Phasenschiebernetzwerks in Bild 14.4

$$K(P) = \frac{U_2(P)}{U_1(P)} = \frac{1}{1 + 6P + 5P^2 + P^3} \tag{14.7}$$

ist für sinusförmige Signale mit $P = \mathrm{j}\Omega$ die normierte Schwingfrequenz Ω_0 bestimmbar.

$$\underline{K}(\mathrm{j}\Omega) = \frac{1}{1 + 6(\mathrm{j}\Omega) + 5(\mathrm{j}\Omega)^2 + (\mathrm{j}\Omega)^3} \tag{14.8}$$

$$\underline{K}(j\Omega) = \frac{1}{(1 - 5\Omega^2) + j(6\Omega - \Omega^3)} \tag{14.9}$$

Eine Phasendrehung von $-180°$ bedeutet $\text{Im}\{\underline{K}\} = 0$. Dies ist erfüllt für

$$6\Omega - \Omega^3 = 0 \tag{14.10}$$

Damit leitet sich aus Gl. (14.5) die Schwingfrequenz Ω_0 ab.

$$\Omega_0 = \sqrt{6} \tag{14.11}$$

Nach dem Entnormieren erhält man mit $\Omega = \omega/\omega_g = \omega RC$ den Wert

$$\omega_0 = \frac{\sqrt{6}}{RC} \tag{14.12}$$

Bei dieser Frequenz ist die Amplitudenbedingung für eine konstante Schwingungsamplitude nur erfüllt, wenn die Verstärkung des invertierenden Verstärkers den Wert

$$V(\Omega) = \frac{1}{K(\Omega)} = 1 - 5\Omega^2 = -29 \tag{14.13}$$

besitzt.

Um den Betrag der Verstärkung für das Anschwingen etwas anzuheben, kann z. B. ein parallel zum Widerstand R_1 oder R_2 liegender MOSFET dienen, dessen Leitfähigkeit in Abhängigkeit von der Ausgangsspannungsamplitude auf geeignete Weise gesteuert wird.

Beachte: Der Eingangswiderstand des Inverters ist so zu wählen, dass der Frequenzgang des Phasenschiebers unbeeinflusst bleibt.

Hinweis: Das gleiche Verhalten ist mit einem Phasenschieber aus drei Hochpassgliedern erfüllbar. Eine geeignete Transistorschaltung ist in Bild 14.5 zu sehen. Der Widerstand des dritten HP-Gliedes wird durch den Eingangswiderstand des Transistorverstärkers gebildet.

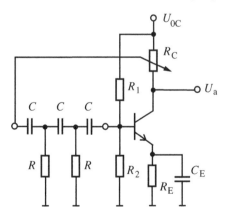

Bild 14.5 Phasenschieberoszillator mit Transistoren

Wien-Oszillator

Der Wien-Oszillator nutzt eine Bandpassschaltung 2. Ordnung als Rückkoppelnetzwerk. Es entsteht ein Frequenzgang, wie er in Bild 13.20 dargestellt ist. Beschreiben lässt sich dieser durch die folgende Übertragungsfunktion:

$$K(P) = \frac{U_2(P)}{U_1(P)} = \frac{P}{1 + 3P + P^2} \tag{14.14}$$

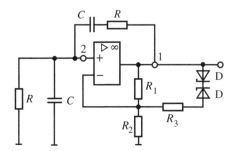

Bild 14.6 Wien-Oszillator

Es ist zu erkennen, dass die Phasendrehung bei der Resonanzfrequenz null wird, und in Verbindung mit einem nicht invertierenden Verstärker somit die Schwingbedingung erfüllbar ist. Aus der Übertragungsfunktion folgt im Frequenzbereich

$$\underline{K}(\mathrm{j}\Omega) = \frac{1}{3 + \mathrm{j}\left(\Omega - \dfrac{1}{\Omega}\right)} \tag{14.15}$$

Es ist die Erfüllung der Phasenbedingung $\mathrm{Im}\{\underline{K}\} = 0$ für $\Omega_0 = 1$ bzw. $\omega_0 = 1/RC$ gegeben. Der Oszillator schwingt mit der Resonanzfrequenz des Bandpasses. Die Amplitudenbedingung ist bei einer Verstärkung

$$V(\Omega) = \frac{1}{K(\Omega)} = 3 \tag{14.16}$$

erfüllt. Diese kann durch das Verhältnis R_1/R_2 eingestellt werden.

Der Z-Diodenzweig dient der Stabilisierung der Schwingungsamplitude.

Bei $\hat{u}_{R1} < U_\mathrm{Z} + U_\mathrm{F0}$ sperren die Z-Dioden. Die sich einstellende Verstärkung

$$V_1 = 1 + \frac{R_1}{R_2}$$

wird etwas größer als 3 (z. B. 3,1) gewählt, sodass ein Anschwingen gesichert ist. Für $\hat{u}_{R1} > U_\mathrm{Z} + U_\mathrm{F0}$ leiten die Z-Dioden und als Verstärkung ergibt sich

$$V_1 = 1 + \frac{R_1 \| R_3}{R_2}$$

Dieser Wert muss etwas kleiner als 3 (z. B. 2,9) gewählt werden. Dann pegelt sich während des Betriebs ein mittlerer Verstärkungswert von 3 ein.

Beispiel 14.1

Zu bestimmen ist die Phasensteilheit $\mathrm{d}\varphi/\mathrm{d}\Omega$ des Wien-Oszillators bei der Resonanzfrequenz Ω_0.

Lösung:

Aus der Übertragungsfunktion

$$\underline{K}(\mathrm{j}\Omega) = \frac{1}{3 + \mathrm{j}\left(\Omega - \dfrac{1}{\Omega}\right)}$$

lässt sich der Phasenfrequenzgang

$$\varphi(\Omega) = -\arctan\left(\frac{\Omega - \dfrac{1}{\Omega}}{3}\right)$$

ablesen. Dessen Ableitung nach der normierten Frequenz Ω ergibt sich zu

$$\frac{\mathrm{d}\varphi(\Omega)}{\mathrm{d}\Omega} = \frac{\dfrac{1}{3} + \dfrac{1}{3\Omega^2}}{1 + \left(\dfrac{1}{3}\Omega - \dfrac{1}{3\Omega}\right)}$$

Bei der Resonanzfrequenz Ω_0 erhält man einen Anstieg des Phasenfrequenzgangs von

$$\left.\frac{\mathrm{d}\varphi(\Omega)}{\mathrm{d}\Omega}\right|_{\Omega_0} = \frac{2}{3}$$

∎

14.1.2.3 *LC*-Oszillatoren

Bei *LC*-Oszillatoren wird die Resonanzfrequenz eines *LC*-Schwingkreises (bzw. *RLC*-Schwingkreises) als frequenzbestimmender Parameter genutzt. Geeignet sind sowohl Reihen- als auch Parallelschwingkreise. Bei ihnen ist der Anstieg des Phasenfrequenzganges wesentlich steiler als bei *RC*-Oszillatoren. Sie verfügen deshalb über eine viel bessere Frequenzstabilität. Eine prinzipielle Oszillatorkonfiguration auf Basis eines Parallelschwingkreises zeigt Bild 14.7.

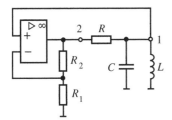

Bild 14.7 *LC*-Oszillator

Der Verstärker liefert eine Ausgangsspannung von

$$U_2(t) = \left(1 + \frac{R_2}{R_1}\right) U_1(t) = V_\mathrm{u} \cdot U_1(t)$$

Das Übertragungsverhalten des RLC-Netzwerks wird durch den Knotensatz am Knoten 1 beschrieben.

$$\frac{U_2(t) - U_1(t)}{R} = C\frac{\mathrm{d}U_1(t)}{\mathrm{d}t} + \frac{1}{L}\int U_1(t) \cdot \mathrm{d}t$$

Nach einmaligem Differenzieren der Knotengleichung und Einsetzen der Verstärkergleichung ergibt sich als Beschreibung für die gesamte Rückkoppelschleife eine Differenzialgleichung 2. Ordnung.

$$\frac{\mathrm{d}^2 U_1(t)}{\mathrm{d}t^2} + \frac{(1 - V_\mathrm{u})}{RC}\frac{\mathrm{d}U_1(t)}{\mathrm{d}t} + \frac{1}{LC}U_1(t) = 0$$

Diese DGL entspricht der bereits im Abschnitt 14.1.1 diskutierten allgemeinen Schwingungsgleichung eines Systems 2. Ordnung.

$$\frac{\mathrm{d}^2 U_1(t)}{\mathrm{d}t^2} + 2k\omega_0 \frac{\mathrm{d}U_1(t)}{\mathrm{d}t} + \omega_0^2 U_1(t) = 0$$

Ein Vergleich liefert die Schwingfrequenz $\omega_0 = 1/\sqrt{LC}$ einer ungedämpften Schwingung im Fall $k = 0$. Bei $0 < k < 1$ mit $k = (1 - V_\mathrm{u})/(2R\sqrt{C/L})$ führt das System bei Anregung eine gedämpfte Schwingung mit der Frequenz $\omega_2 = \omega_0 \sqrt{1 - k^2}$ aus. Mit den eingeführten Kennwerten kann die erzeugte Schwingung mit Gl. (14.3) aus Abschnitt 14.1.1 beschrieben werden.

Es ist ersichtlich, dass für die Erzeugung einer ungedämpften Schwingung eine Verstärkung $V_\mathrm{u} = 1$ erforderlich ist. In der Schaltung in Bild 14.7 ist die durch $R_2 = 0$ und $R_1 \to \infty$ realisierbar.

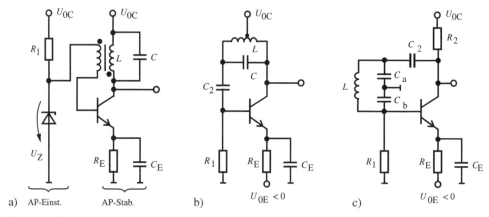

Bild 14.8 *LC*-Oszillator-Konfigurationen; a) Meißner-, b) Hartley-, c) Colpitts-Schaltung

Bei Transistorverstärkern kommen als Rückkoppelnetzwerke Parallelschwingkreise zum Einsatz, da diese direkt im Kollektorzweig z. B. einer Emitterschaltung als komplexer Arbeitswiderstand verwendet werden können. Für die Resonanzfrequenz der Parallelschwingkreise erhält man $\omega_\mathrm{R} = 1/\sqrt{LC}$. Die Werte von L und C ergeben sich jeweils aus den parallel zueinander wirkenden Gesamtinduktivitäten und Gesamtkapazitäten.

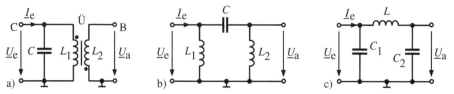

Bild 14.9 Kleinsignalersatzschaltung der Rückkoppelnetzwerke von *LC*-Oszillatoren; a) Meissner-, b) Hartley-, c) Colpitts-Schaltung

Bild 14.9 zeigt die Kleinsignalersatzschaltungen der frequenzbestimmenden Bauelemente der drei Rückkoppelnetzwerke aus den Schaltungen von Bild 14.8. Als komplexer Arbeitswiderstand für die Emitterschaltung wirkt die jeweilige Eingangsimpedanz $\underline{Z}_\mathrm{e} = \underline{U}_\mathrm{e}/\underline{I}_\mathrm{e}$ des *LC*-

Netzwerkes. Bei der Resonanzfrequenz weist die Emitterschaltung mit dieser Belastung eine negative Spannungsverstärkung $\underline{V}_U$ auf, wodurch das verstärkte Signal eine Phasendrehung von $180°$ erfährt. Zur Erfüllung der Schwingbedingung muss auch das Rückkoppelnetzwerk für die Resonanzfrequenz einen negativen Spannungsübertragungsfaktor $\underline{K}_U = \underline{U}_a/\underline{U}_e$ besitzen und dadurch ebenfalls $180°$ Phasendrehung bewirken.

Für die Schleifenverstärkung der Schaltungen ergibt sich in allen drei Fällen eine Bandpasscharakteristik 2. Ordnung, deren Bandbreite von der Güte des Schwingkreises abhängt. Ein Beweis dieser Aussage erfolgt auf der Internetseite zum Buch.

In der Meißner-Schaltung erfolgt die Auskopplung des Rückführsignals durch einen Übertrager. Durch die entgegengesetzte Wicklung der beiden Übertragerspulen wird der Spannungsübertragungsfaktor der Schaltung negativ. Dies hat eine Phasendrehung der übertragenen Signale von $180°$ zur Folge. Die in Bild 14.9 eingezeichneten Kleinsignalbezugspunkte werden durch die Referenzspannungsquelle (U_Z) und die Betriebsspannungsquelle (U_{0C}) erzeugt.

Im Rückkoppelnetzwerk der Hartley-Schaltung bildet die Summeninduktivität der beiden Teilspulen L_1 und L_2 mit dem parallel liegenden Kondensator C den frequenzbestimmenden LC-Schwingkreis. Die Ausgangsspannung wird nur über der Teilspule L_2 abgegriffen (induktive Dreipunktschaltung).

Bei der Colpitts-Schaltung liegen zwei Reihenkapazitäten parallel zur frequenzbestimmenden Spule. Die Schaltung nutzt einen kapazitiven Spannungsteiler (kapazitive Dreipunktschaltung) um das Rückführsignal zu erzeugen.

Die Kondensatoren C_2 in Bild 14.8b und c dienen der Abblockung eines Gleichstromes. Das Signal müssen sie ungehindert übertragen. Deshalb sind sie im Kleinsignalersatzschaltbild nicht enthalten.

Eine gezielte Verstärkungseinstellung des Transistorverstärkers, wie sie in Abschnitt 14.1.2.2 diskutiert wird, ist hier nicht erforderlich. Bei zu großer Signalamplitude geht der Transistor in die Übersteuerung, wodurch die Verstärkung der Schaltung sinkt. Auf diese Weise reduziert sich die Schleifenverstärkung automatisch auf den erforderlichen Wert.

Für ausführlichere Betrachtungen sei dem Leser weiterführende Literatur empfohlen [14.1].

14.1.2.4 Quarzoszillatoren

Ein Schwingquarz besitzt ein elektrisches Verhalten, das dem eines Schwingkreises entspricht. Sein Ersatzschaltbild (Bild 14.10) verdeutlicht dies. Die Temperaturabhängigkeit der Resonanzfrequenz, als ein wichtiges Qualitätskriterium, ist ausgesprochen gering. Dies führt zu einer sehr hohen Frequenzkonstanz von Quarzoszillatoren [14.2]. Sie liegt im Bereich

$$\frac{\Delta f}{f_0} = 10^{-6} \dots 10^{-10}$$

Aus der Ersatzschaltung lässt sich eine Serienresonanzfrequenz ω_s, bei der die Impedanz ein Minimum erreicht, ableiten. Für $R = 0$ wird dieses Minimum null.

$$\omega_s = \frac{1}{\sqrt{LC_1}} \tag{14.17}$$

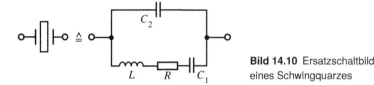

Bild 14.10 Ersatzschaltbild eines Schwingquarzes

Die Parallelresonanzfrequenz ω_p ergibt sich zu

$$\omega_\mathrm{p} = \frac{1}{\sqrt{LC_\mathrm{P}}} \qquad (14.18)$$

$$\text{mit } C_\mathrm{P} = \frac{C_1 C_2}{C_1 + C_2}$$

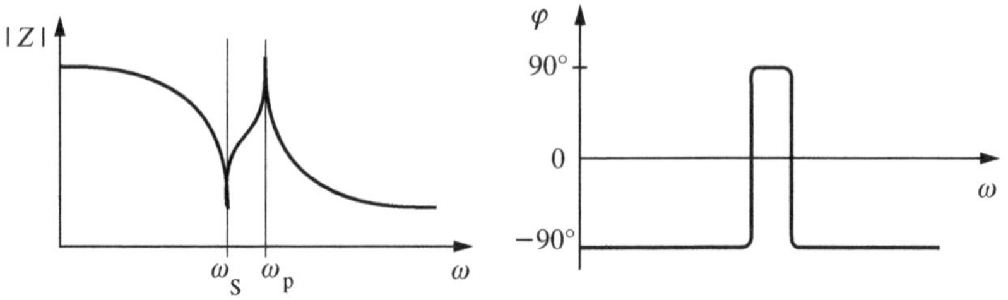

Bild 14.11 Impedanz eines Schwingquarzes

Bei dieser erreicht die Impedanz ein Maximum (siehe Bild 14.11). Die Kapazität C_2 wird durch parasitäre Anteile, wie Zuleitungen und Elektrodenstreukapazität, gebildet. Nur die Parallelresonanzfrequenz wird durch diese parasitären Effekte beeinflusst. Beide Frequenzen liegen sehr eng nebeneinander.

Soll die Schwingfrequenz eines Quarzoszillators auf einen bestimmten Wert eingestellt werden, bietet sich eine Reihenschaltung aus einem Quarz und einer verstellbaren Kapazität C_S an. Mit der Ersatzschaltung des Quarzes ergibt sich die resultierende Serienresonanzfrequenz der Abgleichschaltung (Bild 14.12).

$$\omega_{\mathrm{S}0} = \omega_\mathrm{S} \sqrt{1 + \frac{C_1}{C_\mathrm{S} + C_2}} \qquad (14.19)$$

Die Parallelresonanzfrequenz bleibt davon unbeeinflusst.

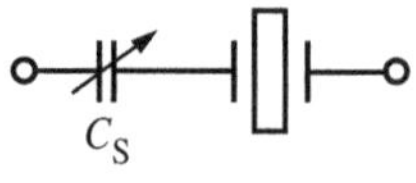

Bild 14.12 Abgleich der Schwingfrequenz eines Quarzes

Pierce-Oszillator. Eine besonders in der digitalen Schaltungstechnik weit verbreitete Quarzoszillatorschaltung ist der Pierce-Oszillator (Bild 14.13). Als Verstärkerelement kommt ein CMOS-Inverter zur Anwendung. Der Quarz wird im Frequenzbereich $\omega_\mathrm{S} < \omega < \omega_\mathrm{p}$ betrieben, in dem er induktives Verhalten besitzt.

Der Quarz bildet gemeinsam mit der äußeren Beschaltung durch die Kapazitäten $C_{\mathrm{E}1}$ und $C_{\mathrm{E}2}$ eine Colpitts-Schaltung, deren Resonanzfrequenz ω_R den Wert $\omega_\mathrm{R} = 1/\sqrt{LC_\mathrm{g}}$ aufweist. Sie wird also von der Induktivität des Quarzes und der Gesamtkapazität C_g bestimmt.

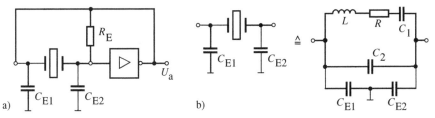

Bild 14.13 a) Pierce-Oszillator, b) Kleinsignalersatzschaltung des beschalteten Quarzes

Aus Bild 14.13 ist die Gesamtwirkung aller Kapazitäten innerhalb der Masche, die das Pierce-Netzwerk bildet, wie folgt ersichtlich. C_1 liegt in Reihe zur Parallelschaltung aus C_2 und der Reihenschaltung C_{E1} und C_{E2}. Letztere Reihenschaltung weist bei Annahme von $C_{E1} = C_{E2} = C_E$ den Wert $C_E/2$ auf. Es folgt:

$$C_g = \frac{\left(\dfrac{C_E}{2} + C_2\right) C_1}{\left(\dfrac{C_E}{2} + C_2\right) + C_1}$$

Damit die Resonanzfrequenz im Bereich $\omega_S < \omega < \omega_P$ liegt, ist ein passendes C_E zu wählen.

$$C_E = 2\left(C_g\frac{C_1}{C_1 - C_g} - C_2\right) \quad \text{mit} \quad C_g = \frac{1}{\omega_R^2 L}$$

Bild 14.14 verdeutlicht dies. Es ergibt sich eine sehr schmale Resonanzkurve. Bei deren Mittenfrequenz beträgt die Phasendrehung $-180°$. Wird der Quarz im Rückkoppelzweig eines invertierenden Verstärkers eingesetzt, ist die Schwingbedingung für die Resonanzfrequenz leicht erfüllbar.

Durch die hohe Verstärkung eines digitalen Inverterverstärkers in dessen Umschaltpunkt ist beim Pierce-Oszillator die Amplitudenbedingung sogar übererfüllt. Da die Ausgangsspannung der Schaltung durch den Low- bzw. High-Pegel des Inverters begrenzt ist, entsteht ein rechteckförmiges Ausgangssignal. Die Schaltung wird in der Digitaltechnik als Taktgenerator genutzt. Sie kann als kompletter Quarz-Oszillator-Modul gekauft werden.

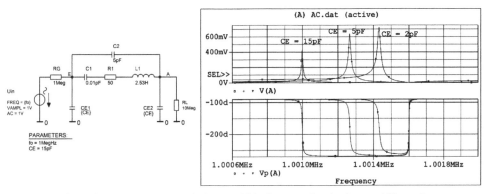

Bild 14.14 PSpice-Simulation eines beschalteten 1-MHz-Quarzes. Amplituden- und Phasenfrequenzgang für $C_E = 15\,\text{pF}$ ($\square$), 5 pF ($\lozenge$), 2 pF ($\triangledown$)

Eine Simulation des Schwingverhaltens der gesamten Pierce-Schaltung mittels PSpice gelingt am Einfachsten unter Verwendung eines CMOS-Inverters.

Weitere Schaltungsvarianten auf der Basis von TTL- und CMOS-Invertern enthält [14.3].

■ 14.2 Impulsoszillatoren

Impulsoszillatoren, häufig auch als Impulsgeneratoren bezeichnet, dienen hauptsächlich zur Erzeugung von Rechteck-, Dreieck- und Sägezahn-Signalen. Die Variierbarkeit von Amplitude, Periodendauer (Frequenz) und Tastverhältnis ist in vielen Anwendungsfällen gefordert und wird durch geeignete Veränderung von systemrelevanten Zeitkonstanten ermöglicht. Die Schaltungsprinzipien dieser Generatoren lassen sich in die Kategorien Funktionsgenerator und Relaxationsoszillator einteilen.

14.2.1 Funktionsgeneratoren

Schaltungen zur gezielten Formung bzw. Umformung von Signalverläufen werden als *Funktionsgeneratoren* bezeichnet. Rechteck-, dreieck- und sägezahnförmige Signalverläufe lassen sich von einem sinusförmigen Signal ableiten.

Das Blockschaltbild eines solchen Funktionsgenerators zeigt Bild 14.15.

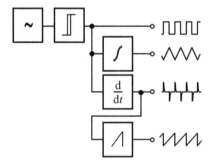

Bild 14.15 Funktionsgenerator-Blockschaltbild

Als signalumformende Baugruppen werden benötigt:

- Schmitt-Trigger,
- Integrator,
- Differenzierer,
- Sägezahngenerator.

Eine *Sägezahnspannung* unterscheidet sich vom Dreiecksverlauf durch einen abrupten Rücksprung auf den Anfangswert. Um dies zu erreichen muss ein Integrator mit konstanter Eingangsspannung zu einem vorgegebenen Zeitpunkt rückgesetzt werden, d. h., seine Integrationskapazität ist zu entladen. Dazu eignet sich ein parallel geschalteter Transistor, dessen Steuerspannung aus einem festen Zeittakt gewonnen wird (siehe Bild 14.16).

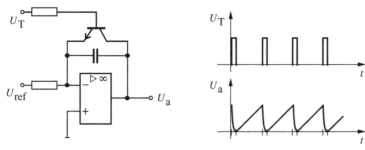

Bild 14.16 Sägezahngenerator

Alle anderen Baugruppen wurden bereits im Kapitel 12 behandelt.

14.2.2 Relaxationsoszillatoren

Relaxationsoszillatoren bestehen aus rückgekoppelten Schaltungen, in denen meist die Zeitkonstanten von Umladevorgängen an Kondensatoren zur Festlegung der Periodendauer rechteck- und dreieckförmiger Signalverläufe genutzt werden.

14.2.2.1 Dreieck-Rechteck-Generator

Rechteck- und dreieckförmige Signalverläufe lassen sich aus der Kombination eines Schmitt-Triggers und eines Integrators erzeugen (siehe Bild 14.17).

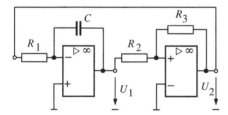

Bild 14.17 Dreieck- und Rechteckgenerator

Die beiden möglichen Ausgangsspannungen des Schmitt-Triggers, $U_{a\,max}$ und $U_{a\,min}$, werden am Integrator in eine linear ansteigende bzw. abfallende Spannung U_1 umgewandelt. Überschreitet bzw. unterschreitet diese die Eingangsschwellen des Schmitt-Triggers, schaltet jener um. Die Schaltfrequenz wird durch die Anstiegsgeschwindigkeit von U_1 und die Lage der Einschaltschwellen des Schmitt-Triggers festgelegt.

Beispiel 14.2

Die Spannungsverläufe $U_1(t)$ und $U_2(t)$ des Funktionsgenerators in Bild 14.17 sowie deren Frequenz sind zu bestimmen.

Lösung:

Die Spannungsverläufe der beiden Ausgangsspannungen sind in Bild 14.18 dargestellt.

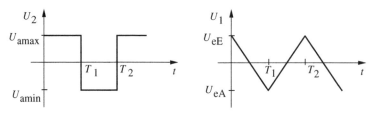

Bild 14.18 Spannungsverläufe des Funktionsgenerators in Bild 14.17

Für die beiden Zeitabschnitte gelten die Beziehungen:

Im Abschnitt $0 \leqq t \leqq T_1$ gilt $U_2(t) = U_{a\,max}$

$$U_1(t) = -\frac{1}{CR_1} \int\limits_0^{T_1} U_{a\,max}\, d\,t + U_{eE} = -\frac{U_{a\,max}T_1}{CR_1} + U_{eE} \qquad (14.20)$$

Im Abschnitt $T_1 \leqq t \leqq T_2$ gilt $U_2(t) = U_{a\,min}$

$$U_1(t) = -\frac{1}{CR_1} \int\limits_0^{T_1} U_{a\,min}\, d\,t + U_{eA} = -\frac{U_{a\,min}(T_2 - T_1)}{CR_1} + U_{eA} \qquad (14.21)$$

Daraus leiten sich die beiden Zeitabschnitte ab.

$$T_1 = (U_{eE} - U_{eA}) \frac{CR_1}{U_{a\,max}} \qquad (14.22)$$

$$T_2 - T_1 = (U_{eA} - U_{eE}) \frac{CR_1}{U_{a\,min}} \qquad (14.23)$$

Mit der häufig berechtigten Annahme $U_{a\,max} = -U_{a\,min} = U_B$ erhält man für den Schmitt-Trigger

$$U_{eE} = -U_{eA} = \frac{R_2}{R_3} U_B$$

und somit für die Schaltfrequenz

$$f = \frac{1}{T_2} = \frac{R_3}{4CR_1R_2} \qquad (14.24)$$

Eine elektronische kontinuierliche *Variation der Periodendauer* $T = 1/f$ ist möglich, wenn die rückgekoppelte Ausgangsspannung U_2 in einer Zwischenstufe verändert wird. Dies kann beispielsweise durch einen Spannungsverstärker oder einen elektronischen Spannungsteiler erfolgen. Als Folge ändert sich die Eingangsspannung des Integrators und damit die durch diesen bestimmten Zeitabschnitte T_1 und $T_2 - T_1$.

14.2.2.2 Kippschaltungen

Generatoren für Rechtecksignale werden insbesondere in der Digitaltechnik durch rückgekoppelte Logikgatter (Inverterverstärker) realisiert. Die Rückkoppelschleife muss die Bedingung für Mitkopplung erfüllen. Als Rückkoppelnetzwerke kommen *RC-Glieder* zum Einsatz. Die Zeitkonstanten der auftretenden Umladevorgänge an diesen *RC*-Gliedern bestimmen die Periodendauer der Signalverläufe. Die Ausgangsspannung der Logikgatter kann sich nicht kontinuierlich ändern, sondern nur zwei stabile Schaltzustände (Logikpegel) annehmen. Diese Schaltungen werden auch als *Multivibratoren* oder *astabile Kippschaltungen* bezeichnet. Letzterer Begriff beinhaltet die Beschreibung der Schaltungsfunktion durch die Definition von zwei Schaltzuständen, zwischen denen die Schaltung ständig umschaltet. Diese Betrachtung bildet auch den Ausgangspunkt für die Analyse derartiger Kippschaltungen.

Ein besonders einfaches Schaltungsbeispiel ist bereits aus einem Inverter (mit Schmitt-Trigger-Eingang) und einem *RC*-Glied realisierbar (Bild 14.19).

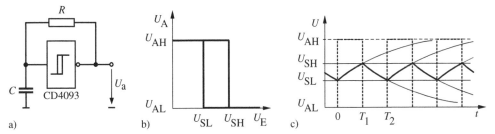

Bild 14.19 Multivibrator mit CMOS-Inverter CD4093

Bei der Schaltungsanalyse geht man von den beiden Schaltzuständen des Inverters aus.

Zustand 1:

$$U_A = U_{AH} \quad \text{falls} \quad U_E < U_{SL}$$

Zustand 2:

$$U_A = U_{AL} \quad \text{falls} \quad U_E > U_{SH}$$

Im Schaltzustand 1 erfolgt eine Aufladung des Kondensators über den Widerstand R durch die hohe Ausgangsspannung U_{AH}. Die RC-Umladekurve ergibt sich aus der Lösung einer Differenzialgleichung 1. Ordnung für das RC-Netznetzwerk.

Aus $I_C(t) = I_R(t)$ folgt

$$C\frac{d\,U_c(t)}{d\,t} = \frac{U_{AH} - U_c(t)}{R}$$

Im Schaltzustand 2 wird der Kondensator durch die nun niedrige Ausgangsspannung U_{AL} über den Widerstand R entladen. Der Vorgang wird durch eine analoge Differenzialgleichung nur mit verändertem U_A beschrieben.

Die Randbedingungen für die Lösung der Differenzialgleichungen lauten

im Zustand 1:

$$U_A(t = 0) = U_{SL}, \quad U_A(t \to \infty) = U_{AH}, \quad U_A(t = T_1) = U_{SH}$$

im Zustand 2:

$$U_A(t = 0) = U_{SH}, \quad U_A(t \to \infty) = U_{AL}, \quad U_A(t = T_2) = U_{SL}$$

Für die beiden Differenzialgleichungen kann man eine verallgemeinerte Lösung in der folgenden Form finden:

$$U_A(t) = U_A(t \to \infty) + (U_A(t = 0) - U_A(t \to \infty))\, e^{-\frac{t}{RC}}$$

Unter Berücksichtigung der konkreten Randbedingungen lassen sich aus der Lösung die Zeitdauern für die beiden Schaltzustände gewinnen.

$$T_1 = RC \cdot \ln \frac{U_{SL} - U_{AH}}{U_{SH} - U_{AH}} \qquad \text{und} \qquad T_2 - T_1 = RC \cdot \ln \frac{U_{SH} - U_{AL}}{U_{SL} - U_{AL}}$$

Dieser Multivibrator kann auch mit einem Schmitt-Trigger entsprechend Abschnitt 12.4, Beispiel 12.4 aufgebaut werden, indem der dort benutzte OPV durch zwei aufeinander folgende normale CMOS-Inverter ersetzt wird.

Zahlreiche weitere Beispiele zu Multivibratoren sind in [13.6] zu finden.

■ 14.3 Aufgaben

Aufgabe 14.1
Es ist die Übertragungsfunktion $\underline{G}_{12}(j\omega)$ des Wien-Bandpasses 2. Ordnung entsprechend Bild 14.6 zwischen den Punkten 1 und 2 der Schaltung abzuleiten.

Aufgabe 14.2
Ein Wien-Oszillator nach Abschnitt 14.1.2.2 ist für eine Schwingfrequenz von $f_S = 5$ kHz zu dimensionieren und mit PSpice zu simulieren. Dazu ist der Operationsverstärker µA 741 aus der Evaluation-Bibliothek mit ±15 V Betriebsspannung und Z-Dioden vom Typ D1N750 sowie ein $C = 47$ nF und ein $R_1 = 1$ kΩ zu verwenden.

Aufgabe 14.3
Ein 4 MHz-Quarz besitzt die Ersatzelemente $L = 100$ mH, $C_1 = 15$ fF, $C_2 = 5$ pF und $R = 100$ Ω. Er soll in einer Pierce-Schaltung bei seiner Parallelresonanzfrequenz schwingen.

a) Zu berechnen sind die Serien- und Parallelresonanzfrequenz des Quarzes.

b) Die notwendige Größe der externen Kapazitäten ist zu bestimmen.

c) Die Schaltung ist mit PSpice zu simulieren. Dazu sollte ein CMOS-Gatter der Serie 4000 benutzt werden.

15 Frequenzumsetzer

Frequenzumsetzer dienen der Transformation eines Signals in einen anderen Frequenzbereich. Grund dafür ist meistens, dass der andere Frequenzbereich besser für die Übertragung des Signals geeignet ist. Durch die Frequenztransformation soll eine bessere Anpassung des Signals an den Übertragungskanal erreicht werden.

Die umzusetzenden Nutzsignale liegen meist in der Form $X_S(t) = A_S \cdot \cos(\omega_S t)$ vor. Sie werden durch Signalfrequenz ω_S und Signalamplitude A_S charakterisiert. Eine typischerweise geforderte Eigenschaft der transformierten Signale ist deren Begrenzung auf ein Frequenzspektrum $\omega_{min} < \omega < \omega_{max}$. Man spricht in diesem Zusammenhang von Bandpasssignalen. Auf deren Basis ist es möglich mehrere Signale im Frequenzmultiplex auf unterschiedlichen Trägerfrequenzen parallel über einen Kanal zu übertragen. Typische Übertragungskanäle sind elektrische Leitungen (z. B. Telefonie, Kabelfernsehen), optische Leitungen (Glasfaserleitungen) und der Funk (Rundfunk, terrestrisches Fernsehen).

Die im Folgenden behandelten klassischen analogen Frequenzumsetzungsverfahren sollen einige Grundlagen der Frequenzumsetzung aufzeigen. Für eine weitergehende Beschäftigung mit dieser Thematik, insbesondere bezüglich der Umsetzung digitaler Signale, gibt es eine sehr große Auswahl an Literatur.

Das Aufprägen der Signalinformation auf Amplitude, Frequenz oder Phase eines höherfrequenten Trägersignals wird als *Modulation* des Trägers bezeichnet, die Rückgewinnung des Basisbandsignals aus dem modulierten Träger als *Demodulation*. Verallgemeinernd werden Frequenzumsetzer für Bandpasssignale *Mischer* genannt. Dabei wird in *Aufwärtsmischer* und *Abwärtsmischer* unterschieden.

Bei analogen *Modulationsverfahren* erfolgt eine Aufprägung des Nutzsignals der Form $X_S(t) = A_S \cdot \cos(\omega_S t)$ auf ein geeignetes sinusförmiges Trägersignal $X_T(t) = A_T \cdot \cos(\omega_T t + \varphi_T)$. Entsprechend der Beeinflussung eines der drei Kennwerte der Trägerschwingung werden die Modulationsverfahren als

- Amplitudenmodulation (AM),
- Frequenzmodulation (FM),
- Phasenmodulation (PM)

bezeichnet (siehe Bild 15.1).

In diesem Kapitel stehen die signalverarbeitenden Verfahren mit ihrer Rechenvorschrift im Vordergrund der Betrachtungen. Aus diesen wird auf anschauliche Art ein Blockschaltbild zur systemtechnischen Umsetzung abgeleitet. Für die einzelnen Baugruppen des Blockschaltbildes sind konkrete schaltungstechnische Umsetzungen bereits aus den vorangegangenen Kapiteln bekannt. Natürlich ist zu berücksichtigen, dass diese bekannten Prinziplösungen nicht in allen Fällen optimal eine geforderte Aufgabe erfüllen. Für einen Schaltungstechniker besteht eine wichtige Arbeitsaufgabe immer darin, allgemein bekannte Lösungen auf den gerade vorliegenden Anwendungsfall anzupassen. Insofern erfolgt in diesem Kapitel neben einer anschaulichen Erläuterung der Modulationsverfahren lediglich eine Darstellung von Grundprinzipien ihrer schaltungstechnischen Realisierung.

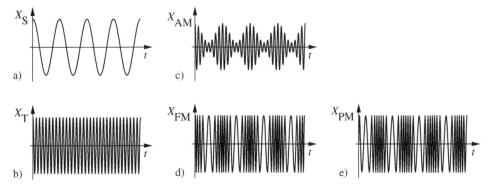

Bild 15.1 Vergleich modulierter Signale; a) Nutzsignal, b) Trägersignal, c) AM-Signal, d) FM-Signal, e) PM-Signal

■ 15.1 Amplitudenmodulation

Der mathematische Ansatz für die Amplitudenmodulation (AM) lautet

$$X_{AM}(t) = A_T(t) \cdot \cos(\omega_T t + \varphi_T) = \big(A_T + K_A \cdot X_S(t)\big) \cdot \cos(\omega_T t + \varphi_T) \tag{15.1}$$

Die Amplitude des Trägers $A_T(t)$ wird durch das informationstragende Signal $X_S(t) = A_S \cdot \cos(\omega_S t)$ additiv moduliert. Der konstante Faktor K_A stellt ein Maß für die *Modulationsstärke* dar. Solange der *Modulationsgrad m* die Bedingung

$$m = \frac{K_A A_S}{A_T} \leqq 1 \tag{15.2}$$

erfüllt, beschreibt die obere Hüllkurve des modulierten Signals bis auf den additiven konstanten Term A_T den mit K_A gewichteten Verlauf des Nutzsignals (siehe Bild 15.2).

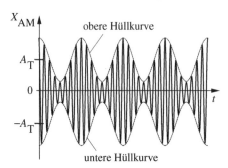

Bild 15.2 Zeitbereichsdarstellung eines amplitudenmodulierten Signals, Modulationsgrad $m = 0{,}7$

Der Nullphasenwinkel φ_T des Trägersignals ist für die Signalübertragung in der Regel bedeutungslos und bleibt deshalb in den weiteren Betrachtungen unbeachtet.

Das modulierte Trägersignal lässt sich in folgender Form schreiben:

$$X_{AM}(t) = A_T \cos(\omega_T t) + K_A A_S \cos(\omega_S t) \cos(\omega_T t) \tag{15.3}$$

$$X_{AM}(t) = A_T \cos(\omega_T t) + \frac{K_A A_S}{2} \cos\big((\omega_T - \omega_S)t\big) + \frac{K_A A_S}{2} \cos\big((\omega_T + \omega_S)t\big) \tag{15.4}$$

Demnach besteht es aus einem amplitudenkonstanten Trägerfrequenzanteil ω_T und zwei in ihrer Amplitude durch das Nutzsignal modulierten Anteilen bei den Frequenzen $\omega_T - \omega_S$ und $\omega_T + \omega_S$, die als untere und obere Seitenfrequenzen bezeichnet werden. Wenn das Nutzsignal eine veränderliche Frequenz $\omega_S \leqq \omega_g$ aufweist, wie dies bei den üblichen Audiosignalen der Fall ist, dann erweitern sich die beiden Seitenfrequenzen zu Frequenzbändern. Das untere Seitenband erstreckt sich dann entsprechend Bild 15.3 über den Bereich $\omega_T - \omega_g \leqq \omega_{uSB} \leqq \omega_T$ und das obere Seitenband über $\omega_T \leqq \omega_{oSB} \leqq \omega_T + \omega_g$.

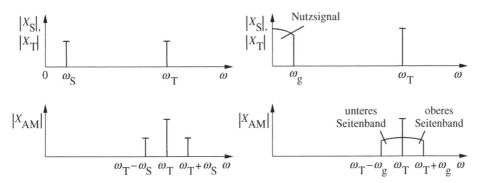

Bild 15.3 Darstellung amplitudenmodulierter Signale im Frequenzbereich; a) Modulation mit monofrequentem Nutzsignal, b) Modulation mit frequenzvariablem Nutzsignal der Bandbreite

15.1.1 AM-Modulatoren

Modulation mittels Multiplizierer. Gl. (15.1) beinhaltet bereits die Vorschrift zur schaltungstechnischen Realisierung der Amplitudenmodulation. Das Nutzsignal $X_S(t)$ ist nach einer Verstärkung mit $V = K_A$ um den additiven konstanten Term A_T zu ergänzen. Dies ist durch eine Addiererschaltung umsetzbar. Das so vorbereitete Nutzsignal muss nun mit dem kosinusförmigen Träger $\cos(\omega_T t)$ multipliziert werden (siehe Bild 15.4). Als Multiplizierer ist z. B. eine Schaltung nach Bild 12.20 geeignet. Diese ist als fertiger integrierter Baustein erhältlich. Aktuelle ICs sind die Typen MPY100 … MPY600 sowie AD633, AD734 und AD834. Wichtige Kennwerte dieser ICs sind deren Genauigkeit (…0,1 %) und Bandbreite (…500 MHz).

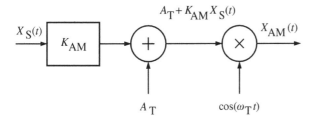

Bild 15.4 Blockschaltbild eines Amplitudenmodulators

Modulation mittels Schalter. Es ist auch möglich, den kosinusförmigen Träger durch ein Rechtecksignal $X_{T,R}(t)$, das nur die Werte $\{0,1\}$ annimmt, zu ersetzen. Der Multiplizierer kann dann auf einen einfachen Schalter zurückgeführt werden (siehe Bild 15.5). Die Multiplikation mit Null entspricht der Schalterstellung AUS, die Multiplikation mit Eins entspricht der Schalterstellung EIN.

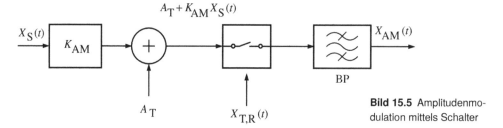

Bild 15.5 Amplitudenmodulation mittels Schalter

Wenn das Rechtecksignal ein Tastverhältnis von 0,5 aufweist, lässt es sich als Reihenentwicklung darstellen.

$$X_{T,R}(t) = \frac{1}{2} + \frac{2}{\pi} \sum_{n=0}^{\infty} \frac{(-1)^n}{2n+1} \cos((2n+1)\omega_T t) \tag{15.5}$$

$$X_{TM}(t) = \left(A_T + K_A \cdot X_S(t)\right) \left(\frac{1}{2} + \frac{2}{\pi} \sum_{n=0}^{\infty} \frac{(-1)^n}{2n+1} \cos((2n+1)\omega_T t)\right) \tag{15.6}$$

In einem nachfolgenden Bandpass der Mittenfrequenz ω_T und der Bandbreite $\Delta\omega = 2\omega_{Smax}$ müssen die durch den Gleichanteil von $X_{T,R}(t)$ bewirkte Ausgangsfrequenz ω_S und alle durch $n \geqq 1$ verursachten Anteile bei Vielfachen der Trägerfrequenz $(2n+1)\,\omega_T$ ausgefiltert werden. Das erzeugte Ausgangssignal besitzt dann die Form

$$X_{AM}(t) = \left(A_T + K_A \cdot X_S(t)\right) \cdot \frac{2}{\pi} \cos(\omega_T t) \tag{15.7}$$

Als Schalter kann z. B. ein MOSFET eingesetzt werden. Für den Bandpass eignet sich eine passive Bandpassschaltung 2. Ordnung oder höher.

Modulation an nichtlinearer Kennlinie. Eine weitere alternative Modulatorrealisierung ist die Addition von Nutzsignal und Träger mit anschließender Übertragung an einer nichtlinearen Kennlinie. Zur Verdeutlichung der Funktion ist die nichtlineare Übertragungsfunktion in eine Taylorreihe zu entwickeln.

$$Y(X) = \sum_{n=0}^{\infty} \frac{(X - X_0)^n}{n!} \frac{d^n Y}{d X^n}\bigg|_{X_0} \tag{15.8}$$

Angewendet auf eine Diode (siehe Bild 15.6) ergibt sich deren Kleinsignalstrom $i(t) = I(t) - I_0$ dann als Funktion der Kleinsignalsteuerspannung $u(t) = U(t) - U_0$ zu

$$\begin{aligned}
i(u(t)) = \sum_{n=0}^{\infty} \frac{u(t)^n}{n!} \frac{d^n i}{d u^n}\bigg|_{U_0} &= \frac{I_0}{U_T}\left(U_S \cos\omega_S t + U_T \cos\omega_T t\right) \\
&+ \frac{I_0}{2U_T^2}\left(U_S^2 \cos^2\omega_S t + 2U_S U_T \cos\omega_S t \cdot \cos\omega_T t + U_T^2 \cos^2\omega_T t\right) \\
&+ \frac{I_0}{6U_T^3}\left(U_S \cos\omega_S t + U_T \cos\omega_T t\right)^3 + \dots
\end{aligned} \tag{15.9}$$

Der geeignete Arbeitspunkt der Diode (U_0, I_0) ist durch Addition eines entsprechenden Gleichsignalanteils X_0 einzustellen. Die entstehenden quadratischen Kosinus-Terme enthalten die Frequenzanteile $2\omega_S$ und $2\omega_T$. Der Produktterm in der zweiten Zeile der Gl. (15.9) liefert die gewünschten Seitenfrequenzen bei $\omega_T \pm \omega_S$. Die Terme höherer Potenzen bewirken zusätzliche Frequenzanteile bei $n\omega_S$ und $n\omega_T$ sowie zugehörige mehrfache Seitenfrequenzen.

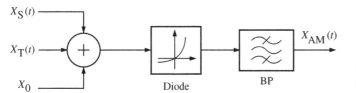

Bild 15.6 Blockschaltbild eines Diodenmodulators

Mit einem Bandpass müssen alle nicht erwünschten Frequenzanteile unterdrückt werden. Dieser Bandpass erhält entweder direkt den Diodenstrom als Eingangssignal, oder es muss noch eine Strom-Spannungs-Wandlung stattfinden, um den Bandpass mit einer Spannung ansteuern zu können. Beides erfordert den Einsatz einer geeigneten Bandpassschaltung. Bild 15.7 zeigt einen Diodenmodulator, in dem die Addition von Nutzsignal und Träger durch die induktive Kopplung zweier Übertragerwicklungen erfolgt. Der Parallel-Bandpass wird mit dem Diodenstrom gespeist. Eine zusätzliche HF-Bandsperre dient der Unterdrückung einer Rückwirkung der HF-Anteile auf die Spannung im Eingangskreis.

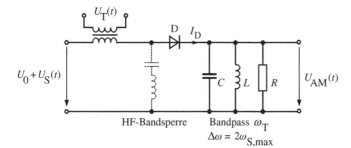

Bild 15.7 Diodenmodulator

15.1.2 AM-Demodulatoren

Die Rückgewinnung des Nutzsignals auf der Empfängerseite der Übertragungsstrecke wird als *Demodulation* bezeichnet. Aus Bild 15.2 ist zu erkennen, dass die Signalinformation eines amplitudenmodulierten Signals in dessen Hüllkurve steckt. Zur Extraktion eignen sich zwei Prinzipien.

Hüllkurvendetektion. Ein *Hüllkurvendetektor* muss zwei Funktionen erfüllen:

- Spitzenwertgleichrichtung,
- Abtrennung des Gleichanteils.

Der erste Schaltungsteil in Bild 15.8 stellt den Spitzenwertgleichrichter dar. Dessen Zeitkonstante $\tau_{GI} = C_{GI} \left(R_{GI} \| R_{HP} \right)$ ist so einzustellen, dass die Spannung $U_{SP}(t)$ der Hüllkurve ideal folgen kann. Die Grenzfrequenz des Hochpasses $\omega_{HP} = 1/ \left(C_{HP} R_{HP} \right)$ muss sicher unterhalb der kleinsten Signalfrequenz liegen. Der Hochpass muss den Gleichanteil ausreichend stark dämpfen [13.1]. Die Nichtlinearität der Diode stellt insbesondere bei kleinen Spitzenwerten des modulierten Signals ein Problem dar. Etwas Abhilfe dafür schafft eine Begrenzung des Modulationsgrades m bei der Erzeugung des modulierten Signals.

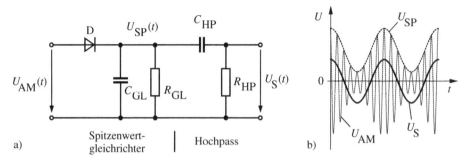

Bild 15.8 Hüllkurvendetektor

Produktdemodulation. Bei einer Multiplikation des amplitudenmodulierten Signals $X_{AM}(t)$ mit einem unmodulierten Trägersignal $X_T(t)$ gleicher Frequenz und gleicher Phase erhält man als einen Bestandteil direkt das Nutzsignal $X_S(t)$, wie Gl. (15.11) verdeutlicht. Die Signalanteile im Bereich der doppelten Trägerfrequenz können durch einen Tiefpass geeigneter Ordnung unterdrückt werden. Zum Ausfiltern des ebenfalls anfallenden Gleichanteils reicht ein einfacher Hochpass 1. Ordnung, der auch in eine nachfolgende Verstärkerstufe verlagert werden kann. Das zugehörige Blockschaltbild zeigt Bild 15.9. Wegen der notwendigen Synchronität von Eingangs-und Referenzsignal wird häufig auch der Begriff *Synchrondemodulation* benutzt.

$$X_D(t) = \big((A_T + K_A \cdot A_S \cos(\omega_S t)) \cdot \cos(\omega_T t) \big) \cdot 2 \cos(\omega_T t) \tag{15.10}$$

$$X_D(t) = A_T + K_A \cdot A_S \cos(\omega_S t) + A_T \cos(2\omega_T t) \tag{15.11}$$

$$+ \frac{K_A A_S}{2} \cos\big((2\omega_T - \omega_S)t \big) + \frac{K_A A_S}{2} \cos\big((2\omega_T + \omega_S)t \big)$$

$$X_{D,TP}(t) = A_T + K_A A_S \cos(\omega_S t) \tag{15.12}$$

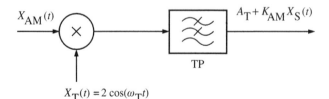

Bild 15.9 Blockschaltbild eines Synchrondemodulators

Das Hauptproblem der Realisierung eines Synchrondemodulators bildet die Bereitstellung des frequenz- und phasengleichen Trägers auf der Empfängerseite. Da eine explizite Übermittlung nicht möglich ist, muss dieser Träger aus dem Empfangssignal zurückgewonnen werden. Dafür kann eine Nachlaufsynchronisation mittels einer phasenstarren Regelschleife (PLL – <u>P</u>hase <u>L</u>ocked <u>L</u>oop) genutzt werden (Bild 15.10).

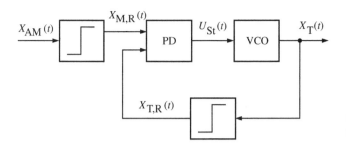

Bild 15.10 Trägerrückgewinnung mittels Nachlaufsynchronisation

Die benötigte Trägerfrequenz wird im Empfänger durch einen spannungsgesteuerten Oszillator (VCO – $\underline{V}$oltage $\underline{C}$ontrolled $\underline{O}$scillator) erzeugt. Mittels Begrenzer werden das empfangene amplitudenmodulierte Signal und der Referenzträger in die rechteckförmigen Signale $X_{M,R}(t)$ und $X_{T,R}(t)$ gewandelt, in denen nur noch die Frequenz- und Phaseninformationen enthalten sind. Ein Phasendetektor PD vergleicht beide rechteckförmigen Signale und gibt eine Spannung $U_{St}(t)$ aus, die sich proportional zur Phasendifferenz $\Delta\varphi$ der Rechtecksignale verhält. Mit der so gewonnenen Spannung wird der VCO angesteuert. Im Synchronfall ist die Steuerspannung U_{St} null und das Ausgangssignal des VCO ist frequenz- und phasengleich mit dem Empfangssignal.

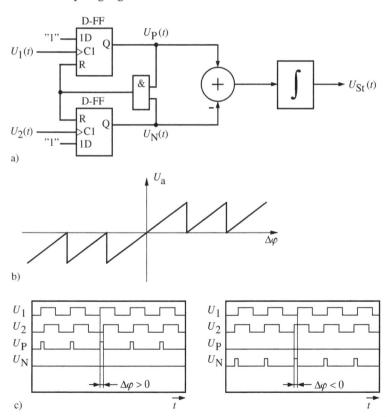

Bild 15.11 Phasendetektor für rechteckförmige Eingangssignale; a) Schaltung, b) Übertragungsverhalten, c) Signalverlauf

Die Haupteigenschaft des VCO wird durch die Beschreibung der Spannungsabhängigkeit der Ausgangsfrequenz $\omega_{VCO}(U_{St})$ ausgedrückt.

$$\omega_{VCO} = \omega_0 + k_f U_{St} \tag{15.13}$$

Der Phasendetektor verarbeitet nur Rechtecksignale. Deshalb kann er als einfache Digitalschaltung (Bild 15.11) realisiert werden. Sein Übertragungsverhalten lautet

$$U_{St} = k_{pd} \cdot \Delta\varphi = k_{pd} \cdot (\varphi(U_1) - \varphi(U_2)) \tag{15.14}$$

Der Phasendetektor liefert am P-Ausgang der Logikschaltung positive Impulse, deren Länge proportional zu einer positiven Phasendifferenz $\Delta\varphi = \varphi(U_1) - \varphi(U_2)$ der beiden Eingangssignale ist. Bei negativer Phasendifferenz entstehen am N-Ausgang entsprechende Impulse. Durch eine Integration der Differenz beider Spannungen erhält man die gewünschte Ausgangsspannung U_{St} proportional zur Phasendifferenz der beiden Signale $U_1(t)$ und $U_2(t)$. Für eine schaltungstechnische Realisierung können mit den digitalen Ausgangssignalen U_p und U_n z. B. MOSFET-Schalter angesteuert werden, die dem Integrator jeweils eine positive und eine negative Spannung zuführen.

Eine weitere Schaltungsvereinfachung wird möglich, wenn im Synchrondemodulator anstelle des rückgewonnenen phasenstarren kosinusförmigen Trägers dem Multiplizierer ein phasenstarres Rechtecksignal zugeführt wird. Dieses fällt ja nach dem Begrenzer ($X_{T,R}(t)$) ohnehin an. Der Multiplizierer kann dann auf einen einfachen Schalter reduziert werden, wie dies auch bereits bei der Modulation diskutiert wurde. Der nachfolgende Tiefpass muss dann allerdings durch einen Bandpass ersetzt werden.

■ 15.2 Frequenzmodulation

Bei der Frequenzmodulation (FM) wird durch das Nutzsignal die Frequenz des Trägers moduliert. Gl. (15.15) beschreibt diese Modulation in Form einer additiven Einwirkung des mit der *Modulationsstärke* K_F gewichteten Nutzsignals auf die Kreisfrequenz. Die Trägerfrequenz erfährt eine Änderung proportional zum Nutzsignal $X_S(t) = A_S \cdot \cos \omega_S t$. Der Nullphasenwinkel φ_T des Trägersignals ist für die Signalübertragung in der Regel bedeutungslos und bleibt deshalb in den Betrachtungen unbeachtet.

$$X_{FM}(t) = A_T \cdot \cos((\omega_T + K_F \cdot X_S(t)) \cdot t) = A_T \cdot \cos(\omega_T t + K_F X_S(t) \cdot t) \tag{15.15}$$

Die durch das Nutzsignal verursachte maximale Änderung der Trägerfrequenz $\Delta\omega = K_F \cdot A_S$ wird als *Frequenzhub* bezeichnet, dessen relative Änderung als *Modulationsindex* η. Als Zusammenhang ergibt sich

$$\eta = \frac{\Delta\omega}{\omega_S} = \frac{K_F A_S}{\omega_S} \tag{15.16}$$

Die momentane Frequenz ω_m des modulierten Signals ist eine zeitabhängige Größe. Die durch sie verursachte Momentanphase φ_m des modulierten Signals $X_{FM}(t) = A_T \cdot \cos\varphi_m(t)$

ergibt sich durch Integration über den „Weg des rotierenden Zeigers", dessen Projektion auf die reelle Achse die Kosinus-Funktion ergibt.

$$\varphi_m = \int\limits_0^t \omega_m(\tau) \cdot d\tau = \omega_T t + \int\limits_0^t K_F X_S(\tau) \cdot d\tau \qquad (15.17)$$

Aus dieser Gleichung lässt sich die Momentanfrequenz ω_m auf die Änderungsgeschwindigkeit der Momentanphase $d\varphi_m/dt$ zurückführen bzw. als solche interpretieren.

$$\frac{d\varphi_m}{dt} = \frac{d\left(\omega_T t + K_F X_S(t)\right)}{dt} = \omega_T + \frac{d\varphi(t)}{dt} = \omega_m \qquad (15.18)$$

Bei einer Fourierzerlegung des frequenzmodulierten Signals wird die Momentanfrequenz nicht sichtbar, da dort vom eingeschwungenen Zustand eines Systems und somit von zeitlich konstanten Frequenzanteilen ausgegangen wird.

Bei Modulation mit einem kosinusförmigen Signal $X_S(t) = A_S \cdot \cos \omega_S t$ ist es im Hinblick auf die Analyse im Frequenzbereich unter Nutzung der Gln. (15.18) und (15.16) üblich, das frequenzmodulierte Signal in einer Form zu schreiben, die den Modulationsindex η enthält.

$$X_{FM}(t) = A_T \cdot \cos\left(\omega_T t + K_F A_S \int\limits_0^t \cos(\omega_S \tau) \cdot d\tau\right) = A_T \cdot \cos\left(\omega_T t + \frac{K_F A_S}{\omega_S} \sin(\omega_S t)\right)$$

$$= A_T \cdot \cos\left(\omega_T t + \eta \sin(\omega_S t)\right) \qquad (15.19)$$

Eine Reihenentwicklung des frequenzmodulierten Signals aus Gl. (15.19) ergibt sich nach [15.1] in der Form

$$X_{FM}(t) = A_T J_0(\eta) \cos(\omega_T t) \qquad (15.20)$$

$$+ A_T \sum_{n=1}^{\infty} (-1)^n J_n(\eta) \cos\left((\omega_T - n\omega_S)t\right) + A_T \sum_{n=1}^{\infty} J_n(\eta) \cos\left((\omega_T + n\omega_S)t\right)$$

Darin sind $J_n(\eta)$ die Besselfunktionen erster Art. Diese stellen kontinuierliche Funktionen von η dar. Durch die unendliche Summe über diese Besselfunktionen bestehen die Spektren von unterem Seitenband $\omega_T - n\omega_S < \omega < \omega_T$ und oberem Seitenband $\omega_T < \omega < \omega_T + n\omega_S$ aus unendlich vielen Spektrallinien im Abstand der Nutzsignalfrequenz ω_S. Demzufolge ist das Frequenzband eines frequenzmodulierten Signals unendlich breit.

Es ergibt sich die Frage, auf welche Bandbreite die Signalübertragung begrenzt werden darf, ohne inakzeptable Verfälschungen des Nutzsignals zu erhalten. Bei einem sinusförmigen Nutzsignal entfallen 99 % der Leistung des modulierten Signals auf den Frequenzbereich $\omega_T - (\eta + 1)\omega_S < \omega < \omega_T + (\eta + 1)\omega_S$. Die restlichen nicht übertragenen Signalanteile bewirken einen Klirrfaktor von ca. 1 %. Die Breite dieses Frequenzbandes wird als *Carson-Bandbreite* B_{FM} bezeichnet [15.2].

$$B_{FM} = 2(\eta + 1)\frac{\omega_S}{2\pi} = \frac{2}{2\pi}(\omega_S + \Delta\omega) \qquad (15.21)$$

Bild 15.12 zeigt das Spektrum eines frequenzmodulierten Signals bei einem monofrequenten sinusförmigen Nutzsignal. Die Amplitude der letzten innerhalb der Carson-Bandbreite liegenden Spektrallinie beträgt 10 % der Maximalamplitude. Zu erkennen ist, dass bei dem

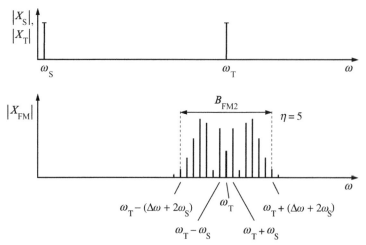

Bild 15.12 Spektrum eines frequenzmodulierten Signals bei einem monofrequenten sinusförmigen Nutzsignals bei $\eta = 5$

gewählten Modulationsindex $\eta = 5$ die Amplitude der Trägerfrequenz relativ klein ist. Für $\eta = 2{,}4$ verschwindet die Trägeramplitude ganz, da die Besselfunktion $J_0(\eta)$ dort eine Nullstelle aufweist.

Gelegentlich wird in der Literatur die Carson-Bandbreite mit

$$B_{\text{FM2}} = 2(\eta + 2)\frac{\omega_S}{2\pi} = \frac{2}{2\pi}(2\omega_S + \Delta\omega) \tag{15.22}$$

angegeben. Dann werden Signalamplituden bis 5 % der Maximalamplitude für die Übertragung berücksichtigt, sodass der Klirrfaktor von 1 % auch bei multifrequentem Nutzsignal nicht überschritten wird.

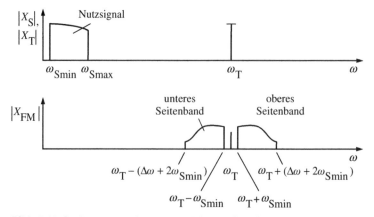

Bild 15.13 Spektrum eines frequenzmodulierten Signals

Für die Übertragung eines Signalfrequenzbandes $0 < \omega_S < \omega_{S,\text{max}}$ ergibt sich bei vorgegebenen Frequenzhub $\Delta\omega$ der minimale Modulationsindex zu

$$\eta_{\text{min}} = \frac{\Delta\omega}{\omega_{S,\text{max}}} \tag{15.23}$$

und folglich die *Carson-Bandbreite* zu

$$B_{FM2} = 2(\eta_{min} + 2)\frac{\omega_{S,max}}{2\pi} = \frac{2}{2\pi}(2\omega_{S,max} + \Delta\omega) \qquad (15.24)$$

Das Spektrum eines solchen FM-Signals zeigt Bild 15.13.

Bei der heutigen UKW-Rundfunkübertragung lauten die Parameter der Frequenzmodulation

$$f_{S,max} = \frac{\omega_{S,max}}{2\pi} = 15\,kHz, \quad \Delta f = \frac{\Delta\omega}{2\pi} = 75\,kHz, \quad \eta_{min} = 5 \text{ und } B_{FM} = 180\,kHz$$

15.2.1 FM-Modulatoren

Das Grundprinzip der schaltungstechnischen Realisierung einer Frequenzmodulation lässt sich aus den Gln. (15.15) und (15.13) ableiten. Es wird ein spannungsgesteuerter Oszillator (VCO) benötigt, dessen konstante Signalamplitude den Wert A_T besitzt (Bild 15.14a). Seine Momentanfrequenz wird direkt durch das Steuersignal beeinflusst.

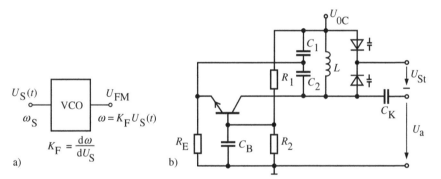

Bild 15.14 Spannungsgesteuerter Oszillator als Frequenzmodulator; a) Schaltsymbol, b) Colpitts-Oszillator in Basisschaltung

Bild 15.14 zeigt als Realisierungsbeispiel einen *Colpitts-Oszillator* in Basisschaltung. Die Variation seiner Schwingfrequenz erfolgt über die Änderung der wirksamen Gesamtkapazität des Parallelschwingkreises durch Steuerung der Arbeitspunktspannung der *Kapazitätsdioden*.

Tabelle 15.1 Integrierte VCOs

Typ	f_{max} in kHz	Linearität	Tastverhältnis
LM331A	100	0,01 %	variabel
AD654	500	0,30 %	0,5
XR2207	1000	5 %	0,5
AD650	1000	0,07 %	variabel
VFC110	4000	0,02 %	variabel
74AC4046	17 000	2 … 10 %	0,5

Spannungsgesteuerte Oszillatoren sind auch als integrierte Schaltkreise verfügbar. Diese erzeugen jedoch meist eine rechteckförmige Ausgangsspannung. Durch einen nachfolgenden Bandpass ist diese in ein sinusförmiges Signal wandelbar.

15.2.2 FM-Demodulatoren

Zur Rückgewinnung des Signals auf der Empfängerseite der Übertragungsstrecke ist eine Auswertung der Momentanfrequenz ω_m des modulierten Signals erforderlich. Für die analoge Schaltungsrealisierung eignen sich zwei Verfahren.

Diskriminator. In einem *Diskriminator* erfolgt zunächst eine Umwandlung des FM-Signals in ein amplitudenmoduliertes Signal. Dieses AM-Signal wird anschließend mit einem Hüllkurvendetektor (siehe Bild 15.8) demoduliert.

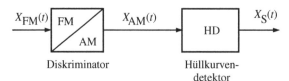

Diskriminator   Hüllkurven-   **Bild 15.15** FM-Demodulation
                                  detektor   mittels Diskriminator

Zur FM-AM-Umwandlung eignet sich im einfachsten Fall ein Differenzierer. Dessen Ausgangssignalamplitude verhält sich dann proportional zur Momentanfrequenz ω_m.

$$X_{AM}(t) = \frac{\mathrm{d}X_{FM}(t)}{\mathrm{d}t} = \frac{\mathrm{d}}{\mathrm{d}t}A_T \cdot \cos(\omega_m t) = \omega_m A_T \cdot \sin(\omega_m t) \tag{15.25}$$

Bei einem *Flankendiskriminator* wird die Flanke der Resonanzkurve eines Schwingkreises zur FM-AM-Umwandlung ausgenutzt. Diese beschreibt ein frequenzabhängiges Übertragungsverhalten. Liegt die Mittenfrequenz ω_T des FM-Signals auf der Flanke der Resonanzkurve, dann ist die Amplitude des entstehenden Ausgangssignals proportional zur Momentanfrequenz ω_m des FM-Signals. Um eine gute Linearität der Betragsfunktion des Übertragungsverhaltens zu erzielen, werden beim Gegentakt-Flankendiskriminator zwei gegeneinander leicht verstimmte Schwingkreise genutzt (siehe Bild 15.16). Die sich überlagernden Flanken der beiden *RLC*-Schwingkreise müssen einen linearen Übertragungsbereich des Flankendiskriminators liefern, dessen Breite der Carson-Bandbreite B_{FM} des FM-Signals entspricht [13.6]. Dazu werden für die Bandbreite der Resonanzkreise ca. $4\Delta\omega$ und den Abstand der beiden Resonanzfrequenzen (ω_{r1}, ω_{r2}) ca. $5\Delta\omega$ gefordert.

Im Gegentakt-Flankendiskriminator aus Bild 15.16 wird das FM-Signal parallel auf zwei Resonanzkreise geführt. Die entstehenden amplitudenmodulierten Signale U_1 und U_2 erfahren eine getrennte Spitzenwertgleichrichtung (Hüllkurvendetektion). Die Differenz beider bildet das demodulierte Ausgangssignal $U_S(t)$.

PLL-Demodulator. Bei der PLL-Demodulation wird die Nachlaufsynchronisation mittels einer Phasenregelschleife (Phase Locked Loop) zur Demodulation eines FM-Signals genutzt. Innerhalb der Regelschleife wird die Phasenlage eines im Empfänger durch einen spannungsgesteuerten Oszillator (VCO) erzeugten Referenzsignals an die Phasenlage des FM-Signals angepasst. Dabei bewirkt die phasenstarre Regelschleife, dass die im Phasendetektor gewonnene Steuerspannung $U_{St}(t)$ für den VCO proportional zur Momentanfrequenz

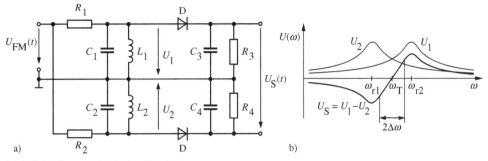

Bild 15.16 Gegentakt-Flankendiskriminator

des FM-Signals sein muss. Das Blockschaltbild eines solchen PLL-Demodulators zeigt Bild 15.17. Funktion und Baublöcke innerhalb der Phasenregelschleife entsprechen vollständig den Betrachtungen zu Bild 15.10. Die Ableitung des Übertragungsverhaltens des Demodulators $dU_{St}/d\omega$ entspricht dem Kehrwert der Übertragungseigenschaft K_F des VCO.

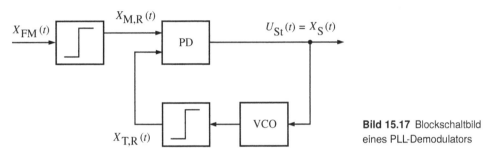

Bild 15.17 Blockschaltbild
eines PLL-Demodulators

■ 15.3 Phasenmodulation

Bei der Phasenmodulation (PM) erfolgt die direkte Variation der Momentanphase φ_m des Trägers durch das mit der *Modulationsstärke* K_P gewichtete Nutzsignal $X_S(t) = A_S \cdot \cos \omega_S t$.

$$X_{FM}(t) = A_T \cdot \cos(\varphi_m) = A_T \cdot \cos\left(\omega_T t + K_P X_S(t)\right) \qquad (15.26)$$

Die Momentanphase erfährt eine Änderung proportional zum Nutzsignal. Der Nullphasenwinkel φ_T des Trägersignals ist für die Signalübertragung in der Regel bedeutungslos und bleibt deshalb in den Betrachtungen unbeachtet.

Verwandtschaft von Phasen- und Frequenzmodulation

Mithilfe der Gln. (15.17) und (15.18) lassen sich eine enge Verwandtschaft zwischen Phasenmodulation und Frequenzmodulation ableiten. Eine Phasenmodulation kann auch als Frequenzmodulation mit der Momentanfrequenz $\omega_m = d\varphi_m/dt$ aufgefasst werden.

$$X_{PM}(t) = A_T \cdot \cos(\omega_m t) \qquad (15.27)$$

$$= A_T \cdot \cos\left(\frac{d}{dt}\left(\omega_T t + K_P X_S(t)\right) t\right) = A_T \cdot \cos\left(\left(\omega_T + K_P \frac{dX_S(t)}{dt}\right) t\right)$$

Phasenmodulation und Frequenzmodulation bewirken also beide eine Modulation der Momentanfrequenz und der Momentanphase des Trägers. Beide hängen unmittelbar zusammen. Somit gelten auch alle Betrachtungen zur Beschreibung sinusförmiger FM-Signale im Frequenzbereich in gleicher Weise für phasenmodulierte Signale. Die entstehenden Spektren sind identisch. Deshalb wird auch verallgemeinernd der Begriff *Winkelmodulation* für beide Verfahren verwendet.

Ein Unterschied besteht lediglich in der Proportionalität von Nutzsignal und Momentanphase bzw. Momentanfrequenz. Bei der Phasenmodulation besteht Proportionalität zwischen Nutzsignal und Momentanphase, oder anders ausgedrückt, zwischen Nutzsignal und Phasenhub $\Delta\varphi = K_P A_S$. Bei der Frequenzmodulation besteht Proportionalität zwischen Nutzsignal und Momentanfrequenz bzw. Frequenzhub $\Delta\omega = K_F A_S$. Der Frequenzhub eines PM-Signals nimmt dagegen proportional mit der Signalfrequenz ω_S zu.

15.3.1 PM-Modulatoren

Aus schaltungstechnischer Sicht erfordert eine nach Gl. (15.27) mögliche Rückführung der Phasenmodulation auf eine Frequenzmodulation, dass das Nutzsignal in differenzierter Form einem FM-Modulator zugeführt wird. Das Blockschaltbild in Bild 15.18 verdeutlicht dies.

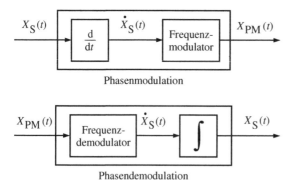

Bild 15.18 Verwandtschaft zwischen Phasen- und Frequenzmodulation

Phasenschiebermodulator. Eine direkte schaltungstechnische Umsetzung der Phasenmodulation erfordert einen *Phasenschieber*, durch den die Phase des Trägers direkt proportional zum Nutzsignal verändert werden kann. Ein solcher Phasenschieber beeinflusst nur die Phase eines übertragenen Signals. Er weist i. Allg. eine frequenzabhängige Phasenverschiebung auf. Sein Amplitudenfrequenzgang ist konstant. Aus diesem Grund werden derartige Schaltungen auch als *Allpass* bezeichnet. Für die Anwendung als Phasenmodulator muss die Phasenverschiebung proportional zum Nutzsignal variiert werden können. Das Spannungsübertragungsverhalten der in Bild 15.19 dargestellten Schaltung lautet mit $\tau = RC_{ges}$

$$\underline{V}_u = \frac{\underline{U}_a}{\underline{U}_e} = \frac{1 - j\omega\tau}{1 + j\omega\tau} \tag{15.28}$$

Die Gesamtkapazität C_{ges} ergibt sich aus der Reihenschaltung der spannungsabhängigen Sperrschichtkapazität der Kapazitätsdiode $C_D(U)$ und der Festkapazität C. Für den Fall

$C_D \ll C$ entspricht sie in guter Näherung dem Wert von C_D. Für diesen Fall ergibt sich der Phasenfrequenzgang zu

$$\varphi_u \cong -2 \arctan\left(\omega R C_D (U_S)\right) \tag{15.29}$$

Da die Kapazitätsdiode eine nichtlinear von der Sperrspannung abhängige Kapazität besitzt, sind nur bei geringem Phasenhub $\Delta\varphi$ annähernd lineare Übertragungseigenschaften zu erwarten. Außerdem wird die Signalfrequenz über die Kapazitätsdiode auf den P-Eingang des OPV gekoppelt und führt so zu einer zusätzlichen Amplitudenmodulation des Trägers. Diese muss im Nachgang durch einen Hochpass unterdrückt werden.

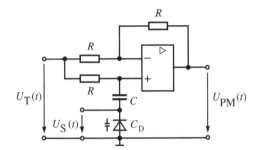

Bild 15.19 Phasenschiebermodulator

15.3.2 PM-Demodulatoren

Wegen der Verwandtschaft von Phasen- und Frequenzmodulation lässt sich auch die Demodulation eines PM-Signals mittels eines FM-Demodulators ausführen. Das demodulierte Signal muss dann lediglich durch eine Integration in das ursprüngliche Nutzsignal rückgewandelt werden (siehe Bild 15.18).

■ 15.4 Mischer

Der Begriff Mischer steht verallgemeinernd für einen Frequenzumsetzer. Ein *Aufwärtsmischer* transformiert das Signal in einen höheren Frequenzbereich. Ein *Abwärtsmischer* setzt das Signal in einen niedrigeren Frequenzbereich um. Die Aufwärtsmischung erfolgt in der Regel, um ein Signal besser an einen hochfrequenten Übertragungskanal anzupassen. Die Abwärtsmischung ist dann die notwendige Rücktransformation auf der Empfängerseite.

Betrachtet man ein verallgemeinertes Signal als ein Gemisch verschiedener Spektralanteile z. B. in Form eines Bandpasssignals $\omega_{min} < \omega < \omega_{max}$, dann werden dadurch sowohl die ursprünglichen Basisbandsignale als auch unterschiedlich modulierte Signale (AM, FM, PM) erfasst.

Für derartige Signale kann eine Frequenzumsetzung durch eine Multiplikation mit einem reinen Sinussignal erfolgen. Dabei entstehende unerwünschte Spektralanteile müssen durch einen nachfolgenden Bandpass unterdrückt werden (siehe Bild 15.20).

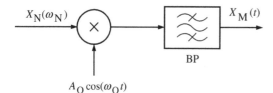

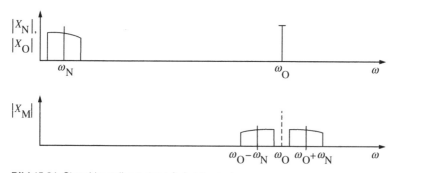

Bild 15.20 Idealer Multiplizierer als Mischer

In diesem Sinne sind Amplitudenmodulatoren und -demodulatoren als Sonderfall eines Mischers anzusehen.

Aufwärtsmischer

Entsprechend Bild 15.20 wird das Nutzsignal $X_N(t) = A_N(t) \cos\left(\omega_N t + \varphi(t)\right)$, ein Bandpasssignal mit der Mittenfrequenz ω_N, mit einem Oszillatorsignal $X_O(t) = A_O \cos\left(\omega_O t\right)$ konstanter Amplitude A_O und Frequenz $\omega_O \gg \omega_N$ multipliziert.

$$X_M(t) = A_N(t) \cos\left(\omega_N t + \varphi(t)\right) \cdot A_O \cos(\omega_O t) \tag{15.30}$$
$$= \frac{A_N(t)A_O}{2} \cos\left((\omega_O - \omega_N)\, t - \varphi(t)\right) + \frac{A_N(t)A_O}{2} \cos\left((\omega_O + \omega_N)\, t + \varphi(t)\right)$$

Bild 15.21 Signaldarstellung eines Aufwärtsmischers

Im Ergebnis entsteht ein höherfrequentes Signal mit einem unteren und einem oberen Frequenzband der Bandbreite des Nutzsignals symmetrisch zur Oszillatorfrequenz (Bild 15.21). Durch einen nachfolgenden Bandpass wird i. Allg. das obere Frequenzband für die weitere Übertragung ausgewählt.

Abwärtsmischer

Zum Abwärtsmischen kann die gleiche Grundstruktur genutzt werden. Dazu muss die Oszillatorfrequenz kleiner als die Frequenz des zugeführten HF-Signals sein. Als Mischprodukt erhält man die folgende Beziehung:

$$X_M(t) = A_{HF}(t) \cos\left(\omega_{HF} t + \varphi(t)\right) \cdot A_O \cos(\omega_O t) \tag{15.31}$$
$$= \frac{A_{HF}(t)A_O}{2} \cos\left((\omega_{HF} - \omega_O)\, t + \varphi(t)\right) + \frac{A_{HF}(t)A_O}{2} \cos\left((\omega_O + \omega_{HF})\, t + \varphi(t)\right)$$

Das Multiplikationsergebnis besteht aus dem gewünschten Nutzsignal bei der Frequenz $\omega_M = \omega_{HF} - \omega_O$ und aus einem Anteil in der Nähe der doppelten Oszillatorfrequenz (Bild 15.22). Ein nachfolgender Bandpass mit der Mittenfrequenz $\omega_M = \omega_{HF} - \omega_O$ dient zur Auswahl des erwarteten Nutzsignals.

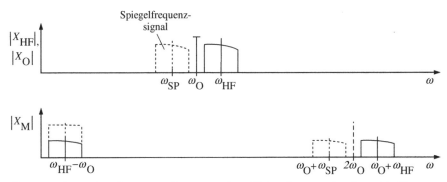

Bild 15.22 Signaldarstellung eines Abwärtsmischers (Spiegelfrequenzsignal gestrichelt)

Spiegelfrequenzproblem

In einem Abwärtsmischer wird jedoch auch ein Signal, das im Frequenzbereich der Spiegelfrequenz $\omega_{SP} = \omega_O - \omega_M$ liegt, in den Frequenzbereich des niederfrequenten Nutzsignals transformiert. Dieser Signalanteil ist in Bild 15.22 schraffiert dargestellt.

$$X_M(t) = A_{SP}(t) \cos\left(\omega_{SP} t + \varphi(t)\right) \cdot A_O \cos(\omega_O t) \tag{15.32}$$
$$= \frac{A_{SP}(t) A_O}{2} \cos\left((\omega_O - \omega_{SP})\, t - \varphi(t)\right) + \frac{A_{SP}(t) A_O}{2} \cos\left((\omega_O + \omega_{SP})\, t + \varphi(t)\right)$$

Um Störungen durch dieses Spiegelfrequenzsignal zu vermeiden, darf die Übertragungsstrecke kein Signal in diesem Frequenzbereich enthalten. Dies ist insbesondere bei einer Frequenzmultiplex-Übertragung zu beachten.

Ein üblicher Anwendungsfall für Abwärtsmischer tritt in Rundfunk- und Fernsehempfängern auf. Die hochfrequent übertragenen Signale werden zunächst auf eine einheitliche Zwischenfrequenz (ZF) herabgemischt, ehe dann im Demodulator die Rücktransformation in das Basisband stattfindet (Superhet-Empfänger, Bild 15.23). Das hat den Vorteil, dass die erforderlichen sehr schmalbandigen Bandpassfilter hoher Ordnung zur Unterdrückung unerwünschter Mischprodukte und Nachbarsender fest auf die Zwischenfrequenz ω_{ZF} eingestellt werden können. Die Senderabstimmung ist dann durch die Variation der Oszillatorfrequenz ω_O möglich. Zur Unterdrückung von Spiegelfrequenzstörungen ist ein abstimmbarer Bandpass vor dem Mischer erforderlich. An dessen Güte bestehen jedoch nur vergleichsweise geringe Anforderungen.

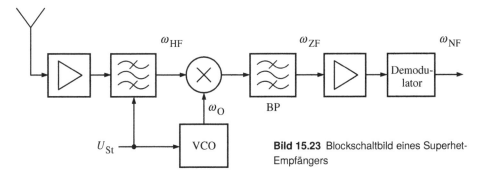

Bild 15.23 Blockschaltbild eines Superhet-Empfängers

Schaltungstechnische Realisierung von Mischern

Zur schaltungstechnischen Realisierung eines Mischers können prinzipiell die im Abschnitt 15.1 behandelten AM-Modulatoren benutzt werden. Es werden die Prinzipien von

- multiplikativer Mischung und
- additiver Mischung an einer nichtlinearen Kennlinie

eingesetzt. Da es sich um die Übertragung hochfrequenter Signale handelt, kommen insbesondere Dioden- und Transistorschaltungen mit geeigneten Hochfrequenzbauelementen infrage. In [13.6] wird eine Vielzahl von Schaltungen aufgezeigt. Mischer für die Frequenzbereiche der heute üblichen funk- und kabelgebundenen Übertragungsstrecken sind auch als integrierte Schaltungen erhältlich.

16 Stromversorgungseinheiten

Stromversorgungseinheiten, auch Netzgeräte genannt, dienen zur Erzeugung der von elektronischen Schaltungen benötigten Gleichspannungen. Sie bestehen aus drei Baublöcken:

- Gleichrichterschaltung (inkl. Spannungstransformation),
- Siebschaltung zur Glättung der Gleichspannung,
- Stabilisierung der Gleichspannung gegen Schwankungen der Eingangsspannung, der Last und der Temperatur.

Im Netzgleichrichter wird die Netzwechselspannung in eine Wechselspannung der benötigten Größe transformiert und anschließend gleichgerichtet. Die Siebschaltung dient der Verringerung der Welligkeit der Gleichspannung. Meist ist zu diesem Zweck die Gleichrichterschaltung lediglich um einen einfachen Siebkondensator erweitert. Die anschließende Stabilisierung der Gleichspannung dient dem Ausgleich von Netzspannungs- und Belastungsschwankungen.

◼ 16.1 Gleichrichterschaltungen

Die hier betrachteten Gleichrichterschaltungen beinhalten bereits einen Siebkondensator. Eine Unterteilung der Schaltungsvarianten erfolgt nach der Anzahl der Ladestromwege (Einweg- bzw. Zweiweggleichrichtung) und nach der Art der Schaltung des Transformators und der Gleichrichterdioden.

Einweggleichrichter. Die einfachste Schaltung ist die Einweggleichrichtung mit einer Diode und dem Siebkondensator (Ladekondensator C_L) nach Bild 16.1a. Ein Ladestrom fließt über die Diode auf den Kondensator C_L, wenn die transformierte Eingangsspannung U_e um mehr als die Diodenflussspannung U_{F0} größer als die Ausgangsspannung U_a der Schaltung ist. Bei geringem Laststrom I_a kann der Kondensator bis auf $U_{a\,max} = \hat{U}_e - U_{F0}$ geladen werden. Bei größerem Laststrom wird dieser Wert in der Regel nicht erreicht. Während der negativen Halbwelle der Eingangsspannung führt der Ausgangsstrom I_a zu Entladung des Kondensators. Über der Diode liegt dann eine maximale Sperrspannung von $U_{SP\,max} = 2\hat{U}_e$.

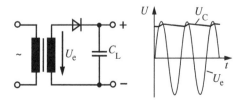

Bild 16.1 Einweggleichrichter;
a) Schaltung, b) Spannungsverläufe

Zweiweggleichrichter mit Mittelanzapfung. Diese Schaltung (Bild 16.2) liefert aus den beiden Sekundärwicklungen des Transformators zwei gegenphasige Wechselspannungen, die auf den Ladekondensator gleichgerichtet werden. Ein Nachladen des Ladekondensators erfolgt während der positiven Halbwelle der Netzspannung über die Diode D1 und während der negativen Halbwelle über die Diode D2. Für beide Dioden ergeben sich die gleichen Anforderungen bezüglich Sperrspannungsfestigkeit. Die Ausgangsspannung kann maximal den Wert $U_{a\,max} = \hat{U}_e - U_{F0}$ erreichen. Da der Ladekondensator in einer Periode der Netzfrequenz zweimal nachgeladen wird, kann sein Kapazitätswert im Vergleich zur Einwegschaltung halbiert werden.

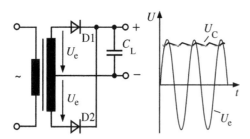

Bild 16.2 Zweiweggleichrichter mit Mittelanzapfung

Brückengleichrichter. Durch die Nutzung einer Brückenschaltung von vier Dioden (Graetz-Brücke, Bild 16.3) wird der Kondensator C_L während der positiven und negativen Halbwelle der Netzwechselspannung nachgeladen. Da der Ladestrom jeweils über zwei Dioden fließt, beträgt die maximal erreichbare Ausgangsspannung $U_{a\,max} = \hat{U}_e - 2U_{F0}$. Die maximale Sperrspannung teilt sich jedoch auf beide Dioden gleichmäßig auf, sodass deren Durchbruchspannung lediglich $U_{SP\,max} = \hat{U}_e$ betragen muss.

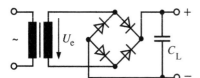

Bild 16.3 Brückengleichrichter

Mittelpunktgleichrichterschaltung. Zur Erzeugung zweier erdsymmetrischer Gleichspannungen, wie sie z. B. für den Betrieb von Operationsverstärkern benötigt werden, eignet sich die Mittelpunktschaltung (Bild 16.4). Durch die Diodenbrücke ist ein gleichzeitiges Nachladen beider Kondensatoren während der positiven und der negativen Halbwelle möglich. Es liegt also eine doppelte Zweiweggleichrichterschaltung vor. Für die maximale Ausgangsspannung gilt

$$U_{a1\,max} = -U_{a2\,max} = \hat{U}_e - 2U_{F0}$$

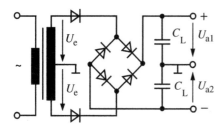

Bild 16.4 Mittelpunktgleichrichterschaltung

Gleichrichterberechnung. Die Berechnung einer Gleichrichterschaltung erfolgt hier anhand eines allgemeinen Ersatzschaltbildes (Bild 16.5), in dem der Transformator durch eine Wechselspannungsquelle mit dem Innenwiderstand R_i (ohmscher Widerstand der Transformatorwicklung) dargestellt wird. Die Gleichrichterdiode ist im Fall des Brückengleichrichters durch die Reihenschaltung von zwei Dioden zu ersetzen. Der Lastwiderstand R_L ergibt sich als Ersatzwiderstand aus dem angestrebten Laststrom I_a und der gewünschten Ausgangsspannung U_a. Eine konstante Ausgangsspannung ist jedoch nur bei unendlich großem Ladekondensator C_L erreichbar. Im Normalfall verläuft die Ausgangsspannung entsprechend einer Lade- und Entladekurve des Kondensators (siehe Bild 16.5). Die verbleibende Ausgangsspannungsschwankung wird häufig als Brummspannung U_{BrSS} bezeichnet. Die Anzahl der Ladezyklen je Periode wird durch den Parameter N berücksichtigt. $N = 1$ steht für Einweggleichrichtung, $N = 2$ für die Zweiweggleichrichtervarianten.

Ziel der Schaltungsdimensionierung ist die Berechnung der erforderlichen Größe des Ladekondensators C_L und der notwendigen Eingangsspannungsamplitude $\hat{U}_e$ bei vorgegebener Ausgangsspannung U_a, gewünschtem Laststrom I_a und verbleibender Brummspannung U_{BrSS}. Die Größe des Ladekondensators resultiert aus der geforderten Brummspannung. Setzt man bei gesperrter Diode für den Ausgangsstrom (Laststrom) einen konstanten Mittelwert $\overline{i_a(t)} = I_a$ ein, resultiert daraus ein linearer Verlauf der Entladekurve der Kondensatorspannung und es ergibt sich die abfließende Ladung während der Entladezeit.

$$Q_{ab} = C_L U_{BrSS} = I_a \left(\frac{T}{N} - t_1 \right) \tag{16.1}$$

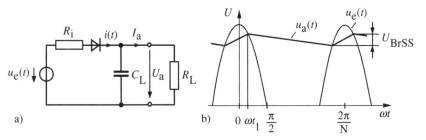

Bild 16.5 a) Gleichrichter-Ersatzschaltung, b) Spannungsverläufe

Die Nachladezeit $2t_1$ wird meist durch den Stromflusswinkel Θ des Diodenstromes ausgedrückt. Es gilt

$$\frac{\Theta}{2} = \alpha = \omega t_1 \tag{16.2}$$

mit $\omega = 2\pi f_n = 2\pi / T = 2\pi \cdot 50$ Hz. Setzt man auch während der Nachladezeit, also bei leitender Diode, einen konstanten Mittelwert für den über R_i fließenden Nachladestrom $\overline{i_R(t)} = I_R$ an, dann ergibt sich für die auf den Kondensator C_L nachfließende Ladung $Q_{zu} = I_R 2t_1$. Dabei muss allerdings $I_R > I_a$ gelten. Das Verhältnis beider hängt von der Nachladezeit t_1 oder dem Stromflusswinkel 2α ab. Bei konstanter Last muss über die gesamte Periode der Wechselspannung ein Gleichgewicht zwischen zufließender und abfließender Ladung bestehen.

Daraus leitet sich die Größe des Nachladestromes ab.

$$I_R = I_a \frac{\omega T}{2\alpha N}$$

Die Differenz von zufließender und abfließender Ladung während der Nachladephase führt auf eine Beziehung für die erforderliche Größe des Ladekondensators C_L.

$$C_L = \frac{I_a}{U_{BrSS}} \left(\frac{T}{N} - \frac{2\alpha}{\omega} \right) = \frac{I_a}{U_{BrSS} f_n} \left(\frac{1}{N} - \frac{\alpha}{\pi} \right) \tag{16.3}$$

In den beiden letzten Gleichungen ist zunächst noch der unbekannte Stromflusswinkel α enthalten. Erst wenn bekannt ist, wie viel Nachladestrom die Quelle liefern kann, ist der Stromflusswinkel bestimmbar. Von der Quelle werden zu diesem Zweck die Leerlaufspannung U_e und der Innenwiderstand R_i benötigt. Erst mit diesen Werten können dann auch die mittleren Ströme I_a und I_R sowie unter Berücksichtigung des Zusammenhangs $U_a = I_a R_L$ die mittlere Ausgangsspannung $\overline{U_a(t)} = U_a$ bestimmt werden. Letztere wirkt sich jedoch wieder auf den Stromflusswinkel aus, wie in Bild 16.5 leicht zu erkennen ist. Mit sinkender Quellspannung U_e und steigendem Innenwiderstand R_i der Quelle sinkt der Mittelwert der Ausgangsspannung $\overline{u_a(t)} = U_a$.

Auf eine Analyse des entstehenden Gleichungssystems wird hier verzichtet, zumal eine analytische Lösung nur mit weiteren Näherungen möglich ist. In [13.6] werden Näherungsbeziehungen zur Bestimmung des Ladekondensators C_L bei vorgegebener Brummspannung U_{BrSS} und Last (I_a, R_L) sowie des Idealwertes der Ausgangsspannung U_{aI} bei Belastung mit R_L und Einsatz eines unendlich großen Ladekondensators angegeben.

$$C_L = \frac{I_a}{U_{BrSS} N f_n} \left(1 - \sqrt[4]{\frac{R_i}{N R_L}} \right) \tag{16.4}$$

$$U_{aI} = U_{a\max} \left(1 - \sqrt{\frac{R_i}{N R_L}} \right) \tag{16.5}$$

Unter Berücksichtigung der konkreten Gleichrichterschaltung und Tabelle 16.1 kann die notwendige Eingangsspannungsamplitude $\hat{U}_e$ berechnet werden.

Eine Zusammenfassung der wichtigsten Parameter der vorgestellten Gleichrichterschaltungen zeigt Tabelle 16.1.

Tabelle 16.1 Parametervergleich von Gleichrichterschaltungen

	Einwegschaltung	Zweiwegschaltung	Brückenschaltung	Mittelpunktschaltung
$U_{a\max}$	$\hat{U}_e - U_{F0}$	$\hat{U}_e - U_{F0}$	$\hat{U}_e - 2U_{F0}$	$\hat{U}_e - 2U_{F0}$
$U_{SP\max}$	$2\hat{U}_e$	$2\hat{U}_e$	$\hat{U}_e$	$\hat{U}_e$
P_{VDiode}	$U_{F0} I_a$	$U_{F0} I_a / 2$	$U_{F0} I_a / 2$	$U_{F0} I_a / 2$

Beispiel 16.1

Eine Brückengleichrichterschaltung ist für eine Ausgangsspannung von 5 V und einen Laststrom von 0,5 A zu dimensionieren. Als Brummspannung sind 20 % der Ausgangsspannung zulässig. Der Transformator besitze einen Innenwiderstand von 1 Ω.

Lösung:

Der geforderte Ausgangsstrom entspricht einem äquivalenten Lastwiderstand von

$$R_\mathrm{L} = \frac{U_\mathrm{a}}{I_\mathrm{a}} = 10\,\Omega$$

Mit $N = 2$ und $f_\mathrm{n} = 50\,\mathrm{Hz}$ ergibt sich der Ladekondensator nach Gl. (16.4) zu $C_\mathrm{L} = 2{,}6\,\mathrm{mF}$. Um die notwendige Eingangsspannungsamplitude $\hat{U}_\mathrm{e}$ berechnen zu können wird die maximale Ausgangsspannung benötigt. Nach (16.5) ergibt sich $U_\mathrm{a\,max} = 6{,}44\,\mathrm{V}$ und damit $\hat{U}_\mathrm{e} = U_\mathrm{a\,max} + 2U_\mathrm{F0} = 7{,}84\,\mathrm{V}$.

■

Hinweis: Eine Analyse der Schaltung mit PSpice liefert bei dieser Dimensionierung eine etwas zu kleine Ausgangsspannung, sodass eine Feinkorrektur der Eingangsspannung notwendig ist.

Grundlagen zur Berechnung des erforderlichen Netztransformators findet der Leser in [16.1].

■ 16.2 Spannungsstabilisierung

Elektronische Schaltungen reagieren in der Regel sehr empfindlich auf Betriebsspannungsschwankungen. Arbeitspunktverschiebungen und daraus resultierende Änderungen der Kleinsignalparameter führen meist zur Verschlechterung wichtiger Schaltungsparameter. Deshalb ist in den meisten Fällen eine Stabilisierung der Versorgungsspannung gegen

- Netzspannungsschwankungen,
- Laststromschwankungen und
- Temperaturschwankungen

notwendig. Eine Bewertung der Qualität einer Stabilisierungsschaltung im Sinne der genannten Anforderungen erfolgt durch die Parameter:

relativer Stabilisierungsfaktor S'

$$S' = \frac{\dfrac{\Delta U_\mathrm{e}}{U_\mathrm{e}}}{\dfrac{\Delta U_\mathrm{a}}{U_\mathrm{a}}} \qquad (16.6)$$

dynamischer Ausgangswiderstand r_a

$$r_\mathrm{a} = \frac{\mathrm{d}\,U_\mathrm{a}}{\mathrm{d}\,I_\mathrm{a}} \qquad (16.7)$$

Temperaturkoeffizient TK_U

$$TK_\mathrm{U} = \frac{1}{U_\mathrm{a}}\frac{\mathrm{d}\,U_\mathrm{a}}{\mathrm{d}\,T} \qquad (16.8)$$

Eine Klassifizierung der Schaltungen zur Gleichspannungsstabilisierung kann in die Kategorien

- ungeregelt und
- geregelt

vorgenommen werden. Die *geregelten Stabilisierungsschaltungen* können eine *kontinuierliche Regelung* oder eine *diskontinuierliche Regelung* aufweisen. Entsprechend sind auch die Begriffe *Linearregler* und *Schaltregler* gebräuchlich.

16.2.1 Ungeregelte Stabilisierungsschaltungen

Zu den *ungeregelten Stabilisierungsschaltungen* gehört die im Abschnitt 3.5.2 beschriebene Schaltung mittels Z-Diode und Vorwiderstand. Da die Z-Diode in dieser Schaltung im Leerlauf den gesamten Laststrom übernehmen muss, wird der Regelbereich für Laststromschwankungen stark eingeschränkt. Eine Schaltung mit einem Längstransistor, der als Emitterfolger arbeitet, besitzt bessere Eigenschaften (Bild 16.6).

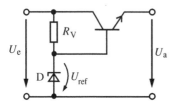

Bild 16.6 Spannungsstabilisierung mit Emitterfolger

Laststromschwankungen wirken um den Stromverstärkungsfaktor B_N des Transistors reduziert an der Z-Diode. Die Basis-Emitter-Spannung des Transistors erfährt wegen der exponentiellen U-I-Kennlinie nur geringfügige Veränderungen. Eingangsspannungsschwankungen werden über der Kollektor-Emitter-Strecke abgebaut. Die Ausgangsspannung bleibt konstant bei $U_a = U_{ref} - U_{BE}$. Damit diese Eingangsspannungsschwankungen nicht zu Änderungen der Referenzspannung U_{ref} führen, sollte der Vorwiderstand R_V durch eine Stromquelle ersetzt werden.

16.2.2 Kontinuierliche Spannungsregler

Die Grundschaltung eines linearen Spannungsreglers zur Stabilisierung zeigt Bild 16.7. Die Ausgangsspannung wird über einem Spannungsteiler (R_1, R_2) aus der Referenzspannung abgeleitet.

$$U_a = \left(1 + \frac{R_1}{R_2} \right) U_{ref} \tag{16.9}$$

Als Referenzspannungsquelle kann z. B. eine Z-Diode dienen, deren Arbeitspunktstrom aus der Ausgangsspannung gespeist wird. Jede Abweichung der Ausgangsspannung vom Sollwert gleicht der Regelverstärker (Operationsverstärker) durch Veränderung der Basisspannung des Längstransistors aus. Bereits Verstärkungen von $10^2 \ldots 10^3$ des Regelverstärkers führen zu Stabilisierungsfaktoren von $10^4 \ldots 10^5$ und dynamischen Ausgangswiderständen von $10^{-2} \ldots 10^{-5}\ \Omega$. Laststromschwankungen wirken sich nicht mehr auf die Ausgangsspannung aus.

Eine ausführliche Betrachtung verschiedener Schaltungsvarianten erfolgt in [16.2].

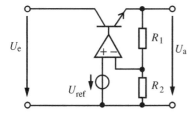

Bild 16.7 Spannungsregler

Beispiel 16.2

Das Blockschaltbild für den Regelkreis des Spannungsreglers aus Bild 16.7 ist zu entwickeln.

Lösung:

Die Störgröße für diesen Regelkreis bildet eine Schwankung des Laststromes. Die verbleibende Ausgangsspannungsschwankung ist die Ausgangsgröße. Bild 16.8 zeigt das Blockschaltbild. ΔU_E und ΔU_B entsprechen den Änderungen des Emitter bzw. Basispotenzials.

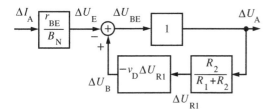

Bild 16.8 Regelkreis
eines Spannungsreglers

Integrierte Spannungsregler. Integrierte Spannungsregler sind als Festspannungsregler (z. B. Serie 7800) mit drei Anschlüssen (siehe Bild 16.9) erhältlich. Außer dem eigentlichen Spannungsregler enthalten diese Bausteine zusätzliche Baugruppen zur Vermeidung von Überlastungen. Dazu gehören in der Regel:

- Laststrombegrenzung (Kurzschlusssicherung),
- Überspannungsschutz,
- Temperatursensor.

Zur Erzeugung der Referenzspannung werden gewöhnlich Bandgap-Quellen verwendet (siehe Abschnitt 16.3.2).

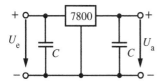

Bild 16.9 Stabilisierungsschaltung
mit integriertem Spannungsregler

Bei integrierten Spannungsreglern mit einstellbarer Ausgangsspannung (z. B. Serie 317) wird der Spannungsteiler (R_1, R_2 in Bild 16.7) extern angeschlossen, sodass die Ausgangsspannung durch dessen Dimensionierung in bestimmten Grenzen eingestellt werden kann.

Beachte: Die im Bild 16.9 dargestellten zusätzlichen Kondensatoren dienen der Unterdrückung der Schwingneigung des Reglers. Sie sind unmittelbar an den Anschlüssen des Schaltkreises anzuordnen.

Tabelle 16.2 Integrierte kontinuierliche Spannungsregler

Typ	Ausgangs-spannung	Ausgangs-strom	Spannungs-verlust	Anzahl Anschlüsse	Besonderheit
Serie 7800	$+5\,\text{V}\ldots+24\,\text{V}$	1 A	2 V	3	Festspannungsregler
Serie 7900	$-5\,\text{V}\ldots-24\,\text{V}$	1 A	1,1 V	3	Festspannungsregler
Serie 317	$+1,2\,\text{V}\ldots+37\,\text{V}$	1,5 A	2,3 V	3	U_A einstellbar
Serie 337	$-1,2\,\text{V}\ldots-37\,\text{V}$	1,5 A	2,3 V	3	U_A einstellbar
Serie 350	$+1,2\,\text{V}\ldots+32\,\text{V}$	3 A	2,3 V	3	U_A einstellbar
Serie 333	$-1,2\,\text{V}\ldots-32\,\text{V}$	3 A	2,3 V	3	U_A einstellbar
Serie L4920	$+1,2\,\text{V}\ldots+20\,\text{V}$	0,4 A	0,4 V	4	U_A einstellbar
Serie 2941	$-1,3\,\text{V}\ldots-25\,\text{V}$	1 A	0,5 V	5	U_A einstellbar

Tabelle 16.2 enthält eine Auswahl typischer Linearregler. Aufgrund des z. T. relativ hohen Spannungsabfalls (Spannungsverlust) am Längstransistor und der dadurch vom Transistor verbrauchten Verlustleistung erzielen kontinuierliche Gleichspannungsregler nur einen Wirkungsgrad von 25…50 %.

16.2.3 Diskontinuierliche Spannungsregler

Mit der Entwicklung diskontinuierlicher Gleichspannungsregler wird das Ziel verfolgt, die Verlustleistung innerhalb der Schaltung zu senken. Wird der Längstransistor nicht im aktiv normalen Betriebszustand verwendet, sondern konsequent im Wechsel zwischen den beiden Betriebszuständen gesperrt und übersteuert betrieben, verbraucht er kaum Verlustleistung. Es sind Wirkungsgrade von 70…90 % erreichbar. Allerding tritt infolge der diskontinuierlichen Regelung eine leichte Schwankung der Ausgangsspannung U_a auf, die auch durch nachfolgende Siebung nicht zu vermeiden ist. Bild 16.10 zeigt das Grundprinzip der Schaltregler. Eine geschaltete Stromquelle $i_q(t)$ sorgt für ein bedarfsgerechtes Nachladen des Pufferkondensators C_L. Ein Regelverstärker im Rückkoppelzweig wertet die aktuelle Ausgangsspannung aus und steuert über die Schaltfrequenz bzw. das Tastverhältnis die mittlere Größe des Nachladestroms. Übliche Schaltfrequenzen liegen im Bereich von 200 kHz.

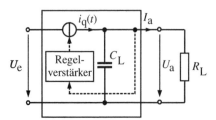

Bild 16.10 Schaltungsprinzip von diskontinuierlichen Spannungsreglern

Je nach Gestaltung der Stromquelle kann die erzeugte Ausgangsspannung gezielt größer oder kleiner als die Eingangsspannung werden. Einen Sonderfall stellt die Inversion des Vorzeichens der Spannung dar. Aufgrund dieser Gestaltungsmöglichkeit werden diese Schaltungen auch als *Gleichspannungswandler* (DC-DC-Wandler) eingesetzt.

Die schaltungstechnische Umsetzung des Grundprinzips der Schaltregler erfolgt in zwei Varianten. Besteht die geschaltete Stromquelle aus einer Kombination von Schaltern und Spulen, spricht man von *Drosselreglern*. Werden Kombinationen von Schaltern und Kondensatoren eingesetzt, heißen die Schaltungen *Ladungspumpen*. Beide Schaltungsvarianten eignen sich zur Realisierung von aufwärts-, abwärts- und invertierenden Gleichspannungswandlern.

16.2.3.1 Drosselregler

Abwärtswandler. Die prinzipielle Schaltung eines Abwärtswandlers, auch als Abwärtsregler bezeichnet, zeigt Bild 16.11.

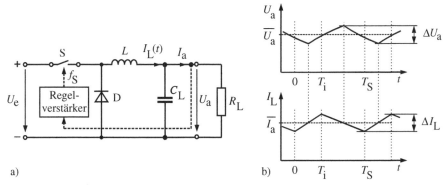

Bild 16.11 Abwärtswandler; a) Schaltung, b) Zeitverläufe von Spannung und Strom

Bei geschlossenem Schalter S ($0 < t < T_i$) treibt die Differenz aus Eingangsspannung U_e und Ausgangsspannung U_a einen Strom durch die Spule L und versorgt den Lastwiderstand R_L und den Kondensator C_L mit Energie. Dabei speichert auch die Spule Energie. Bei geöffnetem Schalter ($T_i < t < T_S$) kann die Spule aufgrund der gespeicherten Energie weiterhin Strom an Kondensator und Lastwiderstand liefern. Dabei wird die in der Spule gespeicherte Energie abgebaut. Während der gesamten Schaltperiode versorgt die Spule den Kondensator und auch den Verbraucher R_L mit Strom. Deshalb wird die Schaltung auch als *Durchflusswandler* bezeichnet.

Wird die Ausgangsspannung innerhalb einer Schaltperiode näherungsweise als konstant angenommen, führt die Spule bei geschlossenem Schalter S einen linear ansteigenden Strom. Es ergibt sich während der Einschaltphase T_i die Stromänderung

$$\Delta I_L = \frac{1}{L} \int_0^{T_i} (U_e - U_a)\, \mathrm{d}t = \frac{1}{L}(U_e - U_a)T_i \qquad (16.10)$$

Die Diode D ist dabei gesperrt und über ihr liegt die Eingangsspannung U_e.

Beim Öffnen des Schalters S muss in der Spule weiterhin der gleiche Strom fließen. Dieser Strom wird durch die Selbstinduktionsspannung infolge der gespeicherten Energie der Spule getrieben und muss durch die nunmehr in Durchlassrichtung liegende Diode D fließen. Über der Spule liegt die Summe aus Diodendurchlassspannung U_{F0} und Ausgangsspannung allerdings in umgekehrter Richtung $U_L = -(U_a + U_{F0})$. Wird die Ausgangsspannung wieder näherungsweise als konstant angesehen, ergibt sich

$$\Delta I_L = \frac{1}{L} \int_{T_i}^{T_S} (U_a + U_{F0})\, \mathrm{d}t = \frac{1}{L}(U_a + U_{F0})(T_S - T_i) \qquad (16.11)$$

Da beide Stromänderungen im Gleichgewichtsfall identisch sein müssen, kann die Ausgangsspannung bestimmt werden.

$$U_a = \frac{T_i}{T_S} U_e - \frac{T_S - T_i}{T_S} U_{F0} = \frac{T_i}{T_S} U_e - \left(1 - \frac{T_i}{T_S}\right) U_{F0} \approx \frac{T_i}{T_S} U_e \qquad (16.12)$$

Die Ausgangsspannung kann nur kleiner als die Eingangsspannung sein. Es ergibt sich in guter Näherung die mit dem Tastverhältnis T_i/T_S bewertete Eingangsspannung. Ihre Größe kann durch die Steuerung des Tastverhältnisses oder der Periodendauer T_S (bzw. der Schaltfrequenz $f_S = 1/T_S$) reguliert werden.

Natürlich bewirkt der Ladestrom I_L bei genauerer Betrachtung eine Änderung der Kondensatorspannung $U_C(t)$ und damit auch der Ausgangsspannung $U_a(t)$. Bei der oben vorausgesetzten konstanten Ausgangsspannung kann es sich folglich nur um den Mittelwert der zeitabhängigen Größe handeln: $U_a = \overline{U_C(t)}$. Die Größe der Ausgangsspannungsschwankung ΔU_a pro Schaltperiode hängt von Verhältnis der Energiespeicherfähigkeit von Spule und Kondensator ab. Die innerhalb einer Schaltperiode auf dem Kondensator bewirkte Spannungsänderung ergibt sich aus der Änderung des Spulenstromes während der Einschaltzeit unter Berücksichtigung der dabei auftretenden Änderung des Ausgangsstromes.

$$\Delta U_a = \frac{\Delta Q_C}{C_L} = \frac{(\Delta I_L - \Delta I_a) T_i}{C_L} = \frac{\left(\Delta I_L - \dfrac{\Delta U_a}{R_L}\right) T_i}{C_L} = \frac{\left(\Delta I_L - \dfrac{\Delta U_a I_a}{U_a}\right) T_i}{C_L} \qquad (16.13)$$

Die Auflösung dieser Gleichung nach ΔU_a liefert

$$\Delta U_a = \frac{T_i U_a \Delta I_L}{T_i I_a + C_L U_a} \qquad (16.14)$$

Für die Berechnung des Kondensators C_L und im Weiteren auch der Induktivität L ist zu berücksichtigen, dass der Spulenstrom $I_L(t)$ in der Ausschaltphase ($T_i < t < T_S$) nicht bis auf null absinken sollte, der Schaltregler also nicht in den lückenden Betrieb übergeht. Üblicherweise setzt man als Grenzwert $\Delta I_{L,max} = 0{,}3 \cdot I_{a,max}$ an.

Mit dieser Bedingung ergibt sich aus der Analyse der Ausschaltphase nach Gl. (16.11) die erforderliche Größe der Induktivität L.

$$L = \frac{(T_S - T_i)(U_a + U_{F0})}{\Delta I_{L,max}} \qquad (16.15)$$

Eine Bestimmung der Werte von L und C_L kann nun nach den Gln. (16.14) und (16.15) unter Vorgabe folgender Randbedingungen erfolgen:

- Eingangsspannung U_e,
- Ausgangsspannung U_a,
- Ausgangsspannungsschwankung ΔU_a,
- maximaler Ausgangsstrom (bzw. minimaler Lastwiderstand).

Die Einschaltdauer T_i bzw. das Tastverhältnis T_i/T_S resultiert aus Gl. (16.12).

Die Regelung der Ausgangsspannung auf einen definierten Wert erfordert einen Vergleich der aktuellen Ausgangsspannung mit einem voreingestellten Referenzwert U_{ref}. Aus der gemessenen Abweichung sind Schaltfrequenz- bzw. Tastverhältnismodifikationen vorzunehmen und der Schalter S entsprechend anzusteuern. Diese Aufgabe obliegt dem *Regelverstärker*. Bei zu kleiner Ausgangsspannung müssen Schaltfrequenz oder Tastverhältnis vergrößert werden. Dadurch steigt der Mittelwert des Spulenstroms, bis er wieder dem entnommenen Ausgangsstrom entspricht und als Folge die Ausgangsspannung auf dem Sollwert bleibt. Bei sinkendem Laststrom muss die Regelung eine Reduzierung von Schaltfrequenz oder Tastverhältnis herbeiführen, um dem drohenden Anstieg der Ausgangsspannung entgegenzuwirken.

Zu beachten ist, dass der Innenwiderstand der Eingangsspannungsquelle und der Innenwiderstand des Schalters den Spulenstrom reduzieren. Die reale Ausgangsspannung wird somit niedriger als ihr Idealwert ausfallen.

Aufwärtswandler. Die Analyse des Aufwärtswandlers (Bild 16.12) erfolgt in Analogie zum Abwärtswandler über die beiden Schaltzustände und die im Umschaltmoment geltende Stromkontinuität in der Spule L.

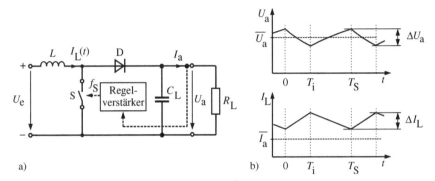

Bild 16.12 Aufwärtswandler; a) Schaltung, b) Zeitverläufe von Spannung und Strom

Bei geschlossenem Schalter S ($0 < t < T_\mathrm{i}$) liegt die Eingangsspannung U_e über der Spule L und treibt den Strom I_L durch die Spule und den Schalter S. Dabei speichert die Spule Energie. Die Diode D ist in dieser Zeit gesperrt. Der Kondensator C_L muss den Strom für den Verbraucher R_L liefern.

Nach dem Öffnen des Schalters S ($T_\mathrm{i} < t < T_\mathrm{S}$) treibt die Spule aufgrund ihrer gespeicherten Energie den zunächst unveränderten Strom I_L durch die jetzt in Durchlassrichtung liegende Diode D auf den Kondensator C_L. Dabei beträgt ihre Spannung $U_\mathrm{L} = U_\mathrm{a} + U_\mathrm{F0} - U_\mathrm{e}$, wobei $U_\mathrm{a} > U_\mathrm{e}$ gilt. Ein Teil der gespeicherten Energie der Spule wird in dieser Sperrphase des Schalters auf den Kondensator übertragen. Da die Spule dem Kondensator nur in der Sperrphase Strom liefert, wird die Schaltung auch als *Sperrwandler* bezeichnet.

Aus der Gleichheit der in Ein- und Ausschaltphase auftretenden Änderungen des Spulenstroms ΔI_L lässt sich eine Beziehung für die Größe der Ausgangsspannung ableiten.

$$U_\mathrm{a} = \frac{U_\mathrm{e} - \left(1 - \dfrac{T_\mathrm{i}}{T_\mathrm{S}}\right) U_\mathrm{F0}}{1 - \dfrac{T_\mathrm{i}}{T_\mathrm{S}}} = \frac{U_\mathrm{e} - \dfrac{T_\mathrm{aus}}{T_\mathrm{S}} U_\mathrm{F0}}{\dfrac{T_\mathrm{aus}}{T_\mathrm{S}}} \approx \frac{U_\mathrm{e}}{1 - \dfrac{T_\mathrm{i}}{T_\mathrm{S}}} = \frac{T_\mathrm{S}}{T_\mathrm{aus}} U_\mathrm{e} \qquad (16.16)$$

Der Wert der Ausgangsspannung ist größer als die Eingangsspannung. Bei offenem Schalter besitzt die Ausgangsspannung den Minimalwert $U_\mathrm{a} = U_\mathrm{e} - U_\mathrm{F0}$. Ihr Idealwert steigt weit über U_e, wenn das Tastverhältnis erhöht wird. Dazu muss allerdings der Mittelwert des Spulenstroms $\overline{I_\mathrm{L}(t)}$ größer sein als der Ausgangsstrom I_a, weil der Kondensator C_L nur in der

Ausschaltphase ($T_i < t < T_S$) nachgeladen wird. Bezüglich der verbleibenden Schwankung der Ausgangsspannung sowie der Bestimmung von L und C_L gelten ähnliche Überlegungen wie beim Abwärtswandler.

Aufgabe und Funktionalität des Regelverstärkers bezüglich der Sicherung einer hohen Konstanz der Ausgangsspannung unter dem Einfluss von Eingangsspannungs- und Laststromschwankungen entsprechen denen des Abwärtswandlers. Ist die Ausgangsspannung zu klein, muss die Schaltfrequenz oder das Tastverhältnis vergrößert werden und umgekehrt.

Invertierender Wandler. Der invertierende Wandler (Bild 16.13) erzeugt eine Ausgangsspannung mit umgekehrtem Vorzeichen gegenüber der Eingangsspannung.

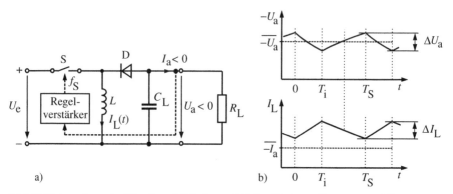

Bild 16.13 Invertierender Wandler; a) Schaltung, b) Zeitverläufe von Spannung und Strom

Bei geschlossenem Schalter S ($0 < t < T_i$) bewirkt die Eingangsspannung U_e einen Strom durch die Spule L und damit eine Energiespeicherung in der Spule. Die Diode D ist gesperrt, und der Kondensator C_L muss den Verbraucher R_L mit Energie versorgen.

Bei geöffnetem Schalter S ($T_i < t < T_S$) treibt die Spule infolge ihrer gespeicherten Energie und der entsprechend Induktionsgesetz notwendigen Stromkontinuität einen Strom durch die nun in Durchlassrichtung liegende Diode zum Kondensator und Verbraucher. Dieser führt zu einer negativen Ausgangsspannung.

Da der Kondensator nur in der Sperrphase des Schalters S durch die Spule nachgeladen wird, spricht man von einem Sperrwandler.

Im Gleichgewichtszustand ist über die Änderungen des Spulenstromes ΔI_L die Beziehung für die Größe der Ausgangsspannung ableitbar.

$$U_a = -\frac{\dfrac{T_i}{T_S} U_e - \left(1 - \dfrac{T_i}{T_S}\right) U_{F0}}{1 - \dfrac{T_i}{T_S}} \approx -\frac{\dfrac{T_i}{T_S} U_e}{1 - \dfrac{T_i}{T_S}} = -\frac{T_i}{T_{aus}} U_e \qquad (16.17)$$

Bezüglich der verbleibenden Schwankung der Ausgangsspannung sowie der Bestimmung von L und C_L und der Funktionalität des Regelverstärkers gelten ähnliche Überlegungen wie beim Aufwärtswandler.

Leistungsschalter. Zur Realisierung der in allen Wandlertypen benötigten Leistungsschalter können Leistungs-FET z. B. in Form eines CMOS-Transfergates (siehe Aufgabe 6.11) eingesetzt werden. Diese benötigen keine stationäre Steuerleistung und weisen ein nahezu ideales Übertragungsverhalten auf.

Integrierte Schaltregler. Schaltregler zu allen vorgestellten Schaltungsprinzipien sind als integrierte Schaltkreise (IC) erhältlich. Diese enthalten den kompletten Regelverstärker und oft auch die Leistungsschalter. Lediglich die Spule und der Ladekondensator müssen extern angeschlossen werden. Die Datenblätter der Schaltkreise enthalten ausführliche Hinweise zur Wahl der einzusetzenden Induktivität und Kapazität. Klassifiziert sind die ICs nach Laststrom und Ausgangsspannung. Dabei gibt es Festspannungstypen und Schaltregler mit einstellbarer Ausgangsspannung. In diesem Fall wird die Ausgangsspannung nicht intern direkt gemessen, sondern über einen externen Spannungsteiler gewichtet und über einen zusätzlichen Messeingang an den Regelverstärker zurückrückgeführt.

Bild 16.14 zeigt zwei Anwendungsbeispiele von Schaltreger-ICs. Der integrierte Abwärtsregler LT1776 bekommt über den Eingang V_{CC} die Ausgangsspannung an den Regelverstärker zurückgeführt. Bcim dargestellten Aufwärtsregler MAX1674 erfolgt diese Rückführung intern. Beide besitzen zusätzliche Eingänge zur Einstellung der Ausgangsspannung (FB, REF), zum Abschalten des Reglers (SHDN-Shutdown), zur Synchronisation der internen Schaltfrequenz (Sync) und zur Detektion einer zu niedrigen Eingangsspannung (LBI). Der Abwärtswandler LT1776 erzeugt aus einer Eingangsspannung, die im Bereich 8 V...40 V liegen kann, eine einstellbare Ausgangsspannung von 1,2 V...30 V und liefert einen Ausgangsstrom bis 300 mA. Der Aufwärtswandler MAX1676 besitzt einen Eingangsspannungsbereich von 1 V...5 V und eine einstellbare Ausgangsspannung von 2 V...5 V bei einem maximalen Ausgangsstrom von 200 mA.

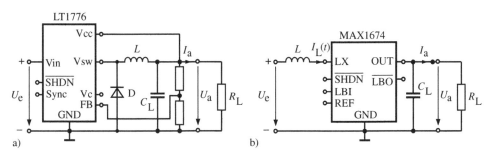

Bild 16.14 Integrierte Schaltregler; a) Abwärtsregler LT1776, b) Aufwärtsregler MAX1674

Bei Schaltreglern für besonders große Ausgangsströme kann der *Leistungsschalter* nicht mit integriert werden. Er wird dann durch einen oder zwei Feldeffekttransistoren, die extern anzuschließen sind, gebildet.

16.2.3.2 Ladungspumpen

Schaltregler, bei denen die Stromquelle (siehe Bild 16.10) nicht durch eine Induktivität realisiert wird, sondern der Strom- bzw. Energietransport durch geschaltete Kapazitäten erfolgt, werden als Ladungspumpen bezeichnet.

In der Realisierungsvariante einer Ladungspumpe nach Bild 16.15a wird, während der Schalter S sich in der Schalterstellung 1 befindet ($0 < t < T_i$), der Kondensator C_1 auf die Eingangsspannung U_e aufgeladen. Dabei speichert er die Ladung $Q_1 = C_1 U_e$. Befindet sich der Schalter in der Stellung 2 ($T_i < t < T_S$), erfolgt laut Maschengleichung ein Spannungsausgleich zwischen den beiden Kondensatoren C_1 und C_L. Die dabei auftretende Spannungsänderung

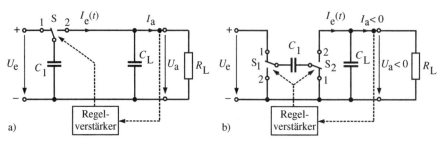

Bild 16.15 Schaltregler nach dem Ladungspumpen-Prinzip; a) nicht invertierend, b) invertierend

auf den nunmehr parallel liegenden Kondensatoren verhält sich proportional zur Differenz von Ein- und Ausgangsspannung.

$$\Delta U = \Delta U_a = \frac{\Delta Q_1}{C_1 + C_L} = \frac{C_1(U_e - U_a)}{C_1 + C_L} = \frac{U_e - U_a}{1 + \dfrac{C_L}{C_1}} \tag{16.18}$$

Die auftretende Ausgangsspannungsschwankung ΔU_a wird unmittelbar durch das Kapazitätsverhältnis C_L/C_1 bestimmt. Die in einer Schaltperiode auf den Ladekondensator C_L übertragene Ladung ergibt sich zu:

$$\Delta Q = C_L \cdot \Delta U_a = \frac{C_1 C_L}{C_1 + C_L}(U_e - U_a) \tag{16.19}$$

Bezieht man diese Ladungsverschiebung auf eine Schaltperiode T_S, ergibt sich ein mittlerer Strom $\overline{I_e(t)}$, der im Gleichgewichtsfall gerade dem Ausgangsstrom I_a entsprechen muss.

$$\overline{I_e(t)} = I_a = \frac{\Delta Q}{T_S} = \frac{C_L \Delta U_a}{T_S} = \frac{C_1 C_L}{C_1 + C_L} \frac{U_e - U_a}{T_S} \tag{16.20}$$

Bei Vorgabe von Ein- und Ausgangsspannung, maximaler Ausgangsspannungsschwankung und eines maximalen Ausgangsstroms kann aus den Gln. (16.18) und (16.20) die Größe beider Kondensatoren ermittelt werden.

$$C_1 = \frac{I_{a,max} T_S}{U_e - U_a + \Delta U_a} \quad \text{und} \quad C_L = I_{a,max} T_S \left(\frac{1}{\Delta U_a} - \frac{2}{U_e - U_a + \Delta U_a} \right)$$

Eine Regelung der Ausgangsspannung bei variierender Belastung kann nur durch eine Veränderung der Schaltperiode bzw. der Schaltfrequenz erfolgen.

Zu beachten ist dabei allerdings, dass die Innenwiderstände der Eingangsspannungsquelle und des Schalters die Aufladegeschwindigkeit des Kondensators C_1 begrenzen. Eine vollständige Aufladung auf den Idealwert U_e ist dadurch unmöglich. Ebenso behindert der Innenwiderstand des Schalters die Ladungsübertragung an den Ladekondensator. Die reale Ausgangsspannung wird somit niedriger als ihr Idealwert ausfallen.

In der Schaltung aus Bild 16.15b erfolgt infolge der Verwendung von zwei Umschaltern eine Umpolung des Kondensators C_1 während des Ladungsausgleichs. Dadurch kehrt sich das Vorzeichen der Ausgangsspannung um. Die anderen Verhältnisse ändern sich nicht.

Die dargestellten Schaltungen liefern eine Ausgangsspannung, deren Betrag kleiner ist als die Eingangsspannung, da der Kondensator C_1 vor dem Nachladen nicht entladen wird.

Durch eine kleine Schaltungserweiterung ist eine vollständige Entladung des Kondensators in einer Zwischenphase über einen zusätzlichen Schalter oder eine geeignete Ansteuerung der Doppelschalter S_1 und S_2 jedoch problemlos realisierbar. Auf diese Weise lassen sich beliebige Ausgangsspannungen erzeugen.

Integrierte Ladungspumpen. Ladungspumpen sind als integrierte Schaltungen insbesondere für kleine Ausgangsströme erhältlich. Sie enthalten den Regelverstärker und die Leistungsschalter. Lediglich die beiden Energiespeicher-Kondensatoren müssen extern angeschlossen werden. Die Schaltkreise verfügen über ähnliche zusätzliche Steuereingänge wie die Drosselregler. Die Ladungspumpe MAX682 aus Bild 16.16 liefert eine 5 V Ausgangsspannung und maximal 250 mA Ausgangsstrom. Der Eingangsspannungsbereich umfasst 2,7 V . . . 5,5 V.

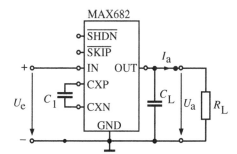

Bild 16.16 Integrierte Ladungspumpe MAX682

Hinweis: Für alle Schaltregler empfehlen die Hersteller eine zusätzliche Kapazität C_e parallel zur Eingangsspannung. Diese bewirkt eine Pufferung der Eingangsspannung und verhindert starke Spannungseinbrüche während der Stromentnahme aus der Eingangsspannungsquelle, als deren Ursache der Innenwiderstand der Quelle wirkt. Wenn der Innenwiderstand der Quelle unbekannt ist, empfiehlt es sich, den Kondensator C_e so groß zu wählen, dass bei Entnahme des Maximalstroms die Spannungsänderung ΔU_e je Schaltperiode auf dem Kondensator C_e auch ohne Berücksichtigung der Quelle einen Grenzwert von $U_e/10$ nicht überschreitet.

◼ 16.3 Erzeugung von Referenzspannungen

Die Stabilisierung einer Spannung auf einen konstanten Wert erfordert eine geeignete Vergleichsgröße. Dies ist in der Regel eine Spannung mit besonders hoher Konstanz. Schaltungen, die eine solche Vergleichsspannung liefern, werden als *Referenzspannungsquellen* bezeichnet. Wichtigste Eigenschaft dieser *Referenzspannungen* ist ihre Unabhängigkeit gegenüber Temperaturschwankungen. Diese Eigenschaft wird in Form des Temperaturkoeffizienten der Referenzspannung ausgedrückt.

16.3.1 Referenzspannungsquellen mit Z-Dioden

Die Eigenschaften einer Z-Diode wurden in Abschnitt 3.5.2 ausführlich diskutiert. Die Abhängigkeit der Z-Spannung von der Temperatur kann durch die Konstruktion der Z-

Diode minimiert werden. Bei Reihenschaltung mehrerer integrierter Z-Dioden ist eine Kompensation der Temperaturgänge erreichbar, sodass Temperaturkoeffizienten von $\alpha_Z = 10^{-4} \dots 10^{-5} \text{ K}^{-1}$ möglich sind. Für eine möglichst gute Stabilisierung gegenüber Betriebsspannungsschwankungen sollte die Einstellung des Arbeitspunktes mittels einer Konstantstromquelle erfolgen (Bild 16.17).

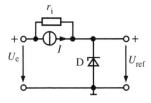

Bild 16.17 Referenzspannungsquelle mit Z-Diode

Der Stabilisierungsfaktor S

$$S = \frac{\Delta U_e}{\Delta U_{ref}} = 1 + \frac{r_i}{r_Z} \tag{16.21}$$

kann Werte bis 10^4 annehmen.

16.3.2 Bandgap-Referenz

Bandgap-Referenzquellen nutzen die Bandabstandsspannung $U_g = W_g/e$ von Silizium (Bandgap) als Spannungsreferenz. Diese ist eine temperaturunabhängige innerelektronische Größe, die nicht direkt messbar ist. Man macht deshalb von der Tatsache Gebrauch, dass die Basis-Emitter-Spannung eines mit konstantem Strom betriebenen Transistors einen Bezug zu dieser Bandgap-Spannung aufweist.

$$U_{BE}(T) = U_g + D_T \cdot T + (\eta - 1)U_T \left(1 - \ln \frac{T}{T_0}\right) \tag{16.22}$$

Für die üblichen Bipolartransistoren mit $D_T = -2$ mV/K und $\eta = 3$ ergibt sich eine annähernd lineare Temperaturabhängigkeit, die vom Temperaturkoeffizienten D_T bestimmt wird. Die Nichtlinearität im dritten Term der Gleichung kann vernachlässigt werden. In einer Bandgap-Referenzspannungsquelle muss der verbleibende linear temperaturabhängige Anteil durch eine temperaturproportionale Spannung (PTAT-Spannung; englisch: **p**roportional **to a**bsolute **t**emperature) kompensiert werden. Dazu sind verschiedene schaltungstechnische Lösungen bekannt. Die verbreitetste Schaltung ist in Bild 16.18 gezeigt. In ihr stellt der Transistor T2 den Referenztransistor und der Spannungsabfall über R_2 die Kompensationsspannung U_{PTAT} dar. Die temperaturkompensierte Ausgangsspannung U_{ref} ist die Summe aus der Basis-Emitter-Spannung des Transistors T2 und der PTAT-Spannung.

$$U_{ref} = U_{BE2}(T) + U_{PTAT} \tag{16.23}$$

Der Spannungsabfall über R_1 ist als Differenz der Basis-Emitter-Spannungen vom Quotienten der Transistorströme abhängig.

$$\Delta U_{BE} = U_{BE2} - U_{BE1} = U_T \ln \left(\frac{I_{C2}}{I_{C1}}\right) \tag{16.24}$$

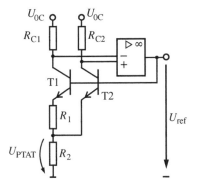

Bild 16.18 Bandgap-Referenzspannungsquelle

Bei einem idealen Operationsverstärker berechnet sich der Quotient der Kollektorströme der beiden Transistoren mit $U_{RC1} = U_{RC2}$ zu

$$\frac{I_{C2}}{I_{C1}} = \frac{R_{C1}}{R_{C2}} = n \tag{16.25}$$

Wegen $U_T = kT/e$ ist ΔU_{BE} temperaturproportional. Der Spannungsabfall über R_2, der durch die Summe beider Transistorströme verursacht wird, ist dies ebenfalls. Für ihn ergibt sich

$$U_{R2} = U_{PTAT} = \frac{\Delta U_{BE}}{R_1} R_2 + I_{E2} R_2 \tag{16.26}$$

Mit der Näherung $I_E = I_C$ folgt

$$I_{E2} = I_{E1} \frac{R_{C1}}{R_{C2}} = \frac{\Delta U_{BE}}{R_1} \frac{R_{C1}}{R_{C2}} \tag{16.27}$$

Die PTAT-Spannung ergibt sich folglich zu

$$U_{PTAT} = U_T \frac{R_2}{R_1} \left(1 + \frac{R_{C1}}{R_{C2}}\right) \ln\left(\frac{R_{C1}}{R_{C2}}\right) \tag{16.28}$$

Ihre lineare Temperaturabhängigkeit steckt in der enthaltenen Temperaturspannung $U_T = kT/e$.

Eine ideale Temperaturkompensation der in Gl. (16.23) beschriebenen Ausgangsspannung erfordert die Erfüllung der Bedingung

$$\frac{d U_{ref}}{d T}\bigg|_{T_0} = D_T + \frac{k}{e} \frac{R_2}{R_1} \left(1 + \frac{R_{C1}}{R_{C2}}\right) \ln\left(\frac{R_{C1}}{R_{C2}}\right) = 0 \tag{16.29}$$

durch entsprechende Dimensionierung der Widerstände. Die Ausgangsspannung U_{ref} ergibt sich dann gerade gleich der Bandgap-Spannung U_g.

In der Praxis werden oft Referenzspannungen größer als U_g benötigt. Diese können erreicht werden, wenn die Referenzspannung über einen Spannungsteiler an den Ausgang gebracht wird (Bild 16.19). Es ergibt sich dann

$$U_{ref} = \left(1 + \frac{R_3}{R_4}\right) U_g \tag{16.30}$$

Die Stabilität der Referenzspannung gegenüber Betriebsspannungsschwankungen kann verringert werden, indem die beiden Transistoren aus der Ausgangsspannung gespeist werden. Integrierte Bandgap-Referenzen erreichen Temperaturkoeffizienten bis zu $3 \cdot 10^{-6} \cdot K^{-1}$.

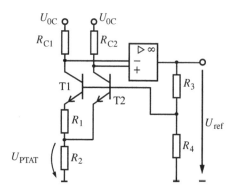

Bild 16.19 Bandgap-Referenzspannungsquelle mit Spannungsteiler

■ 16.4 Schaltnetzteile

Das bisher betrachtete Prinzip der Realisierung einer Stromversorgungseinheit oder eines Netzteils beruht auf der Funktionskette **Spannungstransformation** ⇒ **Gleichrichtung** ⇒ **Siebung** ⇒ **Stabilisierung**. Dabei muss der Spannungstransformator für die Netzfrequenz von 50 Hz ausgelegt werden. Ein solcher Transformator fällt relativ groß und schwer aus und besitzt einen schlechten Wirkungsgrad, sodass letztendlich auch der Gesamtwirkungsgrad des Netzteils leidet.

Die Alternative stellen primär getaktete Schaltnetzteile dar. Ihre Funktionskette lautet **Frequenztransformation** (*bestehend aus Netzspannungsgleichrichtung und hochfrequentem Leistungsschalter*) ⇒ **HF-Spannungstransformation** ⇒ **Gleichrichtung** ⇒ **Siebung** ⇒ **Stabilisierung**. In diesem Konzept erfolgt die Spannungstransformation bei ca. 200 kHz. Die dafür benötigten HF-Transformatoren sind klein, leicht und besitzen einen hohen Wirkungsgrad. Für die Frequenztransformation von 50 Hz auf 200 kHz werden nun allerdings Gleichrichterdioden und Schalttransistoren mit sehr hoher Spannungsfestigkeit benötigt, da diese die hohe Netzspannung von 230 V verarbeiten müssen. Mit den heutigen modernen Halbleitertechnologien bereitet die Herstellung entsprechender spannungsfester Bauelemente jedoch kaum Probleme, sodass die primär getakteten Schaltnetzteile wegen ihres hohen Wirkungsgrades nahezu überall eingesetzt werden.

Die Schaltungsprinzipien von primär getakteten Schaltnetzteilen werden nach dem Zeitpunkt der Energieübertragung vom Primärkreis (Netzspannung) in den Sekundärkreis (Ausgangsspannung) klassifiziert:

- Eintakt-Sperrwandler,
- Eintakt-Durchflusswandler,
- Gegentakt-Wandler.

Die Namen deuten auf die Verwandtschaft zu den Schaltreglern hin. Die Schaltungsprinzipien sind mit den Drosselreglern vergleichbar. Die Unterschiede resultieren aus dem zusätzlichen Einbau eines HF-Transformators in die Gleichspannungsregler-Schaltung.

In den im Folgenden vorgestellten Schaltungen ist die erste Stufe der Frequenztransformation, die Gleichrichtung der Netzspannung, nicht enthalten. Diese erfolgt ganz klassisch mit Brückengleichrichtern entsprechend Bild 16.3.

Eintakt-Sperrwandler. Das Funktionsprinzip eines Eintakt-Sperrwandlers (Bild 16.20) ist auf den Aufwärtsregler aus Abschnitt 16.2.3.1 zurückzuführen. In der Einschaltphase $(0 < t < T_i)$ ist Schalter S geschlossen. Die Primärseite des Transformators wird vom Strom $I_1(t)$ durchflossen. Aufgrund des entgegengesetzten Wicklungssinns der Sekundärwicklung führt die dort induzierte Spannung zu einer Sperrspannung über der Diode D, und es fließt kein Strom $I_2(t)$ auf der Sekundärseite. Der Verbraucher R_L entzieht in dieser Phase dem Ladekondensator C_L Energie. In der Ausschaltphase des Schalters S $(T_i < t < T_S)$ wird der primärseitige Strom unterbrochen. Durch die resultierende Gegeninduktion kehrt sich die Spannung auf Primär- und Sekundärseite um. Die Diode D liegt jetzt in Durchlassrichtung. Der vom Transformator angetriebene Strom $I_2(t)$ lädt den Kondensator C_L auf. Primär- und sekundärseitiger Strom müssen im Umschaltmoment im Verhältnis $I_2(T_i)/I_1(T_i) = \ddot{u} = W_2/W_1$ zueinander stehen. Der Transformator übernimmt in dieser Schaltung neben der Spannungstransformation $U_2 = U_1/\ddot{u}$ auch die Energiespeicherung. Dies erspart zwar eine Extra-Spule für diesen Zweck, erfordert aber dafür eine großzügigere Dimensionierung des Transformators.

Die Schaltungsberechnung basiert auf dem Ansatz, der bereits beim invertierenden Schaltregler benutzt wurde. Das Ergebnis lautet dementsprechend

$$U_a \approx \frac{T_i}{T_S - T_i} \frac{U_e}{\ddot{u}} \tag{16.31}$$

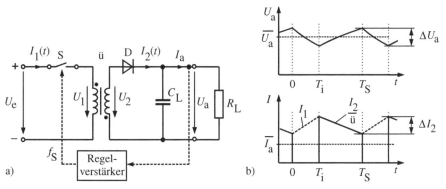

Bild 16.20 Eintakt-Sperrwandler; a) Schaltung, b) Zeitverläufe von Spannung und Strom

An den Regelverstärker ergibt sich als zusätzliche Forderung, im Vergleich zu den im Abschnitt 16.2.3.1 behandelten Drosselreglern, dass er die niedrige Ausgangsspannung des Sekundärkreises auswertet und einen Schalter ansteuern muss, der für die hohe Netzspannung im Primärkreis ausgelegt ist. Zwischen diesen beiden Potenzialebenen muss innerhalb des Regelverstärkers eine Potenzialtrennung erfolgen. Realisiert werden kann dies z. B. mittels Optokoppler (siehe Abschnitt 9.3).

Eintakt-Durchflusswandler. Das Funktionsprinzip eines Eintakt-Durchflusswandlers (Bild 16.21a) geht aus dem Abwärtsregler hervor.

In der Einschaltphase $(0 < t < T_i)$ fließt bei geschlossenem Schalter S ein Strom $I_1(t)$ durch die Primärwicklung des Transformators. Dieser induziert in der Sekundärwicklung eine Spannung, die einen Strom $I_2(t) = \ddot{u} \cdot I_1(t)$ bewirkt, der in der Speicherdrossel L zur Energiespeicherung führt.

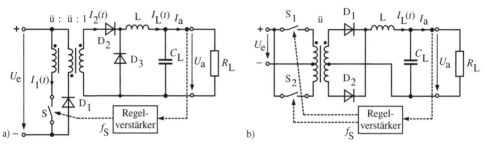

Bild 16.21 a) Eintakt-Durchflusswandler, b) Gegentaktwandler

In der Ausschaltphase des Schalters S ($T_i < t < T_S$) kehrt sich die Spannung in der Sekundärwicklung des Transformators um. Da die Diode D_2 nun in Sperrrichtung liegt, ist der Transformatorstrom auf Primär- und Sekundärseite unterbrochen. Zum Abbau der gespeicherten Energie des Transformators ist deshalb eine dritte Wicklung nötig, in der die Diode D_1 das Fließen des Abbaustroms ermöglicht.

Die in der Spule L gespeicherte Energie treibt in der Masche D_3-L-C_L wegen der Stromkontinuität im Umschaltmoment weiterhin den Strom $I_L(T_i) = I_2(T_i) = ü \cdot I_1(T)$, wodurch die Energie an den Ladekondensator C_L übergeben wird.

Die Berechnung der Ausgangsspannung erfolgt in gleicher Weise wie beim Abwärtsregler. Es ergibt sich

$$U_a \approx \frac{T_i}{T_S} \frac{U_e}{ü} \tag{16.32}$$

Gegentakt-Durchflusswandler. Im Gegentakt-Durchflusswandler liegt eine Kombination von zwei gegenphasig angesteuerten Durchflusswandlern vor. Dies erfordert lediglich eine Verdopplung der Anzahl der Leistungsschalter und eine Erweiterung des Transformators um eine vierte Wicklung. Der Strom in der Speicherdrossel L wird nun in beiden Phasen der Schaltperiode durch die jeweils aktive Sekundärwicklung des Transformators getrieben. Zwischen den Einschaltphasen der beiden im Gegentakt betriebenen Schalter S_1 und S_2 muss jeweils eine Ausschaltphase liegen, in der beide Schalter offen sind. In dieser Phase treibt die in der Speicherdrossel L gespeicherte Energie weiterhin einen Strom, der mit einem Abbau der Speicherenergie verbunden ist.

Entsprechend reduziert sich das Tastverhältnis auf die Hälfte $T_i/T_S < 0{,}5$. Die mögliche Ausgangsspannung ergibt sich aus dem Vergleich mit einem Eintakt-Durchflusswandler zu

$$U_a \approx 2 \frac{T_i}{T_S} \frac{U_e}{ü} \tag{16.33}$$

Vorteil der Schaltung ist, dass der Transformator gleichstromfrei arbeitet, was eine knappe Dimensionierung ermöglicht. Außerdem treten in keiner Phase Energieverluste auf, wie das in der dritten Wicklung des Eintakt-Durchflusswandlers der Fall ist.

■ 16.5 Aufgaben

Aufgabe 16.1

Der Spannungsregler nach Bild 16.7 ist für eine Ausgangsspannung von 9 V zu dimensionieren. Als Referenzspannungsquelle ist eine Z-Diode mit Vorwiderstand zu benutzen, deren Strom aus der Eingangsspannung gespeist wird. Der OPV besitze eine Verstärkung von $v' = 100$ dB. Über den Spannungsteiler sollte ein Strom von 5 mA fließen.

Folgende Parameter sind für die Schaltung gegeben: $U_e = 12$ V ... 17 V, $U_Z = 4{,}7$ V, $I_Z = 7$ mA, $r_Z = 7$ Ω, $I_a = 0$ ... 500 mA.

a) Wie groß ist der Spannungsstabilisierungsfaktor dieser Schaltung?

b) Für eine Simulation der Schaltung mit PSpice sind der Transistor Q2N2222, die Z-Diode D1N750 und der OPV μA 741 aus der Evaluation-Bibliothek zu benutzen. Es sind die unter den gegebenen Bedingungen entstehenden Ausgangsspannungsschwankungen zu bestimmen.

c) Aus den Ergebnissen von b) sind der Stabilisierungsfaktor und der Ausgangswiderstand abzuleiten.

Aufgabe 16.2

Die Bandgap-Referenzquelle nach Bild 16.19 besitzt einen Temperaturkoeffizienten der Basis-Emitter-Spannung von $D_T = -2$ mV/K bei $T = 300$ K. Die Schaltung ist so zu dimensionieren, dass durch Kompensation der linearen Temperaturabhängigkeit der Basis-Emitter-Spannung in der Nähe von 300 Kelvin eine temperaturunabhängige Ausgangsspannung von 3 Volt entsteht.

Hinweis: Die Lösung der Gleichung für das Widerstandsverhältnis R_{C1}/R_{C2} kann nur grafisch oder nummerisch erfolgen.

Aufgabe 16.3

Für die Schaltung aus Beispiel 16.1 ist mittels PSpice-Simulationen eine Feindimensionierung vorzunehmen.

Aufgabe 16.4

Ein Gleichspannungswandler nach Bild 16.11 soll eine Eingangsspannung $U_e = 10$ V in eine Ausgangsspannung $U_a = 5$ V umwandeln. Gefordert sind ein maximaler Ausgangsstrom $I_a = 500$ mA und eine maximale Ausgangsspannungsschwankung $\Delta U_a = U_a/10$. Die Durchlassspannung der Diode beträgt 0,7 V.

a) Bestimmen Sie die erforderlichen Werte für die Induktivität L und den Kondensator C_L, wenn die Schaltfrequenz $f_S = 200$ kHz beträgt.

b) Welches Tastverhältnis stellt sich im Gleichgewichtsfall ein?

17

Analog/Digital- und Digital/Analog-Wandler

Im Rahmen der digitalen Verarbeitung (bzw. Anzeige) von Messgrößen ist zunächst die Wandlung der analogen Signale in eine digitale Darstellung erforderlich. Im Allgemeinen erfolgt dabei die Wandlung einer analogen Spannung in eine proportionale digitale Zahl $Z = (b_{n-1}, b_{n-2}, \ldots b_2, b_1, b_0)$ (digitales Signal). Die einzelnen Bits b_i besitzen den Wert 0 oder 1. Das Verhalten eines solchen A/D-Wandlers ist durch eine treppenförmige Wandlerkennlinie (Bild 17.1a) beschreibbar. Die entgegengesetzte Wandlung eines digitalen Signals in ein analoges Signal ist nach einer digitalen Signalverarbeitung oder -übertragung erforderlich, wenn das Signal einem analog arbeitenden Aktor zugeführt werden soll. Die Kennlinie eines solchen D/A-Wandlers besitzt keinen kontinuierlichen Verlauf, sondern besteht nur aus einzelnen Punkten (Bild 17.1b).

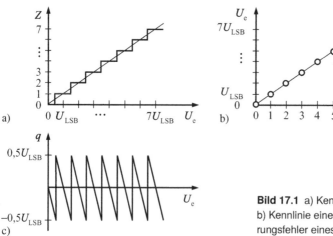

Bild 17.1 a) Kennlinie eines A/D-Wandlers, b) Kennlinie eines D/A-Wandlers, c) Quantisierungsfehler eines idealen A/D-Wandlers

Auflösung. Der wichtigste Parameter von A/D- und D/A-Wandlern ist deren Auflösung. Diese entspricht der Anzahl der Bits der binären digitalen Signalrepräsentation. Ein n-Bit-Wandler kann die analoge Eingangsspannung in 2^n Stufen quantisieren. Die kleinste Quantisierungsstufe entspricht der Änderung des niederwertigsten Bit (LSB – least significant bit) des Digitalwortes. Ihr ist eine Spannungsschrittweite U_{LSB} des analogen Signals nach Gl. (17.1) zugeordnet. Darin ist $U_{min} \ldots U_{max}$ der Spannungsbereich der analogen Signalrepräsentation.

$$U_{LSB} = \frac{U_{max} - U_{min}}{2^n - 1} \tag{17.1}$$

Infolge der begrenzten Auflösung des digitalen Signals besitzt dieses nach einer A/D-Wandlung einen Quantisierungsfehler q. Dieser beträgt im Idealfall $(-0{,}5 \ldots +0{,}5) U_{LSB}$ (siehe Bild 17.1c).

Bei der Digital/Analog-Wandlung wird die Ausgangsspannung U_a in der Regel aus einer dem Wandler zugeführten Referenzspannung U_{ref} abgeleitet. Deren Wichtung mit dem Wert des digitalen Signals liefert die Ausgangsspannung U_a des Wandlers.

$$U_a = \frac{U_{ref}}{2^n} \sum_{i=0}^{n-1} b_i 2^i \qquad (17.2)$$

Die Schrittweite der Ausgangsspannung eines Digital/Analog-Wandlung beträgt ein U_{LSB}. Sie entspricht einer Änderung des niederwertigsten Bit des Digitalwortes.

◼ 17.1 Kennwerte von A/D- und D/A-Wandlern

17.1.1 Stationäre Kennwerte

Die wichtigsten stationären Kennwerte eines A/D- bzw. D/A-Wandlers aus der Sicht auf das analoge Signal sind:

- Spannungsbereich $U_{min}...U_{max}$,
- kleinste quantisierbare Spannungsänderung U_{LSB},
- Quantisierungsfehler q

und aus der Sicht auf das digitale Signal:

- Auflösung n,
- Zahlendarstellung und Zahlenbereich $Z_{min}...Z_{max}$.

Besitzt ein Wandler einen vorzeichenlosen Wertebereich der digitalen Signale bzw. analogen Signale ($0 \leq Z \leq 2^n - 1$) wird er als unipolarer Wandler bezeichnet. Ein bipolarer Wandler weist im Gegensatz dazu einen vorzeichenbehafteten Wertereich ($-2^{n-1} \leq Z \leq 2^{n-1} - 1$) auf.

Statische Fehler. Durch den nichtidealen inneren Aufbau eines A/D- bzw. D/A-Wandlers bedingte statische Fehler äußern sich in einer Abweichung der Wandlerkennlinie vom idealen Verlauf. Sie lassen sich einteilen in:

- Offsetfehler (Kennlinie verläuft nicht durch Ursprung),
- Verstärkungsfehler (Anstieg der Wandlerkennlinie entspricht nicht dem Idealwert),
- Linearitätsfehler (unterschiedliche Stufenweiten der Kennlinie).

Linearitätsfehler führen zu einer Vergrößerung des Quantisierungsfehlers. Überschreitet dessen Betrag den Wert $1 \cdot U_{LSB}$, werden einzelne Digitalworte übersprungen (missing codes).

Eine Beschreibung der Linearitätsfehler erfolgt durch die *differenzielle Nichtlinearität DNL* der Kennlinie

$$DNL(i) = \left| \frac{U_{i+1} - U_i}{U_{LSB,ideal}} \right| \qquad (17.3)$$

und durch deren *integrale Nichtlinearität INL*.

$$INL(k) = \sum_{i=0}^{K} DNL(i) \qquad (17.4)$$

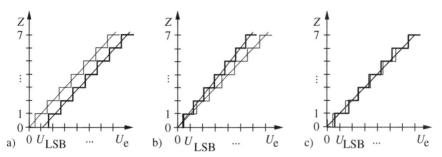

Bild 17.2 A/D-Wandler-Kennlinien mit a) Offset-Fehler, b) Verstärkungsfehler, c) Linearitätsfehler

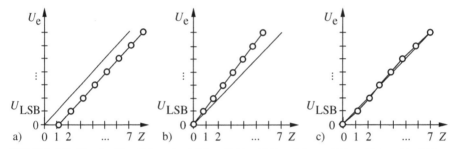

Bild 17.3 D/A-Wandler-Kennlinien mit a) Offset-Fehler, b) Verstärkungsfehler, c) Linearitätsfehler

Die integrale Nichtlinearität INL beschreibt die Abweichung der realen Übertragungskennlinie von der idealen.

Das Datenblatt eines A/D- bzw. D/A-Wandlers enthält als typische Angaben zu den statischen Fehlern Werte für q_{max}, DNL_{max} und INL_{max}. Diese Angeben erfolgen in LSB, also z. B. $1{,}5 \cdot LSB$.

Anstelle der direkten Angabe des Quantisierungsfehlers q erfolgt oft dessen Umrechnung in eine Rauschstörung. Unter Annahme veränderlicher Signale und einer daraus ableitbaren Gleichverteilung des Auftretens aller Quantisierungsstufen kann die Rauschleistung eines A/D-Wandlers zu $P_R = U_{LSB}^2/12$ berechnet werden [17.1].

Setzt man die Leistung des maximalen Nutzsignals P_S ins Verhältnis zur Rauschleistung des A/D-Wandlers ergibt sich der *Signal-Rausch-Abstand SNR* (**S**ignal to **N**oise **R**atio). Die Angabe erfolgt in Dezibel (dB).

$$SNR = 10 \lg \left(\frac{P_S}{P_R} \right) \tag{17.5}$$

Bei einem idealen n-Bit-A/D-Wandler beträgt der Signal-Rausch-Abstand

$$SNR = 6{,}02 \cdot n + 1{,}76 \, \text{dB} \tag{17.6}$$

Ein weiterer Kennwert berücksichtigt neben der Leistung des Quantisierungsrauschens P_R auch die in Signalverzerrungen infolge der Nichtlinearität der Wandlerkennlinie enthaltene Leistung P_D (Distortion). Der Kennwert *SINAD* (**S**ignal to **N**oise **a**nd **D**istortion) liefert eine Aussage über die Qualität eines quantisierten Audiosignals. Die Definition des *SINAD* orientiert sich an einer leichten Messbarkeit des Kennwertes. Sie lautet:

$$SINAD = 10 \cdot \lg \left(\frac{P_S + P_R + P_D}{P_R + P_D} \right) \tag{17.7}$$

Sie entspricht in guter Näherung der ebenfalls verbreiteten Signal to Noise and Distortion Ratio mit der Abkürzung *SNDR*.

$$SNDR = 10 \cdot \lg \left(\frac{P_S}{P_R + P_D} \right) \tag{17.8}$$

Tabelle 17.1 Auflösung und Signal-Rausch-Abstand von idealen A/D-Wandlern

Auflösung in Bit	Anzahl Quantisierungs-stufen	Max. Quantisierungs-fehler in %	Signal-Rausch-Abstand SNR in dB
8	256	0,196	49,92
10	1 024	0,048 9	61,96
12	4 096	0,012 2	74
14	16 384	0,003 05	86,04
16	65 536	0,000 763	98,08
18	262 144	0,000 191	110,12
20	1 048 576	0,000 047 7	122,16
22	4 194 304	0,000 011 9	134,2
24	16 777 216	0,000 002 98	146,24

Rechnet man den *SINAD*-Wert wieder zurück in eine äquivalente reale Auflösung des Wandlers, wird von der effektiven Anzahl Bits *ENOB* (effective Number of Bits) gesprochen.

$$ENOB = \frac{SINAD - 1,76}{6,02} \tag{17.9}$$

Dieser Kennwert verdeutlicht auf anschauliche Weise, wie stark die durch statische Fehler und Nichtlinearitäten verursachte reale Auflösung eines A/D-Wandlers vom Idealwert abweicht. Aus den Beispielen in Tabelle 17.2 ist zu erkennen, dass diese Abweichung besonders hoch ist, wenn hohe Auflösung gepaart mit hoher Abtastrate gefordert werden.

Tabelle 17.2 Kennwerte einiger aktuelle A/D-Wandler

Typ	Auflösung in Bit	Abtastrate	SNR in dB	$SINAD$ in dB	$ENOB$ in Bit	Wandlungsverfahren
AD 7760	24	2,5 MS/s	112	–	18,31	Sigma-Delta
AD 7714	24	1 kS/s	137	–	22,46	Sigma-Delta
AD 7641	18	2 MS/s	93,5	93,5	15,24	SAR
AD 7678	18	100 kS/s	101	100	16,48	SAR
AD 9461	16	130 MS/s	77,7	76,7	12,45	Pipeline
AD 7655	16	1 MS/s	86	86	13,99	SAR
AD 9626	12	250 MS/s	64	64	10,34	Pipeline
AD 7262	12	1 MS/s	70	70	11,33	SAR
AD 7780	12	66 kS/s	72	72	11,66	SAR
AD 9480	8	250 MS/s	47	46,5	7,43	Pipeline
AD 7829	5	2 MS/s	48	–	7,68	Flash
AD 7908	8	1 MS/s	49	49	7,84	SAR

Monotonie. Ein wichtiges Qualitätskriterium eines Digital/Analog-Wandlers ist die Einhaltung der *Monotonie*, d. h. einer stetigen Steigung seiner Übertragungskennlinie. Ein Parallel-Wandlungsverfahren (siehe Abschnitt 17.3) garantiert diese Monotonie. Bei anderen Wandlertypen kann eine differenzielle Nichtlinearität der Kennlinie $DNL > 1 \cdot LSB$ die Verletzung der Monotonie bewirken. In rückgekoppelten Systemen besteht infolge einer nicht monotonen Übertragungskennlinie Schwingungsgefahr.

17.1.2   Dynamische Kennwerte

Abtastrate. Der wichtigste dynamische Kennwert eines A/D-Wandlers ist seine *Abtastrate*. Sie gibt an, wie viele Abtastungen des Signals pro Sekunde (S/s – Samples per Second) maximal erfolgen können. Äquivalent dazu ist der Begriff *Abtastfrequenz* f_a.

Datenrate. Der äquivalente Kennwert eines D/A-Wandlers ist dessen Datenrate, also die Anzahl Datenwerte, die pro Sekunde gewandelt werden können. Sie entspricht der Ausgabefrequenz f_a des Wandlers, für die mit Bezug zur A/D-Wandlung auch der Begriff Abtastfrequenz gebräuchlich ist.

Einschwingzeit. Die Einschwingzeit t_S eines D/A-Wandlers gibt die Verarbeitungszeit des Wandlers an. Nach der Einschwingzeit hat die Ausgangsspannung nach einem Eingangswertwechsel den geforderten Wert mit einer bestimmten Genauigkeit (meist $0,5 \cdot LSB$) erreicht.

Apertur-Fehler. Beim A/D-Wandlungsprozess treten Amplituden- und Abtastzeit-Interpretationsfehler des analogen Eingangssignals auf, wenn durch Verzögerungen im Wandler die zeitliche Zuordnung des abzutastenden Signalwertes und der Steuerung des Abtastzeitpunktes gestört ist. Diese Fehler lassen sich in die folgenden Kategorien klassifizieren:

- Ein **Jitterfehler** (Zitterfehler) des Abtasttaktes im Wandlungsprozess bedeutet, dass der Abtastzeitpunkt leichten Verschiebungen unterliegt, die durch die wandlerinterne Ablaufsteuerung entstehen. Bei veränderlicher Eingangsspannung werden dann verfälschte Spannungswerte interpretiert (siehe Bild 17.4). Der Jitterfehler ΔU_e beträgt bei einer Zeitverschiebung ΔT des Abtasttaktes

$$\Delta U_e = U_e(nT + \Delta T) - U_e(nT) = \Delta T \frac{\mathrm{d}U_e}{\mathrm{d}t}\bigg|_{nT} \tag{17.10}$$

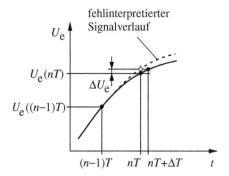

Bild 17.4 Wirkung eines Jitterfehlers

- Der **Nachziehfehler** ΔU resultiert aus der endlichen Aufladegeschwindigkeit der Eingangskapazität C_i des Wandlers. Mit der einfachen Ersatzschaltung des Wandlereingangs nach Bild 17.5a) ergibt sich dieser Fehler entsprechend [17.2] zu

$$\Delta U = U_e(t) - U_i(t) = R_i C_i \frac{dU_e}{dt} \left(1 - e^{\frac{-t}{R_i C_i}} \right) \tag{17.11}$$

Ist die Abtastphase (geschlossener Abtastschalter S) viel länger als die Zeitkonstante $R_i C_i$ des Wandlereingangs, dann wächst der Nachziehfehler auf einen stationären Maximalwert von $R_i C_i \, dU_e/dt$.

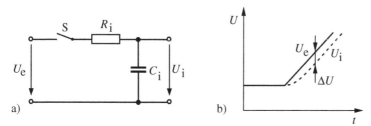

Bild 17.5 a) Ersatzschaltung des Wandlereingangs, b) Signalverlauf mit Nachziehfehler

Die Summe der Aperturfehler sollte kleiner als $U_{LSB}/2$ sein. Bei gegebener Abtastfrequenz f_a ist aus dieser Forderung die maximale Änderungsgeschwindigkeit des Eingangssignals $dU_e/dt|_{max}$ bzw. bei sinusförmigen Signalen die verarbeitbare maximale Signalfrequenz f_{Smax} ableitbar.

Abtastfrequenz. Nach dem Abtasttheorem von Nyquist kann ein Signal nur dann aus der Folge der Abtastwerte rekonstruiert werden, wenn es mindestens zweimal je Periode der maximalen enthaltenen Signalfrequenz f_{Smax} abgetastet wird. Die Forderung für die Abtastfrequenz f_a lautet damit

$$f_a \gtreqqless 2 f_{Smax} \tag{17.12}$$

Eine ausführliche Diskussion der beschriebenen Fehler an A/D-Wandlern und die messtechnische Erfassung derselben sind in [17.3] und [17.4] ausführlich beschrieben.

◼ 17.2 A/D-Wandlungsverfahren

Die Verfahren zur Analog/Digital-Wandlung lassen sich in drei Prinzipien unterteilen
- Zählverfahren,
- sukzessive Approximation,
- Parallelverfahren.

Das Grundprinzip ist immer der Vergleich einer unbekannten Eingangsspannung U_e mit einer intern erzeugten Vergleichsspannung U_V. Die Vergleichsspannung muss von Schwankungen der Temperatur und der Betriebsspannung unabhängig sein. Die einzelnen Verfahren lassen sich nach der Art und Weise der Bereitstellung der Vergleichsspannung klassifizieren. An die Auswertung des vom Komparator gelieferten Vergleichsergebnisses schließt sich in der Regel eine Umwandlung in eine geeignete digitale Darstellung des Ergebnisses, meist eine binäre Darstellung, an.

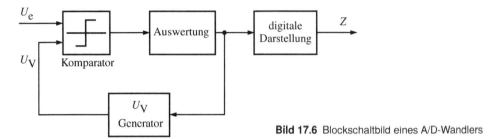

Bild 17.6 Blockschaltbild eines A/D-Wandlers

17.2.1 A/D-Wandlung nach dem Zählverfahren

Den geringsten schaltungstechnischen Aufwand erfordern die Zählverfahren. Bei ihnen wird die Eingangsspannung U_e mit einer im Wandler erzeugten stufenweise um U_{LSB} steigenden Spannung U_V verglichen. Bei erreichter Gleichheit erfolgt die digitale Ausgabe des aktuellen Stufenwertes Z_a der Vergleichsspannung. Zur Erzeugung der Vergleichsspannung kann z. B. ein Digital/Analog-Wandler (siehe Abschnitt 17.3) verwendet werden. Die Qualität des Wandlungsergebnisses wird durch die Eigenschaften der beiden Analogbaugruppen Komparator und D/A-Wandler bestimmt. Der Zählumfang des Zählers bestimmt die Auflösung des Wandlers.

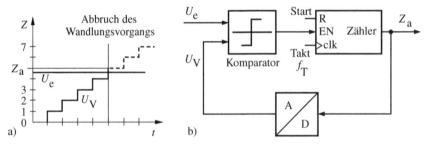

Bild 17.7 A/D-Wandlung nach Zählverfahren; a) Signaldiagramm, b) Blockschaltbild

Dual-Slope-Verfahren. Bei diesem Zwei-Rampen-Verfahren handelt es sich um ein modifiziertes Zählverfahren. Die Vergleichsspannung wird nicht stufenweise bereitgestellt, sondern als kontinuierlich ansteigende Spannung in einem Integrator gebildet (Bild 17.8). Während der Messphase $0 \leq t \leq t_1$ wird die abgetastete Eingangsspannung U_e integriert. Der am Ende der Messphase erreichte Wert U_{I1} ist proportional zur Eingangsspannung, wenn diese innerhalb der Messphase konstant bleibt.

$$U_{I1} = -\frac{1}{\tau_I} \int_0^{t_1} U_e \cdot \mathrm{d}t = -U_e \frac{t_1}{\tau_I} \qquad \text{bei } U_e = \text{const.} \tag{17.13}$$

In der Zählphase $t_1 \leqq t \leqq t_2$ erfolgt eine Integration der konstanten Referenzspannung U_{ref} ($U_{ref} < 0$). Der Anstieg dieser zweiten Rampe ist proportional zu U_{ref} und somit immer gleich.

$$U_{I2} = \frac{1}{\tau_I} \int_{t_1}^{t_2} U_{ref} \cdot \mathrm{d}t + U_{I1} = U_{ref}\frac{t_2 - t_1}{\tau_I} + U_{I1} \tag{17.14}$$

Im Nulldurchgang der Integratorausgangsspannung wird die vergangene Zeitdauer $\Delta t = t_2 - t_1$ mittels eines Zählers ausgewertet. Diese ist dann proportional zu U_e.

$$\Delta t = t_2 - t_1 = \frac{U_{I1}}{U_{ref}}\tau_I = \frac{U_e}{-U_{ref}}t_1 \tag{17.15}$$

Der Zähler wird mit einer solchen Frequenz f_T getaktet, dass er bei $U_{e,max}$ gerade bis zu seinem Endwert Z_{max} zählt.

$$(2^n - 1)\frac{1}{f_T} = (2^n - 1)\Delta T_a = \Delta t_{max} \tag{17.16}$$

Der digitale Ausgangswert Z_a des Wandlers ergibt sich dann zu:

$$Z_a = \frac{t_2 - t_1}{\Delta T_a}(2^n - 1) = \frac{U_e}{-U_{ref}}(2^n - 1) \tag{17.17}$$

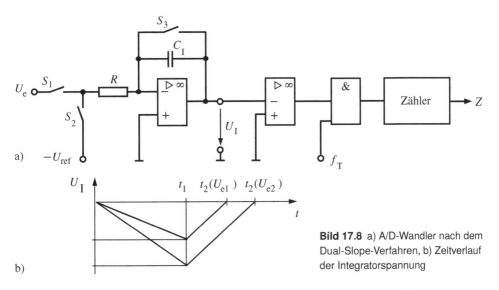

Bild 17.8 a) A/D-Wandler nach dem Dual-Slope-Verfahren, b) Zeitverlauf der Integratorspannung

Ungünstig an diesem Verfahren ist die lange Wandlungszeit. Sie beträgt 2^{n+1} Zähltakte. Ein Vorteil ist, dass die Integrationszeitkonstante τ_I nur während Mess- und Zählphase konstant gehalten werden muss. Eine absolute Genauigkeit ist nicht erforderlich.

Mit diesem Verfahren sind Auflösungen bis 22 Bit erreichbar. Allerdings beträgt die Wandlungszeit dann bis zu 50 ms, sodass nur sehr niederfrequente Signale gewandelt werden können. Da die Eingangsspannung während der Messphase konstant sein muss, ist es erforderlich, sie in einem *Abtast-Halte-Glied* (S/H – Sample & Hold) zwischenzuspeichern.

17.2.2 A/D-Wandlung mit sukzessiver Approximation

Das in Bild 17.9 dargestellte Wandlungsprinzip wird auch als Wägeverfahren bezeichnet. Die Wandlung, d. h. die Gewinnung des Digitalwortes, erfolgt bitweise vom höchstwertigen Bit (MSB – most significant bit) zum niederwertigsten Bit (LSB). Dazu sind n Wandlungsschritte nötig. Im ersten Schritt erfolgt ein Vergleich der abgetasteten Eingangsspannung mit $U_{ref}/2$. Im zweiten Wandlungsschritt bestimmt sich der Vergleichswert in Abhängigkeit vom ersten Ergebnis entweder zu $U_{ref}/4$ oder zu $3U_{ref}/4$. Anschließend lauten die Vergleichswerte $U_{ref}/8$, $3U_{ref}/8$, $5U_{ref}/8$ oder $7U_{ref}/8$. In Bild 17.9b) ist der Ablauf der Wandlungsschritte eines 3-Bit-Wandlers dargestellt. Die jeweiligen Vergleichsspannungen $U(Z)$ müssen durch einen Digital/Analog-Wandler bereitgestellt werden. Dessen Steuerung erfolgt in Abhängigkeit von den bereits gewonnenen höherwertigen Bits. Diese Aufgabe übernimmt das „Successive Approximation Register" (SAR), eine digitale Steuerschaltung. Während der gesamten Zeit muss die Eingangsspannung in einem Abtast-Halte-Glied (S/H – Sample & Hold) zwischengespeichert werden.

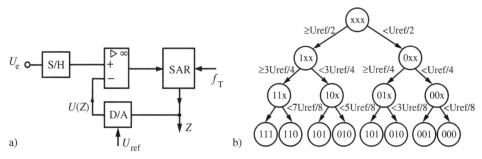

Bild 17.9 a) A/D-Wandler mit sukzessiver Approximation, b) Wandlungsalgorithmus

Die Genauigkeit und Qualität des A/D-Wandlers wird folglich direkt von den Eigenschaften des Digital/Analog-Wandlers bestimmt. Verfahren dieser Art sind bis 18-Bit-Auflösungen und Wandlungszeiten bis 1 µs einsetzbar. Die sich ergebenden maximalen Abtastfrequenzen gestatten den Einsatz im Audiobereich.

17.2.3 A/D-Wandlung nach dem Parallelverfahren

Die Wandlung beim Parallelverfahren erfolgt in einem Umsetzschritt. Deshalb werden diese Wandler oft als *Flash-Wandler* bezeichnet. Ein Parallelwandler benötigt $m = 2^n - 1$ Komparatoren, die das Eingangssignal mit allen m Vergleichsspannungen des Wandlers gleichzeitig vergleichen. Im Bild 17.10 werden diese Vergleichsspannungen durch einen m-stufigen Spannungsteiler aus einer Referenzspannung der Größe $U_{ref} = 2^n U_{LSB}$ gewonnen. Eine digitale Logikschaltung dient zur Umwandlung des entstehenden Thermometercodes in die Dualcodierung des Ergebnisses. Die D-FF speichern das Ergebnis während der Umcodierung. Sie bilden ein digitales Abtast-Halte-Glied (S/H-Glied). Die erreichbare Genauigkeit der Widerstandskette und der extrem hohe schaltungstechnische Aufwand für die Komparatoren erlaubt die Nutzung dieses Prinzips nur bis zu 10-Bit-Wandlern. Das Verfahren ist jedoch sehr schnell und deshalb besonders für Videofrequenzen geeignet. Wandler nach diesem Verfahren sind bis in den hohen MHz-Bereich verfügbar.

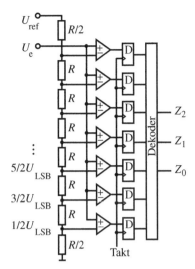

Bild 17.10 A/D-Wandler
nach dem Parallelverfahren

17.2.4 A/D-Wandlung nach dem Pipeline-Verfahren

A/D-Wandler nach dem Pipeline-Verfahren bestehen aus einer Kaskade von Parallelwandlern. Die einzelnen Wandlerstufen besitzen eine relativ niedrige Auflösung. Der daraus resultierende Quantisierungsfehler wird verstärkt und einer identischen Folgestufe zugeführt. In dieser wiederholt sich der Verarbeitungsprozess. So werden die Bits des digitalen Ausgangssignals gruppenweise gebildet und am Schluss zum Gesamtergebnis zusammengesetzt. Bild 17.11 zeigt den Gesamtaufbau und den Aufbau einer einzelnen Stufe. Die Qualität des Wandlungsergebnisses einer Stufe wird in erster Linie vom Verstärker bestimmt. Nur

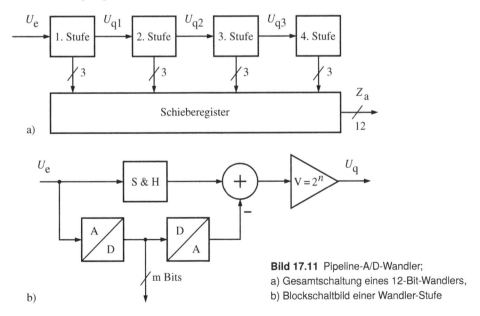

Bild 17.11 Pipeline-A/D-Wandler;
a) Gesamtschaltung eines 12-Bit-Wandlers,
b) Blockschaltbild einer Wandler-Stufe

wenn der Quantisierungsfehler der relativ schlecht auflösenden Einzelstufen exakt verstärkt wird, weist auch die letzte Stufe einen geringen Quantisierungsfehler auf.

Zur Erzielung hoher Wandlungsgeschwindigkeiten sind die A/D-Baugruppen als Parallelwandler ausgeführt. Der Vorteil gegenüber reinen Parallelwandlern ist die deutlich geringere Anzahl von Komparatoren, die insgesamt benötigt werden. Bei einem 12-Bit-A/D-Wandler beträgt deren Anzahl nur 28. Im Vergleich zu 4095 bei einem Parallelwandler ist das eine riesige Einsparung, die allerding durch Zusatzaufwand für die benötigten D/A-Wandler, Subtrahierer, Verstärker und S/H-Glieder wieder etwas reduziert wird.

Da jede Stufe über ein eigenes Abtast-Halte-Glied (S/H) verfügt, kann sie nach dem Weiterreichen des Quantisierungsfehlers sofort einen neuen Abtastwert verarbeiten. Die gesamte Verzögerungszeit (Latenzzeit) des Wandlers ergibt sich aus der Summe der Verzögerungszeit der einzelnen Stufen. Die Datenrate der ausgegebenen Digitalwerte wird aber nur durch die Verzögerungszeit einer Stufe bestimmt. Dadurch kann die kontinuierliche Wandlung eines Signals mit sehr hoher Abtastfrequenz erfolgen.

17.2.5 Sigma-Delta-Wandler

Im Sigma-Delta-A/D-Wandler ist die Wandlung in das n Bit breite digitale Signal in zwei Schritte unterteilt. In der ersten Stufe (analoger Modulator), erfolgt die Abtastung des analogen Signals der Bandbreite f_b mit einer Abtastfrequenz f_a, die viel höher ist, als es das Abtasttheorem erfordert. Infolge der hohen Überabtastrate $OSR = f_a/2f_b$ (oversampling rate) besitzt das digitale Ausgangssignal des Modulators eine hohe zeitliche Auflösung. Eine genaue Repräsentation des Eingangssignals ist deshalb bereits mit wenigen Quantisierungsstufen möglich.

Im *Modulator* wird die Differenz aus dem Eingangs- und dem Ausgangssignal (*Delta*) über einer oder mehreren Rückkoppelschleifen gebildet und integriert (*Sigma*). Das Integrationsergebnis wird durch einen Quantisierer bewertet. Bei genügend hoher Überabtastung des Eingangssignals tritt zwischen zwei Abtastzeitpunkten nur eine geringe Signaländerung auf, sodass zu deren Darstellung zwei Quantisierungsstufen (0 und 1) ausreichend sind. Die Verwendung eines einfachen Binärquantisierers (1-Bit-Wandler) wird möglich.

Das Ausgangssignal der ersten Stufe (Modulator) ist dann eine serielle Bitfolge und stellt ein *pulsdichtemoduliertes Signal* mit der hohen Abtastfrequenz f_a dar. Jeweils OSR aufeinander folgende Bits dieses Datenstroms enthalten die Information, die nach dem Abtasttheorem (Nyquistkriterium) erforderlich ist, um ein Signal der Frequenz f_b sicher zu beschreiben.

Die Aufgabe der zweiten Stufe (digitales Filter) besteht in der Umwandlung des seriellen Datenstroms in die nBit breiten Digitalworte, die mindestens mit der Frequenz der doppelten Bandbreite des Eingangssignals $f_n = 2 \cdot f_b$ (Nyquistfrequenz) ausgegeben werden müssen.

Der Digitalteil besteht aus einem Filter und einem *Dezimierer*. Das Filter besitzt eine mittelwertbildende Funktion. Es bewirkt die Umwandlung der zeitlich hohen Auflösung des Übergabesignals in eine hohe Amplitudenauflösung des digitalen Ausgangssignals. Der Dezimierer reduziert die Abtastfrequenz von f_a auf eine gewünschte Größe, z. B. $2f_n$, bei der das Nyquistkriterium noch eingehalten ist, indem er mehrere aufeinander folgende Ausgabewerte des Filters zu einem Ausgangswert zusammenfasst.

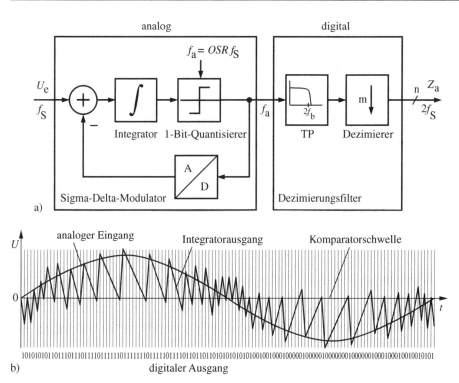

Bild 17.12 Prinzip eines Sigma-Delta-A/D-Wandlers 1. Ordnung; a) Blockschaltbild, b) Signalverläufe

Ein wichtiger Vorteil dieses Wandlungsverfahrens ist die frequenzverschiebende Wirkung für das Quantisierungsrauschen, das durch die Rückkoppelschleife im Modulator bewirkt wird. Mit wachsender Überabtastrate wird ein immer größerer Anteil dieses Quantisierungsrauschens aus dem Signalfrequenzband heraus zu deutlich höheren Frequenzen verschoben. Der nachfolgende Digitalfilter in der zweiten Stufe wird genutzt, um das gesamte Quantisierungsrauschen außerhalb des Signalfrequenzbandes auszufiltern, d. h. zu unterdrücken. Dadurch liefert dieses Wandlungsverfahren sehr hohe Signal-Rausch-Abstände, insbesondere dann, wenn die Rückkoppelschleife des Modulators für das Quantisierungsrauschen eine Hochpasscharakteristik 2. oder höherer Ordnung aufweist. Für die Signalfrequenzen besitzt die Rückkoppelschleife immer eine Tiefpasscharakteristik. Bild 17.12 verdeutlicht das Funktionsprinzip eines Sigma-Delta-A/D-Wandlers. Ausführliche mathematische Beschreibungen der Zusammenhänge sind in [17.1] zu finden.

Die bestimmenden Einflüsse auf den maximalen Signal-Rausch-Abstand $SNR_{\max}$ des Ausgangssignals eines Sigma-Delta-Modulators sind die Ordnung n der Hochpasscharakteristik für das Quantisierungsrauschen und die Überabtastrate OSR. Ihr Einfluss wird in der folgenden Gleichung deutlich.

$$SNR_{\max} = 10 \cdot \lg\left(\frac{3(2n+1)}{2\pi^{2n}} OSR^{2n+1}\right) \text{ dB} \tag{17.18}$$

Ein Vergleich mit dem maximalen Signal-Rausch-Abstand eines konventionellen n-Bit-A/D-Wandlers nach Gl. (17.6) liefert die äquivalente Auflösung eines Sigma-Delta-Modulators und damit die potenzielle Auflösung des gesamten Sigma-Delta-A/D-Wandlers. In Bild 17.13 werden diese Zusammenhänge grafisch verdeutlicht.

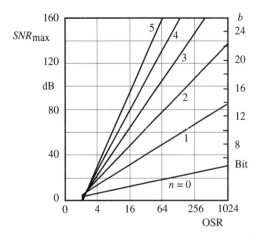

Bild 17.13 Signal-Rausch-Abstand von Sigma-Delta-Wandlern

Ein Vorteil der Sigma-Delta-A/D-Wandler gegenüber konventionellen A/D-Wandlern liegt im relativ geringen Schaltungsaufwand innerhalb des analogen Modulators, da sowohl der Quantisierer als auch der erforderliche D/A-Wandler nur zwei Quantisierungsstufen $\{0, 1\}$ benötigen.

■ 17.3 D/A-Wandlungsverfahren

Digital/Analog-Wandlungsverfahren kann man wie auch die A/D-Wandlungsverfahren in die drei Grundprinzipien

- Zählverfahren,
- Wägeverfahren (sukzessive Approximation) und
- Parallelverfahren

einteilen. Sie beschreiben das Verfahren mit Blick auf die zeitlichen Abläufe bei der Interpretation des Digitalsignals und der Bildung des Analogsignals.

Aus Sicht der schaltungstechnischen Realisierung kann eine Einteilung unter Bezug auf die Art der gewichteten Gewinnung des analogen Ausgangssignals aus einer Referenzgröße erfolgen. Zu unterscheiden sind dann Netzwerke

- geschalteter Widerstände,
- geschalteter Kapazitäten,
- geschalteter Stromquellen.

Einen Überblick über die erreichbaren Datenraten und Einschwingzeiten aktueller D/A-Wandler und die ihnen zugrunde liegenden Realisierungsprinzipien enthält Tabelle 17.3.

Tabelle 17.3 Vergleich Digital/Analog-Wandler

Auflösung in Bit	Einschwingzeit Präzisions-DAUs				Datenrate Hochgeschwindig-keits-DAUs
	$10\ldots0,1$ ms	$100\ldots10\,\mu$s	$10\ldots1\,\mu$s	$1\ldots0,1\,\mu$s	$10\,$MS/s$\ldots1\,$GS/s
20	×				
18			×		
16	×	×	×	×	×
14			×	×	×
12			×	×	×
10			×	×	×
8			×	×	×
Verfahren	MASH (Sigma-Delta)	Widerstands-kette (String)	R2R	R2R	Gewichtete Stromquellen (I-Stearing)

17.3.1 D/A-Wandlung nach dem Zählverfahren

Bei den *Zählverfahren* erfolgt die Bildung der Ausgangsspannung durch Mittelwertbildung über eine Folge von High- und Low-Pegel (U_{ref} und Masse bei Unipolar-Wandlern bzw. U_{ref} und $-U_{ref}$ bei Bipolar-Wandlern), die dem binären Informationsgehalt eines eingehenden seriellen Bitstromes entsprechen. Eine Dualzahl muss dazu vorher in den gewünschten seriellen Bitstrom umgewandelt werden (Bild 17.14). Durch einen nachfolgenden Tiefpass müssen die durch die hohe Schaltfrequenz verursachten Störungen ausgefiltert werden. Der eigentliche D/A-Wandlungsvorgang erfolgt mit einem einfachen 1-Bit-D/A-Wandler (1-Bit-DAU).

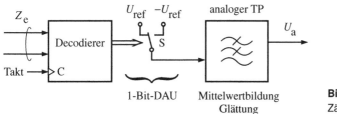

1-Bit-DAU   Mittelwertbildung   **Bild 17.14** D/A-Wandler nach
              Glättung   Zählverfahren

Vorteil des Verfahrens ist der minimale Aufwand an analoger Schaltungstechnik. Als Hauptnachteil ist die sehr lange Wandlungszeit von 2^n Taktperioden des Steuertaktes zu nennen.

Die Aufbereitung des Digitalsignals innerhalb des Decodierers erfolgt auf zwei typische Arten, die nach der Art des gebildeten Steuersignals für den 1-Bit-ADU bezeichnet werden. Dieses Steuersignal kann

- pulsweitenmoduliert (*PWM*) oder
- pulsdichtenmoduliert (*PDM*)

sein.

Bei einem PWM-Signal ergibt sich das Verhältnis von Impulsweite T_i zu Periodendauer T proportional zur Größe des digitalen Eingangssignals.

$$\frac{T_i}{T} = \frac{Z_e}{Z_{max}}$$ (17.19)

Bei einem PDM-Signal entspricht die Anzahl der erzeugten „1"-Impulse pro Abtastwert der Größe des digitalen Eingangssignals. Die Verteilung der „1"-Impulse über die gesamte Abtastperiode kann gleichmäßig erfolgen oder z. B. mit dem Ziel eines hohen Signal-Rausch-Abstandes optimiert werden, wie dies bei den 1-Bit-MASH-DAUs üblich ist. Das dabei verwendete *Multi-Stage-Noise-Shaping* nutzt die gleiche Form der Rauschverschiebung zu Frequenzen weit oberhalb des Signalfrequenzbandes, wie es bei den Sigma-Delta-Modulatoren eingesetzt wird.

17.3.2 D/A-Wandlung nach dem Wägeverfahren

Das Grundprinzip der D/A-Wandlung nach dem Wägeverfahren besteht in der Summation binär gewichteter Ströme bzw. Ladungen. Dabei entsprechen die Gewichte den jeweiligen Bits des digitalen Eingangssignals. Die Bewertung der binär gewichteten Ströme bzw. Ladungen mit den Werten 0 oder 1 kann dabei durch einfache Schalter mit ihren Zuständen AUS oder EIN realisiert werden. Die Ströme bzw. Ladungen müssen durch geeignete Schaltungslösungen in einer binär gewichteten Größe bereitgestellt werden. Dafür sind folgende Varianten üblich:

D/A-Wandler mit gewichteten Widerständen. Bei diesem Wägeverfahren erfolgt die Erzeugung der gewichteten Ströme durch gewichtete Widerstände, die als Eingangszweige eines invertierenden Verstärkers geschaltet sind (Bild 17.15). Die Wichtung entspricht der Wertigkeit der einzelnen Bits des Digitalwortes. Durch die virtuelle Masse am N-Eingang des Operationsverstärkers liegt über allen Widerständen die Referenzspannung U_{ref}. Das Widerstandsverhältnis R_K/R_i legt die Verstärkung und somit auch die maximale Ausgangsspannung des Wandlers fest. Im Bild 17.15 beträgt diese

$$U_{a\,max} = -\frac{U_{ref}}{2^n}\left(2^n - 1\right)\frac{2R_K}{R}$$ (17.20)

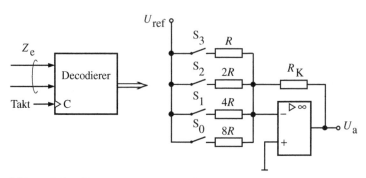

Bild 17.15 D/A-Wandler mit gewichteten Widerständen

Große Schwierigkeiten bereitet jedoch die Herstellung der extrem unterschiedlichen Widerstände dieses Netzwerks mit der notwendigen Genauigkeit.

Beispiel 17.1

Es ist die erforderliche Genauigkeit des größten Widerstandes für einen 8-Bit D/A-Wandler nach Bild 17.15 zu berechnen, um die Monotonie der Wandlerkennlinie zu garantieren.

Lösung:

Die Monotonie der Wandlerkennlinie erlaubt eine maximale Abweichung der MSB-Spannung (U_{MSB}) gegenüber dem Idealwert von $\pm 0{,}5 \cdot U_{LSB}$. Dies entspricht einem relativen Fehler von

$$\frac{\Delta U_{MSB}}{U_{MSB}} = \frac{\pm 0{,}5 \cdot U_{LSB}}{2^{n-1} \cdot U_{LSB}} = \pm \frac{1}{2^n}$$

der bei einem 8-Bit-Wandler den Wert 0,39 % annimmt. Da die Ausgangsspannung umgekehrt proportional zum geschalteten Widerstand ist

$$U_{MSB} = -U_{ref}\frac{R_K}{R_{MSB}}$$

darf der Widerstand den gleichen relativen Fehler (Genauigkeit) von 0,39 % nicht überschreiten.

D/A-Wandler mit R2R-Netzwerk. Werden die gewichteten Widerstände durch ein R2R-Netzwerk ersetzt (Bild 17.16), vereinfacht sich die Einhaltung der Genauigkeitsanforderungen. Dieses Netzwerk benötigt ausschließlich Widerstände der Größen R und $2R$, um aus der Referenzspannung alle erforderlichen Teilspannungen $U_{ref}/2^i$, mit $i = 1 \ldots n$, abzuleiten. Die zur Summation verknüpften gewichteten Ströme resultieren aus diesen Teilspannungen. Insbesondere in integrierten Technologien bereitet die Reproduzierbarkeit gleicher Widerstände relativ wenig Probleme. Die Schalter müssen dabei jedoch als Wechselschalter ausgeführt werden, damit die Widerstandsbedingungen für den Spannungsteiler erfüllt sind. Dies erhöht wiederum den Schaltungsaufwand.

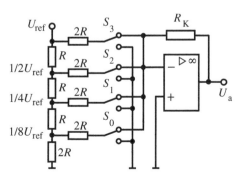

Bild 17.16 Analogteil eines D/A-Wandlers mit R2R-Netzwerk

D/A-Wandler mit gewichteten Stromquellen. Das Grundprinzip dieses Verfahrens zeigt Bild 17.17. Hierbei kann auf einen Operationsverstärker zur Summation der Ströme verzichtet werden, da die Stromquellen gegenüber der entstehenden Ausgangsspannung rückwirkungsfrei sind. Dieses Schaltungsprinzip sichert ein viel schnelleres Einstellen der gewünschten Ausgangsspannung U_a als die oben gezeigten Beispiele. Es entfällt die relativ lange Einschwingzeit eines Summationsverstärkers. Das Verfahren bietet sich deshalb besonders im Bereich der Videosignalverarbeitung an.

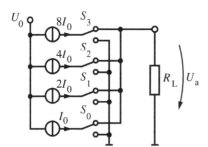

Bild 17.17 Analogteil eines D/A-Wandlers mit gewichteten Stromquellen

Zur Realisierung der gewichteten Stromquellen ist eine Strombank entsprechend Abschnitt 10.4.3 geeignet. Für den Ausgangsstrom gilt die Beziehung

$$I_a = I_{LSB} \sum_{i=0}^{n-1} b_i\, 2^i \tag{17.21}$$

Bei der Dimensionierung muss I_{LSB} passend zur gewünschten Ausgangsspannung und dem Lastwiderstand R_L gewählt werden. Die Genauigkeitsanforderungen an die Ströme ergeben sich aus dem bereits diskutierten zulässigen relativen Fehler der Ausgangsspannung.

D/A-Wandler mit gewichteten Kapazitäten. In integrierten CMOS-Technologien ist die Realisierung genauer Kapazitäten bzw. Kapazitätsverhältnisse viel einfacher als die Herstellung genauer Widerstände. Aus diesem Grund dominiert dort der Einsatz von „charge scaling"-D/A-Wandlern (Bild 17.18). Das Verfahren basiert auf der Ladungsumverteilung auf binär gewichteten Kapazitäten. In einer ersten Taktphase werden die Kapazitäten C_i entsprechend dem aktuellen Digitalwort $D = (b_{n-1} \cdot 2^{n-1}, b_{n-2} \cdot 2^{n-2}, \ldots, b_2 \cdot 2^2, b_1 \cdot 2^1, b_0 \cdot 2^0)$ auf U_{ref} bzw. 0 V aufgeladen. In der zweiten Taktphase werden alle Kapazitäten miteinander verbunden. Durch den sich ergebenden Ladungsausgleich stellt sich über den Kapazitäten eine Spannung der Größe

$$U_C = \frac{U_{ref} C}{C_{tot}} \sum_{i=0}^{n-1} b_i 2^i \tag{17.22}$$

ein. Beträgt dabei die Summe aller Kapazitäten $C_{tot} = 2^n C$, dann ergibt sie eine maximale Ausgangsspannung von

$$U_{C\,max} = \frac{U_{ref}(2^n - 1)}{2^n} \tag{17.23}$$

Ein Spannungsfolger überträgt diese Spannung an den Ausgang des Wandlers, ohne das Kapazitätsfeld zu belasten.

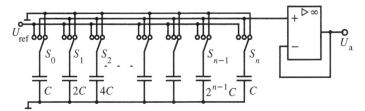

Bild 17.18 Analogteil eines D/A-Wandlers mit gewichteten Kapazitäten [17.5]

17.3.3   D/A-Wandlung nach dem Parallelverfahren

Bei den *Parallelverfahren* erfolgt eine parallele Bildung von Spannungswerten U_i, deren Größe sich proportional zum digitalen Eingangssignal verhält.

$$U_i = Z_e \cdot U_{LSB} = Z_e \cdot \frac{U_{ref}}{2^n} \tag{17.24}$$

Die einzelnen Spannungswerte werden aus einer Referenzspannung U_{ref} abgeleitet. Dies erfolgt üblicherweise durch einen ohmschen Spannungsteiler aus 2^n Widerständen. Die Auswahl der als Ausgangsspannung U_a abzugreifenden Teilreferenzspannung U_i erfolgt durch einen Schalter, dessen Steuersignal mittels eines 1 aus m Decoders ($m = 2^n$) aus dem digitalen Eingangswert abzuleiten ist (Bild 17.19).

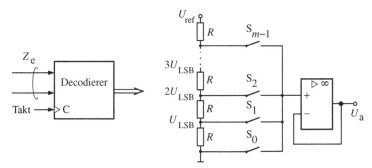

Bild 17.19 D/A-Wandler nach dem Parallelverfahren

Der Vorteil dieses Parallelverfahrens, seine systemimmanente Monotonie der Übertragungskennlinie, wird durch einen extrem hohen Schaltungsaufwand an Widerständen und Schaltern erkauft. Deshalb eignet es sich nur für Wandler mit geringer Auflösung.

17.3.4   Fehlerkorrigierende D/A-Wandlung

Das größte Problem der Realisierung von hochauflösenden D/A-Wandlern nach dem Wägeverfahren besteht in der Sicherung der Monotonie der Wandlerkennlinie. Selbst die eigentlich sehr gute Reproduzierbarkeit genauer Kapazitätsverhältnisse in CMOS-Technologien hat ihre Grenzen bei Auflösungen von 14 ... 16 Bit. Um die Notwendigkeit eines Bauelementeabgleichs mittels Laser oder Elektronenstrahl zu vermeiden, gelangen selbstkalibrierende Wandler zum Einsatz (Bild 17.20). Dabei wird folgendes Grundprinzip verfolgt:

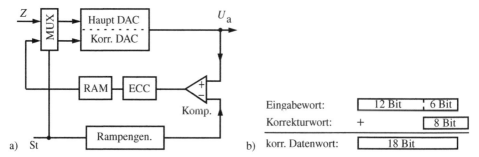

Bild 17.20 a) Grundprinzip von selbstkorrigierenden D/A-Wandlern, b) Überlagerung der Korrekturbits

Der eigentliche D/A-Wandler (Haupt-DAC) erfährt eine Erweiterung um einen Korrektur-DAC. Während einer Eichphase wird die Wandlerkennlinie aufgenommen. Fehler in dieser Kennlinie können durch entsprechende Ansteuerung des Korrektur-DAC kompensiert werden. Die notwendige Ansteuerung des Korrektur-DAC berechnet eine Fehlerkorrekturlogik (ECC) im Ergebnis eines Sollwertvergleichs, der durch die Baugruppen Stufenrampengenerator und Komparator ausgeführt wird. Diese Ansteuerinformationen (Korrekturinformationen) können im Korrektur-RAM gespeichert werden. Während der normalen Wandlungsphase erfolgt durch das eingehende Digitalwort die Aktivierung von Haupt- und Korrektur-DAC, sodass eine fehlerkorrigierte Ausgangsspannung entsteht. Die Überlagerung der beiden DAC-Werte ist in Bild 17.20b schematisch veranschaulicht.

■ 17.4 Aufgaben

Aufgabe 17.1
Wie groß ist der maximale Quantisierungsfehler eines 12-Bit-A/D-Wandlers mit einem Eingangsspannungsbereich von $-2 ... +2\,\mathrm{V}$?

Aufgabe 17.2
Ein A/D-Wandler habe einen Eingangskapazität von 10 pF und einen Eingangswiderstand von 100 Ω.

a) Wie groß ist der maximale Nachziehfehler bei einem rampenförmigen Eingangssignal mit einem Anstieg von 0,2 V/μs?

b) Nach welcher Abtastdauer ist dieser Maximalwert bis auf 1 % Restfehler erreicht?

c) Welcher Nachziehfehler ergibt sich beim Abtasten eines sinusförmigen Signals mit einer Amplitude von 2,5 V und einer Frequenz von 8 kHz, wenn die Abtastung im Nulldurchgang erfolgt und 10 ns dauert?

d) Welche maximale Auflösung ist für einen A/D-Wandler bei $U_e = -5 ... +5\,\mathrm{V}$ unter den gegebenen Bedingungen sinnvoll?

e) Welche Toleranz des Abtastzeitpunktes ist zulässig, um die Auflösung des gegebenen Wandlers durch einen entstehenden Jitterfehler nicht zu verschlechtern?

Hinweis: Bei sehr kurzen Abtastzeiten kann der Sinus linear genähert werden.

Aufgabe 17.3
Wie lang darf die Wandlungszeit eines sukzessiven 16-Bit-A/D-Wandlers pro Bit sein, wenn ein 20 kHz Sinussignal sicher, d. h. nach dem Abtasttheorem 2 mal je Periode, abgetastet werden soll?

Aufgabe 17.4
Gegeben sei ein 4-Bit-D/A-Wandler nach Bild 17.15 mit $U_{ref} = -5$ V und $R_K = 1$ kΩ.

a) Die Schaltung ist allgemein und für einen konkreten Wert $U_{LSB} = 0{,}2$ V zu dimensionieren.

b) Welchen Maximalwert kann die analoge Ausgangsspannung annehmen?

c) Welchen maximalen Laststrom muss die Spannungsquelle U_{ref} liefern können?

Aufgabe 17.5
Welche Genauigkeitsforderung besteht an die Ströme eines 12-Bit-D/A-Wandlers mit gewichteten Stromquellen, wenn Monotonie der Wandlerkennlinie gefordert ist?

Formelzeichen

a	Kleinsignalstromverstärkung in Basisschaltung	f_o	obere Grenzfrequenz
A	Querschnittsfläche	f_R	Resonanzfrequenz
$A(\omega)$	Amplitudenfrequenzgang	f_u	untere Grenzfrequenz
A_I	Stromverstärkungsfaktor in Basisschaltung (Inversbetrieb)	f_T	Transitfrequenz
		g	Gegenkopplungsgrad
A_N	Stromverstärkungsfaktor in Basisschaltung (Normalbetrieb)	g_d	Drain-Source-Leitwert des MOSFET
b	Kanalbreite des MOSFET	g_m	Steilheit des MOSFET
b	Kleinsignalstromverstärkung in Emitterschaltung	g_{mb}	Backgatesteilheit des MOSFET
		G	Gleichtaktunterdrückung
B	Bandbreite	$\underline{G}(j\omega)$	Übertragungsfunktion
B_I	Stromverstärkungsfaktor in Emitterschaltung (Inversbetrieb)	G_{Av}	Generationsrate bei Stoßionisation
		G_{Ph}	Fotogenerationsrate
B_N	Stromverstärkungsfaktor in Emitterschaltung (Normalbetrieb)	G_{th}	Generationsrate bei thermischer Generation
c	Lichtgeschwindigkeit	h	Plancksches Wirkungsquantum
C	Kapazität	I	elektrische Stromstärke
C_D	Diffusionskapazität	ΔI	Stromänderung
C_F	Temperaturbeiwert des Diodenflussstromes	$\underline{I}$	komplexe elektrische Stromstärke
		$\hat{I}$	Stromamplitude
C_{GD}	Gate-Drain-Kapazität	I_{AP}	Arbeitspunktstrom
C_{GS}	Gate-Source-Kapazität	I_B	Basisstrom
$CMRR$	Gleichtaktunterdrückung, logarithmisch	I_{B0}	Basisstrom im Arbeitspunkt
		I_C	Kollektorstrom
C_R	Temperaturbeiwert des Diodensperrstromes	I_{C0}	Kollektorstrom im Arbeitspunkt
		I_{CB0}	Reststrom der Kollektor-Basis-Strecke
C_S	Sperrschichtkapazität		
C_{SC}	Kollektorsperrschichtkapazität	I_{CES}, I_{ECS}	Transfersättigungsströme
C_{SE}	Emittersperrschichtkapazität	I_{CE0}	Reststrom der Kollektor-Emitter-Strecke
d_S	Ausdehnung der Sperrschicht		
D_n	Diffusionskoeffizient der Elektronen	I_{CS}	Sättigungsstrom der Kollektor-Basis-Diode
D_p	Diffusionskoeffizient der Löcher		
D_T	Temperaturdurchgriff	I_D	Diodenstrom
e	Elementarladung eines Elektrons	I_D	Drainstrom
E	Feldstärke	I_E	Emitterstrom
E_{Ph}	Beleuchtungsstärke	I_{ES}	Sättigungsstrom der Emitter-Basis-Diode
f	Frequenz		
f_m	Bandmittenfrequenz	I_F	Fotostrom

I_G	Gatestrom	r_a	Ausgangswiderstand
I_H	Haltestrom	r_{aB}	Betriebs-Ausgangswiderstand
$\vec{I}_n$	Elektronenstrom	r_d	differenzieller Innenwiderstand
$\vec{I}_p$	Löcherstrom		einer Diode
I_r	Rauschstrom	r_e	Eingangswiderstand
I_{rg}	Rekombinations-Generations-Strom	r_{eB}	Betriebs-Eingangswiderstand
I_S	Diodensättigungsstrom	R	elektrischer Widerstand
I_{SP}	Sperrstrom	R_D	Gleichstromwiderstand einer Diode
k	Ausschaltfaktor	R_L	Lastwiderstand
k	Boltzmann-Konstante	R_{th}	thermischer Widerstand
k_i	Stromrückwirkung	S	Stabilisierungsfaktor
K	Klirrfaktor	S	Steilheit
K	Rückkoppelfaktor	S	Stabilisierungsfaktor
K_S	Thermokraft	$S_{G',a}$	Empfindlichkeit
L	Induktivität	$S_i(f)$	Rauschleistungsdichte
L	Kanallänge des MOSFET	SNR	Signal-Rausch-Abstand
LSB	niederwertigstes Bit	S_R	Slewrate
m	Übersteuerungsgrad	S'	normierter Stabilisierungsfaktor
M	Stromspiegelverhältnis	t_f	Abfallzeit
MSB	höchstwertigstes Bit	t_S	Speicherzeit
n	Elektronendichte	T	Periodendauer
N_A	Akzeptorendichte	T	Temperatur in K
N_A^-	Dichte der ionisierten Akzeptoren	ΔT	Temperaturänderung
N_D	Donatorendichte	T_L	Laufzeit
N_D^+	Dichte der ionisierten Donatoren	U	elektrische Spannung
n_i	Eigenleitungsdichte	ΔU	Spannungsänderung
n_n	Elektronendichte im n-Halbleiter	$\underline{U}$	komplexe elektrische Spannung
n_p	Elektronendichte im p-Halbleiter	$\bar{U}$	Effektivwert der Spannung
n_0	Elektronendichte im thermody- namischen Gleichgewicht	$\hat{U}$	Spannungsamplitude
		U_{BC}	Basis-Kollektor-Spannung
p	komplexe Frequenz	U_{BE}	Basis-Emitter-Spannung
p	Löcherdichte	U_{BEF}	Flussspannung der Basis-Emitter-
p_n	Löcherdichte im n-Halbleiter		Diode
p_p	Löcherdichte im p-Halbleiter	U_{BR}	Durchbruchspannung
p_0	Löcherdichte im thermodynami- schen Gleichgewicht	U_{CE}	Kollektor-Emitter-Spannung
		U_{CE0}	Kollektor-Emitter-Spannung im Arbeitspunkt
P_e	Eingangsleistung	U_{CES}	Kollektor-Emitter-Sättigungs-
P_{th}	Wärmeleistung		spannung
P_{tr}	Verlustleistung des Transistors	U_D	Differenzspannung
P_V	Verlustleistung	U_D	Diffusionsspannung
$P_\sim$	Signalleistung	U_{DS}	Drain-Source-Spannung
$P_=$	Gleichleistung	U_{F0}	Flussspannung einer Diode
Q	elektrische Ladung	U_{gl}	Gleichtaktspannung
Q	Güte	U_{GS}	Gate-Source-Spannung

U_K	Zündspannung	ε	Permittivität
U_{OS}	Offsetspannung	η	Spannungsrückwirkung
U_{SP}	Sperrspannung einer Diode	η	Wirkungsgrad
U_t	Schwellspannung	φ	Potenzial
U_{th}	Thermospannung	$\varphi(\omega)$	Phasenfrequenzgang
U_T	Temperaturspannung	φ_R	Phasenreserve
U_Z	Z-Spannung	$\varkappa$	spezifische Leitfähigkeit
v_d	Driftverstärkung	λ	Wellenlänge
v_D	Differenzverstärkung	λ	Kanallängenverkürzung beim MOSFET
v_g	maximale Driftgeschwindigkeit		
v_{Gl}	Gleichtaktverstärkung	μ_p	Löcherbeweglichkeit
v_i	Stromverstärkung	μ_n	Elektronenbeweglichkeit
v_{iB}	Betriebs-Stromverstärkung	ϱ	Raumladung,
v_u	Spannungsverstärkung	ω	Kreisfrequenz
v_{uB}	Betriebs-Spannungsverstärkung	ω_α	Grenzfrequenz der Basisschaltung
W_A	Energieniveau der Akzeptoren	ω_β	Grenzfrequenz der Emitterschaltung
W_C	Energieniveau der Leitbandkante	ω_g	Grenzfrequenz
W_D	Energieniveau der Donatoren	ω_T	Transitfrequenz
W_g	Breite der verbotenen Zone	Ω	normierte Frequenz
W_{Ph}	Energie eines Lichtquants	τ	Ladungsträgerlebensdauer
W_V	Energieniveau der Valenzbandkante	τ_{BI}	Basislaufzeit (Inversbetrieb)
$\underline{Y}$	Admittanz	τ_{BN}	Basislaufzeit (Normalbetrieb)
$\underline{Y}_T$	Übertragungsadmitanz	τ_D	Diodenzeitkonstante
$\underline{Z}$	Impedanz	τ_n	Elektronenlebensdauer
$\underline{Z}_T$	Übertragungsimpedanz	τ_p	Löcherlebensdauer
β	Transistorkonstante des MOSFET	τ_s	Ladungsträgerlebensdauer in der Verarmungszone
$\beta(\lambda)$	Absorptionskoeffizient des Halbleiters		
γ	Body-Faktor des MOSFET	τ_S	Speicherzeitkonstante

Literatur

Physikalische Grundlagen der Halbleiterelektronik

[1.1] *Möschwitzer, A.*: Grundlagen der Halbleiter- & Mikroelektronik. Bd. 1: Elektronische Bauelemente. – München: Carl Hanser Verlag, 1992

Berechnungsmethoden elektronischer Schaltungen

[2.1] *Nagel, L. W; Pederson, D. O.*: SPICE (Simulation Program with Integrated Circuit Emphasis).
– Memorandum No. ERL-M382. – Berkeley: University of California, 1973

[2.2] *Heinemann, R.*: PSpice – Einführung in die Elektroniksimulation. – München: Carl Hanser
Verlag, 2009

[2.3] *Beetz, B.*: Elektroniksimulation mit PSPICE. – Wiesbaden: Vieweg Verlag, 2008

[2.4] *Siegl, J.*: Schaltungstechnik. – Analog und gemischt analog/digital. – Berlin: Springer-Verlag,
2005

[2.5] *Kories, R.; Schmidt-Walter, H.*: Taschenbuch der Elektrotechnik. – Frankfurt: Verlag Harri
Deutsch, 2004

[2.6] *Reisch, M.*: Elektronische Bauelemente. – Funktion, Grundschaltung, Modellieren mit PSpice. – Berlin: Springer-Verlag, 1997

[2.7] *Justus, O.*: Berechnung linearer und nichtlinearer Netzwerke – Mit PSpice-Beispielen. – Leipzig: Fachbuchverlag, 1994

[2.8] *Meier, U.; Nerreter, W.*: Analoge Schaltungen. – München: Carl Hanser Verlag, 1997

Halbleiterdioden

[3.1] *Möschwitzer, A.; Lunze, K.*: Halbleiterelektronik. – Berlin: Vertag Technik, 1988

[3.2] *Groß, W.*: Digitale Schaltungstechnik. – Wiesbaden: Vieweg, 1994

[3.3] *Paul, R.*: Elektronische Halbleiterbauelemente. – Stuttgart: B. G. Teubner, 1992

[3.4] *Löcherer, K.-H.*: Halbleiterbauelemente. – Stuttgart: B. G. Teubner, 1992

Bipolartransistoren

[4.1] *Widmann, D.; Mader, H.*: Technologie hochintegrierter Schaltungen. – Berlin: Springer-
Verlag, 1996

[4.2] *Steidle, H.-G.*: Transistoren-Kurz-Tabelle. Rund 9000 Transistoren mit ihren kennzeichnen-
den Daten. – Poing: Franzis Verlag, 1995

Thyristoren

[5.1] *Specovius, J.*: Grundkurs Leistungselektronik. Bauelemente, Schaltungen und Systeme. –
Wiesbaden: Vieweg-Verlag, 2003

Feldeffekttransistoren

[6.1] *Paul, R.*: MOS-Feldeffekttransistoren. – Berlin: Springer-Verlag, 1994

[6.2] *Morgenstern, B.*: Elektronik in 3 Bd. – Band 1: Bauelemente. – Wiesbaden: Vieweg Verlag, 1993

Rauschen elektronischer Bauelemente

[7.1] *Löcherer, K.-H. und Brandt, C.-D.:* Parametric Electronics. Springer Series in Electrophysics 6. – Berlin: Springer-Verlag, 1982

[7.2] *Müller, R.:* Rauschen. – Berlin: Springer-Verlag, 1990

[7.3] *Pfeifer, H.:* Elektronisches Rauschen. – Leipzig: Teubner Verlagsgesellschaft, 1959

[7.4] *Wupper, H.:* Elektronische Schaltungen 1. – Berlin: Springer-Verlag, 1996

Operationsverstärker

[8.1] *Wupper, H. und Niemeyer, U.:* Elektronische Schaltungen 2. – Berlin: Springer-Verlag, 1996

[8.2] *Smith, K. C.; Sedra, A.:* The Current-Conveyor – A New Circuit Building Block. IEEE Proc. – 1968, Vol. 56

[8.3] *Toumazou, Ch., Lidgey, F. J.; Haigh, D. G.:* Analogue IC Design: The Current-Mode Approach, vol. 2 of IEE Circuits and Systems Series 2. – Stevenge, U.K.: Peregrinus Ltd., 1990

[8.4] *Lehmann, K.:* DIAMOND TRANSISTOR OPA660. s.l.: Burr-Brown Corporation, APPLICATION BULLETIN 181, 1993

Optoelektronische Bauelemente und Halbleitersensoren

[9.1] *Paul, R.:* Optoelektronische Halbleiterbauelemente. – Stuttgart: B. G. Teubner, 1992

[9.2] *Grosse, P.:* Freie Elektronen in Festkörpern. – Berlin: Springer-Verlag, 1979

[9.3] *Lindner, H.; Brauer, H.; Lehmann, C.:* Taschenbuch der Elektrotechnik und Elektronik. – Leipzig: Fachbuchverlag, 2004

Lineare Verstärkergrundschaltungen

[10.1] *Meier, U.; Nerreter, W.:* Analoge Schaltungen. – München: Carl Hanser Verlag, 1997

[10.2] *Köstner, R.; Möschwitzer, A.:* Elektronische Schaltungstechnik. – Berlin: Verlag Technik, 1987

Gegenkopplung

[11.1] *Federau, J.:* Operationsverstärker. Lehr- und Arbeitsbuch zu angewandten Grundschaltungen. – Braunschweig; Wiesbaden: Vieweg Verlag, 1998

[11.2] *Möschwitzer, A.:* Grundlagen der Halbleiter- & Mikroelektronik, Bd. 2: Integrierte Schaltkreise. – München: Carl Hanser Verlag, 1992

[11.3] *Lehmann, C.:* Elektronik-Aufgaben. Band 2: Analoge und digitale Schaltungen. – Leipzig: Fachbuchverlag, 1994

Schaltungen mit Operationsverstärkern

[12.1] *Reuer, M.; Zacher, S.:* Regelungstechnik für Ingenieure. – Wiesbaden: Vieweg und Teubner, 2008

Filterschaltungen

[13.1] *Hoffmann, M.:* Hochfrequenztechnik. – Berlin: Springer-Verlag, 1997

[13.2] *Unbehauen, R.:* Netzwerk- und Filtersynthese. – München: Oldenbourg Verlag, 1993

[13.3] *Wangenhaim, L. v.:* Aktive Filter in RC- und SC-Technik. – Heidelberg: Hüthig Verlag, 1991

[13.4] *Saal, R.:* Handbuch zum Filterentwurf. – Berlin: Elitera, 1979

[13.5] *Herpy, M.*: Analoge integrierte Schaltungen. – Budapest: Akademiai Kiado, 1976

[13.6] *Tietze, U.; Schenk, Ch.*: Halbleiter-Schaltungstechnik. – Berlin: Springer-Verlag, 2009

[13.7] *Lacroix, A.*: Digitale Filter. Eine Einführung in zeitdiskrete Signale und Systeme. – München: Oldenbourg Verlag, 1988

[13.8] *Bening, F.*: Z-Transformation für Ingenieure. Grundlagen und Anwendungen. – Stuttgart: B. G. Teubner, 1995

Schwingungserzeugung

[14.1] *Seifart, M.*: Analoge Schaltungen. – Berlin: Verlag Technik, 2003

[14.2] *Lindner, H.; Brauer, H.; Lehmann, C.*: Taschenbuch der Elektrotechnik und Elektronik. – Leipzig: Fachbuchverlag, 2004

[14.3] *Nührmann, D.*: Oszillator-Praxis. Alles über Schwingungserzeugung, Timer und VCO. – München: Franzis Verlag, 1989

Frequenzumsetzer

[15.1] *Steinbuch, K.; Rupprecht, W.*: Nachrichtentechnik. Bd. I, II – Berlin: Springer-Verlag, 1983

[15.2] *Werner, M.*: Nachrichtentechnik. – Wiesbaden: Vieweg & Teubner, 2009

Stromversorgungseinheiten

[16.1] *Brauer, H.*: Elektronik-Aufgaben. Band 1: Bauelemente und Grundschaltungen. – Leipzig: Fachbuchverlag, 1997

[16.2] *Morgenstern, B.*: Elektronik in 3 Bd. Bd. 2: Schaltungen. – Braunschweig: Vieweg Verlag, 1989

Analog/Digital- und Digital/Analog-Wandler

[17.1] *Candy, J. C.; Temes, G. C.*: Oversampling Delta Sigma Data Converters. Theory, Design and Simulation. IEEE Press, 1991

[17.2] *Stearns, S.; Hush, D.*: Digitale Verarbeitung analoger Signale. – München: Oldenbourg Verlag, 1994

[17.3] *Zander, H.*: Datenwandler. – Würzburg: Vogel Buchverlag, 1990

[17.4] *Eckt, R. u. a.*: A/D- und D/A-Wandler. – München: Franzis Verlag, 1990

[17.5] *Riedel, F.*: MOS-Analogtechnik. – Berlin: Akademie-Verlag, 1988

Index